全国高职高专建筑类专业规划教材

建筑设备安装识图与施工工艺

（第2版）

主　编　尹六寓
副主编　庄中霞　刘德泉　宋丽红
　　　　彭南西　周　昀　马丽丽
主　审　陈健玲

黄河水利出版社
·郑州·

内 容 提 要

本书是全国高职高专建筑类专业规划教材，是根据教育部对高职高专教育的教学基本要求及中国水利教育协会职业技术教育分会高等职业教育教学研究会组织制定的建筑设备安装识图与施工工艺课程标准编写完成的。全书包括建筑设备安装识图与施工工艺两个部分，由建筑给排水工程施工图的识图与安装、建筑消防工程施工图的识图与安装、建筑供暖工程施工图的识图与安装、建筑通风空调工程施工图的识图与安装、建筑变配电工程施工图的识图与安装、建筑电气工程施工图的识图与安装、智能建筑电气工程的简介等七个教学项目组成。

本书主要作为高职高专建筑类专业(工程造价、建筑设备工程、建筑工程管理、建筑土木工程、建筑监理专业等)的教学用书，也可供其他相近专业作为教学参考书，同时可供职业岗位培训或水电安装工程技术人员学习参考。

图书在版编目(CIP)数据

建筑设备安装识图与施工工艺/尹六寓主编．—2版．郑州：黄河水利出版社，2018.4
全国高职高专建筑类专业规划教材
ISBN 978-7-5509-2013-2

Ⅰ．①建…　Ⅱ．①尹…　Ⅲ．①房屋建筑设备-建筑安装-建筑制图-识图-高等职业教育-教材②房屋建筑设备-建筑安装-工程施工-高等职业教育-教材　Ⅳ．①TU204.21②TU8

中国版本图书馆 CIP 数据核字(2018)第077381号

组稿编辑：王路平　电话：0371-66022212　E-mail：hhslwlp@163.com
简　群　66026749　w_jq001@163.com

出 版 社：黄河水利出版社　网址：www.yrcp.com
地址：河南省郑州市顺河路黄委会综合楼14层　邮政编码：450003
发行单位：黄河水利出版社
发行部电话：0371-66026940、66020550、66028024、66022620(传真)
E-mail：hhslcbs@126.com
承印单位：河南日报报业集团有限公司彩印厂
开本：787 mm×1 092 mm　1/16
印张：20
字数：460千字　印数：1—4 100
版次：2010年8月第1版　印次：2018年4月第1次印刷
2018年4月第2版

定价：45.00元

第 2 版前言

本书是贯彻落实《国家中长期教育改革和发展规划纲要(2010～2020 年)》、《国务院关于加快发展现代职业教育的决定》(国发〔2014〕19 号)、《现代职业教育体系建设规划(2014～2020 年)》等文件精神,在中国水利教育协会指导下,由中国水利教育协会职业技术教育分会高等职业教育教学研究会组织编写的第二轮建筑类专业规划教材。本套教材力争实现项目化、模块化教学模式,突出现代职业教育理念,以学生能力培养为主线,体现出实用性、实践性、创新性的教材特色,是一套理论联系实际、教学面向生产的高职教育精品规划教材。

第 1 版自 2010 年 8 月出版以来,因其层次分明、条理清晰、结构合理新颖、内容全面等特点,受到全国高职高专院校建筑类专业师生及广大水电安装从业人员的喜爱。随着我国经济建设的发展,建筑设备安装工程现行新规范及最新施工工艺标准、新材料、新技术、新方法不断推广应用;同时,职业教育的发展,也促使课程教学手段、方法不断更新,这都需要有新体例的教材与之相适应。为此,编者在第 1 版的基础上对原教材内容进行了全面修订和完善。

本教材修订后,具有以下特点:

(1)综合了目前建筑设备安装工程常用的基本原理、方法和技术,注重与本专业相关课程基本理论和知识的联系,突出了对解决工程实际问题的能力培养,强调了对理论与实际相结合的"复合型人才"培养。

(2)采用项目化教学的方式,以精炼理论、强化实际应用为原则,以就业为指导,以任务为引领,以项目为主导,体现岗位技能要求,促使学生操作能力的培养,做到"教、学、做"一体化。

本书编写人员及编写分工如下:广东水利电力职业技术学院尹六寓编写项目一、二,广西水利电力职业技术学院刘德泉编写项目三,广东水利电力职业技术学院彭南西编写项目四,广东水利电力职业技术学院庄中霞编写项目五,河南职业技术学院宋丽红编写项目六,浙江同济科技职业学院周昀和河南水利与环境职业学院马丽丽编写项目七。本书由尹六寓担任主编,并负责全书统稿;由庄中霞、刘德泉、宋丽红、彭南西、周昀、马丽丽担任副主编;由湖南水利水电职业技术学院陈健玲担任主审。

本书在编写过程中引用了大量的规范、教材、专业文献和资料,恕未在书中一一注明。在此,对有关作者表示诚挚的谢意!对书中存在的缺点和疏漏之处,恳请广大读者批评指正。

编　者

2017 年 5 月

目 录

项目一　建筑给水排水工程施工图的识读与安装

【能力目标】

1. 了解建筑给水排水工程的作用。
2. 熟悉建筑给水排水系统的组成及分类。
3. 熟悉室内给水排水系统的给水排水方式。
4. 掌握建筑给水排水工程的常用管材及连接方式。
5. 掌握建筑给水排水工程施工图的识读方法及给水排水系统的安装工艺。

【任务驱动】

任务一　建筑给水排水系统的基本知识

【任务导航】

本任务主要学习建筑给水排水系统的基础知识。

一、建筑室内给水系统的分类、组成及常用给水方式

建筑室内给水系统是指将室外给水管网中的水引入一幢建筑或建筑群，供人们生活、生产和消防之用，并满足各类用水对水质、水量和水压要求的冷水供应系统。

(一)建筑室内给水系统的分类与组成

1. 建筑室内给水系统的分类

建筑室内给水系统按照其用途可分为以下三类：

(1)生活给水系统。供人们生活饮用、烹饪、盥洗、洗涤、沐浴等日常用水的给水系统。水质必须符合国家规定的生活饮用水卫生标准。

(2)生产给水系统。供给各类产品生产过程中所需的用水的给水系统。生产用水对水质、水量、水压的要求随工艺要求的不同有较大的差异。

(3)消防给水系统。供给各类消防设备扑灭火灾用水的给水系统。消防用水对水质的要求不高，但必须按照《建筑设计防火规范》(GB 50016—2014)、《消防给水及消火栓系统技术规范》(GB 50974—2014)和《自动喷水灭火系统设计规范》(GB 50084—2017)等有关规定，以保证供应足够的水量和水压。

上述三类基本给水系统可以独立设置，也可根据各类用水对水质、水量、水压、水温的不同要求，并结合室外给水系统的实际情况，经技术经济比较，或兼顾社会、经济、技术、环境等因素综合考虑，组成不同的共用给水系统。

2. 建筑室内给水系统的组成

一般情况下，建筑室内给水系统由下列各部分组成，如图 1-1 所示。

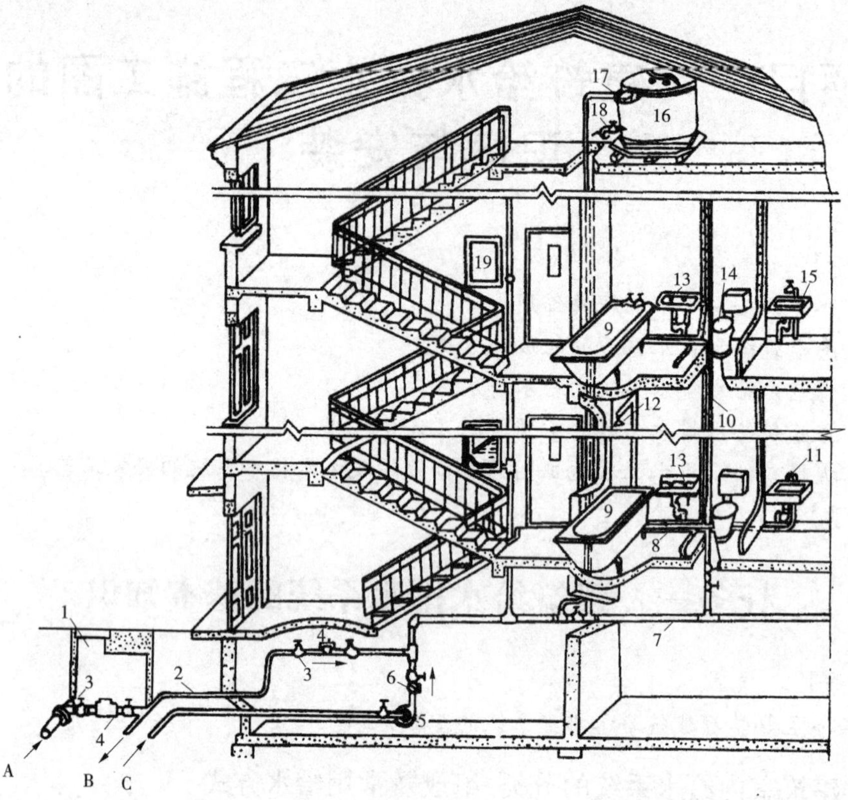

1—阀门井;2—引入管;3—闸阀;4—水表;5—水泵;6—止回阀;7—干管;8—支管;9—浴缸;10—立管;11—水龙头;12—淋浴器;13—洗脸盆;14—大便器;15—洗涤盆;16—水箱;17—进水管;18—出水管;19—消火栓;A—从室外管网进水;B—入贮水池;C—来自贮水池

图 1-1 建筑室内给水系统

(1)水源。指室外给水管网供水或自备水源。

(2)引入管。对于单体建筑,引入管是指由室外给水管网引入建筑内管网的管段。

(3)水表节点。是指安装在引入管上的水表及其前后设置的阀门和泄水装置的总称,一般设在水表井中。水表用以计量该幢建筑的总用水量,水表前后的阀门用于水表检修、拆换时关闭管路。

(4)给水管网。是指由建筑内水平干管、立管和支管组成的管道系统。

(5)配水装置与给水附件。配水装置主要指卫生器具的给水配件(如配水龙头)。生产给水系统主要指工业用水设施。消防给水系统主要指消火栓、喷头等。给水附件主要指用来调节水量、水压,限制水流方向及截断水流,便于管道、仪表和设备检修的各类阀门(如截止阀、减压阀、止回阀、安全阀、消防水泵接合器等)。

(6)增压和贮水设备。当室外给水管网的水量、水压不能满足建筑用水的要求,或建筑内对供水可靠性、水压稳定性有较高要求时及在高层建筑中,需要设置增压和贮水设备,如水泵、气压给水装置、水池、水箱等增压和贮水设备。

(7)给水局部处理设施。当用户对给水水质的要求超出我国现行生活饮用水卫生标准或其他原因造成水质不能满足要求时，就需要设置一些设备、构筑物进行给水深度处理。

（二）建筑室内给水系统的常用给水方式

给水方式是指建筑内部给水系统的供水方案。它是由建筑功能、高度、配水点的布置情况、室内所需的水压与水量及室外管网的水压与水量等因素决定的。

1. 建筑给水方式的选择原则

（1）在满足用户要求的前提下，应力求给水系统简单、管道长度短，以降低工程费用和运行管理费用。

（2）应充分利用城市管网水压直接供水，如果建筑外部给水管网水压不能满足整个建筑物用水要求，则可以考虑建筑物底部数层利用建筑外部管网水压直接供水，余下的建筑物层数采用加压供水。

（3）供水应安全可靠，管理维修方便。

（4）当两种及两种以上用水的水质接近时，应尽量采用共用给水系统。

（5）生产给水系统在经济技术比较合理时，应尽量采用循环给水系统和循序给水系统，节约用水。

（6）在生活给水系统中，卫生器具给水配件处的静水压力不得大于0.6 MPa，若超过该值，宜采用竖向分区供水，同时各分区最低卫生器具配水点处的静水压不宜大于0.45 MPa，且分区内低层部分应设减压设施保证各用水点处供水压力不大于0.2 MPa，以防使用不便和卫生器具及配件破裂漏水，造成维修量增大，浪费水源。

（7）生产给水系统最大静水压力，应根据生产工艺要求及各种用水设备的工作压力和管道、阀门、仪表等工作压力来确定。

2. 建筑给水方式的基本类型

建筑工程中常见的给水方式的基本类型有以下几种。

1）室外管网直接给水方式

室外管网直接给水方式适用于室外给水管网提供的水量、水压在任何时候均能满足建筑室内管网最不利点用水要求的情况。这种给水方式最简单、经济，如图1-2所示。

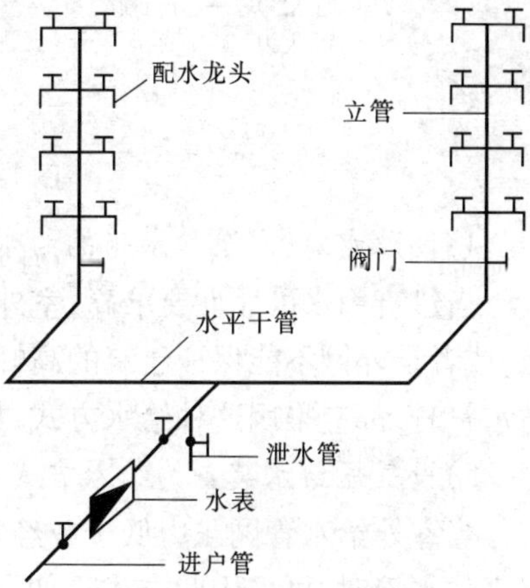

图1-2　室外管网直接给水方式

2）单设水箱的给水方式

当室外给水管网供水压力大部分时间满足要求，仅在用水高峰时段由于水量增加，室外管网中水压降低而不能保证建筑上层用水时，或者建筑内要求水压稳定，并且该建筑具备设置高位水箱的条件时，可采用这种方式，如图1-3所示。该方式在用水低峰时，利用室外给水管网直接供水并向水箱充水；用水高峰时，水箱出水供给给水系统，从而达到调节水压和水量的目的。

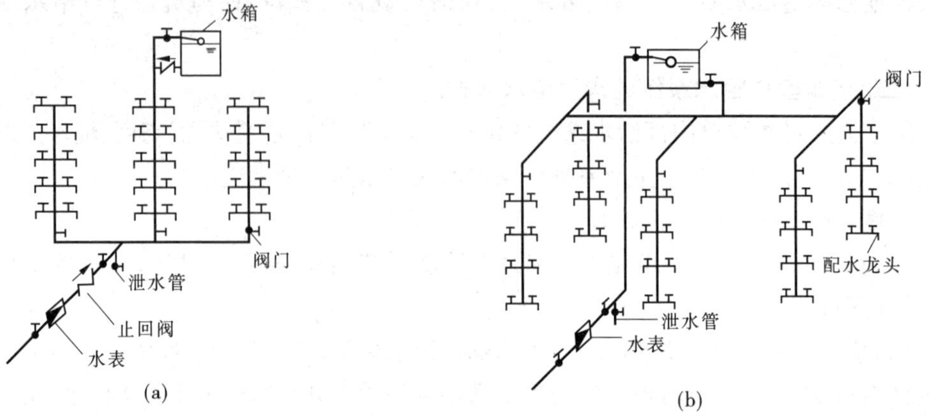

图1-3　单设水箱的给水方式

3）单设水泵的给水方式

当室外给水管网水压大部分时间不足时，可采用单设水泵的给水方式，如图1-4所示。为充分利用室外管网压力，节约能源，可把水泵直接与室外管网相连接，这时应设旁通管，如图1-4(a)所示。采用这种方式，必须征得供水部门的同意，并在管道连接处采取必要的防护措施，以防污染。为避免上述问题，可在系统中增设贮水池，采用水泵与室外管网间接连接的方式，如图1-4(b)所示。

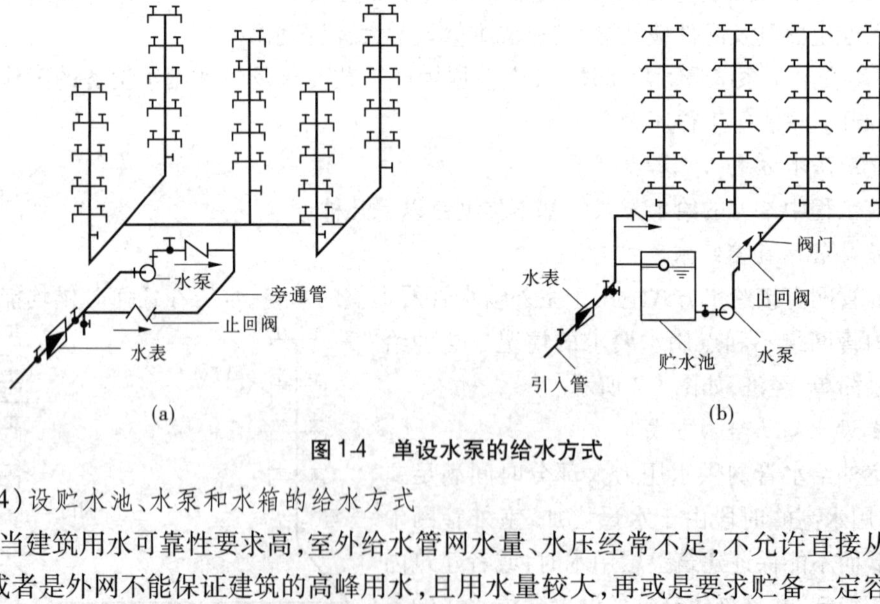

图1-4　单设水泵的给水方式

4）设贮水池、水泵和水箱的给水方式

当建筑用水可靠性要求高，室外给水管网水量、水压经常不足，不允许直接从外网抽水，或者是外网不能保证建筑的高峰用水，且用水量较大，再或是要求贮备一定容积的消防水量时，都应采用这种给水方式，如图1-5所示。

5）设气压给水装置的给水方式

当室外给水管网压力低于或经常不能满足室内所需水压、室内用水不均匀，且不宜设置高位水箱时，可采用此方式。如图1-6所示，气压水罐的作用相当于高位水箱，但其位置可根据需要较灵活地设在高处或低处。

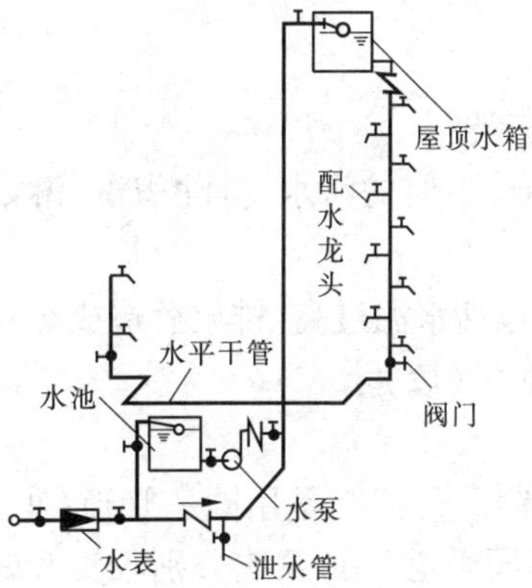

图 1-5 设贮水池、水泵和水箱的给水方式

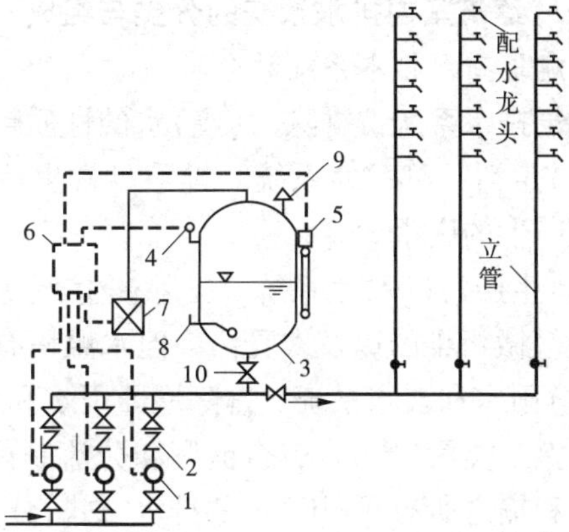

1—水泵；2—止回阀；3—气压水罐；4—压力信号器；5—液位信号器；
6—控制器；7—补气装置；8—排气阀；9—安全阀；10—阀门

图 1-6 设气压给水装置的给水方式

6)分区给水方式

对于多层和高层建筑来说，室外给水管网的压力只能满足建筑下部若干层的供水要求。为了节约能源，有效地利用外网的水压，常将建筑物的低区设置成由室外给水管网直接供水，高区由增压贮水设备供水的形式，如图 1-7 所示。

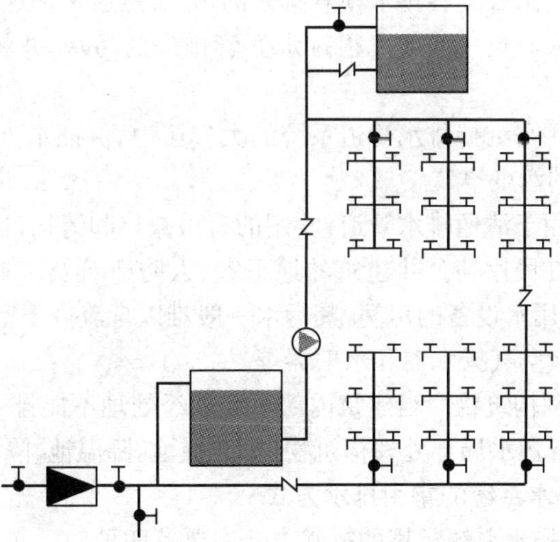

图 1-7 分区给水方式

二、建筑室内排水系统的分类、组成及常用排水方式

建筑室内排水系统是指通过管道及辅助设备，把屋面雨水及生活和生产过程中所产生的污水、废水及时排至室外的网络系统。

（一）建筑室内排水系统的分类与组成

1. 建筑室内排水系统的分类

建筑排水系统按排除污(废)水的性质可分为以下三类：

(1)生活污(废)水系统。排除日常生活中冲洗粪便、小便的污水，排除盥洗、淋浴和洗涤等产生的废水。

(2)生产污(废)水系统。排除被生产过程污染的(包括水温过高、排放后造成热污染的)、受轻微污染的以及未受污染但水温稍有升高的工业污(废)水。

(3)雨水和雪水系统。排除屋面雨水和雪水。

以上三类污(废)水有合流制和分流制两种排水体制。合流制是用同一管道(渠)系统收集和输送所有污(废)水的排水方式，分流制是用不同管道(渠)系统分别收集和输送各种污水、雨雪水和生产废水的排水方式。排水体制的选择由设计确定。

2. 建筑室内排水系统的组成

建筑室内排水系统如图 1-8 所示，一般由以下部分组成。

(1)污(废)水收集器。指用来收集污(废)水的器具，如各种卫生器具、生产污(废)水的排水设备及雨水斗。

(2)排水支管。指连接卫生器具和排水横管之间的短管，除坐式大便器和地漏外，其余支管上均应安装存水弯。

(3)排水横管。收集排水支管送来的污水，并输送到排水立管中去。

(4)排水立管。用来收集各排水横管排来的污水，然后再把这些污水送入排出管中。

(5)排出管。用来收集一根或几根排水立管排来的污水，并将其排至检查井和室外排水管网中。

(6)通气管。作用是维持排水管道系统的大气压力，保证水流畅通，防止器具水封被破坏，同时排出管内的污染空气。

(7)清通装置。用于清通排水管道，常用的有检查口和清扫口等。

(8)抽升设备。在民用和公共建筑的地下室、人防建筑及工业建筑内部标高低于室外地坪的车间和其他用水设备的房间，其污水一般难以自流排至室外，需要抽升排泄。常用的抽升设备有水泵、空气扬水器和水射器等。

(9)污水局部处理构筑物。当建筑内部污水未经处理不能排入其他管道或市政排水管网和水体时，需设置污水局部处理构筑物(如化粪池、降温池、隔油池等)。

（二）建筑室内排水系统的常用排水方式

建筑物地上部分排水系统常用的排水方式主要有四种。

1. 仅设伸顶通气管的排水系统

仅设伸顶通气管的排水系统把污水排水管顶端伸至室外(一般屋面)通气，这种污水排水系统在实际工程中应用最为广泛。

2. 设专用通气管的排水系统

通气管根据设置的位置、形式、作用和要求的不同通常又分为专用通气管、环形通气管和器具通气管等形式。设专用通气管的排水系统在特殊场所或标准高的多层建筑和高层建筑中使用。

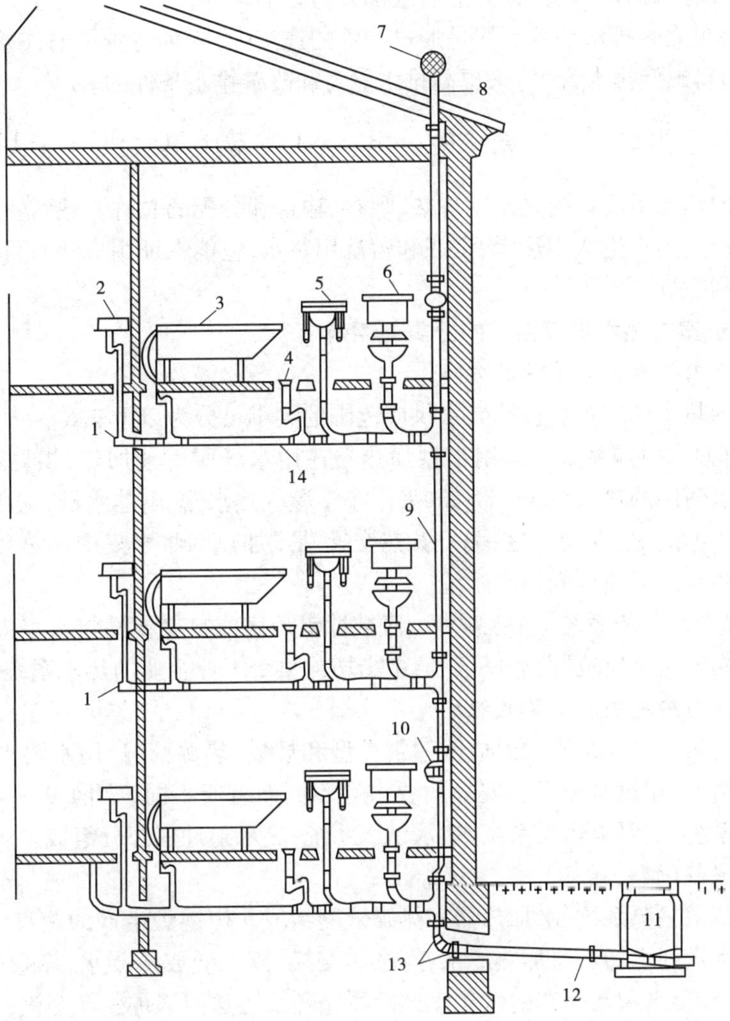

1—清扫口；2—洗涤盆；3—浴盆；4—地漏；5—洗脸盆；6—大便器；7—网罩；8—伸顶通气管；9—排水立管；10—检查口；11—排水检查井；12—排出管；13—弯头；14—横支管

图 1-8　建筑室内排水系统的组成

3. 不通气排水系统

这种系统主要用在底层的单独排水系统或没有条件设置伸顶通气管的场所。

4. 采用特殊部件或特殊配件的排水系统

这种排水系统由于采取特殊的技术措施，大大改善了排水系统的排水能力，具有简单、节约、高效的特点，一般在高层建筑排水系统中使用。常用的四个特殊排水系统如下：

(1)苏维脱排水系统。系统有两个特殊配件，即气水混合器(作为立管上连接排水横、支管的配件)和气水分离器(作为立管底部转弯处的配件)。

(2)旋流排水系统。系统有两个特殊配件，即旋流连接配件(作为立管上连接排水横、支管的配件)和旋流排水弯头(作为立管底部转弯处的配件)。

(3)芯型排水系统。系统有两个特殊配件，即高奇马连接配件(作为立管上连接排水横、支管的配件）和角笛弯头（作为立管底部转弯处的配件）。

（4）简易单立管排水系统。均是通过特殊的连接配件（如特殊三通连接配件等）和新型管材（如塑料螺旋排水管等）来提高排水能力和改善排水条件的。

三、建筑室内热水供应系统的分类、组成及常用热水供应方式

建筑室内热水供应系统是水的加热、贮存、输送和分配的总称。建筑室内热水供应系统要供给生产及用户生活用热水、洗涤和盥洗用热水，应能保证用户随时可以得到所需要的水量、水温和水质。

（一）建筑室内热水供应系统的分类与组成

1. 建筑室内热水供应系统的分类

建筑室内热水供应系统按照热水供应范围的大小可分为以下三类：

（1）局部热水供应系统。采用小型加热器在用水场所就地加热，供局部范围内一个或几个配水点使用的热水系统。例如，采用小型燃气热水器、电热水器、太阳能热水器等。

（2）集中热水供应系统。在锅炉房、热交换站或加热间将水集中加热后，通过热水管网输送到整幢或几幢建筑的热水系统。

（3）区域热水供应系统。在热电厂、区域性锅炉房或热交换站将水集中加热后，通过市政热力管网输送至建筑群、居民区、城市街坊或整个工业企业的热水系统。

2. 建筑室内热水供应系统的组成

建筑室内热水供应系统的组成因建筑类型和规模、热源情况、用水要求、加热和贮存设备的供应情况、建筑对美观和安静的要求等不同而有所不同。图 1-9 所示为一典型集中热水供应系统，主要由热媒系统、热水供水系统、热水附件三部分组成。

1）热媒系统（第一循环）

热媒系统由热源系统、水加热器和热媒管网组成。由锅炉生产的蒸汽（或高温热水）通过热媒管网送到水加热器加热冷水，经过热交换，蒸汽变成冷凝水，靠余压经疏水阀流到冷凝水池，冷凝水和新补充的软化水经冷凝循环泵再送回锅炉生产蒸汽，如此循环完成热的传递作用。对于区域热水供应系统不需要设置锅炉，水加热器的热媒管道和冷凝水管道直接与热力网连接。

2）热水供水系统（第二循环系统）

热水供水系统由热水配水管网和回水管网组成。被加热到一定温度的热水，从水加热器出来经配水系统由热水管网送到各个热水配水点，而水加热器的冷水由高位水箱或给水管网补给。为保证各用水点随时都有规定温度的热水，在配水立管和配水干管上甚至配水支管上设置回水管，使一定量的热水经过循环水泵流回水加热器以补充管网散失的热量。

3）热水附件

热水附件包括蒸汽、热水控制附件及管道的连接附件，如温度自动调节器、疏水器、减压阀、安全阀、膨胀罐、管道补偿器、闸阀、水嘴、止回阀等，以保证热水系统的正常运行。

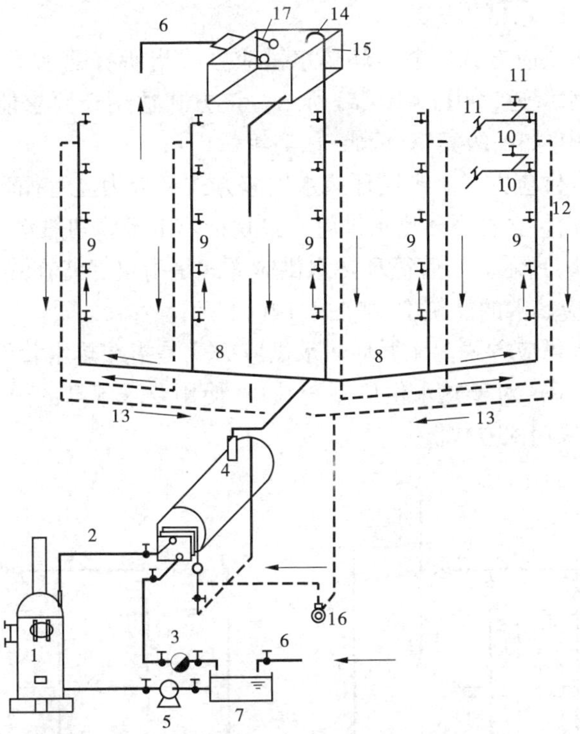

1—锅炉;2—热媒上升管(蒸汽管);3—热媒下降管(凝结水管);4—水加热器;5—给水泵(凝结水泵);6—给水管;7—给水箱(凝结水箱);8—配水干管;9—配水立管;10—配水支管;11—配水龙头;12—回水立管;13—回水干管;14—透气管;15—冷水箱;16—循环水泵;17—浮球阀

图1-9　集中热水供应系统的组成

(二)常用热水供应方式

1. 按热水加热方式分类

按热水加热方式可分为直接加热和间接加热。

(1)直接加热。利用以燃气、燃油、燃煤为燃料的热水锅炉,把冷水直接加热到所需的温度,或者使蒸汽或高温热水通过穿孔管或喷射器直接进入冷水,混合后用以制备热水。

(2)间接加热。间接加热也称为二次换热,是将热媒通过加热器把热量传递给冷水以达到加热冷水的目的,在加热过程中热媒与被加热水不直接接触。该方式的优点是:回收的冷凝水可重复利用,只需对少量补充水进行软化处理,运行费用低,且加热时不产生噪声,蒸汽不会对热水产生污染,供水安全稳定。适用于要求供水稳定、安全及噪声要求低的宾馆、住宅、医院、办公楼等建筑。

2. 按热水系统是否敞开与外界接触分类

按热水系统是否敞开与外界接触可分为开式热水供应方式和闭式热水供应方式。

(1)开式热水供应方式。在所有配水点关闭后,系统内的热水仍与大气相通。

(2)闭式热水供应方式。在所有配水点关闭后,整个系统与大气隔绝,形成密闭的系统。

3. 按热水管网的循环方式分类

按热水管网的循环方式可分为全循环热水供应方式、半循环热水供应方式、无循环热水供应方式。

(1)全循环热水供应方式。全循环热水供应方式指所有配水干管、配水立管和配水支管都设有相应回水管道,如图1-10(a)所示。该方式适用于要求能随时获得设计温度热水的高标准建筑中,如高级宾馆、饭店、住宅等。

(2)半循环热水供应方式。半循环热水供应方式又分为立管循环热水供应方式和干管循环热水供应方式。立管循环热水供应方式是指热水干管和热水立管内均保持有热水的循环,如图1-10(b)所示。干管循环热水供应方式是指仅保持在热水干管的热水循环,多用于采用定时供应热水的建筑中,如图1-10(c)所示。

(3)无循环热水供应方式。无循环热水供应方式是指在热水管网中不设任何循环管道,如图1-10(d)所示。对于热水供应系统较小、使用要求不高的定时供应系统(如公共浴室、洗衣房等)可采用此方式。

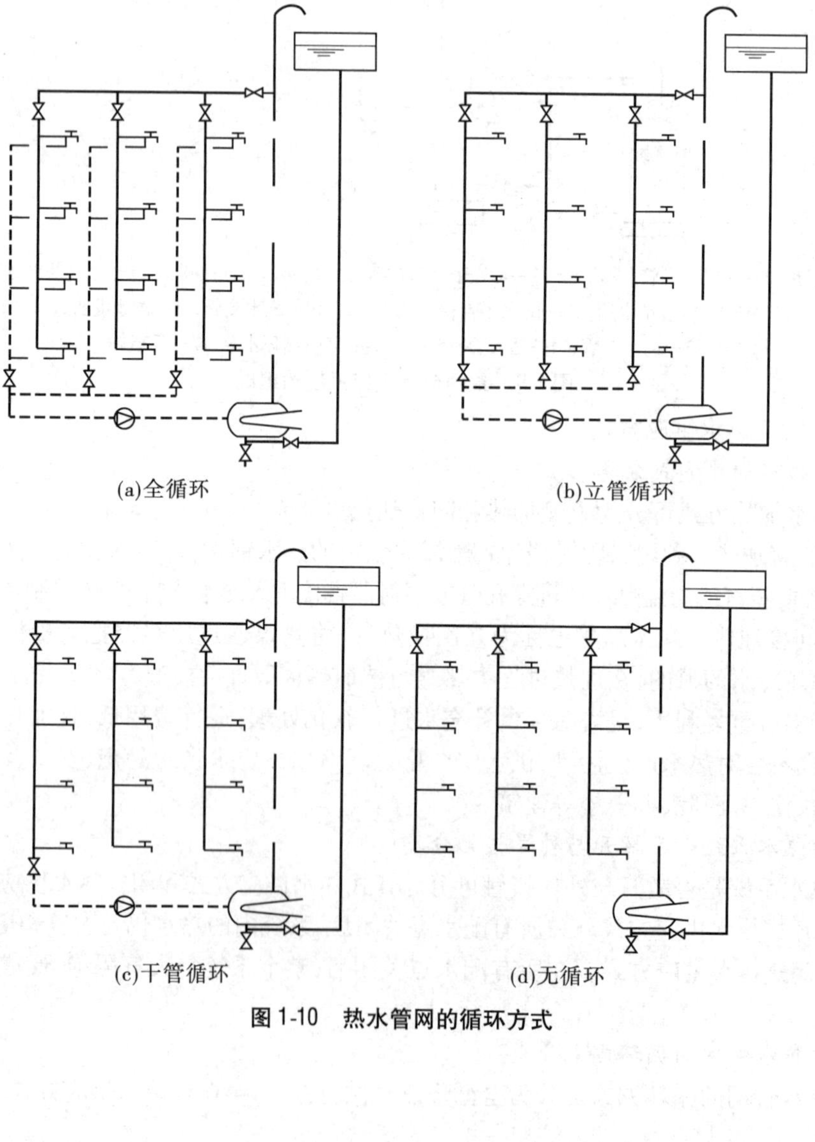

(a)全循环　(b)立管循环

(c)干管循环　(d)无循环

图1-10　热水管网的循环方式

4. 按热水管网运行方式分类

按热水管网运行方式可分为全天循环方式和定时循环方式。

5. 按热水管网循环动力分类

按热水管网循环动力不同,可分为自然循环方式和机械循环方式。

(1)自然循环方式。利用热水管网和回水管网内的温度差所形成的自然循环作用水头,使管网内维持一定的循环流量,以补偿管道的热损失,保持一定的供水温度。因为一般配水管网与回水管的水温仅差 5 ~ 10 ℃,自然循环作用水头很小,所以循环效果差,往往达不到设计水温,实际采用很少。

(2)机械循环方式。采用循环水泵强制热水在管网内循环,以补偿管网的热损失,维持一定的水温。目前,运行的热水供应系统多采用机械循环方式。如图 1-9 所示为干管下行上给机械半循环方式。

6. 按热水配水管网水平干管位置分类

按热水配水管网水平干管位置可分为下行上给供水方式和上行下给供水方式。

下行上给供水方式的供水干管位于管网的下部,支管向上供应各个用户,如图 1-9 所示。上行下给供水方式正好相反,供水干管位于管网的上部,支管向下供应各个用户,如图 1-10 所示。

总之,用何种供水方式应根据建筑状况、热源供给情况、热水用量和卫生器具的设置情况来确定。

四、室外给水排水工程的概述

室外给水排水工程与室内给水排水工程有非常密切的关系,其主要任务是自水源取水,进行净化处理达到用水标准后,经过管网输送,为城镇各类建筑提供所需的生活、生产、市政和消防等足够数量的用水,同时把使用后的废(污)水及雨、雪水有组织地汇集起来,输送到适当地点净化处理,在达到无害化的排放标准要求后,或排放水体,或灌溉农田,或重复使用。

(一)室外给水工程

建筑室外给水工程可以分为城市给水工程和居住小区给水工程。

1. 城市给水工程

城市给水工程又称市政给水工程,担负着从水源取水,经混凝、沉淀、过滤和消毒,由城市管网将清水输送、分配到各建筑物的任务。城市给水工程一般由三大部分组成,即取水工程、净水工程和输配水工程。一般以地面水为水源的城市给水系统图式如图 1-11 所示。

1)水源及取水工程

取水工程是指从天然水源取水的一系列设施,包括水源和取水构筑物。其功能是将水源的水抽送到净水厂并进行净化。

(1)水源。给水水源可分为地面水源和地下水源两大类。地面水源是指江河水、湖泊水、水库水以及海水等。地下水源是指井水、泉水等。通常城市水源是以地面水源为

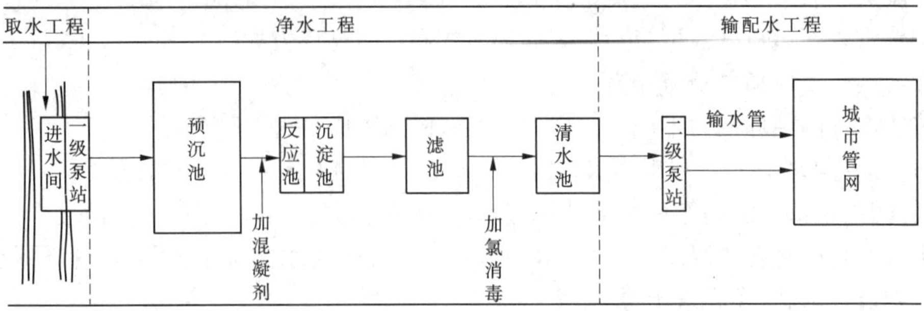

图1-11　以地面水为水源的城市给水系统图式

主，以地下水源为辅。

(2)取水构筑物。按照水源的不同，取水构筑物分地面水取水构筑物和地下水取水构筑物。地面水取水构筑物有固定式和移动式两大类。固定式取水构筑物有河床式、岸边式和斗槽式；移动式取水构筑物有缆车式和浮船式等。地下水取水构筑物的形式与地下水埋深、含水层厚度等水文地质条件有关。常用的地下水取水构筑物有管井、大口井、辐射井、渗渠等。

2)净水工程

净水工程的任务就是对取水工程取来的天然水进行净化处理，去除水源水中所含的各种杂质，如地下水的各种矿物盐类，地面水中的泥沙、水草腐殖质，溶解性气体，各种盐类、细菌及病原菌等。由于用户对水质有不同的要求，因此未经处理的水不能直接送往用户。以地面水源为原水，供给饮用水为目的的净水工艺流程一般包括混凝、沉淀、过滤及消毒四个部分。

3)输配水工程

输配水工程是将净化后的水输送至用水地区并分配到所有用户的全部设施，通常包括输水管道、配水管网以及调节构筑物等。

输水管道是指从水源到净水厂或从净水厂到配水管网的管道。它只是起到输送水的作用。输水管道最好沿现有道路或规划道路敷设，尽量避免穿越河谷、山脊、沼泽、重要铁道及洪水泛滥淹没的地方。

配水管网的任务是把输水管道送来的水分配到各个用户。输配水工程的投资额约占整个给水系统投资总额的70%。因此，合理地选择管网的布置形式，是保证给水系统安全、经济、可靠地工作运行，减少基建投资成本的关键。

2. 居住小区给水工程

1)居住小区给水水源

当居住小区位于市区或厂矿区供水范围内时，应采用市政或厂矿给水管网作为给水水源，以减少工程投资。当居住小区离市区较远，不能直接利用现有供水管网，需铺设专门的输水管线时，应进行经济技术比较，确定是否自备水源。在远离城镇的居住小区，可自备水源。在严重缺水的地区，应考虑建设居住小区中水工程，用中水冲厕、浇花草、喷洒道路和消防等。

2)居住小区给水系统的分类

(1)低压统一给水系统。是指整个给水区域的生活、生产、消防等多项用水均以统一的水压和水质,用统一的管网供给各用户的系统。在居住小区中对于多层建筑群,生活给水系统和消防给水系统都不需要过高的水压时,常采用低压统一给水系统。

(2)分压给水系统。是指用户对给水水压要求不同而分成两个或两个以上的系统供水的给水系统。在高层建筑和多层建筑混合居住小区内,两者压力相差较大,为了节能,该混合区内宜采用分压给水系统。

(3)分质给水系统。是指用户对水质要求不同而分成两个或两个以上给水系统,分别供水给各类用户的给水系统。在高层建筑和多层建筑混合居住小区内,在严重缺水地区或无合格水源地区,为了充分利用当地水资源、降低水质净化成本,将冲洗绿化、浇洒道路等项目用水水质要求较低的水量从中区分出来,设置生活饮用水系统和中水给水系统。

(4)调蓄增压给水系统。

调蓄增压给水系统分为分散调蓄增压、分片集中调蓄增压与集中调蓄增压。

分散调蓄增压是指高层建筑幢数只有一幢或幢数不多,但各幢的供水压力要求差异很大,每幢建筑单独设置水池和水泵的增压给水系统。

分片集中调蓄增压是指小区内相近的若干幢建筑分片公用一套水池和水泵的增压给水系统。

集中调蓄增压是指小区内全部高层建筑公用一套水池和水泵的增压给水系统。

分片集中和集中调蓄增压给水系统的特点是便于管理,节省总投资,在地震区安全可靠性低。

3)居住小区给水方式

居住小区给水方式应根据小区内建筑物的类型、建筑高度、市政给水管网的水压和水量等因素综合考虑确定,做到技术科学合理,供水安全可靠,投资省,便于施工和运行管理。常见小区给水方式有以下几种类型:

(1)直接给水方式。城镇给水管网的水量、水压随时能满足小区给水的要求,应采用直接给水方式。

(2)设高位水箱给水方式。城镇给水管网的水量、水压周期性不足,可在小区集中设水塔或分散设置高位水箱。

(二)室外排水工程

水经过生产和生活活动使用后,即成为了污水。在人们的日常生活和工业生产中,会产生大量的污水、废水,其中含有大量的有毒有害物质,危害人们的健康,污染环境,因此必须对污水排放和处理予以高度重视。室外排水工程就是收集、输送、处理、利用和排放城市污水及降水的综合设施。

1. 污水的分类

按照污水的来源和性质可将污水分为以下三大类：

(1)生活污水。指人们日常生活中盥洗、洗涤的生活污水和生活废水。根据我国的实际情况,生活污水大多排入化粪池,而生活废水则直接排入室外合流的下水道或雨水道中。

(2)工业废水。指工业生产使用过的水。

(3)雨雪水。雨雪水本来相对较清净,但流经屋面、道路和地表后,将因挟带流经地区的特有物质而受到污染,排泄不畅还可形成水害。

2. 室外排水系统的组成

1)生活污水排水系统的组成

(1)室内污水管网系统和设备。包括接纳污水的各种卫生器具和室内管网系统。

(2)室外污水管网系统。由支管、干管和主干管等管线组成,系统中设有检查井、跌水井、泵站等附属构筑物。

(3)污水泵站。污水一般靠重力流排除,但当埋得过深或受到地形等条件限制时需将低处的污水提升,还必须设泵站。

(4)污水处理厂。污水处理厂是为了处理和利用污水、污泥所建造的一系列处理构筑物及设施的综合体。城市污水处理厂一般设置在城市中河流的下游地段,以便污水的最终排放。

2)雨水排水系统的组成

(1)屋面雨水管道系统和设施。主要包括天沟、雨水斗和水落管及屋面雨水内排水系统。

(2)街道或厂区雨水管线系统。用来收集地面和房屋雨水管道系统排出的雨水,并将其输送到街道雨水管线中。

(3)街道雨水管线系统。主要包括雨水口、检查井、跌水井及干管、支管管线等。

(4)雨水泵站。雨水一般就近排入水体,不需处理。由于雨水径流量大,一般应尽量少设和不设雨水泵站,当自流排放有困难时,可设雨水泵站排水。

(5)出水口。雨水经出水口排放水体。

3)工业废水排水系统的组成

工业废水排水系统主要由车间内部管道系统和设备、厂区内废水管网系统、污水泵站及压力管道、废水处理站、回收和处理废水与污泥的场所等组成。

3. 室外排水系统的体制

排水系统的体制是指对生活污水、工业废水、雨水所采取的汇集方式,一般有合流制与分流制两种类型。①合流制排水系统:将生活污水、工业废水和雨水由同一个管渠系统来汇集排除的系统称为合流制排水系统,如图1-12(a)所示。②分流制排水系统:将生活污水、工业废水和雨水分别在两个或两个以上各自独立的管渠内排除的系统称为分流制排水系统,如图1-12(b)所示。

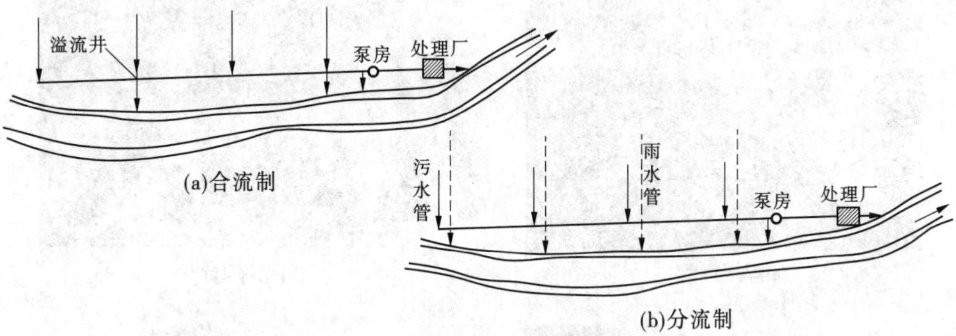

图 1-12　合流制与分流制排水系统

任务二　建筑给水排水工程的常用材料及设备

【任务导航】

本任务主要学习建筑给水排水工程常用管材及连接方式、给水排水设备。

一、建筑给水排水工程常用管材、管件

(一)建筑给水排水工程常用管材

1. 建筑给水工程常用管材及连接方式

建筑给水工程常用管材类型有金属管、复合管、塑料管。

1)金属管

目前应用较多的建筑内部金属给水管材主要有焊接钢管、无缝钢管、给水铸铁管、不锈钢管等,如图 1-13 所示。

(1)焊接钢管。焊接钢管分为镀锌钢管和非镀锌钢管。钢管镀锌的目的是防锈、防腐、不使水质变坏,延长使用年限。生活用水管采用镀锌钢管($DN<150$ mm),普通焊接钢管一般用于工作压力不超过 1.0 MPa 的管路中;加厚焊接钢管一般用于工作压力介于 1.0 ~ 1.6 MPa 的管路内。焊接钢管的直径用公称直径"DN"表示,单位为 mm(如 $DN50$)。

(2)无缝钢管。承压能力较高,在工作压力超过 1.6 MPa 的高层和超高层建筑给水工程中应采用无缝钢管。无缝钢管的直径用管外径 × 壁厚表示,符号为 $D\times\delta$,单位为 mm(如 159 × 4.5)。

(3)给水铸铁管。铸铁管具有耐腐蚀性强、使用期长、价格低等优点,但是管壁厚、重量大、质脆、强度较钢管差,适用于埋地敷设。按材质分为灰口铁管和球墨铸铁管(最为常用)。给水铸铁管有低压管、普压管和高压管,工作压力分别为 0.45 MPa、0.75 MPa 和 1 MPa。当管内压力不超过 0.75 MPa 时宜采用普压给水铸铁管;超过 0.75 MPa 时宜采用高压给水铸铁管。给水铸铁管的直径用公称直径"DN"表示,单位为 mm(如 $DN50$)。

(4)不锈钢管。不锈钢管表面光滑,亮洁美观,水流阻力小,重量较轻,容易加工;耐腐蚀性强,无毒无害,安全可靠。不锈钢管的直径用公称直径"DN"表示,单位为 mm(如

(a)焊接钢管

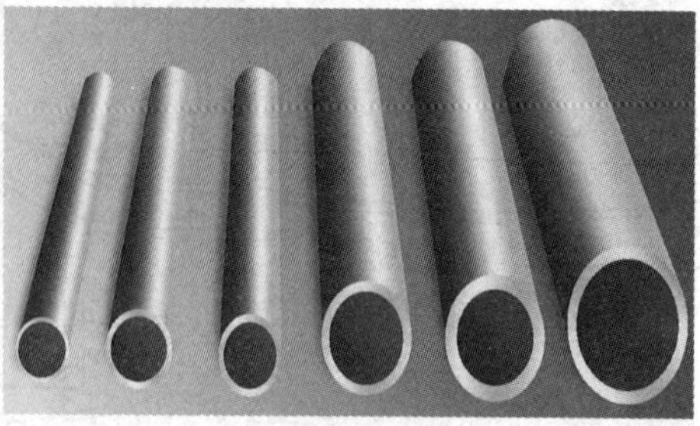

(b)无缝钢管

(c)给水铸铁管

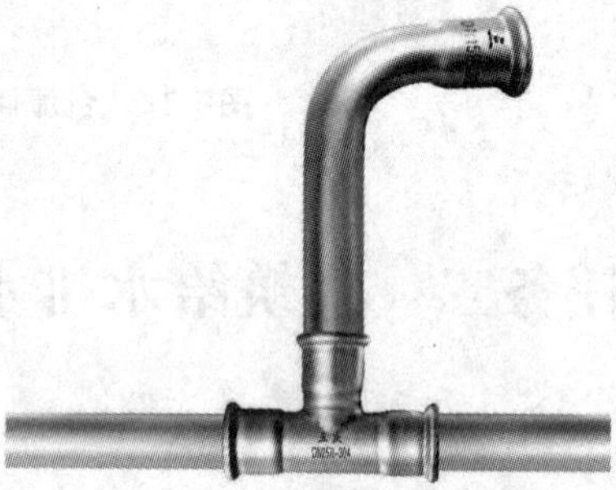

(d)不锈钢管

图 1-13　金属管

*DN*32）。

2）复合管

复合管是金属与塑料混合型管材，常用铝塑复合管、钢塑复合管、钢骨架复合管和钢筋混凝土管等。钢塑复合管由普通镀锌钢管和管件以及 ABS、PVC、PE 等工程塑料管道复合而成；钢骨架复合管由钢丝和工程塑料管道复合而成；钢筋混凝土管有普通的钢筋混凝土管（RCP）、自应力钢筋混凝土管（SPCP）、预应力钢筋混凝土管（PCP）和预应力钢筒钢筋混凝土管（PCCP），其优点：价格低，防腐性能好，不会减少水管的输水能力，能够承受比较高的压力（0.4～1.2 MPa），具有较好的抗渗性、耐久性，能就地取材，节省钢材。目前大多生产的钢筋混凝土管管径为 100～1 500 mm。预应力钢筒钢筋混凝土管在我国 20 世纪 80 年代后期开始试制应用，最大管径可达 9 m，承压达 4.0 MPa，复合管的直径用公称直径“*DN*”表示，单位为 mm（如 *DN*50），如图 1-14 所示。

3）塑料管

塑料管有优良的化学稳定性，耐腐蚀，不受酸、碱、盐、油类等物质的侵蚀，安装方便，连接可靠，不燃烧，无不良气味，质轻而坚，比重仅为钢的 1/5。塑料管管壁光滑，容易切割，并可制成各种颜色，尤其是代替金属管材可节省金属。塑料管的直径用公称直径“*DN*”表示，单位为 mm（如 *DN*50），也可用公称外径（*De*）×壁厚（*e*）表示。常用给水塑料管性能比较见表 1-1。

塑料管主要有硬聚氯乙烯（UPVC）管、聚乙烯（PE）管、无规共聚聚丙烯（PPR）管、氯化聚氯乙烯（CPVC）管、聚丁烯（PB）管等，如图 1-15 所示。

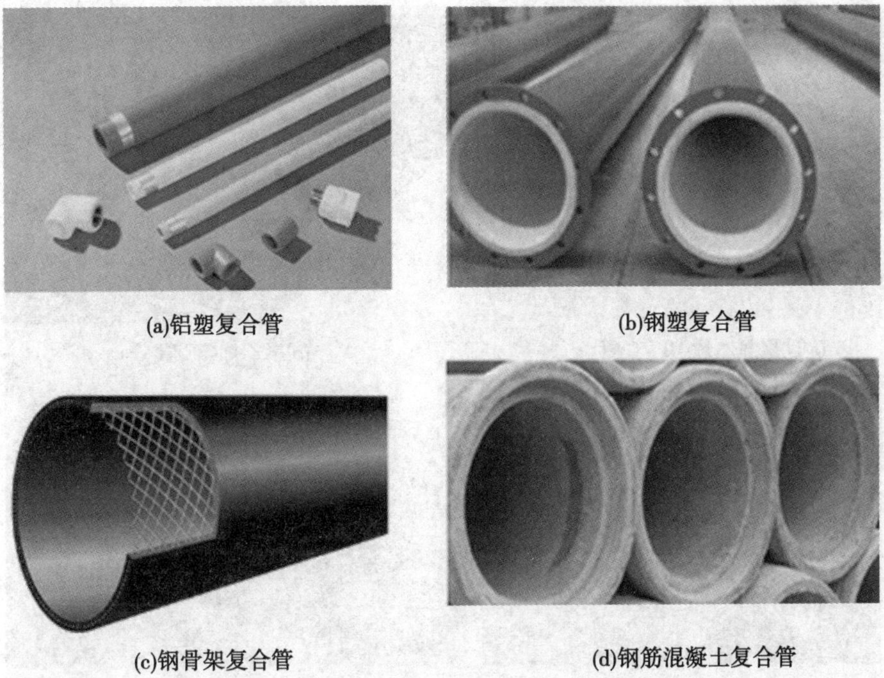

(a)铝塑复合管　(b)钢塑复合管

(c)钢骨架复合管　(d)钢筋混凝土复合管

图 1-14　复合管

表 1-1　常用给水塑料管性能比较

管材种类	硬聚氯乙烯	聚乙烯	氯化聚氯乙烯	聚丁烯	无规共聚聚丙烯
符号	UPVC	PE	CPVC	PB	PPR
工作温度(℃)	$-5\leqslant t\leqslant 45$	$-50\leqslant t\leqslant 65$	$5\leqslant t\leqslant 95$	$-30\leqslant t\leqslant 110$	$-5\leqslant t\leqslant 95$
使用年限(年)	50	50	50	70	50
主要连接方式	黏结	热熔、电熔	黏结	挤压	热熔、电熔
接头可靠性	一般	较好	好	较好	较好
产生二次污染	可能有	无	无	无	无
综合费用	约占镀锌钢管的 60%	约为镀锌钢管的 1.2 倍	约为镀锌钢管的 2 倍	约为镀锌钢管的 3 倍	约为镀锌钢管的 1.5 倍

4)给水管材的连接方法

(1)钢管及钢塑复合管有螺纹连接、法兰连接和卡箍连接三种,见图 1-16。

①螺纹连接。用于管径 $DN\leqslant 80$ mm 的管道。

②法兰连接。在较大管径的管道上(≥50 mm),常将法兰盘焊接或用螺纹连接在管端,再以螺栓连接。法兰连接一般用在连接闸阀、止回阀、水泵、水表等处,以及需要经常拆卸、检修的管段上。

③卡箍连接。用于管径 $DN>80$ mm 的管道。

(2)铸铁管有承插连接和法兰连接两种。

(a)硬聚氯乙烯(UPVC)管

(b)聚乙烯(PE)管

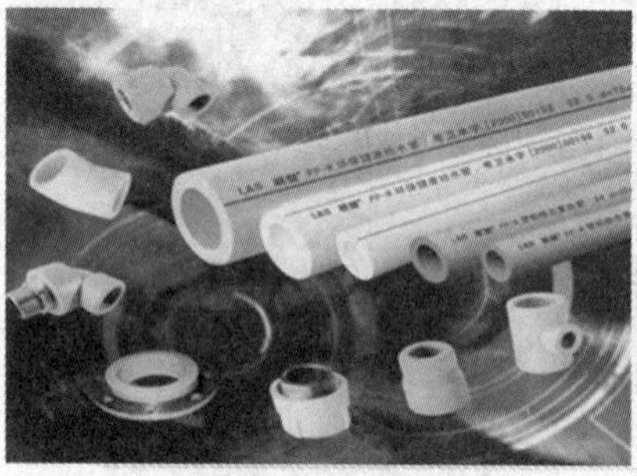

(c)无规共聚聚丙烯(PPR)管

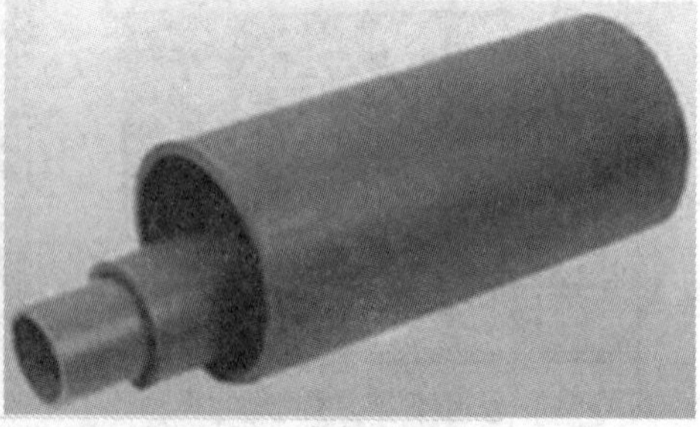

(d)氯化聚氯乙烯(CPVC)管

图 1-15　塑料管

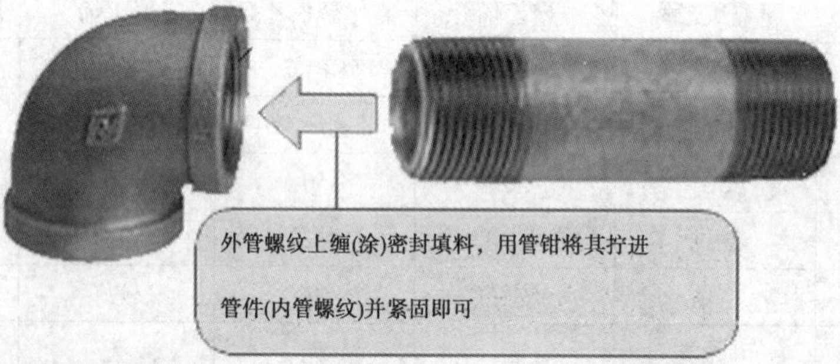

(a)螺纹连接

(b)法兰连接

(c)卡箍连接

图 1-16　钢管及钢塑复合管道的连接方式

承插连接应用最广泛，但施工强度大。在经常拆卸的部位应采用法兰连接，但法兰连接只用于明敷管道。

(3)钢骨架复合管有热熔连接和法兰连接两种。

热熔连接应用最为广泛，法兰连接一般用在连接闸阀、止回阀、水泵、水表等处，以及需要经常拆卸、检修的管段上。

(4)塑料管有螺纹连接、热熔连接、法兰连结、黏结。具体见表1-1。

2. 建筑排水工程常用管材及连接方式

建筑排水工程常用管材类型有排水铸铁管、硬聚氯乙烯塑料管、塑料双壁波纹管及混凝土管。

1)排水铸铁管

排水铸铁管管径一般为50～200 mm。目前，球墨排水铸铁管多用于室内排水系统的排水管。球墨排水铸铁管为不锈钢卡箍连接及法兰连接，见图1-17。

图1-17　球墨排水铸铁管卡箍连接、法兰连接

2)硬聚氯乙烯塑料(UPVC)管

硬聚氯乙烯塑料管具有优良的化学稳定性、耐腐蚀性。其主要优点是物理性能好、质轻、管壁光滑、水头损失少、容易加工及施工方便等。目前，我国建筑行业中广泛用它做生活污水、雨水的排水管，亦可用作酸碱性生产污水、化学实验室的排水管。由于硬聚氯乙烯塑料管在高温下容易老化，因此它适用于建筑物内连续排放温度不大于40 ℃、瞬时排放温度不大于80 ℃的污水管道。硬聚氯乙烯塑料管为聚氯乙烯管黏结，见图1-18。

3)聚氯乙烯(PVC)、高密度聚乙烯(HDPE)双壁波纹管

双壁波纹管采用直接挤出成型，管壁纵截面由两层结构组成，外层为波纹状，内层光滑，该管材有较好的承受外荷载的能力。管材按环刚度分级分为S0、S1、S2、S3四级，环刚度分别为2 kN/m^2、4 kN/m^2、8 kN/m^2、16 kN/m^2。采用热熔、承插、不锈钢卡箍连接见图1-19。

4)混凝土管

混凝土管分为素混凝土管、普通钢筋混凝土管、自应力钢筋混凝土管和预应力混凝土管四类。按混凝土管内径的不同，可分为小直径管(内径400 mm以下)、中直径管(400～1 400 mm)和大直径管(1 400 mm以上)。按管承受水压力的不同，可分为低压管和压力管，压力管的工作压力一般有0.4 MPa、0.6 MPa、0.8 MPa、1.0 MPa、1.2 MPa等。其接口形式有水泥砂浆抹带接口、钢丝网水泥砂浆抹带接口、水泥砂浆承插和橡胶圈承插等。

图 1-18　UPVC 管黏结连接

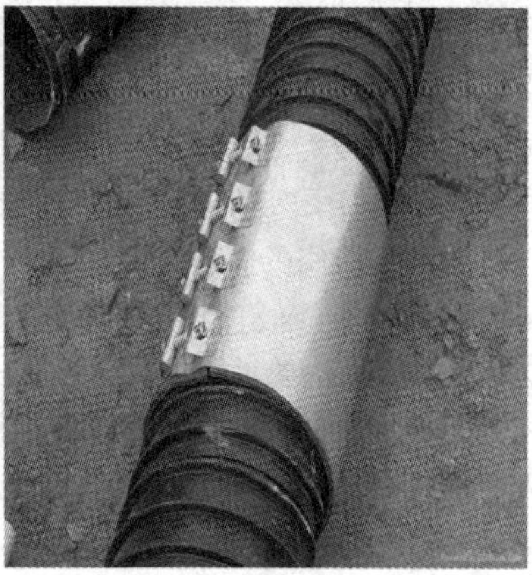

图 1-19　HDPE 管不锈钢卡箍连接

（二）建筑给水排水工程常用管件

1. 建筑给水工程常用管件

建筑给水工程常用钢管管件如图 1-20 所示。

图 1-20　常用钢管管件

给水塑料管及复合管的管件与钢管相同。

2. 建筑排水工程常用管件

建筑排水工程中常用排水管管件如图 1-21 所示。

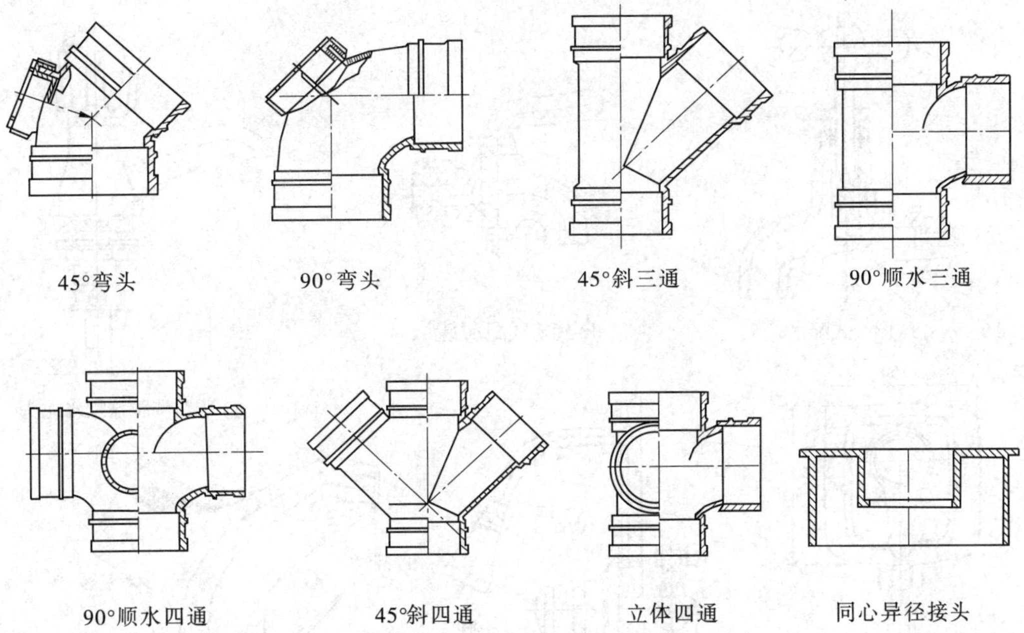

图 1-21　常用排水管管件

二、建筑给水排水工程常用附件

(一)建筑给水工程常用附件

建筑给水工程附件是安装在管道及设备上的具有启闭或调节功能的装置,分为配水附件和控制附件两大类。

1. 配水附件

配水附件主要用以调节和分配水流。常用配水附件见图 1-22。

(1)球形阀式配水龙头。装设在洗涤盆、污水盆、盥洗槽上的水龙头均属此类。水流经过此种龙头,因改变流向,压力损失较大,如图 1-22(a)所示。

(2)旋塞式配水龙头。这种水龙头的旋塞旋转 90°时,即完全开启,短时间可获得较大的流量。由于水流呈直线通过,其阻力较小。缺点是启闭迅速时易产生水击。一般用于浴池、洗衣房、开水间等配水点处,如图 1-22(b)所示。

(3)盥洗龙头。装设在洗脸盆上,专门供给冷、热水,有莲蓬头式、角式、长脖式等多种形式,如图 1-22(c)所示。

(4)混合配水龙头。用以调节冷、热水的温度,如盥洗、洗涤、浴用等,式样较多,如图 1-22(d)、(e)所示。

此外,还有小便器角形水龙头、皮带水龙头、电子自控水龙头等,如图 1-22(f)所示。

2. 控制附件

控制附件用来调节水量和水压、关断水流等,如截止阀、闸阀、止回阀、浮球阀和安全阀等,常用控制附件见图 1-23。

(1)截止阀。如图 1-23(a)所示,此阀关闭严密,但水流阻力较大,用于管径不大于 50

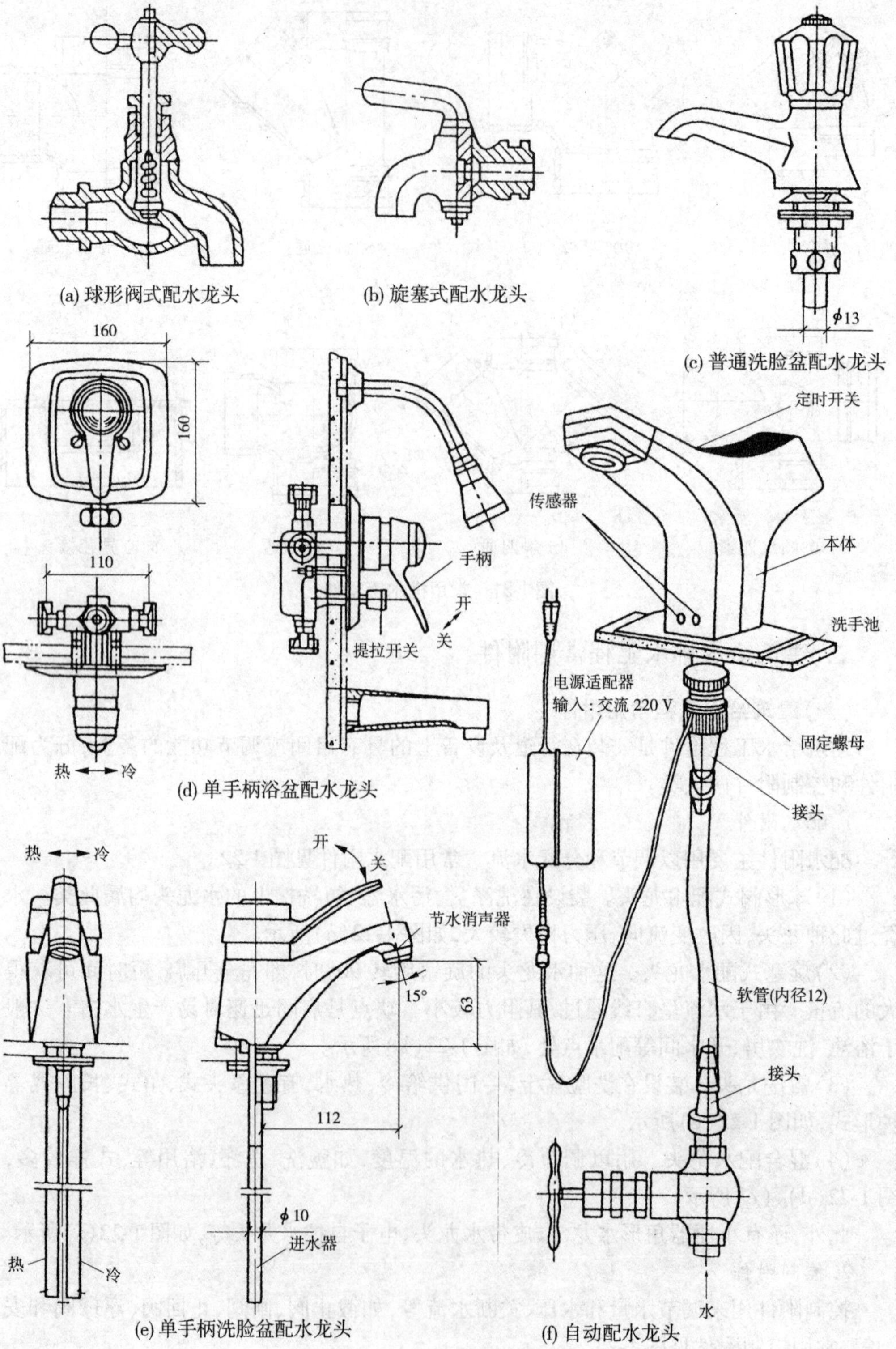
(a) 球形阀式配水龙头
(b) 旋塞式配水龙头
ϕ13
(c) 普通洗脸盆配水龙头
160
160
110
热
冷
手柄
开
关
提拉开关
(d) 单手柄浴盆配水龙头
定时开关
传感器
本体
洗手池
电源适配器
输入：交流 220 V
固定螺母
接头
软管(内径12)
接头
水
(f) 自动配水龙头
热
冷
开
关
节水消声器
15°
63
112
ϕ 10
进水器
热
冷
(e) 单手柄洗脸盆配水龙头

图 1-22　常用配水附件

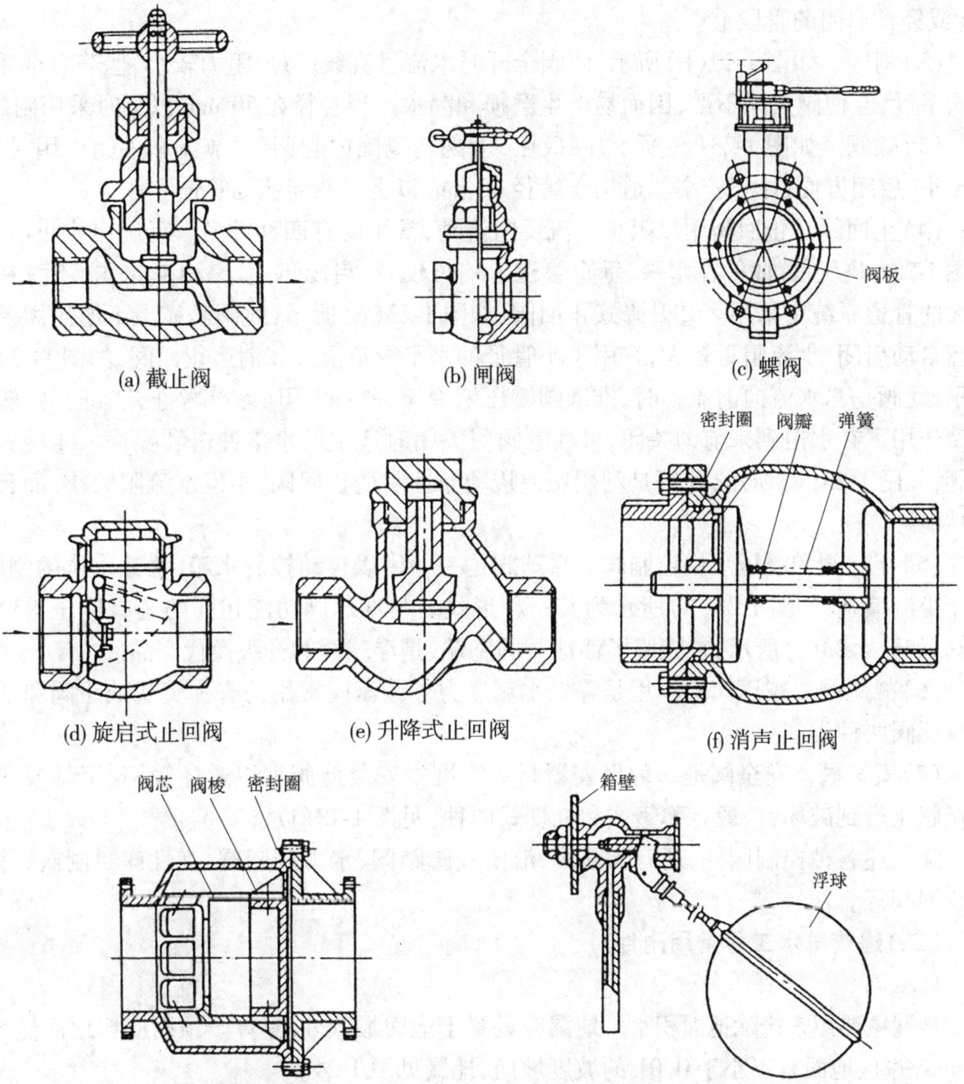
(a) 截止阀
(b) 闸阀
阀板
(c) 蝶阀
(d) 旋启式止回阀
(e) 升降式止回阀
密封圈
阀瓣
弹簧
(f) 消声止回阀
阀芯
阀梭
密封圈
(g) 梭式止回阀
箱壁
浮球
(h) 浮球阀
密封垫
活塞
弹簧
阀芯
浮筒
(i) 液压水位控制阀
(j) 弹簧式安全阀
(k) 杠杆式安全阀

图 1-23　常用控制附件

mm 或经常启闭的管段上。

(2)闸阀。如图 1-23(b)所示,此阀全开时水流呈直线通过,阻力较小,但若有杂质落入阀座后,会使阀关闭不严,因而易产生磨损和漏水。当管径在 50 mm 以上时采用闸阀。

(3)蝶阀。如图 1-23(c)所示,阀板在 90°翻转范围内起调节、节流和关闭作用,操作扭矩小,启闭方便,体积较小。适用于管径 70 mm 以上或双向流动管道。

(4)止回阀。止回阀用以阻止水流反向流动,常用的有四种类型。①旋启式止回阀:如图 1-23(d)所示,此阀在水平、垂直管道上均可设置,启闭迅速,易引起水击,不宜在压力大的管道系统中采用。②升降式止回阀:如图 1-23(e)所示,此阀是靠上下游压力差使阀盘自动启闭,水流阻力较大,宜用于小管径的水平管道上。③消声止回阀:如图 1-23(f)所示,此阀是当水流向前流动时,推动阀瓣压缩弹簧,阀门打开;水流停止流动时,阀瓣在弹簧作用下在水击到来前即关闭,可消除阀门关闭时产生的水击冲击和噪声。④梭式止回阀:如图 1-23(g)所示,此阀是利用压差梭动原理制造止回阀,不但水流阻力小,而且密闭性能好。

(5)浮球阀和液压水位控制阀。浮球阀是一种用以自动控制水箱、水池水位的阀门,防止溢流浪费,如图 1-23(h)所示为其一种形式。与浮球阀功能相同的还有液压水位控制阀,如图 1-23(i)所示,它克服了浮球阀的弊端,是浮球阀的升级换代产品。

(6)减压阀。减压阀的作用是降低水流压力。减压阀常用的有弹簧式减压阀和活塞式减压阀两种类型。

(7)安全阀。安全阀是一种保安器材。管网中安装此阀可以避免管网、用具或密闭水箱超压遭到破坏,一般有弹簧式和杠杆式两种(见图 1-23(j)、(k))。

除上述各种控制阀外,还有脚踏阀、液压式脚踏阀、水力控制阀、弹性座封闸阀、静音式止回阀等。

(二)建筑排水工程常用附件

1. 地漏

地漏主要用来排除地面积水。地漏应设置于地面最低处,其箅子顶面应比地面低 5 ~ 10 mm,并且地面有不小于 0.01 的坡度坡向,地漏见图 1-24。

2. 存水弯

存水弯是一种弯管,在里面存有一定深度的水,这个深度称为水封深度。水封可防止排水管网中产生的臭气、有害气体或可燃气体通过卫生器具进入室内。每个卫生器具都必须装设存水弯,有的设在卫生器具的排水管上,有的直接设在卫生器具的内部。常用的存水弯有 P 形和 S 形两种,水封深度为 50 ~ 80 mm,见图 1-24。

3. 清扫口

清扫口是一种安装在排水横管上,用于清通排水横管的附件,如图 1-24 所示。

4. 检查口

检查口是一种带有可开启的检查盖,装设在排水立管及较长横管段上的附件,如图 1-24 所示。

5. 伸缩节

伸缩节是一种可以伸缩的装设在排水立管及较长横管段上的附件。

图 1-24 排水工程常用附件

6. 雨水斗

雨水斗是一种用来收集天面雨水，装设在排水立管及较长横管段上的附件，如图 1-24 所示。它具有泄水、稳定天沟水位、减少掺气量及拦阻杂物的作用。

三、建筑给水排水工程常用设备

室外给水管网的水压或流量经常或间断不足，有时不能满足室内给水要求，应设增压与调节设备。常用的设备有水箱、水泵、贮水池和气压给水装置。

(一)水箱

1. 水箱的配管及附件

根据不同用途，水箱可分为高位水箱、减压水箱、冲洗水箱等多种类型。其形状多为矩形和圆形，制作材料有钢板(包括普通、搪瓷、镀锌、复合与不锈钢板等)、钢筋混凝土、玻璃钢和塑料等。这里主要介绍在给水系统中使用较广的，起到保证水压，贮存、调节水量的高位水箱，其主要配管与附件如图 1-25 所示。

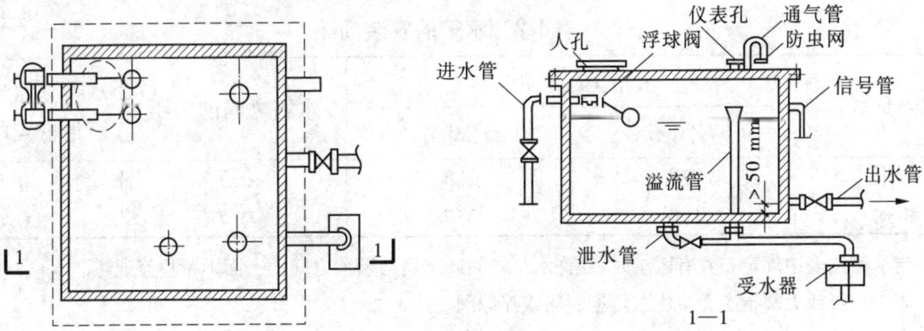

图 1-25 水箱的主要配管与附件示意

1）进水管

当水箱直接由室外给水管网进水时，为防止溢流，进水管出口应装设液压水位控制阀或浮球阀，并在进水管上装设检修用的阀门。若采用浮球阀，一般不少于2个，浮球阀直径与进水管管径相同。从侧壁进入的进水管，其中心距箱顶应有150～200 mm的距离。当水箱由水泵供水，并利用水位升降自动控制水泵运行时，可不设水位控制阀。

2）出水管

出水管可从侧壁或底部接出，出水管内底或管口应高出水箱内底大于50 mm，以防沉淀物进入配水管网。若进水、出水合用一根管道，则应在出水管上装设阻力较小的旋启式止回阀，止回阀的标高应低于水箱最低水位1.0 m以上，以保证止回阀开启所需的压力。

3）溢流管

水箱溢流管可从底部或侧壁接出，溢流管口应设在水箱设计最高水位50 mm以上处，管径应比进水管大一级。溢流管上不允许设置阀门，溢流管出口应设网罩。

4）水位信号装置

水位信号装置是反映水位控制阀失灵报警的装置，可在溢流管口下10 mm处设信号管，管径为15～20 mm。若水箱液位与水泵联锁，则应在水箱侧壁或顶盖上安装液位继电器或信号器，采用自动水位报警装置，并应保持一定的安全容积。最高电控水位应低于溢流水位100 mm；最低电控水位应高于最低设计水位200 mm以上。

5）泄水管

水箱泄水管应自底部接出，用于检修或清洗时泄水，管上应装设闸阀，其出口可与溢水管相接，但不得与排水系统直接相连，管径为40～50 mm。

6）通气管

供生活饮用水的水箱，当贮量较大时，宜在箱盖上设通气管，以使箱内空气流通，管径一般不小于50 mm，管口应朝下并设网罩。

7）人孔

为便于清洗、检修，箱盖上应设人孔。

2. 水箱的布置与安装

水箱一般设置在净高不低于2.2 m，有良好的通风、采光和防蚊蝇条件的水箱间内，其安装间距见表1-2。

表1-2　水箱的安装间距

（单位：m）

水箱形式	水箱至墙面距离		水箱之间的净距	水箱顶至建筑结构最低点的距离
	有阀侧	无阀侧		
圆形	0.8	0.5	0.7	0.6
矩形	1.0	0.7	0.7	0.6

注：1. 当水箱按表中规定布置有困难时，允许水箱之间或水箱与墙壁之间的一面不留检修通道。

2. 表中有阀或无阀指有无液压水位控制阀或浮球阀。

（二）水泵

水泵是给水系统中的主要增压设备。在建筑内部的给水系统中，一般采用离心式水泵。离心式水泵按叶轮的数量分为单级泵和多级泵(泵轴上连有两个或两个以上的叶轮),有几个就叫几级泵;按水泵泵轴所处的位置分为卧式泵(泵轴与水平面平行)和立式泵(泵轴与水平面垂直)。离心式水泵的管路有压水管、吸水管两条。压水管是将水泵压出的水送到需要的地方,管路上应安装闸阀、止回阀、压力表;吸水管是由水池至水泵吸水口之间的管道,将水由水池送至水泵内,管路上应安装吸水底阀和真空表,当水泵安装得比水池液面低时用闸阀代替吸水底阀,用压力表(正压表)代替真空表。水泵工作管路附件可简称一泵、二表、三阀。

离心式水泵的基本性能参数如下:

(1)流量。指水泵在单位时间内所输送水的体积,以符号 Q 表示,单位为 m^3/h。

(2)扬程。指单位重量的水通过水泵所获得的能量,以符号 H 表示,单位为 Pa 或 mH_2O。

(3)功率。指水泵在单位时间内所做的功,以符号 N 表示,单位为 kW。

(4)效率。指水泵功率与电动机加在泵轴上的功率之比,以符号 η 表示,用百分数表示。水泵的效率越高,说明泵所做的有用功越多,损耗的能量就越少,水泵的性能就越好。

(5)转速。指泵的叶轮每分钟的转数,以符号 n 表示,单位为 r/min。

(6)允许吸上真空高度。指水泵运转时,吸水口前允许产生真空度的数值,以符号 h 表示,单位为 Pa 或 mH_2O,允许吸上真空高度是确定水泵安装高度的参数。

在以上几个参数中,流量和扬程表明了水泵的工作能力,是水泵最主要的性能参数。

任务三　建筑给水排水工程施工图的识读

【任务导航】

本任务主要学习建筑给水排水工程施工图的识读。

一、建筑给水排水工程施工图识读的基本知识

前面介绍了建筑给水排水工程设计与施工时预算人员应当掌握的基本知识。现依据实际情况进行系统的设计(包含系统的形式、系统的组成、运行方式等),然而设计中的系统变成能为人服务的实体,必须经过两个环节:

(1)设计者将自己的设计内容用图纸表达出来,并且能够为人所读懂。

(2)施工者依据图纸内容进行施工,最终实现设计者的意图。

本节的日的主要在于“识图”,但“识图”的前提是能够了解图纸与绘图的基本常识,掌握图纸上的基本信息,为正确识图提供保证。

(一)建筑给水排水工程施工图的构成

建筑给水排水工程施工图主要由图纸目录、设计总说明、图例、建筑给水排水平面图、建筑给水排水管道系统图、详图等组成。

1. 建筑给水排水平面图

建筑给水排水平面图标明了给水排水管道及设备的平面布置,主要包括以下内容:

(1)房屋建筑的平面形式。

(2)各种用水设备的位置、类型。

(3)给水排水各个管网系统的各个干管、立管、支管的平面位置、走向，立管编号，给水引入管、水表节点、污水排出管的平面位置、走向及室外给水排水管网的连接。

(4)管道附件(如阀门、消火栓、地漏、清扫口、伸缩节等)的平面位置。

(5)管道及设备安装的支架、预留孔洞、预埋件、管沟等的位置。

在绘制建筑给水排水平面图过程中，根据建筑给水排水工程的特点，需要注意以下问题：

(1)平面图的数量和范围。多层建筑内，用水器具分布在建筑物内的各层，相应地给水排水平面图需要分层绘制。一般情况下，整个建筑物的给水引入管和排水出户管位于一层地面以下，与其他层有所不同，因此建筑底层给水排水平面图必须单独绘制。对于其他层，如果用水器具布置和管道平面布置都相同，可以绘制一个标准平面图来表示。

就中小工程而言，由于给水排水情况不十分复杂，一般将给水系统和排水系统绘制在同一平面上，有关管道和设备相应区分，这对于设计、施工及识读都比较方便。对于高层建筑及其他比较复杂的工程，给水平面图和排水平面图应该分开绘制，便于识读。

(2)建筑平面图。给水排水工程施工图是在建筑平面图的基础上标明与给水有关内容的图纸，因此建筑给水排水平面图的建筑轮廓线应该与建筑平面图一致，但该图中的房屋平面图不是用于土建施工，而仅作为管道系统及设备的水平布局和定位的基准。因此，仅需保留建筑图中墙、柱、门窗洞、楼梯、台阶等主要构件，其他细部可省略。图线采用细线绘制，以示与给水排水管道的区别。

(3)卫生器具及附件的绘制。卫生器具中的洗脸盆、大便器、小便器等都是工业产品，不必详细表示，可按照通用图例绘出。管道附件绘制方法也是采用通用图例表示，不必按照实物绘制。

(4)管道平面图。管道平面图是用水平剖切面剖切管道后的水平投影。每层给水排水平面布置图中的管路，是以连接该层卫生器具的管路为准，而不是以楼地板作为分界线。因此，凡是连接某楼层的平面布置图，不管是安装在楼板上面还是下面，都属于该楼层的管道，都要画在该楼层的平面布置图中。不论管道投影的可见性如何，都应该按照管道系统的线型绘制，且管道仅表示其安装位置，并表示其具体平面位置和尺寸。

在底层管道平面图中，各种管道按照系统编号。给水系统按照引入管顺序编号，排水系统按照排出管顺序编号。给水立管和排水立管在所有管道平面图中也要相应地编号。

(5)尺寸标注。建筑水平方向尺寸一般只需在给水排水底层布置图中标注出轴线尺寸，另外要标注出地面标高。卫生器具和管道一般都沿墙、柱敷设，与墙、柱的距离根据管径的不同有相应要求，不必在平面图中标注定位尺寸。管道的管径、坡度和标高均标注在管道系统图中，平面图中不必标注。

2. 建筑给水排水管道系统图

建筑给水排水管道系统图是根据各层给水排水平面图中管道及用水设备的平面位置和竖向标高用正面斜轴测投影绘制而成的。建筑给水排水管道系统图反映给水排水管道系统的上下层之间、前后左右的空间关系，各管段的管径、坡度、标高及管道附件的位置等。建筑给水排水管道系统图是该幢建筑内给水管道系统或排水管道系统的整体立面图,它与给水排水平面布置图一起表达给水排水工程空间的布置情况。

(二)建筑给水排水施工图识读要领

设计说明、图例、给水平面图、系统图等是给水排水工程图的有机组成部分,它们相互关联,相互补充,共同表达室内给水排水管道、卫生器具等的形状、大小及其空间位置。读图时必须结合起来,才能够准确把握设计者的意图。阅读给水排水施工图应该首先看图标、图例及有关设计说明,然后读图。具体识图方法如下所述。

1. 阅读设计说明

设计说明是用文字而非图形的形式表达有关必须交代的技术内容,它是图纸的重要组成部分。说明中交代的有关事项,往往对整套给水排水工程图的识读和施工都有重要的影响,因此弄懂设计说明是识读工程图的第一步,必须认真对待。

设计说明所要记叙的内容应视需要而定,以能够交代清设计人的意图为原则,一般包括工程概况、设计依据、设计范围、各系统设计概况、安装方式、工艺要求、尺寸单位、管道防腐、试压等内容。

2. 浏览建筑给水排水平面图

浏览建筑给水排水平面图首先看首层给水排水平面图,然后再看其他楼层给水排水平面图。首先确定每层给水排水房间的位置和数量、给水排水房间内的卫生器具和用水设备的种类和平面布置情况,然后确定给水引入管与排水排出管的数量和位置,最后确定给水排水管道干管、立管和支管的位置。

3. 对照建筑给水排水平面图,阅读建筑给水排水系统图

根据建筑给水排水平面图找出对应的给水排水系统图。首先找出建筑给水排水平面图和建筑给水排水系统图中相同编号的给水引入管与排水排出管,然后再找出相同编号的立管,最后按照一定顺序阅读建筑给水排水系统图。

(1)阅读建筑给水系统图。一般按照水流的方向阅读,从引入管开始,按照引入管—干管—立管—支管—配水装置的顺序进行。

(2)阅读建筑排水系统图。一般按照水流的方向阅读,从器具排水管开始,按照器具排水管—排水横支管—排水立管—排水干管—排出管的顺序进行。

在建筑给水排水施工图中,对于某些常见部位的管道器材、设备等细部位置、尺寸和构造要求,往往是不加说明的,而是遵循专业设计规范、施工操作规程等标准进行施工的,读图时欲了解其详细做法,尚需参照有关标准图集和安装详图。

二、建筑给水排水工程施工图识读

按照上面介绍的建筑给水排水工程施工图的读图顺序,读某商住楼室内给水排水管道施工图。

图 1-26 ~ 图 1-33 是某商住楼室内给水排水管道施工图的一部分,现以这套施工图为例,说明识读的主要内容和注意事项。

(1)查明建筑物情况。

这是一幢五层楼的建筑,一层南半部为商场,北半部为半地下室的储藏间,储藏间上部有一夹层,二层以上为居住建筑。

图纸目录

设计号　200413　2004年12月20日

序号	图号	图纸名称	图纸修改记录
项目名称		××××商住楼	
01	水施—01	给水排水设计说明	
		设备安装图集选用表	
02	水施—02	一层给水排水平面图	
03	水施—03	夹层给水排水平面图	
04	水施—04	二层给水排水平面图	
05	水施—05	标准层给水排水平面图	
06	水施—06	五层给水排水平面图	
07	水施—07	消火栓系统示意图　给水系统图	
		热水系统图　排水系统图	

给水排水图例表

图例	说明	图例	说明
JL-	生活冷水给水管		自动放气阀
RL-	生活热水给水管		延时自闭阀
RHL-	生活热水循环水管		角阀
PL-	污水排水管		存水弯
XL-	消火栓系统给水管		图形地漏
	室内单栓消火栓		排水管检查口
	手提式磷酸铵盐灭火器		透气网罩
	铜球阀		地面清扫口

设备安装图集选用表

序号	名称	规格型号	图集号
1	分户水表	*DN*20	L03S001-15
2	洗面器		L03S003-11
3	坐便器		L03S003-22
4	圆角淋浴房		L03S003-40
5	浴盆		L03S003-43
6	成品淋浴器		L03S003-38
7	厨房洗涤盆		L03S003-58
8	成品污水盆		L03S003-60
9	圆形地漏	*DN*50	LS06-18
10	室内消火栓	SN50/甲型	L03S004-26

图1-26　图纸目录、图例、选用图集表

给水排水设计说明

一、设计依据

1.建设单位提供的有关设计要求

2.建筑专业提供的平、立、剖面图

3.《建筑给水排水设计规范》(GB 50015—2003)

4.《建筑设计防火规范》(GB 50016—2006)

5.《建筑灭火器配置设计规范》(GB 50140—2005)

二、设计范围

本工程给水排水设计包括×××住宅楼的生活冷、热水系统，生活污水排水系统，室内消火栓系统和建筑灭火器配置。

三、生活冷水系统

1.水源和供水方式

该建筑生活冷水水源为小区冷水供水管网。入口所需供水压力为0.30 MPa。

生活冷水系统采用直接供水方式。单元水表设在室内水表井内，分户冷水表集中设置在管井内。从分户水表到各用水点的冷水管道设在地板面层内，到卫生间或厨房后返至地面上300 mm暗装。

2.管材和阀门

生活冷水管道采用PPR管，热熔连接，阀门采用铜球阀。

四、生活热水系统

1.水源和供水方式

该建筑生活热水水源为小区集中热水供水管网。入口所需供水压力为0.30 MPa，生活热水系统采用主管循环直接供水方式，分户热水表集中设置在管井内。

从分户水表到各用水点的热水管道敷设在地板面层内，到卫生间或厨房后至地面上400 mm暗装。

2.管道和阀门

生活热水管道采用衬塑钢管,管件连接,阀门采用铜球阀。

五、排水系统

1.室内污水管道除伸顶通气管采用机制柔性铸铁管外，其余均采用UPVC塑料排水管。

当层高≤4 m时，UPVC立管处，每层设一伸缩节；当层高＞4 m时，UPVC立管处，每层设二伸缩节，排水横支管直线长度＞2 m时,设伸缩节,伸缩节应尽量设在靠近水流汇合管件处。

2.室内排水立管上的检查口设置高度，距地面1.0 m。

3.除放洗衣机处地漏采用*DN*50洗衣机专用地漏外，其余地漏均为*DN*50普通圆形地漏。

4.室内排水横支管的坡度为0.026，排水横干管采用以下坡度敷设：

UPVC排水横干管标准坡度表

公称外径	*De*75	*De*110	*De*160	*De*200
标准坡度	0.015	0.012	0.007	0.005

六、室内消火栓系统

1.室内消防用水量为5 L/s,室内消火栓系统工作压力为0.40 MPa。

2.在一层商场内和住宅楼梯间内设置室内消火栓系统，每间高敷设2套消火栓，住宅楼梯间内每层设置1套消火栓。

室内消火栓采用SN50型单阀出口消火栓，暗装，栓口口径为*DN*50。

水枪口径为ϕ16，配25 m衬胶水龙带。

室内消火栓系统管道接自室外消防供水环管。

3.消火栓系统管道采用镀锌钢管，丝接。

七、建筑灭火器配置

在底层商场内和住宅楼梯间内配置建筑灭火器，配置等级为轻危险级。

每点设置2具MFA4型手提式磷酸胺盐干粉灭火器，放置在组合式消防柜内。

八、其他

1.本工程采用给水排水标准图集(省标LS06、L03S001—004)。

2.所有设备、材料的购置、安装和使用除满足规范和设计要求外，还应满足生产厂家的技术要求。

3.半地下室内明装冷热水管道均采用20 mm厚橡塑管壳保温，外包PAP保护层。

4.未尽事宜严格按照国家相关规范和当地有关规定执行。

图1-27　给水排水设计说明

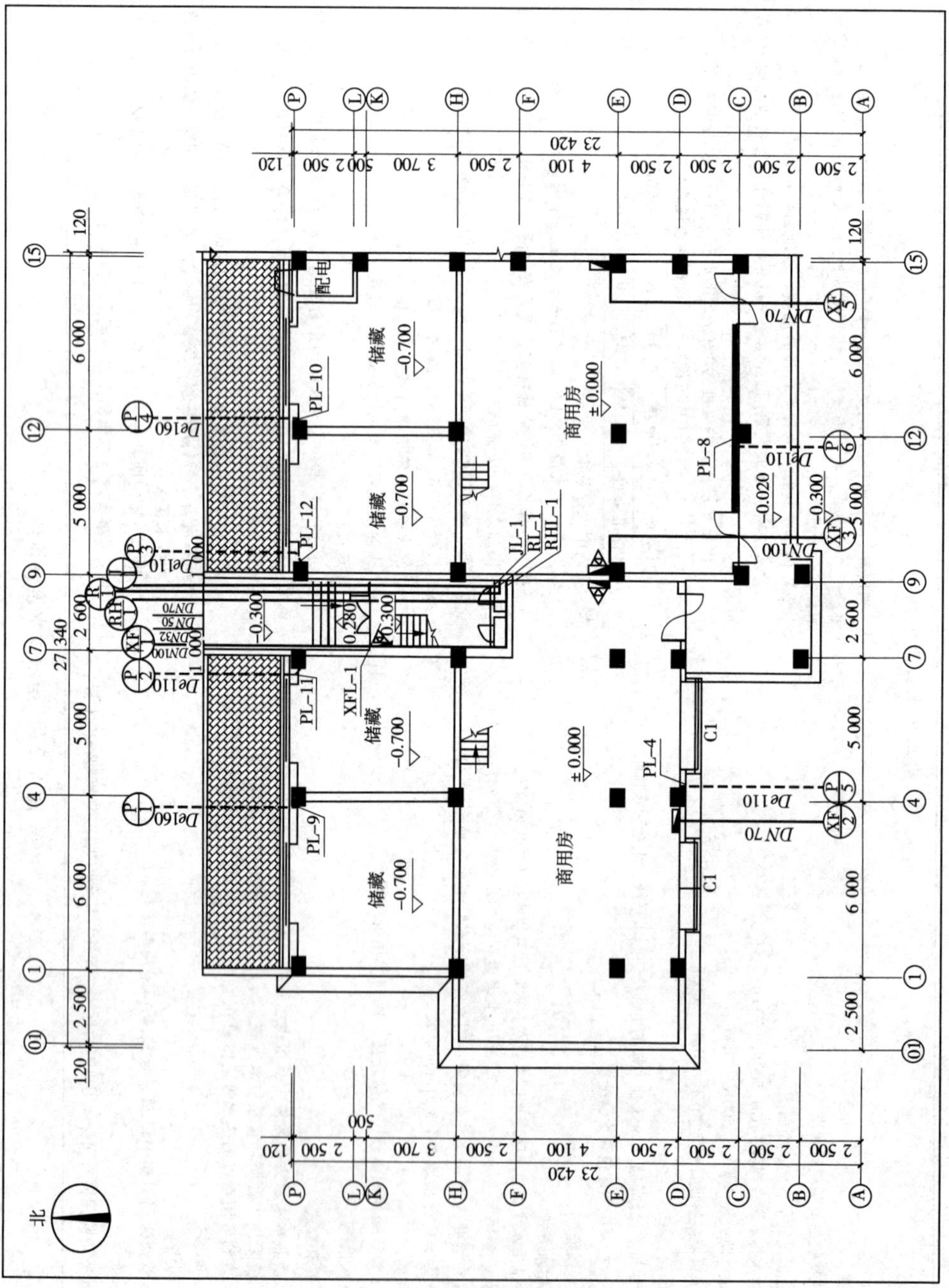

图1-28　一层给水排水平面图

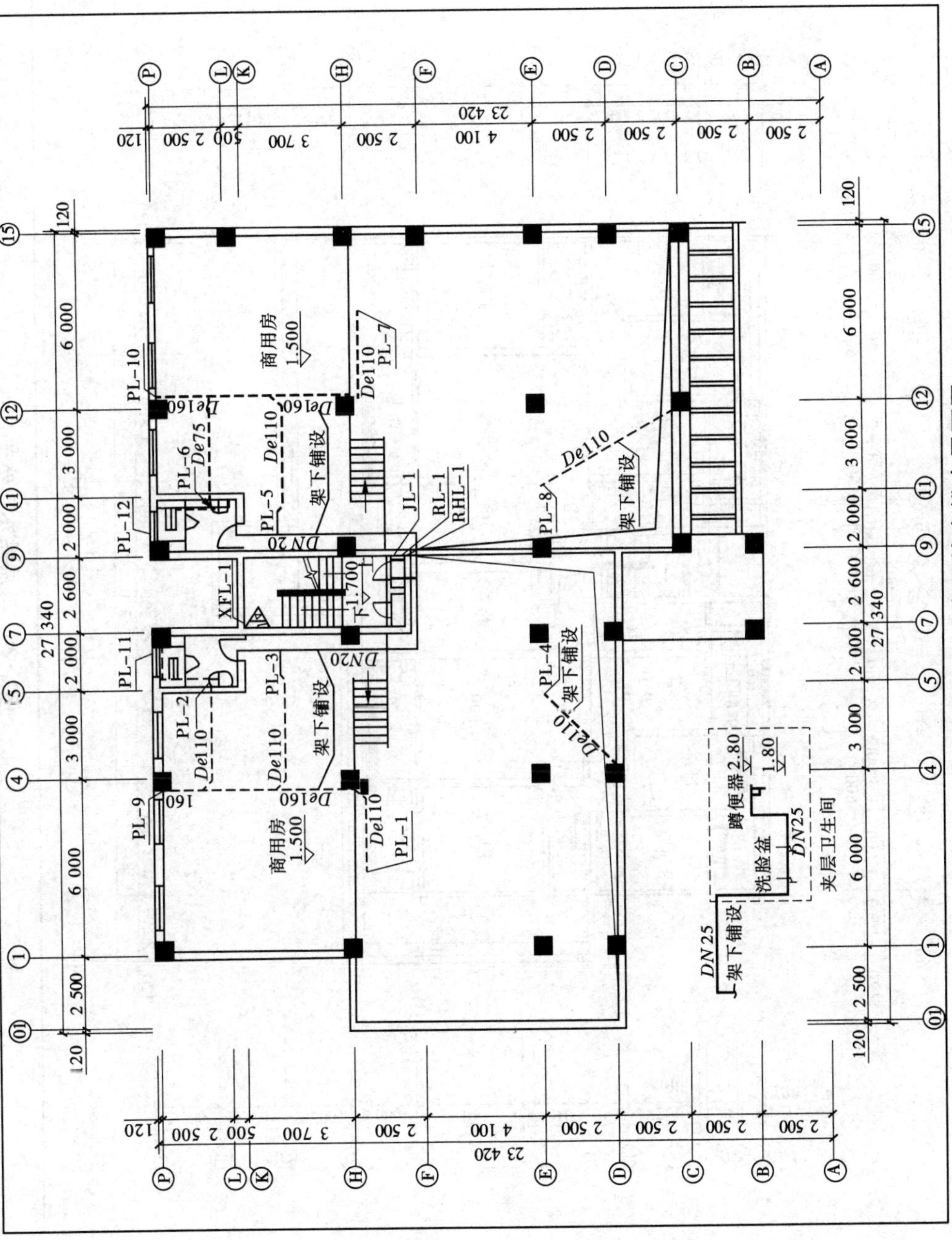

图1-29　夹层给水排水平面图

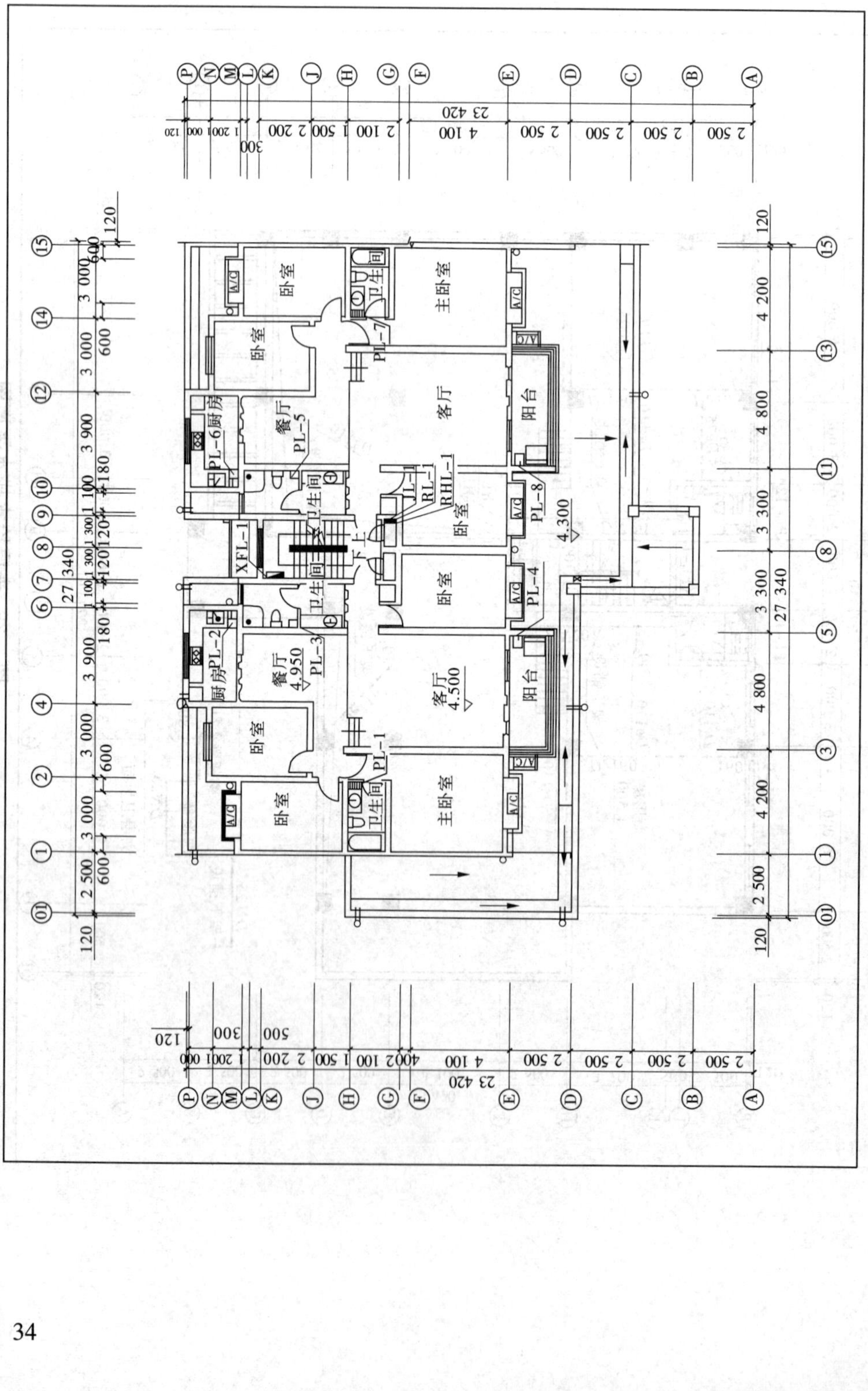

图1-30　二层给水排水平面图

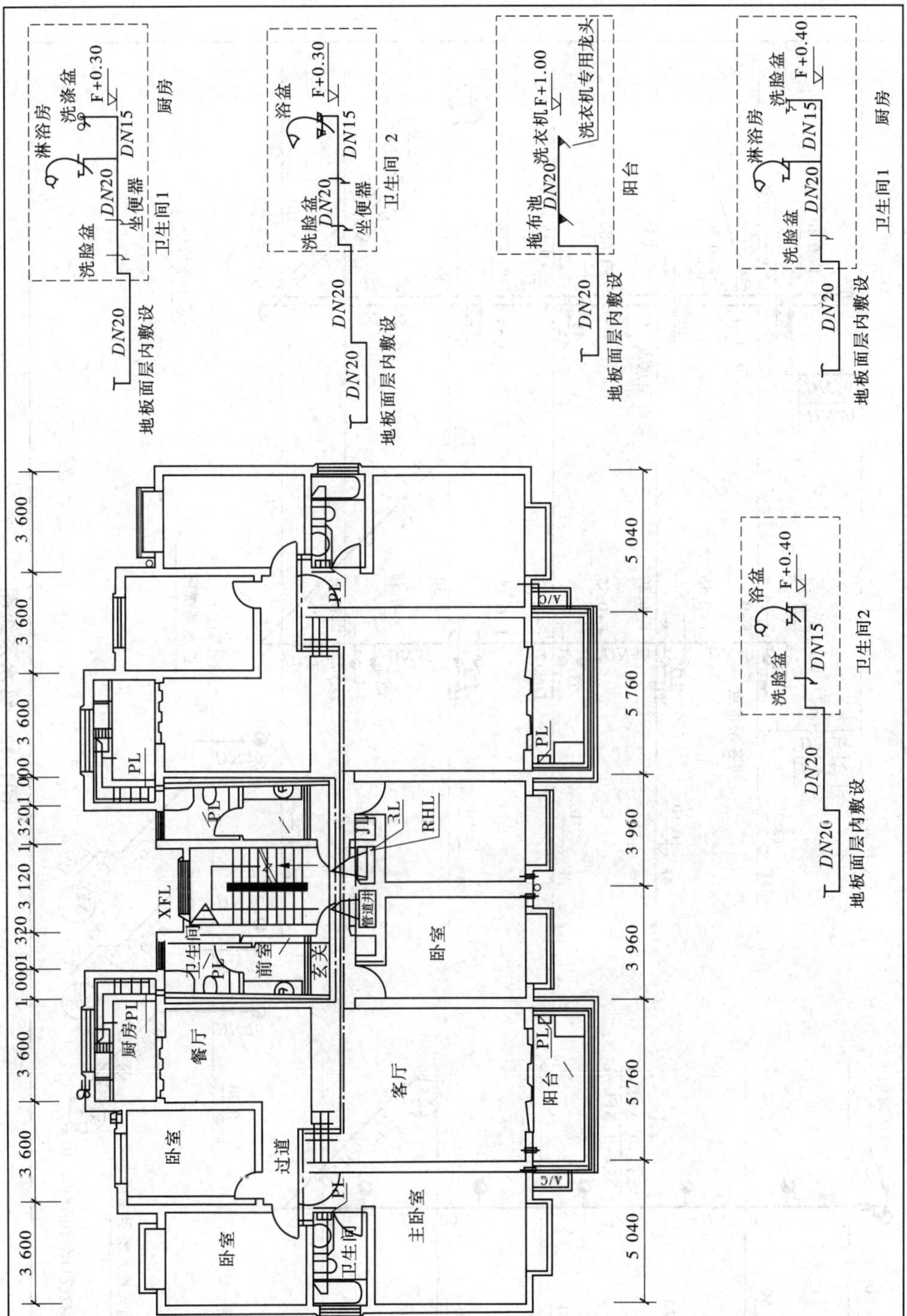

图 1-31　标准层给水排水平面图

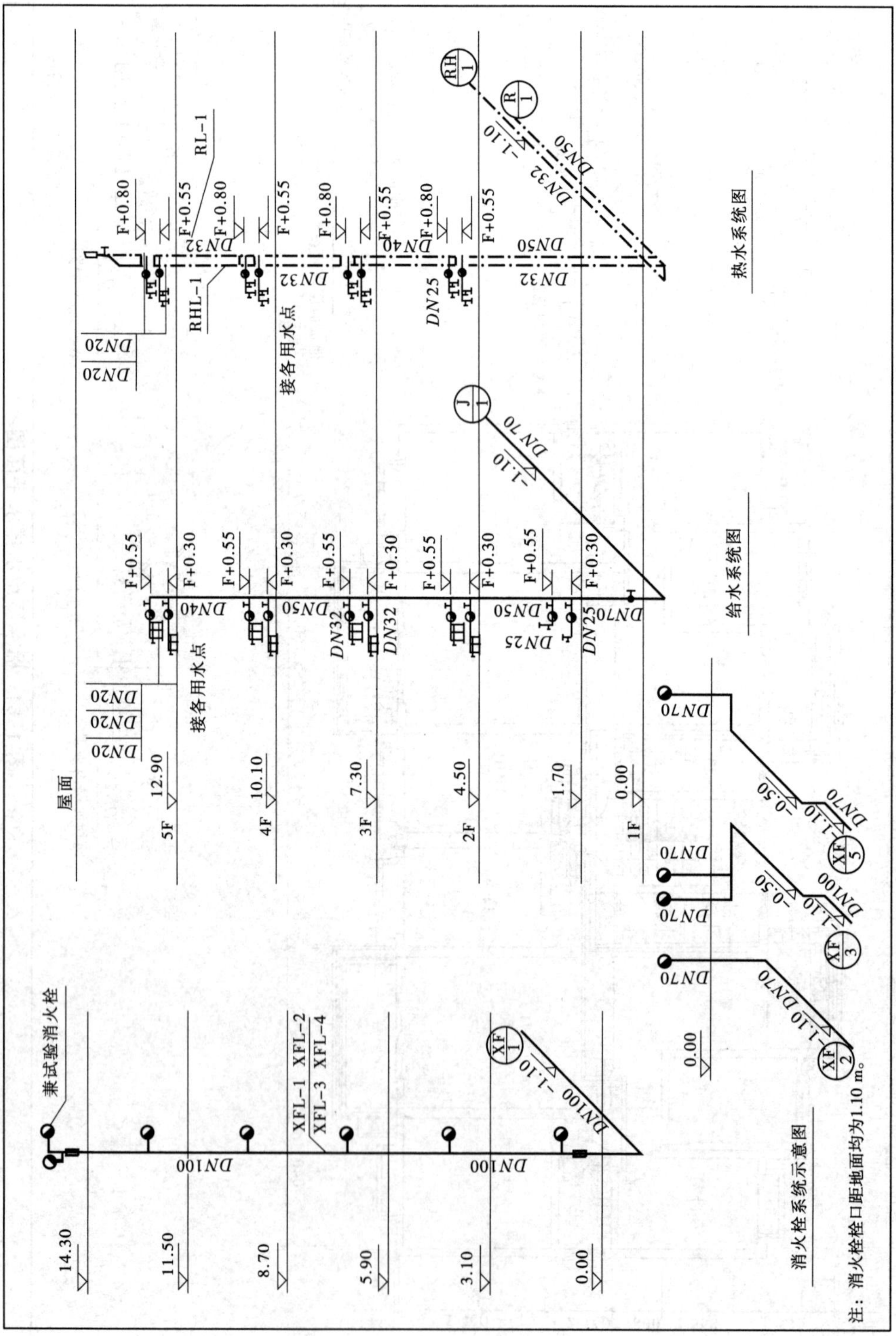

注：消火栓栓口距地面均为1.10 m。

图1-32　给水系统图

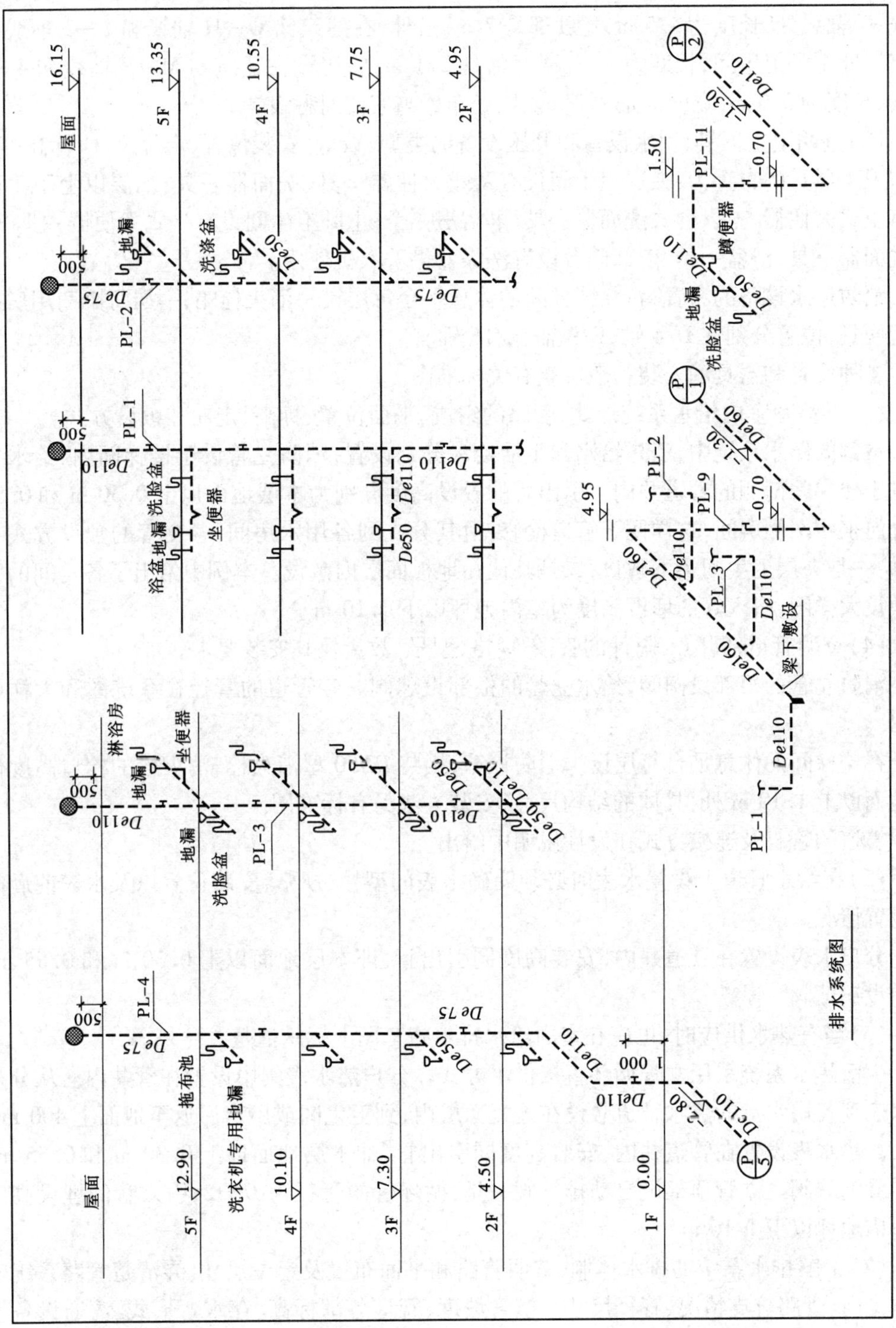
屋面
16.15
5F
13.35
4F
10.55
3F
7.75
2F
4.95
PL-2
De75
地漏
洗涤盆
De50
PL-1
De110
浴盆
地漏
洗脸盆
坐便器
De50
De110
P/2
De110
-1.30
1.50
PL-11
-0.70
蹲便器
地漏
洗脸盆
P/1
De160
PL-2
PL-9
PL-3
De110
梁下敷设
De160
PL-1
淋浴房
坐便器
PL-3
PL-4
De75
拖布池
洗衣机专用地漏
12.90
10.10
7.30
4.50
0.00
1F
1 000
-0.80
P/5
排水系统图

图1-33　排水系统图

夹层有卫生间，二层以上有卫生间、厨房等用水房间。夹层卫生间设在建筑物 L—P 轴线和 5—7 轴线处，长度为 3 m，宽度都是 2 m；二层以上卫生间设在建筑物 H—M 轴线和 5—7 轴线处，长度为 4.5 m，宽度都是 2 m；另外，在建筑物 G—H 轴线和 1—2 轴线处还有一处主卧卫生间，长度为 3 m，宽度都是 2.1 m；厨房设在建筑物 M—P 轴线和 4—6 轴线，长度为 3.9 m，宽度都是 2.2 m。以上布置与东侧对称设置。

(2)查明卫生器具、用水设备和升压设备的类型、数量、安装位置、定位尺寸、标高等。

卫生器具的布置为：夹层卫生间设有蹲式大便器一具、洗面器一具；二层以上卫生间设有坐式大便器一具、台式洗面器一具、淋浴房一个；主卧卫生间设有坐式大便器一具、台式洗面器一具、浴盆一具；南部阳台设有洗涤盆供洗衣机使用。

消防用水设备的布置为：在楼梯间的休息平台每层设一消火栓箱，一层每个商用房内设置两具，位置分别在 D/4 轴、E/9 轴、E/15 轴。

各种设备和器具的安装一般可查有关标准图。

(3)弄清楚室内给水系统形式、管路的组成、平面位置、标高、走向和敷设方式。

本例的给水系统中，消防给水和生活给水分别设置，消防立管设于楼梯间内，给水立管设于楼梯间南侧的管道井内。引出管的敷设高度分别为本层地面以上 0.30 m 和 0.55 m 分向东西两侧房间，这样便于管道检修；由其分支到各用水房间，各支管的敷设方式有两种：一是夹层卫生间梁下敷设，二是其他在地板面层内敷设。本例中给出了各房间的管道敷设大样图，引入管的埋设高度为室内地坪以下 1.10 m。

(4)查明管道、阀门及附件的管径、规格、型号、数量及其安装要求。

消防立管的根部设闸阀，给水立管的根部设球阀。各管道的管径在系统图和大样中标出。

在楼梯间的休息平台每层设一消防栓箱，接装 *DN*50 型消火栓，消火栓的栓口高度位于地面以上 1.10 m 处，具体的结构尺寸、安装方法另有标准图。

管道的管材及连接方式在设计说明中给出。

(5)在给水管道上设置水表时必须明确水表的型号、规格、安装位置以及水表前后阀门设置情况。

分户水表设置在管道井内，安装高度同引出管，即本层地面以上 0.30 m 和 0.55 m，表前设铜球阀。

(6)当有热水供应时，也应在室内给水排水施工图上标示清楚。

生活热水系统采用立管循环直接供水方式。分户热水表集中设置在管井内。从分户热水表到各用水点的热水管道敷设在地板面层内，到卫生间或厨房后返至地面上 400 mm 暗装。热水表设置在管道井内，安装高度同引出管，即本层地面以上 0.30 m 和 0.55 m，表前设铜球阀。立管顶部设自动排气阀一具，循环管的管径为 *DN*32；引入管的埋设高度为室内地坪以下 1.10 m。

(7)了解排水系统的排水体制，查明管路和平面布置及定位尺寸，弄清楚管路系统的具体走向、管路分支情况、管径尺寸与横管坡度、管道各部标高、存水弯形式、清通设备设置情况、弯头及三通的选用。

本例的排水系统是合流制（污废合流），排出管 P/1 在一层顶沿梁下接 PL－1、PL－2、

PL－3 三根立管，在拐弯处设清扫口；P/2 不设通气立管，其他立管伸出屋面向上 500 mm 顶端装设通气帽；检查口设在第一、二、四、五层，设置高度为地面以上 1.0 m；排出管的管底埋深为室内地坪以下 1.30 m；各排水管的排出坡度在设计说明中给出；南部阳台设有洗衣机专用地漏，供洗衣机使用。

(8)了解管道支吊架形式及设置要求，弄清楚管道油漆、涂色、保温及防结露等要求。

室内给水排水管道的支吊架在图样上一般都不画出来，由施工人员按有关规程和习惯做法自己确定，如本例的给水管道为明装和暗装两种，明装管道可采用管卡，按管线的长短、转弯多少、器具设置情况、管径大小提出各种规格管卡的数量。排水立管用立管卡子装设在排水管承口上面，每根管子设一个；排水横管则采用吊卡，间距不超过 2 m，吊在承口上。镀锌钢管一般不再刷油漆，管道是否要保温或做防露措施，按图纸说明的规定执行。

任务四 建筑给水排水系统的安装

【任务导航】

本任务主要学习建筑给水排水系统的安装。

一、给水排水管道的防腐与绝热保温

(一)给水排水管道的防腐

1. 工艺流程

管道清理除锈→涂漆→防腐材料的安装。

2. 管道(设备)常用防腐涂料

涂料主要由液体材料、固体材料和辅助材料三部分组成。涂覆至管道、设备和附件等表面上构成薄薄的液态膜层，干燥后附着于被涂表面，起到防腐保护作用。

涂料按其作用一般可分为底漆和面漆，先用底漆打底，再用面漆罩面。防锈漆和底漆均能防锈，都可用于打底。它们的区别在于：底漆的颜料成分高，可以打磨，底漆料偏重于对物体表面的附着力，而防锈漆料偏重于满足耐水、耐碱等性能的要求。

1)防锈漆

防锈漆有硼钡酚醛防锈漆和铝粉硼酚醛防锈漆、铝粉铁红酚醛醇酸、云母氧化铁酚醛防锈漆、红丹防锈漆、铁红油性防锈漆、铁红酚醛防锈漆和酚醛防锈漆等。

2)底漆

底漆有 7108 稳化型带锈底漆、X06－1 磷化底漆、G06－1 铁红醇酸底漆、F06－9 铁红纯酚醛底漆、H06－2 铁红环氧底漆、G06－4 铁红环氧底漆。

3)沥青漆

沥青漆常用于设备、管道表面，防止工业大气和土壤水的腐蚀。常用的沥青漆有 L50－1 沥青耐酸漆、L01－6 沥青漆、L04－2 铝粉沥青磁漆等。

4)面漆

面漆用来罩光、盖面，用作表面保护和装饰，常用面漆的性能与用途见表 1-3。

表1-3 常用面漆的性能与用途

名称	型号	性能	耐温（℃）	主要用途
各色厚漆（铅油）	Y02－1	涂膜较软，干燥慢，在炎热而潮湿的天气有发黏现象	60	用清油稀释后，用于室内钢铁、木材表面打底或盖面
各色油漆调和漆	Y03－1	附着力强，耐候性较好，不易粉化、龟裂，在室外优于磁性调和漆	60	做室内外金属、木材、建筑物表面防护和装饰用
银粉漆	C01－2	对钢铁和铝表面具有较强的附着力，涂膜受热后不易起泡	150	供采暖管道及散热器做面漆
各色酚醛调和漆	F03－1	附着力强，光泽好，耐水，漆膜坚硬但耐候性稍差	60	做室内外金属、木材的一般防护面漆
各色醇酸调和漆	C03－1	附着力强，涂膜坚硬光亮，耐候、耐久、耐油性都较油性调和漆好	60	做室外金属防护面漆
生漆（大漆）		附着力好，涂膜坚硬，耐多种酸，耐水，但毒性大	200	做钢铁、木材表面的防潮、防腐
过氧乙烯防腐漆	G52－1	有良好的防腐性，能耐酸、碱和化学介质腐蚀，并能防毒防潮	60	用于钢铁和木材表面，以喷涂为佳
漆酚树脂漆（自干漆）		与钢铁附着力强，涂膜坚硬，耐酸，耐水，毒性小	200以下	用于金属表面做防腐涂剂

3. 管道（设备）防腐的操作工艺

1）管道（设备）表面的除锈

管道（设备）表面的除锈是防腐施工中的重要环节，其除锈质量的高低直接影响到涂膜的寿命。除锈的方法有手工除锈、机械除锈和化学除锈。

（1）手工除锈。用刮刀、手锤、钢丝刷以及砂布、砂纸等手工工具磨刷管道表面的锈和油垢等。

（2）机械除锈。利用机械动力的冲击摩擦作用除去管道表面的锈蚀，是一种较先进的除锈方法。可用风动钢丝刷除锈、管子除锈机除锈、管内扫管机除锈、喷砂除锈。

（3）化学除锈。利用酸溶液和铁的氧化物发生反应将管子表面锈层溶解、剥离的除锈方法。

2）涂漆施工要求

防腐涂料常用的施工方法有刷、喷、浸、浇等。施工中一般多采用刷和喷两种方法。

（1）防腐施工要求在室内涂装的适宜温度是20～25 ℃，相对湿度以65%以下为宜。在室外施工时应无风沙、细雨，气温不宜低于5 ℃，且不宜高于40 ℃，相对湿度不宜大于85%，涂装现场应有防风、防火、防冻、防雨等措施。对管道表面应进行严格的防锈，除灰土、除油脂、除焊渣处理,表面处理合格后,应在 3 h 内涂罩第一层漆。控制好涂料的涂装间隔时间,把握涂层之间的重涂适应性,必须达到要求的涂膜厚度,一般以 150 ~ 200 μm 为宜;操作区域应有良好的通风及通风除尘设备,防止中毒事故发生。

(2)涂料使用前应搅拌均匀。表面已起皮的应过滤,然后按涂漆方法的需要选择相应的稀释剂稀释至适宜稠度,调成的涂料应及时使用。

(3)采用手工涂刷时,用刷子将涂料均匀地刷在管道表面上。涂刷的操作程序是自上而下、自左至右纵横涂刷。

(4)采用喷涂时,以压缩空气为动力,用喷枪将涂料喷成雾状,均匀地喷涂于管道表面上。喷涂操作环境应洁净,温度宜为 15 ~ 30 ℃,涂层厚度为 0.3 ~ 0.4 mm。涂层干燥后,用纱布打磨后再喷涂下一层。

3)室内明装、暗装管道涂漆

(1)明装镀锌钢管刷银粉漆 1 道或不刷漆,黑铁管及其支架等刷红丹底漆 2 道、银粉漆 2 道。

(2)暗装黑铁管刷红丹底漆 2 道。

4)室外管道涂漆、包扎防腐材料

(1)明装室外管道,刷底漆或防锈漆 1 道,再刷 2 道面漆。

(2)通行或半通行地沟里的管道,刷防锈漆 2 道,再刷 2 道面漆。

(3)埋地金属管防腐。铸铁管在其表面涂 1 ~ 2 道绝缘沥青漆即可;碳钢管埋在一般土壤里采用普通防腐(三油二布):沥青底漆沥青 3 层,夹玻璃布 2 层塑料布,每层沥青厚 2 mm,总厚度不小于 6 mm;碳钢管埋在高腐蚀性土壤里采用加强防腐(四油三布):沥青底漆沥青 4 层,夹玻璃布 3 层塑料布,每层沥青厚 2 mm,总厚度不小于 8 mm。

(二)给水排水管道的保温

1. 工艺流程

管道清理除锈→涂漆→绝热保温层→防潮层→保护层。

2. 管道(设备)常用保温材料

保温材料的导热系数 $\lambda \leqslant 0.12$ W/(m·K),用于保冷的材料导热系数 $\lambda \leqslant 0.064$ W/(m·K)。常用保温材料如下:

(1)膨胀珍珠岩类。这类材料密度小,导热系数小,化学稳定性强,不燃烧,耐腐蚀,无毒无味,价廉,产量高,资源丰富,使用广泛。

(2)泡沫塑料类。这类材料密度小,导热系数小,施工方便,不耐高温,适用于 60 ℃以下的低温水管道保温。聚氨酯泡沫塑料可现场发泡浇筑成型,强度高,但成本也高,此类材料可燃烧,防火性差,分自熄型和非自熄型两种,应用时需注意。

(3)普通玻璃棉类。这类材料耐酸、抗腐蚀,不烂、不怕蛀,吸水率小,化学稳定性好,无毒、无味,廉价,寿命长,导热系数小,施工方便,但刺激皮肤。

(4)超细玻璃棉类。这类材料密度小,导热系数小,其余特性同普通玻璃棉。

(5)超轻微孔硅酸钙。这类材料含水率小于 3% ~4%,耐高温。

(6)蛭石类。这类材料适用于高温场合,强度大,廉价,施工方便。

(7)矿渣棉类。这类材料密度小,导热系数小,耐高温,廉价,货源广,填充后易沉陷,施工时刺激皮肤并且尘土大。

(8)石棉类。这类材料耐火,耐酸碱,导热系数较小。

(9)岩棉类。这类材料密度小,导热系数小,适用温度范围广,施工简单,但刺激皮肤。

3. 常用管道(设备)保温的操作工艺

1)预制式管道(设备)保温

一般将保温材料、泡沫塑料、硅藻土、石棉蛭石预制成扇形保温瓦,再用保温瓦包住管道。其施工要求为:

(1)将管子表面的锈蚀除去,涂2道防锈漆。

(2)绑扎保温瓦时应先在管子外涂一层厚10 mm的石棉灰。

(3)安装石棉瓦时应使横向接缝错开,并用与石棉灰或石棉瓦相同的粉状材料填塞。包围管周围的预制保温瓦最多不超过8块,且块数应为偶数。

(4)预制瓦每隔150 mm用直径1.5~2 mm的镀锌钢丝绑扎。

(5)弯管处必须留有膨胀缝(包含保护壳),并用石棉绳堵塞。

(6)保温层外径大于200 mm时,应在保温瓦外面用网格30 mm×30 mm~50 mm×50 mm的镀锌钢丝网绑扎。

(7)采用矿渣棉、玻璃棉制的保温瓦时,宜用油毡玻璃丝布做保护壳,不宜用石棉水泥做保护壳。

2)包扎式管道(设备)保温

包扎式管道(设备)保温材料主要是沥青或沥青矿渣玻璃棉板或毡。其施工要求为:

(1)将管子表面的锈蚀除去,涂2道防锈漆。

(2)先将成卷棉毡按管的规格裁剪成块,并将厚度修整均匀,保证棉毡的容重。

(3)保温层厚度按设计要求,如果单层达不到要求,可用2层或3层,横向接缝应紧密结合。搭接宽度:管径小于200 mm时宽度为50 mm,管径为200~300 mm时宽度为100 mm。

(4)包扎棉毡用的镀锌钢丝直径为1.0~1.4 mm,间距为150~200 mm。

(5)保护壳的做法:第一层将350号石棉沥青毡用直径1.0~1.6 mm镀锌钢丝,以间距为250~300 mm直接捆扎在保温层的外面。沥青毡搭接50 mm,纵向搭接应在管子侧面,口缝向下;第二层包扎密纹玻璃布,搭接约40 mm,每隔3 m用直径1.6 mm的镀锌钢丝绑扎。

(6)宜用油毡玻璃丝布做保护壳,不宜用易受潮的石棉水泥做保护壳,架空管道(设备)可用1 mm厚的硬纸板做保护壳。

二、室内给水工程的安装

(一)室内金属给水管道及附件的安装

1. 工艺流程

测量放线→预埋与预制加工→支架、吊架安装→干管安装→立管安装→支管安装→阀门安装→试压→管道保温→管道冲洗→管道消毒。

2. 室内金属给水管道及附件操作工艺

安装时，一般从总进水入口开始操作，总进水端口安装临时丝堵以备试压用，把预制完的管道运到安装部位按编号依次排开。安装前清扫管膛，螺纹连接管道抹上铅油缠好生料带，用管钳按编号依次上紧，螺纹外露 2 ~ 3 个螺距，安装完后找正找直，复核管径、方向和甩口位置。

1) 测量放线

依据施工图进行放线，按实际安装的结构位置做好标记，确定管道支架、吊架的位置。

2) 预埋与预制加工

(1)孔洞预留。根据施工图中给定的穿管坐标和标高在模板上做好标记，将事先准备的模具用钉子钉在模板上或用钢筋绑扎在周围的钢筋上，固定牢靠。

(2)套管预埋。①管道穿越地下室和地下构筑物的外墙、水池壁等均设置防水套管。②穿墙套管在土建砌筑时及时套入，位置准确。过混凝土板墙的管道，在混凝土浇筑前安装好套管，与钢筋固定牢，同时在套管内放入松散材料，防止混凝土进入套管内。管道与套管之间的空隙用阻火填料密封。

(3)预制加工。①按设计图画出管道分路、管径、变径、预留管口及阀门位置等施工草图，按标记分段量出实际安装的准确尺寸，记录在施工草图上，然后按施工草图测得的尺寸预制组装；②沟槽加工应按厂家操作规程执行。

3) 支架、吊架安装

(1)按不同管径和要求设置相应管卡，位置应准确，埋设应平整。

(2)固定支架、吊架应有足够的刚度和强度，不得产生弯曲变形。

(3)钢管水平安装支架、吊架的间距不得大于表 1-4 的规定。

表 1-4　钢管水平安装支架、吊架的最大间距

公称直径(mm)		15	20	25	32	40	50	70	80	100	125	150	200	250	300
最大间距(m)	保温管	2	2.5	2.5	2.5	3	3	4	4	4.5	6	7	7	8	8.5
	不保温管	2.5	3	3.5	4	4.5	5	6	6	6.5	7	8	9.5	11	12

4) 干管安装

A. 给水铸铁管的安装

(1)清扫管膛及承插口内外侧的脏物，承口按朝来水方向的顺序排列，连接的对口间隙不应小于 3 mm，找平后固定管道。管道拐弯和始端处应固定，防止捻口时发生轴向移动，管口随时封堵好。

(2)水泥接口、捻麻时将油麻绳拧成麻花状，用麻钎捻入承口内，承口周围间隙应保持均匀，一般捻口两圈半，约为承口深度的 1/3。将油麻捻实后进行捻灰(水泥强度等级 32.5 级、水灰比 1∶9)，用捻凿将灰填入承口，随填随捣，直至将承口打满。承口捻完后应用湿土覆盖或用麻绳等物缠住接口进行养护，并定时浇水，一般养护 2 ~ 5 d。冬季应采取防冻措施。

(3)采用青铅接口的给水铸铁管在承口油麻打实后，用定型卡箍或包有胶泥的麻绳

紧贴承口，缝隙用胶泥抹严，用化铅锅加热铅锭至500 ℃左右（液面呈紫红色），水平管灌铅口位于上方，将熔铅缓慢灌入承口内，使空气排出。对于大管径管道，灌铅速度可适当加快，防止熔铅中途凝固。每个铅口应一次灌满，凝固后立即拆除卡箍或泥模，用捻凿将铅口打实（铅接口也可采用捻铅条的方式）。

B. 给水镀锌管安装

(1)螺纹连接。管道抹上铅油，缠好生料带，用管钳按编号依次上紧，螺纹外露2～3个螺距，安装完后找正找直，复核管径、方向和甩口位置，清扫麻头，做好防腐，所有管口要做好临时封堵。

(2)法兰连接。管径≤100 mm时宜用螺纹法兰，管径＞100 mm时宜用焊接法兰，二次镀锌。法兰盘连接衬垫，一般冷水管采用橡胶垫；生活热水管采用耐热橡胶垫，垫片要与管径同心，不得多垫。

(3)沟槽连接。胶圈安装前除去管口端密封处的脏物，胶圈套在一根管的一端，然后将另一根管的一端与该管口对齐、同轴，两端要求留一定的空隙，再移动胶圈，使胶圈与两侧钢管的沟槽距离相等。胶圈外表面涂上专用润滑剂或肥皂水，将两瓣卡箍进沟槽内，再穿入螺栓，并均匀地拧紧螺母。

C. 铜管安装

(1)安装前将管调直，冷调法适合外径≤108 mm的管道，热调法适合外径＞108 mm的管道。调直后，铜管不应有内陷、破损等现象。

(2)薄壁铜管可采用承插式钎焊接口、卡套式接口和压接式接口。厚壁铜管可采用螺纹接口、沟槽式接口和法兰式接口。

①钎焊连接。钎焊强度小，一般焊口采用插接形式。插接长度为管壁厚的6～8倍；管外径≤28 mm时，插接长度为$(1.2\sim1.5)D$。当铜管与铜合金管件焊接时，应在铜合金管件焊接处使用助焊剂，并在焊接完后清除管外壁的残余熔剂。覆塑铜管焊接时应先剥出不小于200 mm的裸铜管，焊接完成后复原覆塑层。

②卡套式连接。管口断面应垂直平整，应使用专用工具将其整圆或扩口，安装应使用专用扳手，严禁使用管钳旋紧螺母。

③压接式连接。使用专用压接工具，管材插入管件的过程中密封圈不得变形，压接时卡钳端面应与管件轴线垂直，达到规定压力时延时1～2 s。

④螺纹接口、沟槽式接口和法兰式接口同镀锌钢管。

5)立管安装

(1)立管明装。每层从上至下统一吊线安装管卡件，将预制好的立管按编号分层排开，顺序安装，对好调直时的印记，复核甩口的高度、方向是否正确，支管甩口加好临时封堵。立管阀门安装的朝向应便于检修，安装完用线坠吊直找正，并配合土建堵好楼板洞。

(2)立管暗装。竖井内立管安装的卡件应按设计和规范要求设置，安装在墙内的立管宜在结构施工时预留管槽，立管安装时吊直找正，用卡件固定，支管甩口应明露并做好临时封堵。

6)支管安装

预制好的支管从立管甩口处依次进行安装，有截门的应将截门盖卸下再安装，根据管道的长度适当加好临时固定卡，核定不同卫生器具的冷热预留口高度，位置是否正确，找平找正后栽支管卡件，上好临时丝堵。

(1)支管明装。安装前应配合土建正确预留孔洞和预埋套管。支管如装有水表应先装上连接管，试压、冲洗合格后，在交工前卸下连接管，安装水表。

(2)管道嵌墙、直埋敷设时，宜在砌墙时预留凹槽，其深度为 *De* +20 mm，宽度为 *De* +40 ~60 mm；凹槽表面必须平整，管道安装、固定、试压合格后用 M7.5 级水泥砂浆填补。

(3)管道在楼板面层直埋时，应在板找平层预留管槽，其深度为≥*De* +20 mm，宽度为 *De* +40 mm；管道安装、固定、试压合格后用与板找平层相同的水泥砂浆填补。

(4)管道穿墙时可预留孔洞，墙管或孔洞内径宜为管外径 *De* +50 mm。

(5)支管暗装。确定支管高度后画线定位，剔出管槽，将预制好的支管敷在槽内，找平、找正定位后用勾钉固定。卫生器具的冷热水预留口要做在明处，加好丝堵。

7)阀门安装

阀门安装前应做耐压强度试验，试验应从每批(同牌号、同规格、同型号)数量中抽查10%且不小于1个，如有不合格应再抽查20%，仍有不合格的应全部试验。对于安装在主干管上起切断作用的闭路阀门，应逐个进行强度和严密性试验，强度试验压力为公称压力的1.5倍，严密性试验压力应为公称压力的1.1倍。

阀门强度试验是阀门在开启状态下试验，检查阀门外表面的渗漏情况。

阀门严密性试验是指阀门在关闭状态下试验，检查阀门密封面是否渗漏。

阀门安装的一般规定如下：

(1)阀门与管道或设备的连接有螺纹连接和法兰连接两种。安装螺纹阀门时，两法兰应互相平行且同心，不得使用双垫片。

(2)水平管道上阀门、阀杆、手轮不可朝下安装，宜向上安装。

(3)并排立管上的阀门，高度应一致且整齐，手轮之间应便于操作，净距不应小于100 mm。

(4)安装有方向要求的疏水阀、减压阀、止回阀、截止阀，一定要使其安装方向与介质的流动方向一致。

(5)换热器、水泵等设备安装体积和重量较大的阀门时，应单设阀门支架，操作频繁、安装高度超过1.8 m的阀门，应设固定的操纵平台。

(6)安装于地下管道上的阀门应设在阀门井内或检查井内。

(7)减压器的安装。它是以阀组的形式出现的。阀组由减压阀、前后控制阀、压力表、Y形过滤器、可挠件橡胶接头及螺纹连接的三通、弯头、活接头等管件组成。阀组则称为减压器。减压阀有方向性，安装时不得反装。

(8)疏水阀的安装。疏水阀常由前后的控制阀、旁通装置、冲洗和检查装置等组成阀组，称为疏水阀。

8)管道试压

管道试验压力为管道工作压力的1.5倍，但不得小于0.6 MPa。管道水压试验应符合下列规定：

(1)水压试验前管道应固定牢靠，接头须明露，支管不宜连通卫生器具配水件。

(2)加压宜用手压泵,泵和测量压力的压力表应装在管道系统的底部最低点(不在最低点的应折算几何高差的压力值),压力表精度为0.01 MPa,量程为试压值的1.5倍。

(3)管道注满水后排出管内空气,封堵各排气出口,进行严密性检查。

(4)缓慢升压,升至规定试验压力,10 min内压力降不得超过0.02 MPa,然后降至工作压力检查,压力应不降且不渗不漏。

(5)直埋在地板面层和墙体内的管道,应分段进行水压试验,试验合格后土建方才可继续施工。

9)管道保温

具体内容详见本任务第一部分。

10)管道冲洗、通水试验

(1)管道系统在验收前必须进行冲洗,冲洗水应采用生活饮用水,流速不得小于1.5 m/s。应连续进行,当出水和进水水质的透明度一致时为合格。

(2)系统冲洗完毕后应进行通水试验,按给水系统的1/3配水点同时开放,各排水点通畅,接口处无渗漏。

11)管道消毒

(1)给水管道使用前应进行消毒。管道冲洗通水后把管道内的水放空,各配水点与配水件连接后,进行管道消毒,向管道灌注消毒溶剂,浸泡24 h以上。消毒结束后,放空管道内消毒液,再用生活饮用水冲洗管道。

(2)管道消毒后打开进水阀向管道供水,打开配水龙头适当放水,在管网最远处取水样,经卫生监督部门检验合格后方可交付使用。

(二)室内非金属给水管道及附件的安装

1.工艺流程

测量放线→加工→管道敷设、连接→管道固定→水压试压→管道冲洗→管道消毒。

2.钢塑复合管安装工艺

钢塑复合管的安装同金属给水管道的安装。

3.PPR塑料给水管安装工艺

1)测量放线

依据施工图进行放线,按实际安装的结构位置做好标记,确定管道支吊架的位置;同时,管道的标识应面向外侧,处于明显位置。

2)预制加工

(1)管材切割前必须测量和计算好管长,用铅笔在管材表面画出切割线和热熔连接深度线,连接深度见管材要求。

(2)切割管材宜用管子剪、断管器、管道切割机,不宜用钢锯。

3)管道敷设

(1)管道嵌墙、直埋敷设时,宜在砌墙时预留凹槽,其深度为$De+20$ mm,宽度为$De+40\sim60$ mm;凹槽表面必须平整,管道安装、固定、试压合格后用M7.5级水泥砂浆填补。

(2)管道在楼板面层直埋时,应在板找平层预留管槽,其深度为$\geqslant De+20$ mm,宽度为$De+40$ mm;管道安装、固定、试压合格后,用与板找平层相同的水泥砂浆填补。

(3)PPR 管道与其他金属管平行敷设,应有一定的保护距离,保护距离宜≥100 mm,且 PPR 管宜在金属管的内侧。

(4)室内明装管道安装前应配合土建预留孔洞和预埋套管,管穿楼板应设硬质套管(内径为 *De* +30 ~40 mm),套管两端应与墙的装饰面持平。

(5)建筑物埋地引入管或室内埋地管道敷设要求如下:

①室内地坪 ±0.00 以下管道敷设分两阶段进行:先敷设室内管至基础墙外壁 500 mm 为止,待土建施工结束后,再进行户外管道的敷设。

②室内地坪以下管的敷设,待土建回填土夯实,重新开挖管沟敷设。

③管道穿越基础墙处应设金属套管。套管顶与基础墙预留孔的孔顶之间预留高度应按建筑物的沉降量确定,但不应小于 100 mm。

4)管道连接

(1)热熔连接。按设计图将管材插入管件,应达到规定的热熔深度。

(2)法兰连接。将法兰盘套在管道上,有止水线的面应相对;校正两个对应的连接件,使连接的两片法兰垂直于管道中心线,表面相互平行;法兰衬垫应采用耐热无毒橡胶垫;法兰连接部位应设置支架、吊架。

5)卡件固定

(1)管道安装时应选相应的管卡。

(2)采用金属支架、吊架、管卡时宜采用扁铁制作的鞍形管卡,不得采用圆钢制作的 U 形管卡。

(3)立管、横管的支架、吊架或管卡的间距不得大于表 1-5 和表 1-6 的规定,直埋式管道的管卡间距,冷、热水管均可用 1.00 ~1.50 m。

表 1-5　冷水管支架、吊架的最大间距

公称外径(mm)	20	25	32	40	50	63	75	90	110
横管(m)	0.40	0.50	0.65	0.80	1.00	1.20	1.30	1.50	1.80
立管(m)	0.70	0.80	0.90	1.20	1.40	1.60	1.80	2.00	2.20

表 1-6　热水管支架、吊架的最大间距

公称外径(mm)	20	25	32	40	50	63	75	90	110
横管(m)	0.30	0.40	0.50	0.65	0.70	0.80	1.00	1.10	1.20
立管(m)	0.60	0.70	0.80	0.90	1.10	1.20	1.40	1.60	1.80

6)压力试验

(1)冷水管道试验压力应为管道系统设计工作压力的 1.5 倍,但不得小于 1.0 MPa。

(2)热水管道试验压力应为管道系统设计工作压力的 2.0 倍,但不得小于 1.5 MPa。

(3)热水管道试验压力应为管道系统顶点的工作压力加 0.1 MPa,同时在系统顶点的试验压力不小于0.3 MPa。

塑料管道系统在试验压力下稳压1 h，压力降不得超过0.05 MPa，然后在1.15倍工作压力状态下稳压2 h，压力降不低于0.03 MPa，连接处不得渗漏即合格。

7）冲洗、消毒

（1）管道系统在验收前必须进行冲洗，冲洗水应采用生活饮用水，流速不得小于1.5 m/s。连续进行，当出水和进水水质的透明度一致时为合格。

（2）给水管道使用前应进行消毒。管道冲洗通水后把管道内水放空，各配水点与配水件连接后，进行管道消毒，向管道灌注消毒溶剂浸泡24 h以上。消毒结束后，放空管道内消毒液，再用生活饮用水冲洗管道。

（3）管道消毒完后打开进水阀向管道供水，打开配水龙头适当放水，在管网最远处取水样，经卫生监督部门检验合格后方可交付使用。

（三）室内给水设备及附件的安装

1. 工艺流程

开箱验收→基础验收→设备安装→设备单体试验。

2. 设备开箱验收操作工艺

（1）设备进场后应会同建设单位、监理单位共同进行设备开箱验收，按照设计文件检查设备的规格、型号是否符合要求，技术文件是否齐全，并做好相关记录。

（2）按装箱清单和设备技术文件，检查设备所带备件、配件是否齐全有效，检查设备所带的资料和产品合格证是否齐备、准确，检查设备表面是否有损坏、锈蚀等现象。

3. 设备基础验收操作工艺

（1）基础混凝土的强度等级是否符合设计要求。

（2）核对基础的几何尺寸、坐标、标高、预留孔洞是否符合设计要求，并做好相关的质量记录。

4. 设备安装操作工艺

1）设备就位

复核基础的几何尺寸，地脚螺栓孔的大小、位置、间距和垂直度是否符合要求；用水平尺测定纵横向水平度，修正找平后，进行设备就位。

2）水泵安装

水泵按其安装形式有带底座水泵和不带底座水泵两种。带底座水泵是指水泵和电动机一起固定在同一底座上，工程中多用带底座水泵。不带底座水泵是指水泵和电动机分设基础，工程中不多用。

水泵的安装程序是放线定位、基础预制、水泵安装配管及附件安装和水泵的试运转。

（1）水泵的基础。水泵就位前基础混凝土的强度、坐标、标高、尺寸和螺栓孔位置必须符合设计要求，不得有麻坑、露筋、裂缝等缺陷。

（2）吊装就位。清除水泵底座底面的泥土、油污等脏物，将水泵连同底座吊起，放在水泵基础上用地脚螺栓和螺母固定，在底座与基础之间放垫铁。

（3）吊装调整位置。调整底座位置使底座上的中心点与基础的中心线重合。

（4）吊装安装水平度。水泵的安装水平度不得超过0.01 mm/m，用水平尺检查，用垫铁调平。

(5)吊装调整同心度。调整水泵和电动机与底座的紧固螺栓,使泵轴与电动机轴同心。

(6)二次浇筑混凝土。水泵就位,各项调整合格后,将地脚螺栓上的螺母拧好,然后将细石混凝土捣入基础螺栓孔内,浇筑地脚螺栓孔的混凝土强度等级应比基础混凝土强度等级高一级。

3)配管及附件安装

(1)吸水管路。

水泵吸入管直径不应小于水泵的入口直径,水泵吸水入口处应装上平偏心大小头,其长度应不小于大小管径差的5~7倍。吸水管路宜短并尽量减少转弯。水泵入口前的直管段长度不应小于管径的3倍。

当水泵的安装位置高于吸水液面,水泵的入口直径小于350 mm时,应设底阀;当水泵的入口直径大于或等于350 mm时,应设真空引入装置。

当吸水管路装设过滤网时,过滤网的总过滤面积应不小于吸水管口面积的2~3倍;为防止滤网阻塞,可在吸水池进口或吸水管周围加设拦污网或拦污搁栅。

(2)压水管路。

压水管路的直径不应小于水泵的出口直径,应安装闸阀和止回阀。所有与水泵连接的管路应具有独立、牢固的支架,以削减管路的震动和防止管路的重量压在水泵上。高温管路应设置膨胀节,防止热膨胀产生的压力完全加在水泵上。水泵的进出水管多采用可挠性橡胶接头连接,以防止水泵的震动和噪声沿管路传播。

4)稳压罐安装

罐顶至建筑结构最低点的距离不得小于1.0 m,罐与罐之间及罐壁与墙面之间的净距不宜小于0.7 m。稳压罐应安装在平整的地面上,安装应牢固。稳压罐按图纸及设备说明书的要求安装设备附件。

5.设备试验及试运转

1)水泵试运转

(1)先做电动机单机试运转,核实电动机的旋转方向,转向正确后再进行连接。

(2)手动盘车观察轴转动是否灵活无卡阻,各固定连接部分无松动。

(3)离心泵必须灌满水才能启动,且不可在出口阀门全闭的情况下运转时间过长。

(4)水泵在额定工况点连续试运转的时间不小于2 h,高速泵及特殊要求的泵试运转时间应符合设计技术文件的规定。

(5)水泵试运转的轴承温升,滑动轴承不大于70 ℃,滚动轴承不大于80 ℃,特殊轴承必须符合设备说明书的规定。

2)稳压罐压力试验

稳压罐安装前应做压力试验,以工作压力的1.5倍做水压试验,但不得小于0.4 MPa,水压试验以在试验压力下10 min内无压降、不渗、不漏为合格。

三、室内排水工程的安装

（一）室内金属排水管道及附件的安装

1. 工艺流程

管道预制→吊架、托架安装→干管安装→立管安装→支管安装→附件安装→通球试验→灌水试验→管道防结露。

2. 室内金属排水管道及附件操作工艺

1）管道预制

管道预制前应先做好除锈和防腐处理。

（1）排水立管预制。依据设计层高及各层地面做法厚度，按照设计要求，确定排水立管检查口及支管甩口标高，绘制加工草图。一般立管检查口中心离地 1.0 m，排水甩口应保证支管的坡度，使支管最末端承口距离楼板不小于 100 mm，应尽量增加立管预制管段的长度。预制好的管道应进行编号，码放在平坦的场地，管段下面用方木垫实。

（2）排水横支管预制。按照每个卫生器具的排水管中心到立管甩口及到排水横支管的垂直距离绘制大样图，然后依据实量尺寸结合大样图排列、配管。

（3）预制管道的养护。捻好灰口的预制管段，应用湿麻绳缠绕灰口养护，常温下保持湿润 24 ~ 48 h 后才可运至现场。

2）排水干管托架、吊架安装

（1）排水干管在设备层安装，首先依据设计图纸的要求将每根排水干管管道中心线弹到顶板上，然后安装托架、吊架，吊架根部一般采用槽钢形式。

（2）排水管道支架、吊架间距：横管不大于 2 m，立管不大于 3 m。楼层高度小于等于 4 m 时，立管可安装一个固定件。

（3）高层排水立管与干管连接处应架设托架，并在首层安装立管卡子。高层排水立管托架可隔层设置落地托架。

（4）支架、吊架应考虑受力情况，一般架设在三通、弯头或放在承口后，然后按照设计及施工规范要求的间距架设支架、吊架。

3）排水干管安装

排水管道坡度应符合设计要求，设计无要求的以设计规范为准。

（1）将预制好的管段放到已经夯实的回填土上或管沟内，按照水流方向从排出位置向室内按顺序排列，根据施工图纸的坐标、标高调整位置和坡度加设临时支撑，并在承插口的位置挖好工作坑。

（2）在捻口之前，先将管道调直，各立管及首层卫生器具甩口找正，用麻钎把拧紧的青麻打进承口，一般为两圈半。将水灰比为 1∶9的水泥捻口灰装在灰盘内，自下而上边填边捣，直至将灰口打满打实有回弹的感觉为合格，灰口凹入承口边缘不大于 2 mm。

（3）排水排出管安装时，先检查基础或外墙预埋防水套管尺寸、标高，将洞口清理干净，然后从墙边使用双 45°弯头或弯曲半径不小于 4 倍管径的 90°弯头，与室内排水立管连接，再与室外排水管连接，伸至室外。

（4）排水排出管穿基础时应预留好基础的下沉量。

(5)管道敷设好后,按照首层地面标高将立管及卫生器具的连接短管接至规定高度,预留的甩口做好临时封堵。

4)排水立管安装

(1)安装排水立管前,应先在顶层排水立管预留洞口吊线,找准排水立管中心位置,在每层地面上或墙面上安装排水立管支架。

(2)将预制好的管段移至现场,安装排水立管时两人配合,一人在楼板上的预留洞口甩下绳头,下面一人用绳子将排水立管上部拴牢,然后两人配合将立管插入承口中,用支架将排水立管固定,再进行接口的连接。高层建筑球墨铸铁排水立管接口形式有两种:W形无承口连接和A形柔性接口。

W形无承口连接时先将卡箍内的橡胶圈取下,把卡箍套入下部管道,把橡胶圈的一半套在下部管道的上端,再将上部管道的末端套入橡胶圈,将卡箍套在橡胶圈的外面,使用专用工具拧紧卡箍即可。

A形柔性接口先在插口上部画好安装线,一般承插口之间保留5~10 mm的间隙,在插口上套入法兰压盖机橡胶圈,橡胶圈与安装线对齐,将插口插入承口内,保证橡胶圈插入承口深度相同,然后压紧法兰盖,拧紧螺栓使橡胶圈均匀受压。

(3)立管插入承口后,下面的人把立管检查口及支管甩口的方向找正,立管检查口的朝向应便于维修操作,上面的人把立管临时固定在支架上,然后一边卡箍一边吊直,最好拧紧卡箍并复核垂直度。

(4)立管安装完后,应用不低于楼板强度等级的细石混凝土将洞口堵实。

(5)高层建筑有通气管时,应采用专用通气管件连接通气管。

5)排水支管安装

(1)安装支管前,应先按照管道走向和支架、吊架间距要求栽好吊架,并按照坡度要求量好吊杆长度。将预制好的管道套好吊环,把吊环与吊杆用螺栓连接牢固,将支管插入立管预留承口中,卡箍。

(2)在地面防水前应将卫生器具或排水配件的预留管安装到位,如器具或配件的排水接口为螺纹接口,预留管可用钢管。

6)排水附件安装

(1)地漏安装。依据土建施工弹出的建筑标高线计算出地漏的安装高度,地漏搁栅与周围装饰地面5 cm不得抹死。

(2)清扫口安装。连接2个及2个以上的大便器或3个及3个以上的卫生器具的铸铁排水横管上宜设清扫口。连接4个及4个以上的大便器的塑料排水横管上宜设清扫口。在管径小于100 mm的排水管道上设置清扫口,其尺寸应与管道同径;管径≥100 mm的排水管道上设置清扫口,应采用100 mm清扫口。在排水横管上设的清扫口宜设置在楼板上且与地面相平,横管起点的清扫口与其端部相垂直的墙面的距离不得小于0.15 m。

(3)检查口安装。铸铁排水立管检查口的距离不宜大于10 m,塑料排水立管宜每六层设置一个检查口,但在建筑物的最低层及设有卫生器具的二层以上建筑物的最上层应设置检查口。立管上检查口的高度应在地面以上1.0 m,并应高于该层卫生器具上边缘0.15 m;埋地横管设置检查口应设在砌砖的井内;检查口的检查盖应面向便于检查清扫的方位，横干管上的检查口应垂直向上。

7）通球试验

（1）排水立管、干管安装完后，必须做通球试验，通球率为100%。根据立管管径选择可击碎小球，球径为管径的2/3，从立管顶部投入小球，并用小线系住小球，在干管检查口或室外排水口处观察，若发现小球为合格。

（2）干管通球试验。从干管起始端投入塑料小球，并向干管通水，在户外的第一个检查井处观察，发现小球流出为合格。

8）灌水试验

（1）隐蔽或埋地的排水管道在隐蔽前应做灌水试验，其灌水高度不低于底层卫生器具的上边缘或底层地面高度，满水15 min水面下降后，再灌满观察5 min液面不降，管道及接口无渗漏为合格。

（2）暗装或敷设在垫层中及吊顶内的排水支管安装完毕后，在隐蔽前应做灌水试验，高层建筑应分区、分段，再分层试验。试验时先打开立管检查口，测量好检查口与水平支管下皮的距离并在胶管上做好记号，将胶囊由检查口放入立管中，达到标记后向气囊中充气，然后向立管连接的第一个卫生器具内灌水。灌到器具边缘下5 mm处等待15 min后再灌满并观察5 min，液面不降为合格。

9）管道保温

管道通球、灌水试验完毕后，对于隐蔽在吊顶、管沟、管井内的排水管道应依据设计要求对管道进行防冻和防结露保温。

10）洁具安装

（1）安装前检查洁具规格、型号是否与设计相符，并应有出厂合格证、检测报告。洁具配件应有检测报告及该地区准用证。

（2）安装工艺：安装前准备→洁具配件检查→洁具安装→配件预装→质量检查→通水试验→竣工验收。

（3）洁具安装的坐标均按设计位置进行，标高按规范及有关标准进行施工，应平整牢固，同时查对洁具样本，确定甩口坐标，必须保证甩口准确无误。

（4）洁具安装完后，在竣工前应进行通水试验，各器具均做满水试验，排水通畅无堵塞，做到各接口严密不渗漏。

（二）室内非金属排水管道及附件的安装

1. 工艺流程

管道预制加工→干管安装→立管安装→支管安装→附件安装→通球试验→灌水试验→管道防结露。

2. 室内非金属排水管道及附件操作工艺

1）管道预制加工

（1）依据设计图纸要求并结合实际情况，测量尺寸，绘制加工草图。

（2）根据实测小样图和结合各连接管件的尺寸量好管道长度，采用细齿轮、砂轮机进行配管和断管，断口要平齐。

（3）支管及管件较多的部位应先进行预制加工，码放在平坦的场地，管段下面用方木垫实。

2）排水干管安装

（1）非金属排水管一般采用承插黏结连接方式。

（2）承插黏结方法。将配好的管材与配件进行试插，插入深度约为承口深度的3/4，并在插口管端的表面划出标记。依据草图量好管道的长度，进行断管，试插合格后用棉布将承插口需黏结部位上的水分、灰尘弄干净，如有油污需用丙酮除掉。用毛刷涂抹胶粘剂，先涂抹承口后涂抹插口，随即用力垂直插入，插入黏结时将插口稍作转动，以利胶粘剂分布均匀，一般30～60 min即可黏结牢固，多口黏结时应注意预留口方向。

（3）埋入地下时，按设计坐标、标高、坡向开挖槽沟并夯实。采用托架、吊架安装时，应按设计坐标、标高、坡向做好托架、吊架。

（4）施工条件具备时将预制加工好的管段按编号运至安装部位进行安装。

（5）管道穿越地下室外墙时应采用防水套管。

3）排水立管安装

（1）按设计坐标、标高要求校核预留孔洞，其尺寸可比管外径大50～100 mm。

（2）清理已预留的伸缩节，将锁母拧下，取出橡胶圈，清理杂物。立管插入应先计算插入长度，做好标记，然后涂上肥皂水，套上锁母及橡胶圈，将管端插入标记处锁紧锁母。

（3）安装时先将立管上端伸入上一层洞口内，垂直用力插入至标记为止。合适后用U形抱卡紧固，找正找直，三通口中心符合要求，有防水要求的必须安装止水环，保证止水环在板洞中位置，临时封堵各个管口。

（4）管道穿越楼板处为非固定支撑点时，应加装金属或塑料套管，套管内径比穿越管外径大两号，套管高出地面不得小于：50 mm（厕所、厨房），20 mm（其他地方）。

（5）排水塑料管与铸铁管连接时，宜用专用配件。当采用水泥捻口时应先将塑料管插入承口部分的外侧，用砂纸打毛或涂刷黏结剂滚捻干燥的粗砂。插入后应用油麻丝填嵌均匀，用水泥捻口。

4）排水支管安装

（1）按设计坐标、标高要求校核预留孔洞，其尺寸可比管外径大40～50 mm。

（2）清理场地，按需要支搭操作平台，将预制好的支管按编号运至现场。

（3）将支管水平初步吊起，涂抹胶粘剂，用力推入预留管口。

（4）连接卫生器具的短管一般伸出净地面10 mm，地漏甩口低于净地面5 mm。

（5）依据管长调整坡度。合适后固定卡架，封堵各预留管口和堵洞。

5）配件安装

（1）干管清扫口及检查口设置同金属排水管。

（2）伸缩节的安装。管端插入伸缩节处预留的空隙应为：夏季5～10 mm，冬季15～20 mm。排水支管在楼板下方接入时，伸缩节应设置于水流汇合管件之下；排水支管在楼板上方接入时，伸缩节应设置于水流汇合管件之上。横支管超过2 m时，应设置伸缩节，但伸缩节最大间距不得超过4 m，横管上设置伸缩节应设在水流汇合管件的上游端。立管在层高≤4 m时，每层设一个伸缩节；层高>4 m时应计算确定。伸缩节承口端应逆水流方向。立管穿越楼板处固定，伸缩节不得固定；伸缩节固定时，立管穿越楼板处不得固定。

(3)高层建筑明敷管道阻火圈或防火套管的安装。立管管径≥100 mm时，在楼板穿越部位应设置阻火圈或长度不小于500 mm的防火套管。管径≥100 mm的横支管与暗设立管相连时，墙体穿越部位应设置阻火圈或长度不小于300 mm的防火套管，且防火套管明露部分长度不宜小于200 mm。横干管穿越防火分区隔墙时，在管的两侧应设置阻火圈或长度不小于500 mm的防火套管。

6)支架安装

(1)立管穿越楼板处可按固定支座设计，管井内的立管固定支座应支撑在每层楼板处或井内设置的刚性平台和综合支架处。层高≤4 m时，立管每层可设一个滑动支座；层高>4 m时，立管滑动支座的间距不宜大于2 m。

(2)横管上设置伸缩节时，每个伸缩节应按要求设置固定支座。横管穿承重墙处可按固定支架设计。

(3)固定支架应用型钢制作并锚固在墙或柱上；悬吊在楼板、梁或屋架下的横管的固定支、吊架应用型钢制作并锚固在承重结构上。

(4)悬吊在地下室的架空排出管，在立管底部肘管处应设置托架、吊架，防止管内落水的冲击。

(5)排水塑料管道支架、吊架的间距应符合表1-7的规定。

表1-7　排水塑料管道支架、吊架的间距

公称外径(mm)	50	75	110	125	160
横管(m)	0.50	0.75	1.10	1.30	1.60
立管(m)	1.2	1.5	2.0	2.0	2.0

7)通球、灌水试验

通球、灌水试验同金属排水管通球、灌水试验。

8)管道保温

根据设计要求做好排水管道吊顶内横支管防结露保温。

四、室内热水管道及配件安装

(一)工艺流程

准备工作→预制加工→支架安装→管道安装→配件安装→管道冲洗→防腐保温→综合调试。

(二)操作工艺

1.准备工作

(1)复核预留孔洞及预埋件的尺寸、位置、标高。

(2)根据设计图纸画出管路的分布走向、管径、变径，甩口的坐标、标高、坡度坡向及支架、吊架的位置，画出系统的节点图。

2.预制加工

(1)依据设计图纸并结合现场测量管段尺寸，绘制加工草图。

(2)将预制加工好的管段编号,放在平坦的场地上,管段下面用方木垫实。

3. 支架安装

支架、吊架、托架的安装应符合下列规定:

(1)固定支架与管道接触应紧密,固定要牢靠;滑动支架应灵活,滑托与滑槽两侧间应留有3~5 mm的空隙。

(2)有热伸长管道的吊架,吊杆应有向热膨胀的反方向偏移。

镀锌钢管水平安装支架、吊架的间距不得大于表1-4的规定。

铜管垂直安装和水平安装的支架、吊架的最大间距应符合表1-8的规定。

表1-8　铜管管道支架、吊架的最大间距

公称直径(mm)		15	20	25	32	40	50	65	80	100	125	150	200
最大间距(m)	垂直管	1.8	2.4	2.4	3.0	3.0	3.0	3.5	3.5	3.5	3.5	4.0	4.0
	水平管	1.2	1.8	1.8	2.4	2.4	2.4	3.0	3.0	3.0	3.0	3.5	3.5

复合管垂直安装和水平安装的支架、吊架的最大间距应符合表1-9的规定。采用金属制作的管道支架,应在管道与支架间加非金属垫。

表1-9　复合管管道支架、吊架的最大间距

管径(mm)		16	20	25	32	40	50	63	75	90	100
最大间距(m)	垂直管	0.7	0.9	1.0	1.1	1.3	1.6	1.8	2.0	2.2	2.4
	水平管	0.25	0.3	0.35	0.4	0.5	0.6	0.7	0.8	—	—

4. 管道安装

工程中热水常用管材为铜管与复合管,以下主要讲述它们的安装。

铜管连接可采用专用接头或焊接。管径 < 22 mm时宜用承插连接或套管焊接,承口应朝介质的流向安装;管径≥22 mm时采用对口焊接。

复合管安装要求参见低温热水地板辐射采暖系统安装。

热水管道安装注意事项如下:

(1)热水管道穿过建筑物的楼板、墙壁和基础时应加套管,以防管道膨胀、伸缩、移动造成管外壁四周出现裂缝而引起上层漏水到下层的事故。一般,套管内径应比通过热水管的外径大两号,中间填沥青膏等软密封防水填料。当穿过有可能发生积水的房间地面或楼板面时,其套管应高出地面50~100 mm。热水管道在吊顶内穿墙时,可预留孔洞。

(2)为保证正常运行、方便检修,热水管网在下列管段上装设阀门:①与配水、回水干管连接的分干管;②配水立管和回水立管;③从立管的支管;④3个及3个以上配水点的配水支管;⑤与水加热设备、水处理设备及温度、压力等控制阀件连接处的管段上。

(3)热水管道在下列管段上应装设止回阀:①水加热器或贮水罐的冷水供水管;②机械循环的第二循环回水管;③冷热水混合气的冷、热水供水管。

(4)热水横干管均应保持有不小于0.003的坡度,配水横干管应沿水流方向上升,以

利于管道中的气体向高点聚集，便于排放；回水横管应沿水流方向下降，便于检修时泄水和排除管内污物。这样布管还可以保持配、回水管道坡向一致，方便施工。

(5)热水立管与横管连接时，为避免管道伸缩应力破坏管网，应采用“乙”字弯的连接方式。

5. 配件安装

具体参照有关安装资料。

6. 管道试压、管道冲洗、管道保温

具体参照给水管道及管道保温。

7. 综合调试

(1)检查热水系统阀门是否全部打开。

(2)开启热水系统的加压设备向各个配水点送水，将管端与配水件接通，并以管网的设计工作压力供水，将配水件分批开启，各配水点的出水应通畅；高点放气阀反复开启几次，将系统中的空气排净。检查热水系统全部管道及阀件有无渗漏、热水管道的保温质量。

(3)开启系统各个配水点，检查通水情况，记录热水系统的供回水温度及压差，待系统正常运行后，做好系统的试运行记录，办理交工验收手续。

五、室外给水排水管网安装

（一）室外给水排水管网安装工艺流程

准备工作→测量放线→开挖管沟→沟底找坡→沟基处理→下管、上架→管道安装→试压、回填。

（二）室外给水排水管网安装的基本技术要求

室外给水排水管网常用管材及连接方法见表1-10。

表1-10 室外给水排水管网常用管材及连接方法

管材	用途	连接方式
给水铸铁管	$DN \geq 75$ mm 生活、消防、生产给水管	承插连接成法兰连接
镀锌钢管	生活给水管	$DN \leq 100$ mm 时，螺纹连接；$DN > 100$ mm 时，法兰或长套式连接
塑料管、复合管	生活给水管	橡胶圈接口、黏接接口、热熔连接、专用管件连接或法兰连接
混凝土管、钢筋混凝土管	生活污水管	承插连接或套箍连接
排水铸铁管	生活污水、雨水、工业废水管($DN \leq 200$ mm)	承插口连接
塑料管	生活污水管	黏结接口

1. 埋设间距

室外给水排水管道与其他管道和构筑物的最小埋设间距应符合规定。给水管与排水管交叉时，给水管应在排水管上方。因条件限制，给水管必须安装在排水管下方时，在交叉处应设保护套管。

2. 埋设深度

室外给水排水管道的埋设深度应考虑冰冻深度、地面荷载、管材强度、管道交叉、阀门高度等因素。

3. 附属构筑物

室外给水排水管网的附属构筑物有检查井、化粪池、阀门井、室外消火栓井、管道支墩等，这些构筑物的形状、构造尺寸可参考有关标准图集。

4. 排水管道的坡度

排水管道的坡度必须符合要求。

（三）室外给水管网安装

1. 一般规定

（1）输送生活给水的管道应采用塑料管、复合管、镀锌钢管或给水铸铁管。塑料管、复合管或给水铸铁管的管材、配件应是同一厂家的配套产品。

（2）架空或在地沟内敷设的室外给水管道，其安装要求按室内给水管道的安装要求执行。塑料管道不得露天架空敷设，必须露天架空敷设时应有保温和防晒等措施。

（3）消防水泵接合器及室外消火栓的安装位置、形式必须符合设计要求。

2. 给水管道的安装

（1）给水管道在埋地敷设时，应在当地的冰冻线以下，如必须在冰冻线以上敷设，应做可靠的保温防潮措施。在无冰冻地区，埋地敷设时，管顶的覆土埋深不得小于500 mm，穿越道路部位的埋深不得小于700 mm。

（2）给水管道不得直接穿越污水井、化粪池、公共厕所等污染源。

（3）管道接口法兰、卡口、卡箍等应安装在检查井或地沟内，不应埋在土壤中。

（4）给水系统各种室内的管道安装，如设计无要求，井壁距法兰或承口的距离：管径≤450 mm时，不得小于250 mm；管径>450 mm时，不得小于350 mm。

（5）管网必须进行水压试验，试验压力为工作压力的1.5倍，但不得小于0.6 MPa。

检验方法：管材为钢管、铸铁管时，试验压力下10 min内压力降不应大于0.05 MPa，然后降至工作压力进行检查，压力应保持不变，不渗不漏；管材为塑料管时，试验压力下稳压1 h压力降不大于0.05 MPa，然后降至工作压力进行检查，压力应保持不变，不渗不漏。

（6）镀锌钢管、钢管的埋地防腐必须符合设计要求，卷材与管材间应粘贴牢固，无空鼓、滑移、接口不严等。

（7）给水管道在竣工后，必须对管道进行冲洗，饮用水管道还要在冲洗后进行消毒，满足饮用水卫生要求。

检验方法：观察冲洗水的浊度，查看有关部门提供的检验报告。

（8）管道的坐标、标高、坡度应符合设计要求。

（9）管道和金属支架的涂漆应附着良好，无脱皮、起泡流淌和漏涂等缺陷。

(10)管道连接应符合工艺要求，阀门、水表等安装位置应正确。塑料给水管道上的水表、阀门等设施，其重量或启闭装置的扭矩不得作用于管道上，当管径≥50 mm时必须设独立的支撑装置。

(11)给水管道与污水管道在不同标高平行敷设，其垂直间距在500 mm以内时，给水管道管径≤200 mm的，管壁水平间距不得小于1.5 m；管径>200 mm的，管壁水平间距不得小于3 m。

3. 消防水泵接合器及室外消火栓安装

(1)系统必须进行水压试验，试验压力为工作压力的1.5倍，但不得小于0.6 MPa。

检验方法：试验压力下，10 min内压力降不大于0.05 MPa，然后降至工作压力进行检查，压力保持不变，不渗不漏。

(2)消防管道在竣工前，必须对管道进行冲洗。

检验方法：观察冲洗出来水的浊度。

(3)消防水泵接合器和室外消火栓的位置标志应明显，栓口的位置应方便操作。消防水泵接合器和室外消火栓当采用墙壁式时，如设计未要求，进、出水栓口的中心安装高度距地面应为1.10 m，其上方应设有防坠落物打击的措施。

(4)室外消火栓的消防水泵接合器的各项安装尺寸应符合设计要求。

(5)地下式消防水泵接合器顶部进水口或地下式消火栓的顶部出水口与消防井盖底面的距离不得大于400 mm，井内应有足够的操作空间，并设爬梯。寒冷地区井内应做防冻保护。

(6)消防水泵接合器的安全阀及止回阀安装位置和方向应正确，阀门启闭应灵活。

4. 管沟及井室

(1)管沟的基层处理和井室的地基必须符合设计要求。

(2)各类井室的井盖应符合设计要求，并应有明显的文字标识，各种井盖不得混用。

(3)设在通车路面下或小区道路下的各种井室，必须使用重型井圈和井盖，井盖上表面与路面相平，允许偏差为±5 mm，绿化带上和不通车的地方可采用轻型井圈和井盖，井盖的上表面应高出地坪50 mm，并在井口周围以2%的坡度向外做水泥砂浆护坡。

(4)重型铸铁或混凝土井圈，不得直接放在井室的砖墙上，砖墙上应做不少于80 mm厚的细石混凝土垫层。

(5)管沟的坐标、位置、沟底标高应符合设计要求。

(6)管沟回填土，管顶上部200 mm以内用砂子或无块的土，并不得用机械回填；管顶上部500 mm以内不得回填直径大于100 mm的块石和冻土块；500 mm以上部分回填土中的块石或冻土块不得集中。上部用机械回填时机械不得在管沟上行走。

(7)井室的砌筑应按设计或给定的标准图施工。井室的底标高在地下水位以上时，基层应为素土夯实；井室的底标高在地下水位以下时，基层应打100 mm厚的混凝土底板。砌筑应采用水泥砂浆，内表面抹灰后应严密不透水。

(8)管道穿过井壁处，应用水泥砂浆分二次填塞严密、抹平，不得渗漏。

（四）室外排水管网的安装

1. 一般规定

(1)室外排水管道应采用混凝土管、钢筋混凝土管、排水铸铁管或塑料管，其规格及质量必须符合现行国家标准及设计要求。

(2)排水管沟及井池的土方工程、沟底的处理、管道穿井壁处的处理、管沟及井池周围的回填要求等，均参照给水管沟及井室的规定执行。

(3)各种排水井、池应按设计给定的标准图施工，各种排水井和化粪池均应用混凝土做底板（雨水井除外），厚度不小于100 mm。

2. 排水管道安装

(1)排水管道的坡度必须符合设计要求，严禁无坡或倒坡。

检验方法：用水准仪、拉线和尺量检查。

(2)管道埋设前必须做灌水试验和通球试验，排水应畅通无堵塞，管接口无渗漏。

检验方法：按排水检查井分段试验，试验水头应以试验段上游管顶加1 m，时间不少于30 mm，逐段观察。

(3)管道的坐标和标高应符合设计要求，安装的允许偏差应符合规定。

(4)排水铸铁管外壁在安装前应除锈，涂两遍石油沥青漆。

(5)承插接口的排水管道安装时，管道和管件的承口应与水流方向相反。

3. 排水管沟及井池

(1)沟基的处理和井池的底板强度必须符合设计要求。

(2)排水检查井、化粪池的底板及进、出水管的标高，必须符合设计要求，其允许偏差为±15 mm。

(3)井池的规格、尺寸和位置应正确，砌筑和抹灰符合要求。

(4)井盖选用应正确，标志应明显，标高应符合设计要求。

思考题

1. 建筑室内给水系统一般由哪些部分组成？

2. 建筑室内给水系统的给水方式有哪几种？各适用于什么条件？

3. 试述建筑室内排水系统主要组成及其作用。

4. 各类热水供应系统具有什么特点？常用于何处？

5. 室外给水排水工程的主要任务是什么？

6. 室外给水系统由哪些部分组成？

7. 室外排水系统由哪几部分组成？各起什么作用？

8. 室外排水系统有哪几种体制？如何进行选择？

9. 常用的建筑给水工程管材有哪些？其连接方式是什么？

10. 建筑内部给水工程附件有哪些？适用条件是什么？

11. 常用的建筑排水工程管材有哪些？其连接方式是什么？

12. 建筑内部排水工程附件有哪些？适用条件是什么？

13. 建筑给水排水工程施工图主要包括哪些内容？

14. 建筑给水排水工程施工图的识读方法是什么？

15. 结合实例正确熟练地识读各种图例代表的配品、配件，以及建筑给水排水工程施工图。

16. 建筑室内给水管各管材的安装工艺是什么？

17. 建筑室内排水管 UPVC 的安装工艺是什么？

项目二　建筑消防工程施工图的识读与安装

【能力目标】

1. 了解建筑消防工程概述。
2. 熟悉建筑消防工程各系统的组成及分类。
3. 熟悉室内消防工程各系统的给水方式。
4. 掌握建筑消防工程的常用管材及连接方式。
5. 掌握建筑消防工程施工图的识读方法及安装工艺。

【任务驱动】

任务一　建筑消防工程的基本知识

【任务导航】

本任务主要学习建筑消防工程的基本知识。

建筑消防工程根据使用的灭火剂种类和灭火方式可分为三类:消火栓灭火系统、自动喷水灭火系统和其他使用非水灭火剂的固定灭火系统(如二氧化碳灭火系统、干粉灭火系统、卤代烷灭火系统、泡沫灭火系统等)。

灭火剂的灭火原理可分为四种:冷却、窒息、隔离和化学抑制。其中,前三种灭火作用主要是物理过程,化学抑制是化学过程。

消火栓灭火系统与自动喷水灭火系统的灭火原理主要为冷却,可用于多种火灾;二氧化碳灭火系统的灭火原理主要是窒息作用,并有少量的冷却降温作用,适用于图书馆的珍藏库、图书楼、档案楼、大型计算机房、电信广播的重要设备机房、贵重设备室和自备发电机房等;干粉灭火系统的灭火原理主要是化学抑制作用,并具有少量的冷却降温作用,可扑救可燃气体、易燃与可燃液体和电气设备火灾,具有良好的灭火效果;卤代烷灭火系统的主要灭火原理是化学抑制作用,灭火后不留残渍,不污染,不损坏设备,可用于贵重仪表、档案及总控制室等的火灾;泡沫灭火系统的主要灭火原理是隔离作用,能有效地扑灭烃类液体火焰与油类火灾。

一、室内消火栓系统的组成及常用给水系统

室内消火栓是建筑物内的一种固定消防供水设备,平时与室内消防给水管线连接,遇有火灾时,将水带一端的接口接在消火栓出水口上,把手轮按开启方向旋转即能射水灭火。室内消火栓是建筑防火设计中应用最普遍、最基本的消防设施。

室内消火栓给水系统一般由水枪、水带、消火栓、消防管道、水源等组成,必要时还需要设置水泵、消防水池、水箱和水泵接合器等。

根据建筑物的高度,室外给水管网的水压和流量,以及室内消防管道对水压和流量的

要求，室内消火栓给水系统一般有以下几种给水方式。

（一）室外管网直接给水的室内消火栓给水系统

当室外给水管网的压力和流量在任何时间都能满足室内最不利点消火栓的设计水压和流量时，室内消火栓给水系统宜采用无加压水泵和水箱的室外给水管网直接给水方式，如图 2-1 所示。当选用这种方式，且与室内生活（或生产）合用管网时，进水管上若设有水表，则选用水表时应考虑通过的消防水量。

（二）仅设水箱的消火栓给水方式

当室外给水管网一日间压力变化较大，但能满足室内消防、生活或生产用水量要求时，可采用这种方式（见图 2-2）。水箱可以和生产、生活合用，但必须保证消防 10 min 贮存的备用水量。

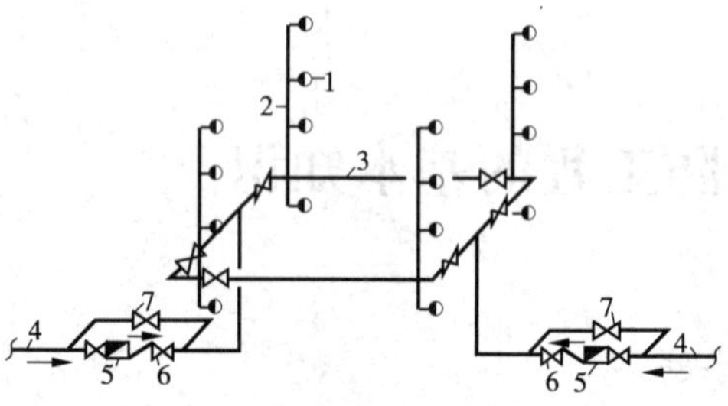

1—室内消火栓；2—消防立管；3—干管；
4—进户管；5—水表；6—止回阀；7—阀门

图 2-1　室外管网直接给水的室内消火栓给水系统

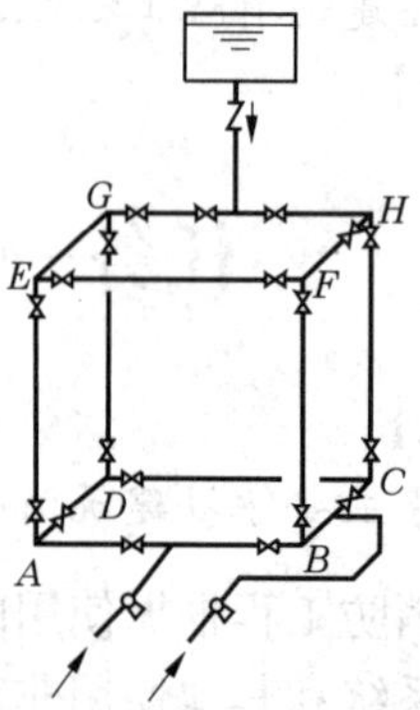

图 2-2　仅设水箱的消火栓给水方式

（三）设加压水泵和水箱的室内消火栓给水系统

当室外管网的压力和流量经常不能满足室内消防给水系统所需的水量、水压时，宜设有加压水泵和水箱的室内消火栓给水系统，如图 2-3 所示。

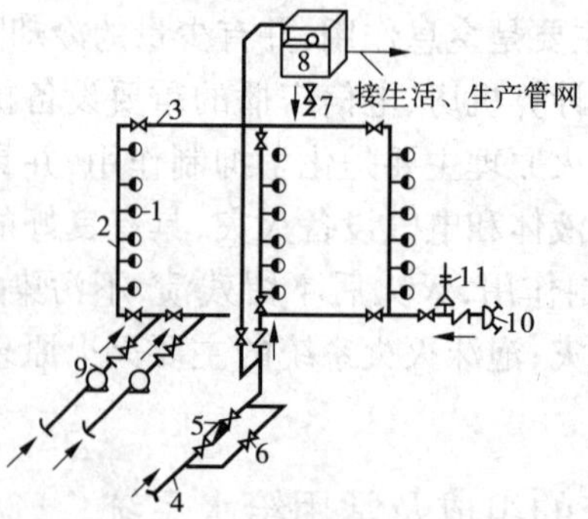

1—室内消火栓；2—消防立管；3—干管；4—进户管；5—水表；6—阀门；
7—止回阀；8—水箱；9—水泵；10—水泵接合器；11—安全阀

图 2-3　设加压水泵和水箱的室内消火栓给水系统

（四）不分区的消火栓给水系统

建筑物高度大于 24 m 但不超过 50 m，室内消火栓接口处静水压力不超过 1.0 MPa 的工业和民用建筑室内消火栓给水系统，仍可由消防车通过水泵接合器向室内管网供水，以加强室内消防给水系统工作。因此,可以采用不分区的消火栓给水系统,如图 2-4 所示。

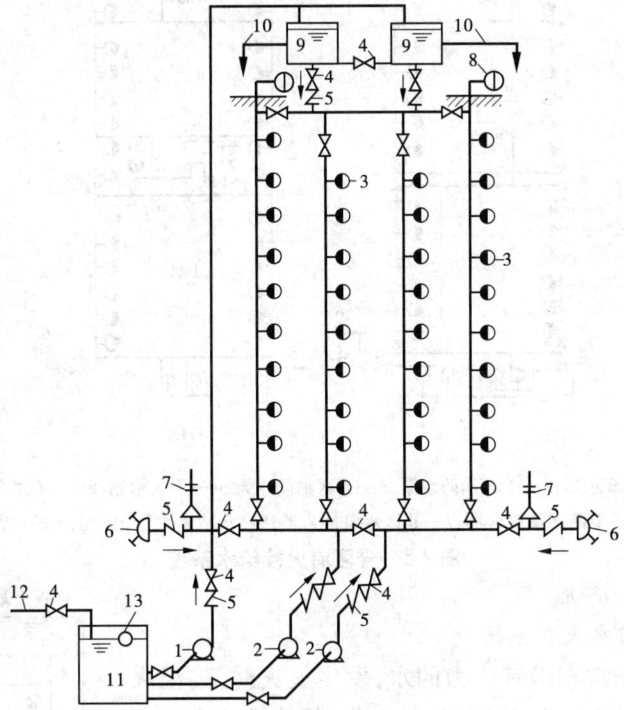

1—生活、生产水泵;2—消防水泵;3—消火栓和水泵远距离启动按钮;4—阀门;5—止回阀;
6—水泵接合器;7—安全阀;8—屋顶消火栓;9—高位水箱;10—至生活、生产管网;
11—蓄水池;12—来自城市管网;13—浮球阀

图 2-4　不分区的消火栓给水系统

(五)分区消火栓给水系统

建筑物高度超过 50 m,消防车已难以协助灭火,室内消火栓给水系统应具有扑灭建筑物内大火的能力,为了加强安全和保证火场供水,应采用分区的室内消火栓给水系统。当消火栓口的出水压力大于 0. 7 MPa 时,应采取减压措施。

分区消火栓给水系统可分为并联给水方式(见图 2-5(a))、串联给水方式(见图 2-5(b))和分区减压给水方式(见图 2-6)。

二、室内自动喷水灭火系统的分类及组成

自动喷水灭火系统是一种固定形式的自动灭火装置。系统的喷头以适当的间距和高度安装在建筑物、构筑物内部。当建筑物内发生火灾时,喷头会自动开启灭火,同时发出火警信号,启动消防水泵从水源抽水灭火。自动喷水灭火系统由水源、加压储水设备、喷头、管网、报警装置等组成。

自动喷水灭火系统按喷头开闭形式不同可分为闭式系统和开式系统。

(一)闭式自动喷水灭火系统

闭式自动喷水灭火系统主要分为湿式自动喷水灭火系统、干式自动喷水灭火系统、预

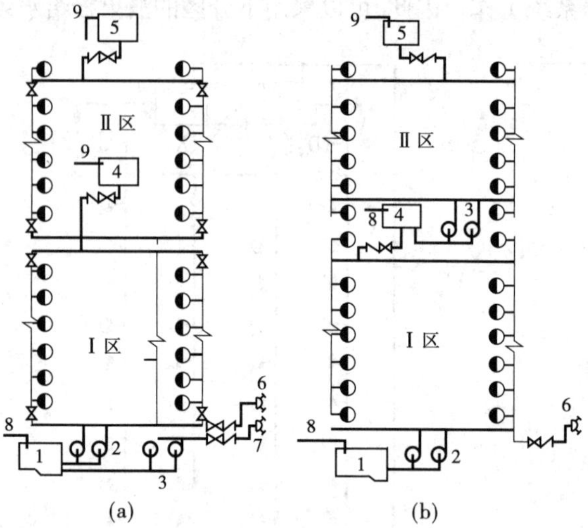

1—蓄水池；2—Ⅰ区消防水泵；3—Ⅱ区消防水泵；4—Ⅰ区水箱；5—Ⅱ区水箱；
6—Ⅰ区水泵接合器；7—Ⅱ区水泵接合器；8—水池进水管；9—水箱进水管

图2-5　分区消火栓给水系统

作用自动喷水灭火系统。

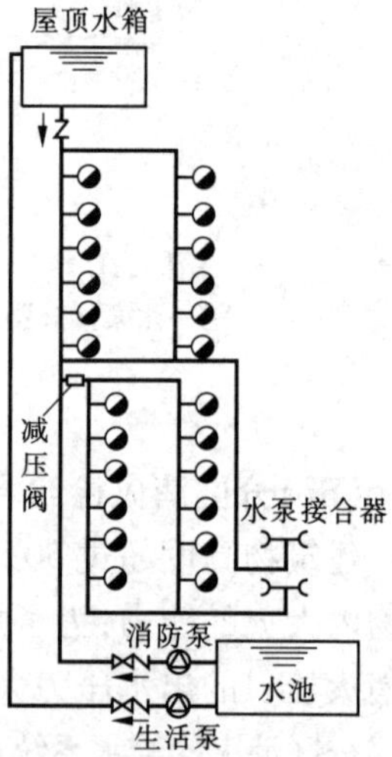

图2-6　分区减压给水方式

1. 湿式自动喷水灭火系统

喷水管网中经常充满有压力的水，发生火灾时，高温火焰或高温气流使闭式喷头的热敏元件动作，闭式喷头自动打开喷水灭火。湿式自动喷水灭火系统如图2-7所示，这种系统适用于常年室内温度不低于4 ℃，且不高于70 ℃的建筑物、构筑物。

2. 干式自动喷水灭火系统

干式自动喷水灭火系统主要由闭式喷头、管路系统、报警装置、干式报警阀、充气设备及供水系统组成。由于在报警阀上部管路中充有有压气体，故称干式自动喷水灭火系统，如图2-8所示。其特点是：报警阀后的管道无水，不怕冻、不怕环境温度高，也可用在对水渍不会造成严重损失的场所。干式和湿式系统相比较，多增设一套充气设备，一次性投资高、平时管理较复杂、灭火速度较慢。适用于温度低于4 ℃或高于70 ℃的场所。适用于采暖时间长且建筑内无采暖的场所。

3. 预作用自动喷水灭火系统

预作用自动喷水灭火系统主要由火灾探测系统、闭式喷头、预作用阀、报警装置及供水系统组成。预作用自动喷水灭火系统将火灾自动探测控制技术和自动喷水灭火技术相结合，系统平时处于干式状态，当发生火灾时，能对火灾进行初期警报，同时迅速向管网充水使系统成为湿式状态，进而喷水灭火。系统的这种转变过程包含着预备动作的作用，故称预作用自动喷水灭火系统。它适合于冬季结冰和不能采暖的建筑物内以及凡不允许有

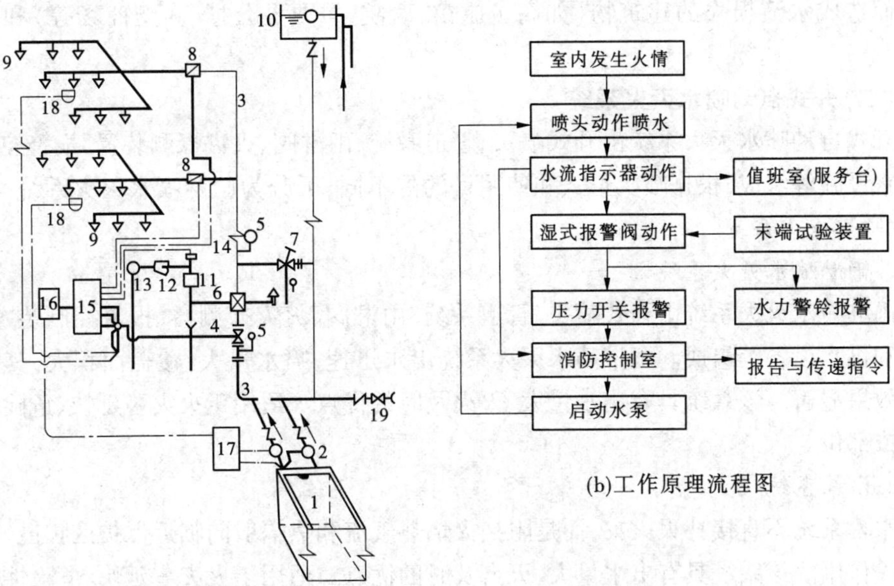

(a)组成示意图

(b)工作原理流程图

1—消防水池；2—消防泵；3—管网；4—控制蝶阀；5—压力表；6—湿式报警阀；7—泄放试验阀；
8—水流指示器；9—喷头；10—高位水箱、稳压泵或气压给水设备；11—延时器；12—过滤器；
13—水力警铃；14—压力开关；15—报警控制器；16—非标控制箱；17—水泵启动箱；18—探测器；19—水泵接合器

图 2-7　湿式自动喷水灭火系统

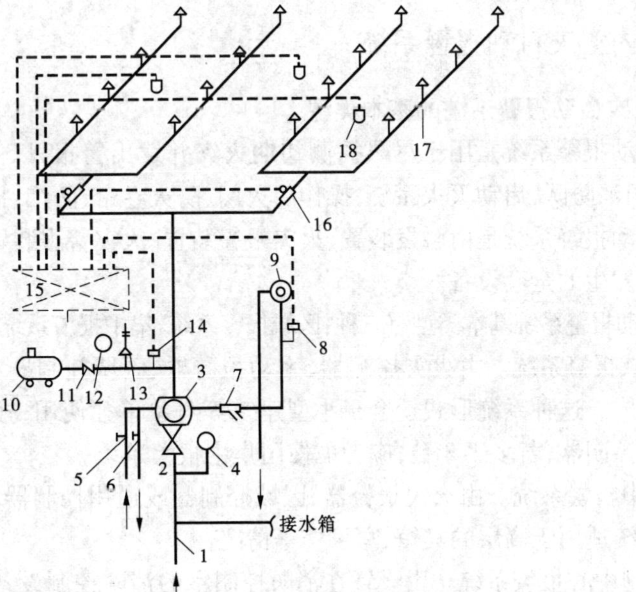

1—供水管；2—闸阀；3—干式阀；4—压力表；5、6—截止阀；7—过滤器；8—压力开关；
9—水力警铃；10—空压机；11—止回阀；12—压力表；13—安全阀；14—压力开关；
15—火灾报警控制箱；16—水流指示器；17—闭式喷头；18—火灾探测器

图 2-8　干式自动喷水灭火系统

误喷而造成水渍损失的建筑物（如高级旅馆、医院、重要办公楼、大型商场等）和构筑物等。

（二）开式自动喷水灭火系统

开式自动喷水灭火系统由开式喷头、管道系统、雨淋阀、火灾探测装置、报警控制组件和供水设施等组成，根据喷头形式和使用目的的不同，可分为雨淋喷水灭火系统、水幕系统、水喷雾灭火系统。

1. 雨淋喷水灭火系统

雨淋喷水灭火系统由开式喷头、管道系统、雨淋阀、火灾探测器、报警控制装置、控制组件和供水设备等组成。雨淋喷水灭火系统出水迅速，喷水量大，覆盖面积大，其降温和灭火效果显著。该系统具有出水量大、灭火及时的优点。适用于火灾蔓延快、危险性大的建筑或部位。

2. 水幕系统

水幕系统不直接扑灭火灾，而是阻挡火焰热气流和热辐射向临近保护区扩散，起到防火分隔作用。该系统具有出水量大、灭火及时的优点。适用于火灾蔓延快、危险性大的建筑或部位。

3. 水喷雾灭火系统

水喷雾灭火系统利用喷雾喷头在一定压力下将水流分解成粒径为 100 ~ 700 μm 的细小雾滴，通过表面冷却、窒息、乳化、稀释的共同作用实现灭火和防护，保护对象主要是火灾危险性大、扑救困难的专用设施或设备。

三、室内火灾自动报警系统

（一）火灾自动报警系统的基本类型

火灾自动报警系统是用于尽早探测初期火灾并发出警报，以便采取相应措施（如疏散人员，呼叫消防队，启动灭火系统，操作防火门、防火卷帘、防烟、排烟风机等）的系统。

火灾自动报警系统是由触发装置、火灾报警装置、火灾警报装置及电源等四部分组成的通报火灾发生的全套设备。

火灾自动报警系统基本类型有三种：区域报警系统、集中报警系统和控制中心报警系统。

（1）区域报警系统。由火灾探测器、手动报警器、区域控制器或通用控制器、火灾报警装置等构成。这种系统形式适合于小型建筑等对象单独使用，报警区域内最多不得超过 3 台区域控制器；若多于 3 台，应考虑使用集中报警系统。

（2）集中报警系统。由火灾报警器、区域控制器或通用控制器和集中控制器等组成。集中报警系统适用于高层的宾馆、写字楼等情况。

（3）控制中心报警系统。由设置在消防控制室的消防控制设备、集中控制器、区域控制器和火灾探测器等组成，或由消防控制设备、环状布置的多台通用控制器和火灾探测器等组成。控制中心报警系统适用于大型建筑群、高层及超高层建筑、商场、宾馆、公寓综合楼等，可对各类设在建筑中的消防设备实现联动控制和手动/自动转换。一般控制中心报警系统是智能型建筑中消防系统的主要类型，是楼宇自动化系统的重要组成部分。

(二)多线制系统与总线制系统

火灾自动报警系统按照其火灾探测器和各种功能模块与火灾报警控制器的连接方式,结合火灾探测器本身的结构和电子线路设计,分为多线制和总线制两种系统形式。

多线制系统形式与火灾探测器的早期设计、探测器与控制器的连接方式等有关,每个探测器需要两条或更多条导线与控制器相连接,以发出每个点的火灾报警信号。简言之,多线制的探测器与控制器是采用硬线一一对应关系,每一个探测点便需要一组硬线对应到控制器,依靠直流信号工作和检测。多线制系统的线制可表示为:$an+b$,其中n为探测器数,a、b为定系数,$a=1$、2,$b=1$、2、4。可见,有$2n+2$、$n+1$等线制。多线制系统设计、施工与维护均较复杂,已逐渐被淘汰。

总线制系统形式是在多线制系统形式的基础上发展起来的。随着微电子器件、数字脉冲电路及微型计算机应用技术等用于火灾自动报警系统,改变了以往多线制系统的直流巡检功能,代之以使用数字脉冲巡检和信息压缩传输,采用大量编码逻辑电路及译码逻辑电路来实现探测器与控制器的协议通信,大大减少了系统线制,带来了工程布线灵活性,并形成支状和环状两种布线结构。总线制系统的线制也可表示为:$an+b$,其中n为使用的探测器数,a、b为定系数,$a=0$,$b=2$、4、6等。当前使用较多的是两总线系统形式和四总线系统形式。

(三)智能型火灾报警系统

智能型火灾报警系统主要体现在两个方面:一方面是作为探测的先导——探测器本身比普通的探测器有了较大的改进,设置了能准确判别火情的处理电路;另一方面是系统的主机引入了人工智能组织逻辑系统,使主机处理各种信号、区别真伪报警的能力大为增强。

1. 智能探测器

常规的探测器都是由其本身来探测火情,自行解决报警的情况,报警主机只提供有限的接收信号及验证功能。

2. 智能型火灾报警控制装置

智能型火灾报警控制装置,其主要的接收报警、控制消防设施的功能、任务同普通型火灾报警装置基本一致,差别主要体现在其装置的技术先进性及对火情判断的准确性。如某些智能装置,其从探测器接收到所在环境的烟浓度或温度对时间变化的数据,然后根据内置的智能数据库内有关火灾形态资料收集回来的数据进行分析比较才决定接收来的资料是否显示有真正火情,从而做出报警决定。同时,装置对其他系统元件,包括模拟显示屏、输入/输出界面单元、手动报警器等的连接、处理、控制也较传统装置来得方便、可靠。

3. 系统的主要功能及工作方式

当火灾发生时,在火灾的初期阶段,火灾探测器根据现场探测到的情况(温度、烟、可燃气体等),首先将动作发信给各所在区域的报警显示器及消防控制室的系统主机(当系统内不设区域报警显示器时,将直接发信给系统主机),当工作人员发现后,用手动报警器或消防专用电话报警给系统主机。

消防系统主机在收到报警信号后,首先进行火情确认,当确认火情后,系统主机将根据火情及时做出一系列预定的动作指令。例如:及时开启着火层及上下关联层的疏散警铃;消防广播通知人员尽快疏散,同时打开着火层及上下关联层电梯前室、楼梯前室的正压送风及走道内的排烟系统；在开启防排烟系统的同时停止空调机、抽风机、送风机的运行，同时启动消防泵、喷淋泵水喷淋动作；开启紧急诱导照明灯；迫降电梯回底层，普通电梯停止运行，消防电梯投入紧急运行。

此时，消防报警控制系统主机对各过程报警、消防进程将有明确监控。

如果所设置的火灾自动报警系统是智能的，那么整个系统将是以计算机数据处理传输作为系统的信息报警和自动控制。系统将利用智能类比式探测器，在所监控的环境范围中采集烟浓度或温度对时间变化的综合信息数据，并与系统主机数据库中存有的大量火情资料进行分析比较，迅速分清信号是真实火情所致，还是环境干扰的误报（这在常规探测系统中是难以办到的），从而准确地发出实时火情状态警报。

不同的建筑物，其使用性质、重要性、位置环境条件、火灾所带来的危害程度、管理模式各有不同，所构成的火灾自动报警系统方式也不同，应有与其性质、等级相配的系统与其相适应。所以，设计人员在设计时应首先认真分析工程的建筑规模、用途、性质、等级等条件，从而确定并构成预期相适应的火灾自动报警控制装置。

（四）火灾自动报警系统的基本要求

火灾的早期发现和补救具有极其重要的意义，它能将损失限制在最小范围，且防止造成灾害。基于这种思想，我国消防标准对火灾自动报警系统及其系列产品提出了以下基本要求：确保火灾探测和报警功能，保证不漏报；减少环境因素影响，减少系统误报率；确保系统工作稳定，信号传输准确可靠；系统的灵活性、兼容性强，成系列；系统的工程适应性强，布线简单、灵活；系统应变能力强，调试、管理、维护方便；系统性能价格比高；系统联动控制方式有效、多样。

任务二　水消防系统工程常用材料及设备

【任务导航】

本任务主要学习水消防系统工程常用材料及设备。

一、水消防系统工程常用管材、管件

（一）消防给水管材的种类

1. 球墨给水铸铁管

球墨给水铸铁管主要用于自动喷水灭火系统报警阀前的埋地管道、消火栓系统的埋地管道。球墨给水铸铁管分类如下：

（1）按口径分：*DN*40 ~ *DN*2600 共 30 种规格，消防工程常用管材 *DN*40 ~ *DN*250。

（2）按对接形式分：滑入式（T 型）、机械式（K 型、NⅡ型、SⅡ型）和法兰式。

（3）法兰式的对接方式根据标准壁厚级别、*DN* 和 *PN* 可分为离心铸造焊接法兰管、离心铸造螺纹法兰管和整体铸造法兰管。

（4）其管材承压分别为 *PN*10、*PN*16、*PN*25 和 *PN*40 等级别。

2. 低压流体输送焊接钢管

低压流体输送焊接钢管分为普通焊接钢管和热浸镀锌焊接钢管。

(1)普通焊接钢管适用范围:消火栓给水系统的埋地、架空管道,自动喷水灭火系统和水喷雾灭火系统报警阀前的埋地、架空管道(在报警阀前要加设过滤器)。普通焊接钢管埋地应按有关要求做防腐处理,否则易产生锈蚀,影响使用寿命。

(2)热浸镀锌焊接钢管适用范围:消火栓给水系统,自动喷淋灭火系统和水喷雾灭火系统的埋地、架空管道(埋地也应考虑防腐措施)。

(3)普通焊接钢管与热浸镀锌焊接钢管按其壁厚分为普通钢管和加厚钢管。热浸镀锌焊接钢管规格为 *DN*6 ~ *DN*150。公称直径大于 *DN*150 的焊接钢管规格详见《低压流体输送用焊接钢管》(GB/T 3091—2008)。当公称直径大于 *DN*150 的焊接钢管需要防腐时,应进行热浸镀锌加工。

3. 无缝钢管

无缝钢管分热轧和冷轧。常用于消防给水系统,作为主干管或系统下部工作压力较高部位的管道。

(1)普通钢管标准化系列规格(外径)有 *DN*10 ~ *DN*610 等 21 种。

(2)普通钢管非标准化系列规格(外径)有 42 种,系列以及壁厚分类详见《无缝钢管尺寸、外形、重量及允许偏差》(GB/T 17395—2008)。

(3)管材壁厚为 0.25 ~ 65 mm。

(二)消防给水管材的选用

1. 室外消火栓给水系统(埋地应采取除锈防腐措施)

(1)当室外消防为生活、消防合用管道系统或低压消防给水系统时,可选用允许压力较低的承插直管的球墨给水铸铁管(滑入式、机械式)、焊接钢管、内外壁热镀锌焊接钢管等(部分工程可尝试采用 PE 给水管)。

(2)当室外消防给水系统为临时高压给水系统和常高压给水系统,且系统工作压力较低时,在管材允许的压力范围内可采用上述相同管材;当系统的工作压力较大时,应根据系统工作压力情况,分别采用法兰式球墨铸铁管、焊接钢管、内外壁热镀锌普通或加厚焊接钢管以及无缝钢管。

2. 室内消火栓给水系统

(1)当室内消火栓给水系统的工作压力≤1.0 MPa(《全国民用建筑工程设计技术措施—给水排水》中规定为系统工作压力≤1.2 MPa)时,如多层建筑、高层建筑中的分区管网静压<1.00 MPa,可采用普通焊接钢管、内外壁热镀锌普通焊接钢管。

(2)当室内消火栓给水系统的工作压力为 1.0 ~ 1.6 MPa(《全国民用建筑工程设计技术措施—给水排水》中规定为系统工作压力>1.2 MPa)时,如系统压力较高的高层建筑泵房出水管,系统下部工作压力较高部位的管道以及主干管等,可采用加厚焊接钢管、热镀锌加厚焊接钢管和无缝钢管。

(3)当室内消火栓给水系统的工作压力<2.0 MPa 时,可采用普通和热镀锌无缝钢管。其最小壁厚应符合下列要求:①当采用焊接、法兰连接或卡箍连接时:管径≤*DN*125 时,最小管壁序列号为 SCH20(≥5.0 mm)钢管;管径为 *DN*150 时,最小管壁厚为 3.4 mm;管径为 *DN*200、*DN*250 时,最小管壁厚为 4.78 mm。②当采用螺纹连接时:管径<*DN*100,最小管壁序列号为 SCH40(>5.5 mm)钢管;管径≥*DN*100,最小管壁序列号为 SCH30

（螺纹连接要求管壁较厚，保证强度和耐压）。

3. 自动喷水灭火系统

（1）自动喷水灭火系统和水喷雾灭火系统在报警阀前的管道，架空时可采用普通钢管和内外壁热镀锌的焊接钢管、无缝钢管；埋地时可采用球墨铸铁管或普通钢管和内外壁热镀锌的焊接钢管、无缝钢管（措施和手册未明确的管材），但应采取下列措施：

①采用内壁不防腐的管材时，应在该管段末端设过滤器（含内壁未涂敷防腐材料的球墨铸铁管）。

②埋地的各种管道均应采取有效的防腐措施。

（2）自动喷水灭火系统和水喷雾灭火系统在报警阀后的管道，可采用内外壁热镀锌的焊接钢管、无缝钢管及铜管、不锈钢管，以及符合国家或行业标准的涂敷其他防腐材料的管道。

（3）自动喷水灭火系统和水喷雾灭火系统在报警阀以前的管道，当系统工作压力 < 1.0 ~ 1.2 MPa 时，可采用法兰式球墨铸铁管、普通焊接钢管、热镀锌普通焊接钢管；当系统工作压力为 1.0 ~ 1.6 MPa 时，可采用法兰式球墨铸铁管（*PN*16）、加厚焊接钢管、热镀锌加厚钢管、无缝钢管；当系统工作压力 > 1.6 MPa 时，可采用法兰式球墨给水铸铁管（*PN*25）、普通钢管和热镀锌无缝钢管。具体应参照消火栓给水系统的允许压力使用，按连接方式与管径规格选用不同壁厚的钢管。

（4）自动喷水灭火系统在报警阀后的管道，由于规范限制配水管道的工作压力 ≤ 1.2 MPa，按《全国民用建筑工程设计技术措施—给水排水》和《自动喷水灭火系统设计手册》中的规定：内外壁热镀锌的普通、加厚焊接钢管及内外壁热镀锌的无缝钢管均可使用。实际上，内外壁镀锌的普通焊接钢管已满足使用要求。

（5）由于《自动喷水灭火系统设计规范》（GB 50084—2017）也规定了“轻危险级、中危险级场所中各配水管入口的压力均不宜大于 0.4 MPa”，因此在建筑面积不大的楼层各配水管压力 ≤ 0.4 MPa，均可采用内外壁热镀锌的普通焊接钢管。

（三）消防给水常用管材的连接

1. 消防给水常用管材的连接方式

消防给水常用管材的连接方式见表 2-1。

表 2-1　消防给水常用管材的连接方式

常用管材		连接方式
球墨给水铸铁管		①滑入式柔性连接 ②机械柔性连接 ③法兰连接
钢管	内外壁热镀锌焊接钢管	①卡箍连接 ②螺纹连接 ③法兰连接 ④焊接连接*
	焊接钢管	
	内外壁热镀锌无缝钢管	
	无缝钢管	

注：* 焊接连接不适合于自动喷水灭火系统报警阀后的管道。

2. 消防给水常用管材连接的相关规定

1) 消火栓给水系统

《建筑给水排水及采暖工程施工质量验收规范》(GB 50242—2002)第 4.1.3 条规定：管径小于或等于 100 mm 的热镀锌钢管应采用螺纹连接，套丝扣时破坏的镀锌层及外露螺纹部分应做防腐处理；管径大于 100 mm 的热镀锌钢管应采用法兰或卡套式专用管件连接，镀锌钢管与法兰的焊接处应二次镀锌。

2) 自动喷水灭火系统

(1)《自动喷水灭火系统设计规范》(GB 50084—2017)第 8.0.2 条规定：配水管道应采用内外壁热镀锌钢管……当报警阀入口前管道采用不防腐的钢管时，应在该段管道的末端设立过滤器。第 8.0.3 条规定：镀锌钢管应采用沟槽式连接件(卡箍)、丝扣或法兰连接。报警阀前采用内壁不防腐钢管时，可焊接连接。第 8.0.4 条规定：系统中直径大于或等于 100 mm 的管道，应分段采用法兰或沟槽式连接件(卡箍)连接 。水平管道上法兰间的管道长度不宜大于 20 m；立管上法兰间的距离，不应跨越 3 个及以上楼层。净空高度大于 8 m 的场所内，立管上应有法兰。

(2)《自动喷水灭火系统施工及验收规范》(GB 50261—2005)第 5.1.1 条规定：管网采用钢管时，其材质应符合现行国家标准《输送流体用无缝钢管》(GB/T 8163)及《低压流体输送用焊接钢管》(GB/T 3091)的要求。第 5.1.2 条规定：管道连接后不应减小过水横断面面积。热镀锌钢管安装采用螺纹、沟槽式管件或法兰连接。

3. 消防给水常用管材的连接技术要点

1) 一般要求

(1)消火栓给水系统管道当采用内外壁热浸镀锌钢管时，不应采用焊接。系统管道采用内壁不防腐管道时，可采用焊接连接，但管道焊接应符合相关要求。自动喷水灭火系统(指报警阀后)管道不能采用焊接，应采用螺纹、沟槽式管接头或法兰连接。

(2)消火栓给水系统管径 > 100 mm 的热镀锌钢管，应采用法兰连接或沟槽连接。自动喷水灭火系统管径 > 100 mm 未明确规定不能使用螺纹连接，仅要求在管径 ≥ 100 mm 的管段上在一定距离配设法兰连接或沟槽连接点。

(3)消火栓给水系统与自动喷水灭火系统管道，当采用法兰连接时推荐采用螺纹法兰，当采用焊接法兰时应进行二次镀锌。

(4)任何管段需要改变管径时，应使用符合标准的异径管接头和管件。

(5)有关消防管道连接方式及相关技术要求可参照《全国民用建筑工程设计技术措施—给水排水》中的有关规定。

2) 沟槽式(卡箍)连接

(1)沟槽式连接件(管接头)和钢管沟槽深度应符合《沟槽式管接头》(CJ/T 156—2001)的规定。公称直径 $DN \leqslant 250$ mm 的沟槽式管接头的最大工作压力为 2.5 MPa，公称直径 $DN \geqslant 300$ mm 的沟槽式管接头的最大工作压力为 1.6 MPa。

(2)有振动的场所和埋地管道应采用柔性接头，其他场所宜采用钢性接头，当采用钢性接头时，每隔 4 ~ 5 个钢性接头应设置一个柔性接头。

3）螺纹连接

（1）系统中管径 $<DN100$ 的内外壁热镀锌钢管或内外壁热镀锌无缝钢管均可采用螺纹连接。当系统采用内外壁热镀锌钢管时，其管件可采用锻铸铁螺纹管件（GB 3287～3289）；当系统采用内外壁热镀锌无缝钢管时，其管件可采用锻钢螺纹管件（GB/T 14626）。

（2）钢管壁厚 $\delta<$ Sch30（$DN\geq200$ mm）或壁厚 $\delta<$ Sch40（$DN<200$ mm）时，均不得使用螺纹连接件连接。

（3）当管道采用55°锥管螺纹（Rc 或 R）时，螺纹接口可采用聚四氟带密封；当管道采用60°锥管螺纹（NPT）时，宜采用密封胶作为螺纹接口的密封；密封带应在阳螺纹上施加。

（4）管径 $>DN50$ 的管道不得使用螺纹活接头，在管道变径处应采用单体异径接头。

4）焊接或法兰接头

（1）法兰类型根据连接形式可分为平焊法兰、对焊法兰和螺纹法兰等。法兰选择必须符合（GB/T 9112～9113—2010）、《管法兰用非金属聚四氟乙烯包覆垫片》（GB/T 13404—2008）的标准。

（2）热浸镀锌钢管若采用法兰连接，应选用螺纹法兰。系统管道采用内壁不防腐管道时，可焊接连接。管道焊接应符合《现场设备、工业管道焊接工程施工规范》（GB 50236—2011）的规定。

二、水消防系统工程常用设备

（一）消火栓给水系统

室内消火栓给水系统由消防水源、进户管、干管、立管、室内消火栓和消火栓箱（包括水枪、水带和直接启动水泵的按钮）组成，必要时还需设置消防水泵、水箱和水泵接合器等。

1. 消火栓

室内消火栓是一个带内扣式接头的角形截止阀，常用类型有直角单阀单出口、45°单阀单出口（见图2-9）、直角单阀双出口和直角双阀双出口等四种，出水口直径为65 mm。室内消火栓一端连消防主管，一端与水龙带连接。

2. 水枪

消防水枪是灭火的重要工具，一般用铜、铝合金或塑料制成，作用在于产生灭火需要的充实水柱。室内消火栓箱内一般只配置直流水枪，喷嘴直径有13 mm、16 mm、19 mm三种。建筑物一般配备水枪喷嘴口径不应小于16 mm消防水枪，但当消火栓设计流量为2.5 L/s时宜配置当量喷嘴直径11 mm或13 mm的消防水枪；消防软管卷盘和轻便水龙应配置当量喷嘴直径6 mm的消防水枪。

3. 消防水龙带

消防水龙带指两端带有消防接口，可与消火栓、消防泵（车）配套，用于输送水或其他液体灭火剂的水龙带。消防水龙带有麻织、棉织和衬胶三种，衬胶的压力损失小，但抗折叠性能不如麻织的和棉织的好。口径一般为直径65 mm，水带长度有15 m、20 m、25 m、

(a) 直角单阀单出口　　(b)45°单阀单出口

图 2-9　单出口室内消火栓

30 m 四种。

4. 消火栓箱

消火栓箱安装在建筑物内的消防给水管路上，配置有室内消火栓、消防水枪、消防水龙带等设备，具有给水、灭火、控制、报警等功能。消火栓箱通常用铝合金、冷轧板、不锈钢制作，外装玻璃门，门上设有明显的标志。消火栓箱根据安装方式可分为明装、暗装、半明装（见图 2-10）。

5. 水泵接合器

水泵接合器是从外部水源给室内消防管网供水的连接口（见图 2-11）。发生火灾时，当建筑物内部的室内消防水泵因检修、停电、发生故障或室内给水管道的水压、水量无法满足灭火要求时，消防车通过水泵接合器的接口，向建筑物内送入消防用水或其他液体灭火剂来扑灭建筑物的火灾。

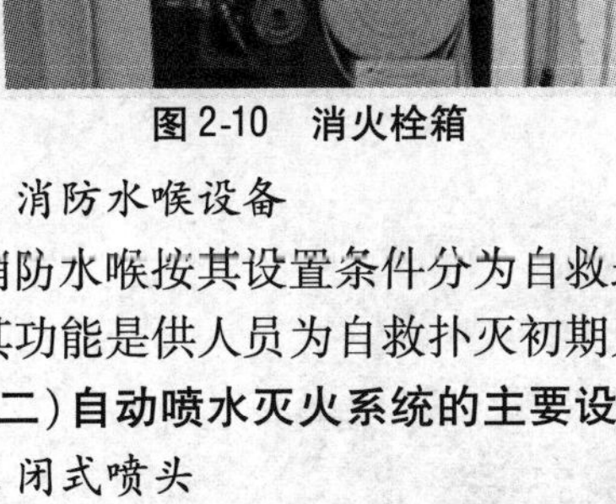

图 2-10　消火栓箱

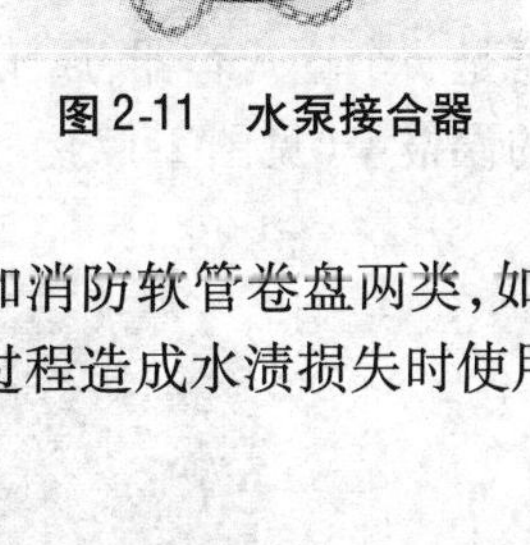

图 2-11　水泵接合器

6. 消防水喉设备

消防水喉按其设置条件分为自救式小口径消火栓和消防软管卷盘两类，如图 2-12 所示。其功能是供人员为自救扑灭初期火灾并减少灭火过程造成水渍损失时使用。

（二）自动喷水灭火系统的主要设备

1. 闭式喷头

闭式喷头是闭式自动喷水灭火系统的重要设备，由喷水口、控制器和溅水盘三部分组成。其形状和式样有玻璃球式和易熔合金式两种，如图 2-13 所示。

2. 开式喷头

图 2-14 是开式喷头的构造示意图，开式喷头的规格、型号、接管螺纹和外形与玻璃球

图 2-12 消防水喉设备

图 2-13 闭式喷头

闭式喷头完全相同,是在玻璃球闭式喷头上卸掉感温元件和密封座而成的,通常用于雨淋系统,也称为雨淋开式喷头。

3. 报警阀

自动喷水灭火系统中报警阀的作用是开启和关闭管道系统中的水流,同时将控制信号传递给控制系统,驱动水力警铃直接报警,另外还可以通过报警阀对系统的供水装置和报警装置进行检修,是自动喷水灭火系统主要组件之一,如图 2-15 所示。其由湿式阀、延迟器及水力警铃组成。

图 2-14 开式喷头

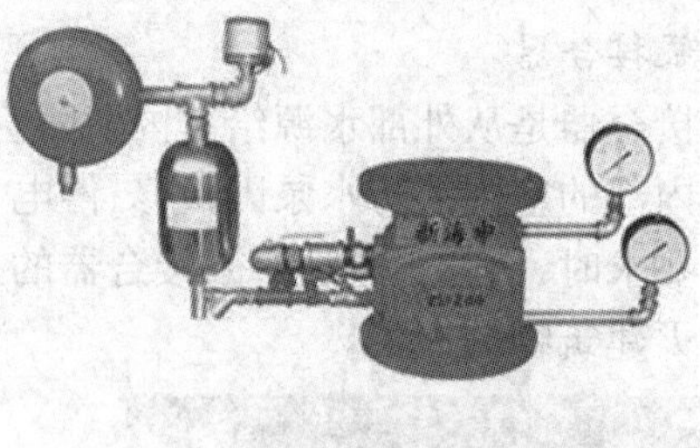

图 2-15 报警阀

4. 水流指示器

水流指示器是自动喷水灭火系统的一个组成部分,安装于管网配水干管或配水管的始端,用于显示火警发生区域,启动各种电报警装置或消防水泵等电气设备(见图 2-16)。

5. 延迟器

延迟器是一个罐式容器,属于湿式报警阀的辅件, 用来防止水源压力波动、报警阀渗漏而引起的误报警(见图 2-17)。

图 2-16 水流指示器

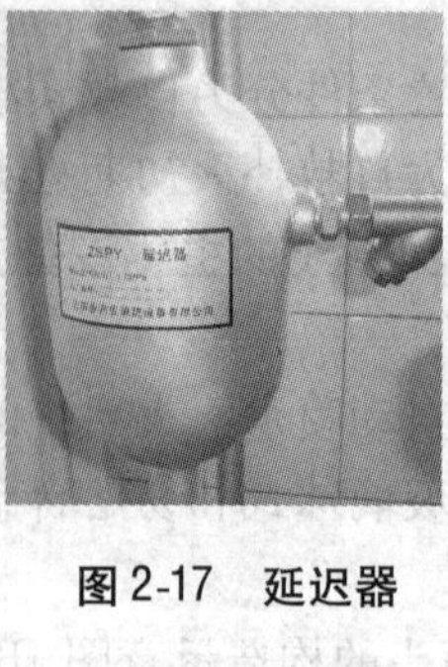

图 2-17 延迟器

任务三 火灾自动报警系统工程常用设备

【任务导航】

本任务主要学习火灾自动报警系统工程常用设备。

一、火灾报警控制器

火灾探测器相当于火灾报警与消防联动系统的“眼睛”,而火灾报警控制器相当于系统的“大脑”,它是整个系统的核心,起到接收信号,并将信号进行确认处理,然后发出声光报警启动联动装置的作用,见图2-18。

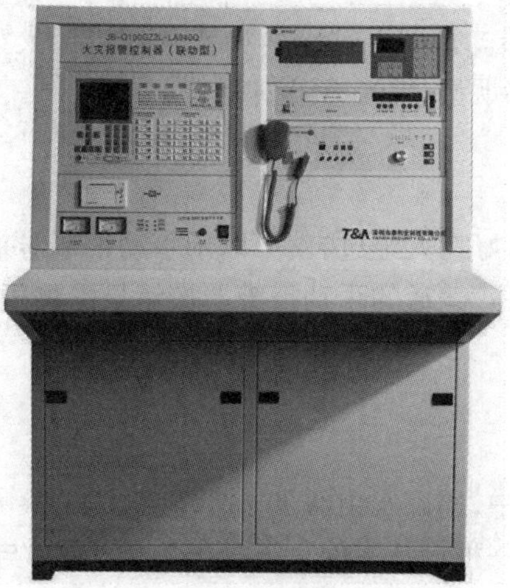

图2-18 火灾报警控制器

二、火灾探测器

目前,各国生产的火灾探测器可分为感烟式火灾探测器、感温式火灾探测器、感光式火灾探测器、可燃气体火灾探测器和复合型火灾探测器等五类。下面分别进行简单的介绍。

(1)感烟式火灾探测器(见图2-19)。对于燃烧初期会释放出大量烟雾的情况,感烟式火灾探测器可以检测到烟雾的存在,当烟雾的浓度达到一定值的时候,探测器就会发出警报信号。这种探测器并不是任何场所都可以使用的,在一些正常的情况下,有很多的场合或燃烧不产生烟雾的场合就不太适合使用,比如公共场合的吸烟室和工厂油库。

(2)感温式火灾探测器(见图2-20)。火在燃烧时会释放大量的热,感温式火灾探测器就是利用这个特点来检测温度的变化。当环境的温度达到一定的数值或单位时间内变化达到一定数值时,探测器就会发出报警信号。这种探测器使用面广,品种多,价格低廉。

(3)感光式火灾探测器。火在燃烧时会释放光线,感光式火灾探测器就可以检测到可见光、红外光和紫外线,从而发出警报。这种探测器不太适合光线明亮的场所。

图 2-19　感烟式火灾探测器

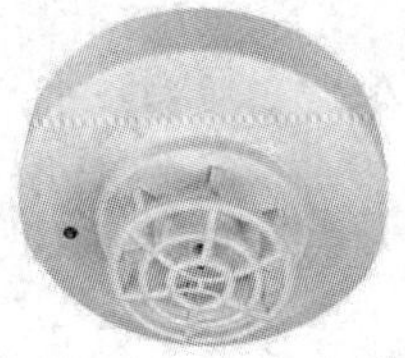

图 2-20　感温式火灾探测器

(4)可燃气体火灾探测器。这类探测器主要应用于检测一些易燃气体或粉尘的浓度，当易燃气体或粉尘浓度超过一定值时就很容易发生火灾甚至是爆炸，所以一般设置为达到浓度下限的 0.5 ~ 1.5 倍时报警。这类探测器适用于宾馆厨房、汽车库、溶剂库、炼油厂等存在可燃气体的场所。

(5)复合型火灾探测器。指可以响应两种或两种以上火灾参数的火灾探测器，目前主要有感温感烟型、感光感烟型、感光感温型等。

三、手动报警器

当发生火灾时，周围恰好有人经过，就可以用手动报警器来向控制中心报警。操作的方法在按钮上一般都有标注，普通的手动报警器按钮只需将压在按钮上的玻璃敲碎即可，见图 2-21。

四、火灾警报装置

在火灾自动报警系统中，用以发出区别于环境声、光的火灾警报信号的装置称为火灾警报装置。火灾警报器是一种最基本的火灾警报装置，通常与火灾报警控制器组合在一起，它以声、光音响方式向报警区域发出火灾警报信号，以警示人们采取安全疏散、灭火救灾措施。

警铃（见图 2-22）是一种火灾警报装置，用于将火灾报警信号进行声音中继的一种电气设备。警铃大部分安装于建筑物的公共空间部分，如走廊、大厅等。

图 2-21　手动报警器

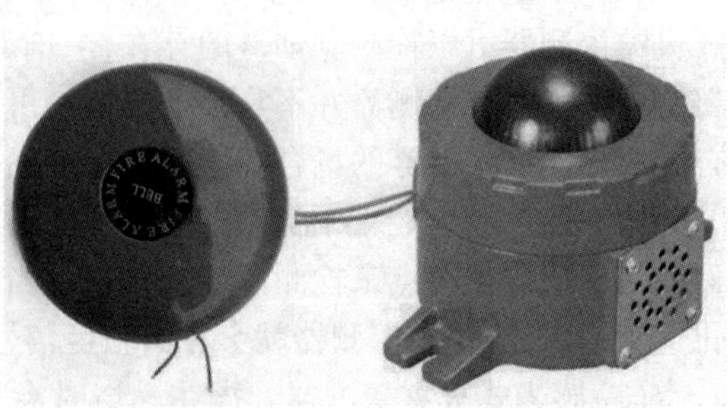

图 2-22　警铃

任务四　建筑消防工程施工图的识读

【任务导航】

本任务主要学习建筑消防工程施工图的识读。

一、建筑消防工程施工图识读的基本知识

建筑消防工程施工图的识读应注意以下几点:

(1)熟悉图例。消防图是由管线和一些图例组成的。常用的图例有室内(外)消火栓、水泵接合器、喷头、各类阀门、水流指示器、报警阀、延迟器、火灾探测器等。

(2)熟悉施工总说明。施工总说明是对施工图的一个总的阐述,对总图的把握和施工具有指导性的作用。

(3)消防施工图大致是由平面图和系统图组成的,将平面图和系统图结合起来就能对整个消防系统有一个概括性的了解。然后,再对消防系统的每一个功能分区具体地分析,具体到每一个设备、每一个管段、每一个附件。这样由粗到细就能对整个系统有一个清晰的掌握。

二、建筑水消防工程施工图的识读

现在以具体的施工图(《某酒店给水排水图》(见图 2-23、图 2-24))为例进行讲解。

这是一个地下一层、地上九层的综合性酒店。总建筑面积为 45 917 m^2,除常规的给水排水系统设置外,还包括普通室内消火栓系统和自动喷淋系统。地下室和地上每层都根据消防要求进行了防火分区。

对消防施工图的认识,应先熟悉消防施工图的图例。在图 2-25 所示的图例列表中,给出了本施工图中涉及的管线和设备设施的表示方法。消防立管、横管、水泵、消火栓、水流指示器、喷头、灭火器、干(湿)报警阀、排气阀、截止阀、水泵接合器等要熟记在心。

整个酒店的消防和喷淋用水由室外市政给水供给。干管在地下室形成环网,消防和喷淋管网由地下室(432 m^3)消防水池经过加压供给,屋顶设有一个 20 m^3 的稳压水箱。整个消防和喷淋系统都在首层地面分别设有两个水泵接合器与地下室干管相连。整个消防系统根据压力分区分为两个区。地下一层至地上三层为一个分区,地上四层至九层为一个分区,每个分区在顶层立管相连,形成环状。

整个酒店的消防供水(包括喷淋、生活用水)由 2 轴外侧剪力墙一根 *DN*150 的供水干管沿地下室负一层顶部引至 8～10 轴间的消防水池及图 2-23。消防供水经泵内两台消防加压泵(一用一备)加压后在负一层形成 *DN*150 的环状管网,在负一层分出 XL－1b、XL－2b、XL－3b、XL－4b、XL－5b、XL－6b、XL－7b、XL－8b、XL－9b、XL－10b、XL－11b、、XL－12b、XL－13b、XL－14b、XL－15b、XL－16b、XL－17b 共 17 根 *DN*65 的消防下支管,每根支管末端设一同等规格的消火栓。

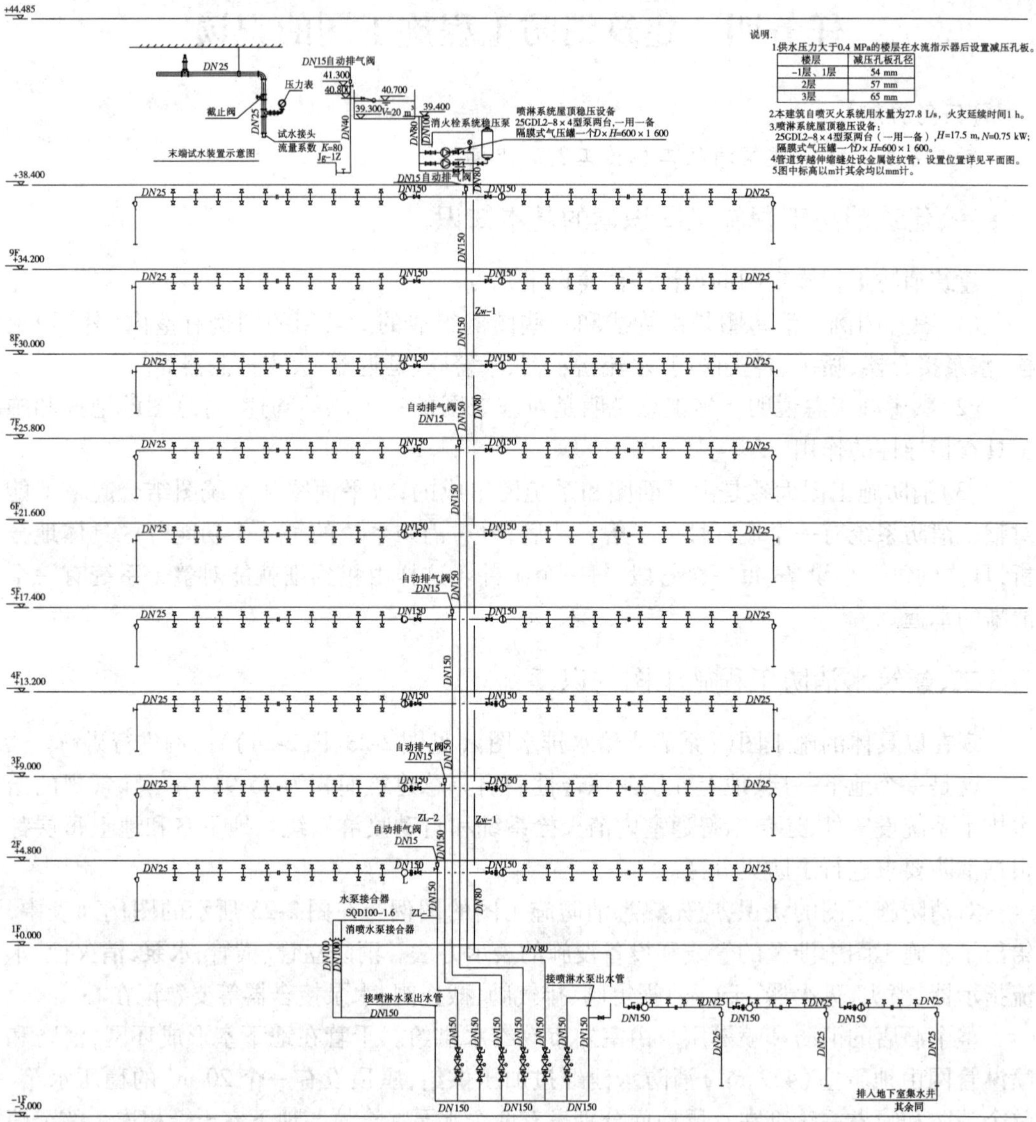

图 2-23　喷淋系统图

所有向上的消防立管(都从地下室 *DN*150 的消防环网上引出)均在一层设有一个消火栓,其中仅有 XL－2a、XL－6a、XL－13a、XL－19a、XL－20a 共 5 根立管只到一层。

在二层中总共有 28 根立管,同时也设有 28 个消火栓。其中 XL－1a、XL－3a、XL－7a、XL－8a、XL－9a、XL－14a、XL－16a、XL－17a、XL－18a 共 9 根立管在本层顶部连在一起,同地下室干管一起形成竖向的环网。

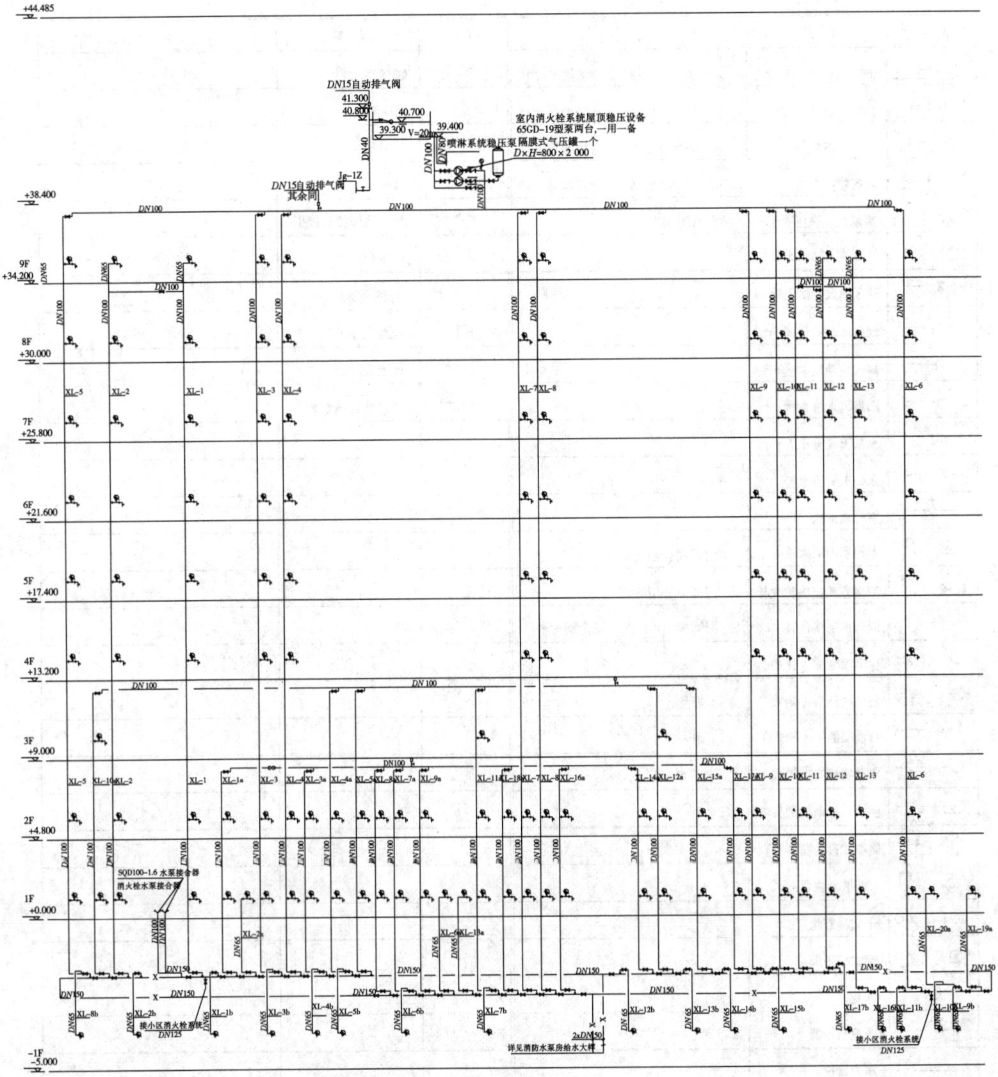

说明:

1.本工程室内消火栓系统用水量为30 L/s,火灾延续时间3 h。
室外消火栓系统用水量为30 L/s,火灾延续时间3 h。

2.单栓消火栓箱内设SN65消火栓一个，*DN*65长 *L*=25 m涤纶衬胶水龙带一条，ϕ19 mm水枪一支；消防软管卷盘一套（栓口直径为25 mm，胶带内径19 mm，长25 m，喷嘴口径7 mm），以及消防按钮、警铃和指示灯各一个。

3.消火栓安装高度均为*H*=1.10 m,各消防箱旁均设破玻按钮,用以启动消火栓泵(另见详图）。

4.地下层一层至五层处消火栓均采用减压稳压消火栓。

5.消火栓泵：
100DL108−20×4,一用一备，Q=108 m/h^3, H=80 m，N=37 kW。

6.消火栓系统屋顶稳压设备：65GD−19型泵两台（一用一备）,H=20 m、N=2.2 kW；隔膜式气压罐一个,$D\times H$=800×2 000。

7.管道穿越伸缩缝处设金属波纹管，设置位置详见平面图。

8.图中标高以m计,其余均以mm计。

图 2-24　消火栓给水系统图

消防水图例					
图例	名称	备注	图例	名称	备注
XL-1/nd	低区消火栓立管	“n”表示n号楼　立管编号“1”		蝶阀	
XL-1/ng	高区消火栓立管	“n”表示n号楼　立管编号“1”		减压孔板	
ZL-1/nd	低区喷淋立管	“n”表示n号楼　立管编号“1”		压力表	
ZL-1/ng	高区喷淋立管	“n”表示n号楼　立管编号“1”		波纹管	
ZW-1	喷淋系统稳压立管	喷淋系统用		可曲挠橡胶软接头	
—Xd—	低区消火栓横干管			吸水喇叭口	
—Xg—	高区消火栓横干管			防护套管	
—Zd—	低区自动喷淋横干管			刚性防水套管	
—Zg—	高区自动喷淋横干管			柔性防水套管	
—YL—	雨淋灭火给水管			普通镀锌钢套管	
—SM—	水幕灭火给水管				
—SP—	水炮灭火给水管				
	室外消火栓				
	单栓室内消火栓	门开向合用前室			
	双阀双栓室内消火栓	门开向合用前室			
	消防水泵接合器	配闸阀、止回阀、安全阀			
	自动喷洒头（开式）				
	自动喷洒头（闭式）	下喷			
	自动喷洒头（闭式）	上喷			
	自动喷洒头（闭式）	上下喷			
	侧墙式自动喷洒头				
	侧喷式自动喷洒头				
	末端试验装置				
	干式报警阀				
	湿式报警阀				
	水炮				
	水流指示器				
	水力警铃				
	手提式灭火器				
	推车式灭火器				
	自动排气阀				
	水泵				
	截止阀				
	止回阀				
	消声止回阀				
	止回阀				
	闸阀				
	遥控信号阀				
	球阀				

图 2-25　图例

在三层共有19根消防立管穿越，根据平面布局仅有3个消火栓，其中XL－4a、XL－5a、XL－10a、XL－11a、XL－12a、XL－15a等6根立管在本层顶部连在一起，原理同二层。

余下的XL－1、XL－2、、XL－3、XL－4、XL－5、XL－6、XL－7、XL－8、XL－9、XL－10、XL－11、XL－12、XL－13等13根立管穿越余下的四层至九层，每根立管在每一层都设有一个消火栓，XL－1、XL－2和XL－11、XL－12、XL－13在八层顶部两两相连形成环状，其余立管在九层顶部连成环状，并在屋顶和稳压水箱与隔膜式气压罐相连。

酒店的自动喷淋系统根据压力分区分为六个分区（见图2-23）。根据系统图的主干管布置，可以看出六个分区分别是负一层、一层、二层、三层和四层、五层和六层、七层和八层及九层，每一分区的顶端设有自动排气阀。每一层的自动喷淋管网根据建筑平面的实际情况又分为几个小区，可以根据水流指示器和末端试水装置来进行区分，除地下室分为三部分外，楼上每层分为两部分。由于所有的供水都是由地下室加压泵房供给，所以在负一层，一、二、三层的高压区，在每处的水流指示器处加设减压孔板减压。地下负一层的水泵房左侧为两台喷淋加压泵（一用一备），两泵的输出干管管径为*DN*150，形成环状，再从此环干管上引出6根支管，把整个酒店的喷淋分为六个压力区，负一层一个区，一层及一层以上为ZL－1、ZL－2、ZL－3、ZL－4、ZL－5等5根干管引出的五个分区。5根向上的喷淋支干管在8轴交J轴处的管道井内敷设，到每一楼层的压力分区再引出楼层水平支干管。

消防施工图的识读仅仅是一个初始的过程，真正的重点是在施工过程中将设计者的意图实施和完善，同时要注意同其他专业的施工配合工作，在施工过程中做好施工记录工作，在施工完成时，编制一份真实的竣工图。

三、建筑火灾自动报警系统工程施工图的识读

建筑火灾自动报警系统识图步骤：

（1）阅读设计说明，了解工程基本概况。

（2）阅读主要设备材料情况，熟悉各类设备元器件的图例。

（3）阅读施工平面图。①查清所有设备元器件的具体位置、数量；②查清所有设备元器件的布线方式和布线的具体要求；③查阅平面布线数量和垂直布线方式和数量。

（4）阅读系统图。①系统类型、配线方式和控制方式；②系统图与平面图的一一对应关系；③系统图与设计说明和主要设备材料表的关系；④电源配置情况、联动控制和信号传输情况。

任务五　建筑消防给水设备安装

【任务导航】

本任务主要学习建筑消防给水设备安装。

一、建筑消防给水系统安装工艺流程

建筑消防给水设备安装工艺流程见图2-26。

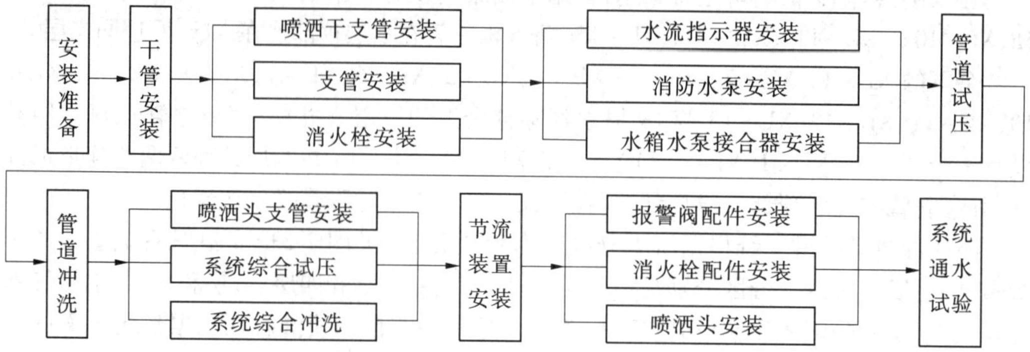

图 2-26　建筑消防给水设备安装工艺流程

二、设备要求

（1）自动喷水灭火系统报警阀、水流指示器、运传式蝶阀、水泵接合器等主要组件的规格号应符合设计要求，配件齐全，表面光洁，无裂纹，启闭灵活，有出厂合格证。

（2）喷洒头的规格、类型、动作温度应符合设计要求，丝扣完整，感温包无破碎松动、易熔片无脱落和松动，有产品出厂合格证。

（3）消火栓箱体的规格类型应符合设计要求，箱体表面平整、光洁。金属箱体方正，无锈蚀，无划伤。栓阀外观无裂纹，启闭灵活，关闭严密，密封填料完好，有产品出厂合格证。

三、质量要求

在消防管道验收前，应对消防管道及其他设备部件进行检查，对不符合设计和验收要求的必须返工整改。

（一）喷头安装

（1）喷头安装应在系统试压、冲洗合格后进行。

（2）喷头安装时宜采用专用的弯头、三通。

（3）喷头安装时，不得对喷头进行拆装、改动，并严禁给喷头附加任何装饰性涂层。

（4）喷头安装应使用专用扳手，严禁利用喷头的框架施拧；当喷头的框架、溅水盘产生变形或原件损伤时，应采用规格、型号相同的喷头更换。

（5）当喷头的公称直径小于 10 mm 时，应在配水干管或配水管上安装过滤器。

（6）安装在易受机械损伤处的喷头，应加设喷头防护罩。

（7）喷头安装时，溅水管与吊顶、门、窗、洞口或墙面的距离应符合设计要求。

（8）当通风管道宽度大于 1.2 m 时，喷头应安装在其腹面以下的部位。

（9）常见喷头的安装形式见表 2-2。

（10）当喷头安装在不到顶的隔断附近时，喷头与隔断的水平距离和最小垂直距离应符合表 2-3 的规定。

表 2-2 几种常见喷头的安装形式

直立型喷头安装	带集热板的直立型喷头安装	有吊顶的下垂型喷头安装	边墙型喷头安装
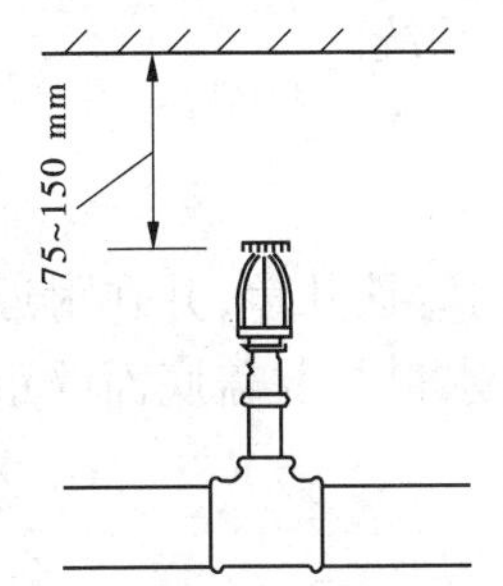	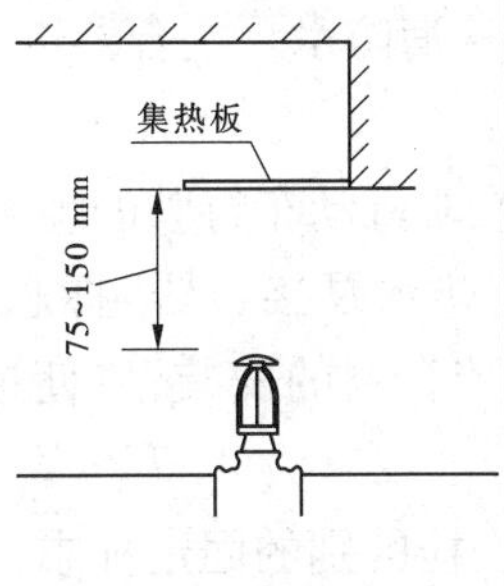	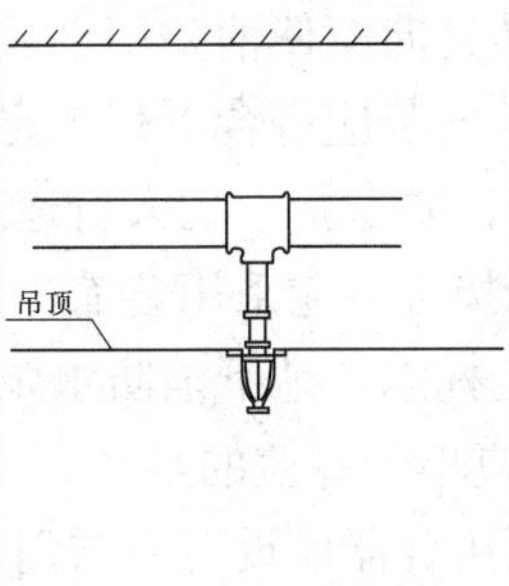	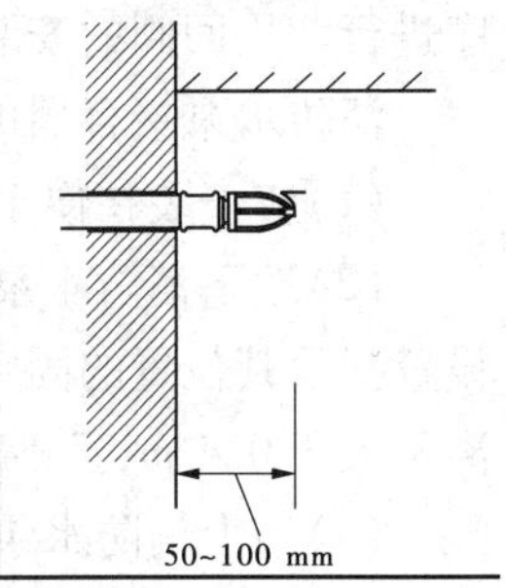

表 2-3 喷头与隔断的水平距离和最小垂直距离

水平距离(mm)	150	225	330	375	450	600	750	>900
最小垂直距离(mm)	75	100	150	200	236	313	336	450

(二)报警阀组的安装

报警阀组的安装应先安装水源控制阀、报警阀,然后再进行报警阀辅助管道的连接。水源控制阀、报警阀与配水干管的连接,应使水流方向一致。报警阀组安装的位置应符合设计要求;当设计无要求时,报警阀应安装在便于操作的明显位置,距室内地面高度宜为 1.2 m;两侧与墙的距离不应小于 0.5 m,正面与墙的距离不小于 1.2 m。报警阀组件的安装应符合下列要求:

(1)压力表应安装在报警阀上便于观测的位置。

(2)排水管和试验阀应安装在便于操作的位置。

(3)水源控制阀安装应便于操作,且应有明显开闭标志和可靠的锁定设施。

湿式报警阀组的安装应符合下列要求:

(1)应使报警阀前后的管道中能顺利充满水;压力波动时,水力警铃不应发生误报警。

(2)报警水流通路上的过滤器应安装在延迟器前,而且是在便于排渣操作的位置。

(3)水力警铃应安装在公共通道或值班室附近的外墙上,且应安装检修、测试用的阀门。水力警铃和报警的连接应采用镀锌钢管。当镀锌钢管的公称直径为 15 mm 时,其长度不应大于 6 m;当镀锌钢管的公称直径为 20 mm 时,其长度不应大于 20 m,而且安装后的水力警铃启动压力不应小于 0.05 MPa。

(三)水流指示器的安装

(1)水流指示器的安装应在管道试压和冲洗合格后进行,水流指示器的规格、型号应符合设计要求。

(2)水流指示器应竖直安装在水平管道上侧,其动作方向应和水流方向一致。安装后的水流指示器桨片、膜片应动作灵活，不应与管壁发生碰擦。

（四）消防水泵接合器的安装

消防水泵接合器的安装应按接口、本体、连接管、止回阀、安全阀、放空管、控制阀的顺序进行。止回阀的安装方向应使消防用水能从消防水泵接合器进入系统。

消防水泵接合器的安装应符合下列规定：

（1）应安装在便于消防车接近的人行道或非机动车行驶的地段。

（2）地下消防水泵接合器应采用铸有“消防水泵接合器”标志的铸铁井盖，并在附近设置指示其位置的固定标志。地下消防水泵接合器的安装，应使进水口与井盖底面的距离不大于0.4 m，且不应小于井盖的半径。

（3）地上消防水泵接合器应设置有与消火栓区别的固定标志。

（4）墙壁消防水泵接合器的安装应符合设计要求。设计无要求时，其安装高度宜为1.1 m；与墙上的门、窗、孔、洞的净距离不应小于2.0 m，且不应安装在玻璃幕墙下方。

（五）箱式消火栓的安装

箱式消火栓栓口应同墙面成90°的角，栓口朝外，离地面高度为1.1 m。箱壁的尺寸符合施工规范规定，水龙带与消火栓和快速接头应绑扎紧密，并卷折挂在持盘和支架上。

（六）自动扫描高空水炮的安装

1. 施工工艺流程

自动扫描高空水炮的安装工艺流程为：电磁阀安装→水炮安装→末端试水检验。

2. 主要施工方法

该系统由自动扫描射水高空水炮与水流指示器、信号阀、末端试水装置组成独立系统，水源从自喷给水主干管就近引来。ZSA－40A型大空间自动扫描灭水火炮的技术参数及工作原理见表2-4。

表2-4 ZSA－40A型大空间自动扫描灭火水炮

<table>
<tr><td>技术参数：
工作电压：DC－24V
启动时间：≤30 s
射水流量：5 L/s
最低工作压力：0.25 MPa
最大保护半径：6 m
安装高度范围：6～25 m</td><td></td></tr>
<tr><td colspan="2">工作原理：
当探测器探到火灾并瞄准后发出指令，联动打开相应电磁阀进行灭火，驱动现场声光报警器报警，并将火灾信号送到火灾报警控制器</td></tr>
<tr><td colspan="2">特点：
可靠性高，快速探测，定位精准，0～30 m内无盲区，有效防止误喷</td></tr>
</table>

系统安装示意图见图2-27、图2-28。

其他室内金属消防管道的安装见项目一任务四中室内给水工程的安装。

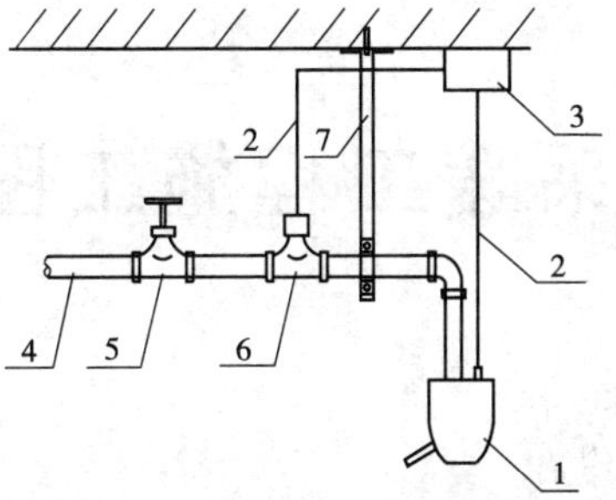

1—自动扫描高空射水水炮;2—导线;3—水炮智能控制器;4—消防给水管;5—闸阀;6—电磁阀;7—吊架

图 2-27 自动扫描射水高空水炮灭火装置安装示意图

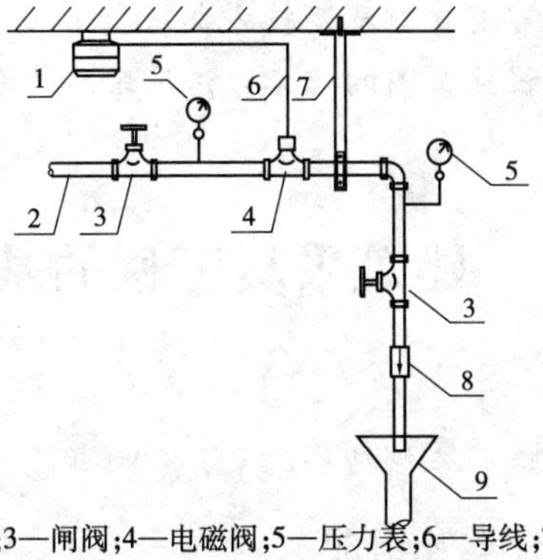

1—探测器;2—最不利点消防给水管;3—闸阀;4—电磁阀;5—压力表;6—导线;7—吊架;8—模拟喷头;9—排水漏斗

图 2-28 消防水炮模拟末端试水装置安装示意图

思考题

1. 室内消火栓给水系统主要由哪几部分组成？分别有什么作用？

2. 简述室内自动喷水灭火系统的分类、主要特点及适用场合。

3. 高层建筑室内消防给水系统有哪些特点？

4. 高层建筑室内消防给水系统为什么要进行竖向分区？常用的分区方式有几种？

5. 室内消防给水系统的常用管材有哪些？它们的主要特点是什么？采用什么方式连接？

6. 闭式自动喷水灭火系统有哪几种类型？各自的主要特点是什么？

7. 开式自动喷水灭火系统与闭式自动喷水灭火系统有哪些相同和不同之处？

8. 开式自动喷水灭火系统有哪几种类型？各自的主要特点是什么？

9. 室内火灾自动报警系统的基本类型有哪些？

10. 室内消火栓给水系统的主要设备有哪些？它们的作用是什么？

11. 水泵接合器的作用是什么？有几种形式？简述其主要特点和适用场合。

12. 常用的闭式喷头有几种？简述其主要特点和适用场合。

13. 简述建筑消防给水系统的安装流程。

14. 喷头安装应符合哪些要求？

15. 报警阀组的安装应符合哪些要求？

项目三　建筑采暖工程施工图的识读与安装

【能力目标】

1. 了解建筑供暖工程的作用。
2. 熟悉建筑供暖系统的组成及分类。
3. 熟悉建筑供暖系统的形式。
4. 掌握建筑供暖工程的常用管材及连接方式。
5. 掌握建筑供暖系统工程施工图的识读方法及给水排水系统的安装工艺。

【任务驱动】

任务一　建筑采暖工程的基本知识

【任务导航】

本任务主要学习建筑供暖的基础知识。

一、室内采暖系统的分类及组成

(一)系统分类

采暖(也称供暖)就是为了创造适宜的生活或工作条件,用人工的方法,保持一定的室内温度的技术。采暖系统主要由热源、热媒输配和散热设备三部分组成。根据这三个主要组成部分的相互位置关系,采暖系统可分为局部采暖系统和集中采暖系统。局部采暖系统是指主要组成部分在构造上都在一起,仅为设施所在的局部区域采暖的采暖系统,如烟气采暖(火炉、火墙和火炕等)、电热采暖等。集中式采暖系统是指热源和散热设备分别设置,用热媒管道连接,由热源向各个房间或各个建筑物供给热量的采暖系统。

如图3-1所示为集中式热水采暖系统。热水锅炉与散热器分别设置,通过供水管和回水管相连接,循环水泵驱使热水在管道及锅炉内循环,膨胀水箱用于容纳采暖系统温度变化时的膨胀水量,并使系统保持一定的压力和具有排除系统中空气的能力。该系统可以向单幢建筑物采暖,也可以向多幢建筑物采暖。对一个或几个小区多幢建筑物的集中采暖方式,在国内也称为区域采暖(热)。

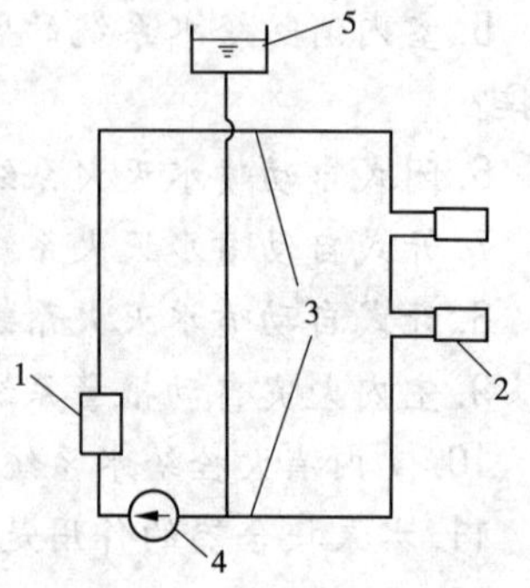

1—热水锅炉;2—散热器;3—热水管;
4—循环水泵;5—膨胀水箱

图3-1　集中式热水采暖系统

采暖系统根据散热方式的不同,主要可分为对流采暖和辐射采暖。以对流换热为主要方式的采暖,称为对流采暖。系统中的散热设备是散热器的称为散热器采暖系统;利用热空气作为热媒,向室内供给热量的采暖系统,称为热风采暖系统。目前,我国正在推广低温热水地板辐射采暖,该方式具有节能、卫生、舒适、不占室内面积等优点。低温热水地板辐射采暖系统的供水温度一般不大于60 ℃,地板表面温度在24 ~40 ℃,人员经常停留区取下限,无人区取上限。

在集中采暖技术的基础上,以热水或蒸汽作为热媒,由热源集中向一个城镇或较大区域供应热能的方式即集中供热。目前,集中供热已成为现代化城镇的重要基础设施之一,是城镇公用事业的重要组成部分。

(二)系统组成

集中供热系统由三大部分组成:热源、热网和热用户。

(1)热源。在供热工程中,热源泛指能从中吸取热量的任何装置或天然能源。目前,应用最广泛的是区域锅炉房和热电厂,另外可利用地热、天然气、工业废热等作为集中供热系统的热源。

(2)热网。由热源向热用户输送和分配供热介质的管网系统,称为热网。

(3)热用户。集中供热系统中利用热能的用户,如暖气、空调、热水以及生产工艺用热等用户。

二、室内采暖系统的常用系统形式

室内采暖系统按热媒主要分为热水采暖系统和蒸汽采暖系统,近年来,辐射采暖也有一定的应用。其中,热水采暖系统是民用和公用建筑的主要采暖系统形式,也可用于工业建筑及其辅助建筑中。

相对蒸汽采暖系统,热水采暖系统的优缺点如下所述。

(1)优点:①运行管理简单,维修费用低。②热效率高,跑、冒、滴、漏现象少,可比蒸汽采暖节能20% ~40%。③可采用多种调节方法,特别是可采用随室外温度变化改变采暖供、回水温度的质调节。④供暖效果好。连续供暖时,室内温度波动小。房间温度均匀,无噪声,可创造良好的室内环境,增加舒适度。⑤管道设备锈蚀较轻,使用寿命长。

(2)缺点:①散热设备传热系数小,因此在相同供热量下,所需供暖设备多。②蒸汽采暖主要靠蒸汽冷凝时放出的汽化潜热;热水采暖靠水的温降。在相同的供热量下,以热水为热媒时流量大、管径大、造价高。③输送热媒消耗电能多。

(一)热水采暖系统

以热水为热媒的采暖系统,称为热水采暖系统。热水采暖系统可按下述方法进行分类:①按热水采暖循环动力的不同,可分为自然循环系统和机械循环系统;②按热媒温度的不同,可分为低温水采暖系统和高温水采暖系统;③按连接散热器的管道数量的不同,可分为单管系统和双管系统;④按散热器的连接方式的不同,可分为垂直式系统和水平式系统。

1. 按热水采暖循环动力分类

1)自然循环热水采暖系统

(1)工作原理。图3-2(a)是自然循环热水采暖系统的工作示意图。在系统工作之前,先将系统中充满冷水,当水在锅炉内被加热后,密度减小,同时受从散热器流回的密度较大的回水的驱动,使热水沿供水干管上升,流入散热器。在散热器内热水被冷却,再沿回水干管流回锅炉。

(2)主要形式。自然循环热水采暖系统主要分单管系统和双管系统两种形式。图3-2(a)为单管上供下回式系统。为了顺利地排除系统内的空气,以免形成气塞,影响水的正常循环,系统的供水干管必须有向膨胀水箱方向上升的坡向,其坡度 i 为 0.5% ~ 1.0%,散热器支管的坡度不得小于1%。

(3)特点。省电,省投资,无噪声,系统简单,管径粗。

2)机械循环热水采暖系统

机械循环热水采暖系统是靠机械(水泵)力进行循环的系统,如图3-2(b)所示。

特点:供热半径大,是集中采暖系统的主要形式。

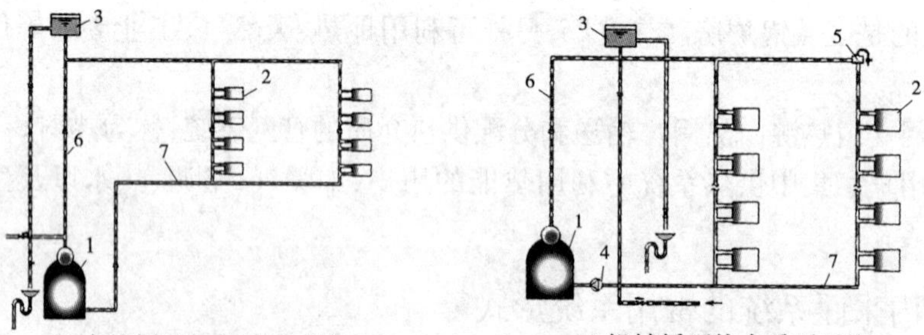

(a) 自然循环热水采暖系统　　(b) 机械循环热水采暖系统

1—锅炉;2—散热器;3—膨胀水箱;4—循环水泵;5—集气罐;6—供水管;7—回水管

图3-2　按系统循环动力分类的热水采暖系统

2. 按热媒温度分类

(1)高温水采暖系统。指供水温度高于100 ℃的系统。

特点:散热器表面温度高,易烫伤皮肤,烤焦有机灰尘,卫生条件及舒适度较差;供回水温差大,需散热器面积小,管径小,输送热媒耗电能少,运行费用低。适用于对卫生条件要求不高的工业建筑及其辅助建筑。

(2)低温水采暖系统。指供水温度低于100 ℃的系统。

特点:其优缺点正好与高温水采暖系统相反,是民用及公共建筑的主要采暖系统形式。

3. 按连接散热器的管道数量分类

单管系统的散热器串联布置。双管系统的散热器并联布置。

图3-3(a)左边为单管顺流式,右边为单管跨越管式;图3-3(b)为垂直双管;图3-3(c)中上图为水平顺流式,下图为水平跨越管式;图3-3(d)为水平双管。

4. 按散热器的连接方式分类

(1)垂直式采暖系统指不同楼层的各散热器用垂直立管连接的系统,如图3-4(a)所示。

(2)水平式采暖系统指同一楼层的各散热器用水平管连接的系统,如图3-4(b)所示。

水平式采暖系统按供水管与散热器的连接方式的不同可分为顺流式和跨越式。

水平式采暖系统的排气及热补偿措施,如图3-5所示。

水平式采暖系统与垂直式采暖系统相比,其优点:系统造价低,管路简单,无穿过各层

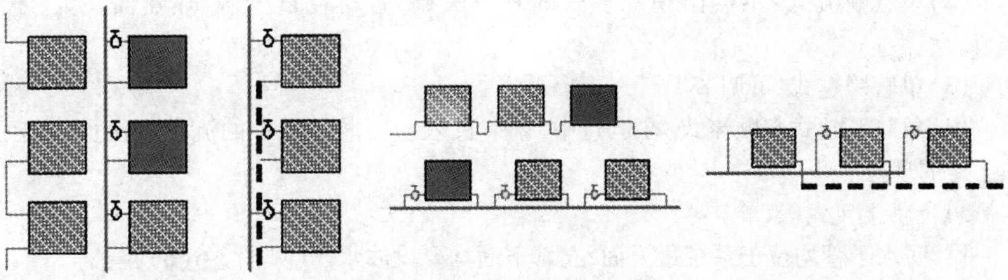

(a) 垂直单管　(b) 垂直双管　(c) 水平单管　(d) 水平双管

图 3-3　单管系统与双管系统的基本组合体

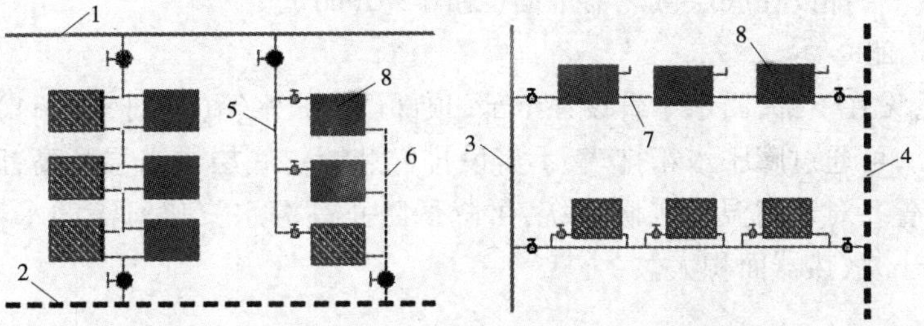

(a) 垂直式　(b) 水平式

1—供水干管;2—回水干管;3—水平式系统供水立管;4—水平式系统回水立管;
5—供水立管;6—回水立管;7—水平支路管道;8—散热器

图 3-4　垂直式与水平式采暖系统

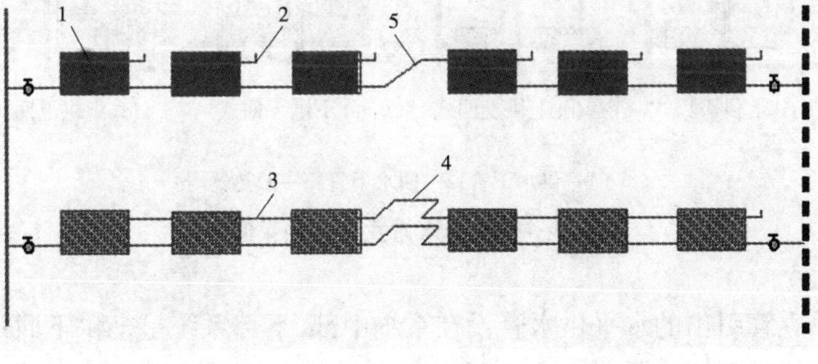

1　散热器;2—放气阀;3—空气管;4—方形补偿器;5—乙字弯管补偿器

图 3-5　水平式采暖系统的排气及热补偿措施

楼板的立管,施工方便;有可能利用最高层的辅助间(如楼梯间、厕所等)架设开口水箱;可按层调节供热量。当散热器串联很多时,易引起水平失调,即前段热、末端冷的现象。

5. 按供、回水的方式分类

1)上供下回式(单、双管)

供、回水干管分别设置在系统的最上面和最下面(见图 3-6(a))。

(1)双管式:便于调解,散热器面积小,管材耗量多,易产生垂直失调。

(2)单管顺流式：不会出现双管式的垂直失调，管材耗量少，散热器面积大，不能调节。

(3)单管跨越式：可调节。

(4)单管跨越式与顺流式：在运行中，调节进入上层散热器中的流量，可适当减轻上热下冷的现象。

2)上供上回式(双管)

供、回水干管均位于系统最上面，立管下面均要设放水阀(见图3-6(b))。

优点是易于调节，便于计量；缺点是不好泄空，易引起垂直失调现象，适用于四层以下建筑。

3)下供下回式(双管)

供、回水干管都设在底层散热器下面(见图3-6(c))。

4)下供上回式

供水干管设在下部，回水干管设在上部，顶部设膨胀水箱(见图3-6(d))。优点是：水自下向上流动，可通过膨胀水箱排气，不需设排气装置。底层供水温度高，底层散热器面积小，便于布置。对于高温水采暖系统，可降低防止高温水汽化所需的水箱标高。缺点是：传热系数小，散热器面积大。

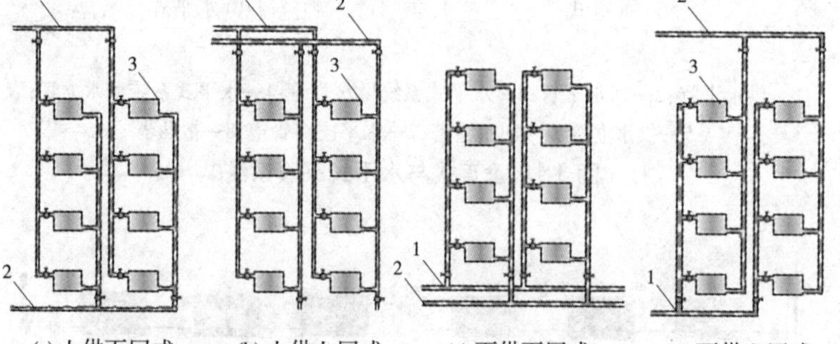

(a) 上供下回式　(b) 上供上回式　(c) 下供下回式　(d) 下供上回式

1—供水干管；2—回水干管；3—散热器

图3-6　按供、回水方式分类的采暖系统

5)中供式

从系统总立管引出的水平供水管设在系统中部，下部系统呈上供下回式，上部系统可采用下供上回式(双管)，也可采用上供下回式(单管)(见图3-7)。优点是可减轻垂直失调现象。缺点是上部系统需增加排气装置。

6. 按并联环路水的流程分类

1)同程式系统

同程式系统指热媒沿各基本组合体流程相同的系统，即各环路管路总长度基本相等的系统。如图3-8(a)中立管①离供水最近，离回水最远；立管④离供水最远，离回水最近；通过①～④各立管环路供、回水干管路径长度基本相同。优点是可减轻水平失调，阻力损失易于平衡；缺点是系统耗钢材量多。

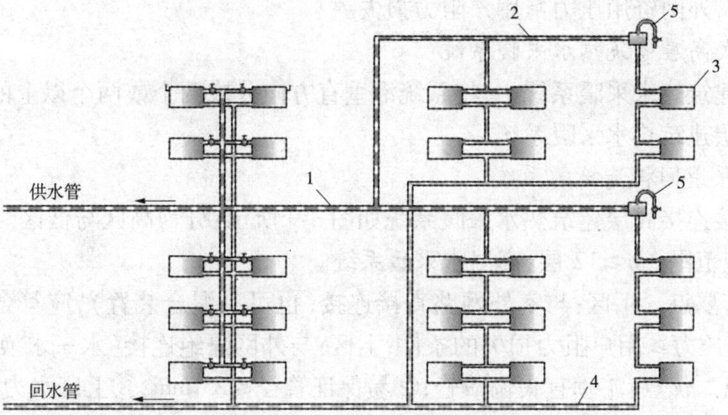

1—中部供水管;2—上部供水管;3—散热器;4—回水干管;5—集气罐

图 3-7 中供式热水采暖系统

2)异程式系统

异程式系统指热媒沿各基本组合体流程不同的系统。如图 3-8(b)中第①基本组合体供、回水干管均短,第④基本组合体供、回水干管都长。通过①～④各部分环路供、回水管路的长度都不同。优点是系统耗钢材量少。缺点是易引起水平失调。

由于各立管间的阻力难以平衡,使得远、近立管处出现流量失调,引起在水平方向各房间冷热不均的现象,称为系统的水平失调。

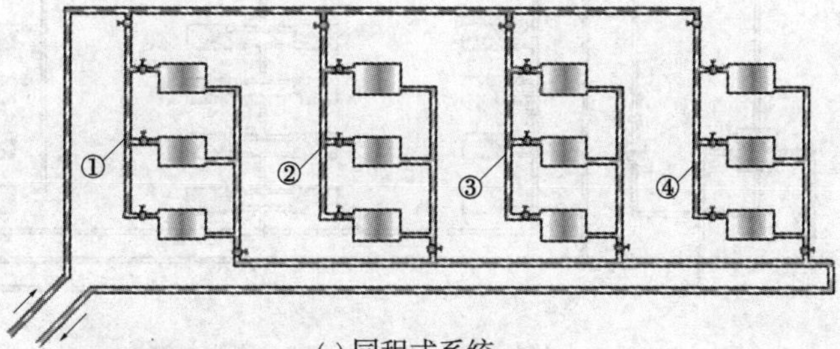

(a) 同程式系统

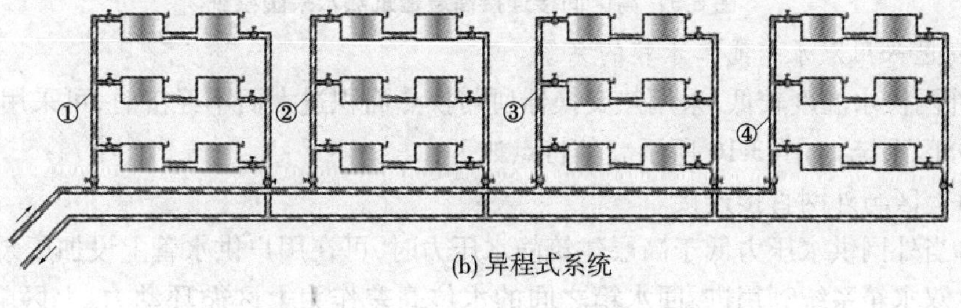

(b) 异程式系统

图 3-8 同程式系统与异程式系统

(二)高层建筑热水采暖系统

高层建筑热水采暖系统应考虑的三个特殊问题:①采暖设计热负荷:同时考虑风压和热压的作用。②垂直失调:在确定系统形式时。③承压能力:在确定网、户连接方式时,不倒空，不超压，外网资用压力≥用户阻力损失。

1. 分区式高层建筑热水采暖系统

在高层建筑热水采暖系统中，将系统沿垂直方向分成两个或两个以上的独立系统，称为分区式高层建筑热水采暖系统。

1）高区采用间接连接的系统

高区间接连接高层建筑热水采暖系统如图 3-9 所示，分为高区与低区。

（1）适应范围。$n \geq 12$ 层，高温水采暖系统。

（2）设计要点。下区：与室外网路直接连接（也可有混合装置），应符合不倒空、不超压、网路资用压力≥用户阻力损失的条件；上区：与外网隔绝连接（水—水换热器）。

（3）特点。优点：①垂直失调减轻；②易保证管径≤25 mm；③上区水力工况不受外网影响，供水温度符合要求；④底层散热器所受压力减少；⑤管材少，安装方便。缺点：①增加换热站，造价高；②增加水泵电耗和噪声。

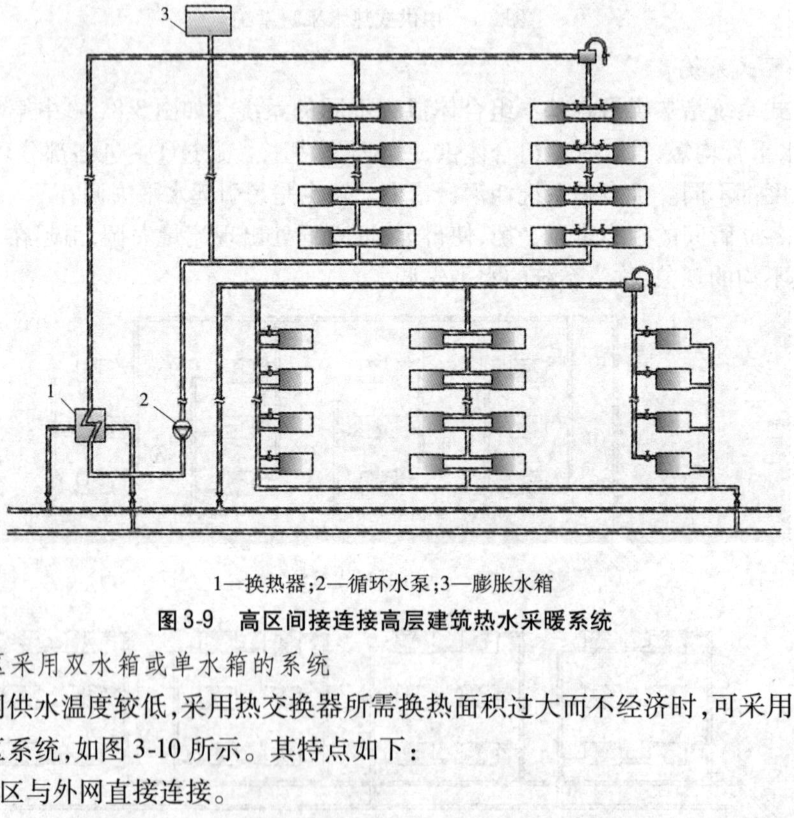

1—换热器；2—循环水泵；3—膨胀水箱

图 3-9　高区间接连接高层建筑热水采暖系统

2）高区采用双水箱或单水箱的系统

当外网供水温度较低，采用热交换器所需换热面积过大而不经济时，可采用双水箱或单水箱分区系统，如图 3-10 所示。其特点如下：

（1）上区与外网直接连接。

（2）当外网供水压力低于高层建筑静水压力时，可在用户供水管上设加压泵。

（3）双水箱系统利用进、回水箱之间的水位高差作为上区循环动力、上区阻力；单水箱系统利用系统最高点的压力作为上区循环动力。

（4）溢水管高度取决于外网回水管的压力。

（5）省去热交换器，系统造价降低。

（6）开口水箱易进空气，造成系统腐蚀。

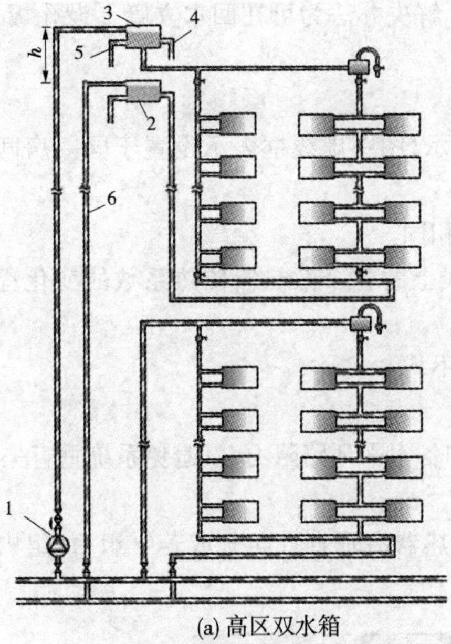

1—加压水泵;2—回水箱;3—进水箱;4—进水箱溢流管;5—信号管;6—回水箱溢流管

图 3-10　高区双水箱或单水箱高层建筑热水采暖系统

2. 其他类型的高层建筑热水采暖系统

1)双线式热水采暖系统

双线式热水采暖系统分为垂直双线系统和水平双线系统(见图 3-11)。

(1)垂直双线热水采暖系统如图 3-11(a)所示,图中虚线框表示设置于一个房间内的散热器。散热器通常采用串片散热器、蛇形管或辐射板。

(2)各层散热器的平均温度近似相同,有利于避免系统垂直失调。

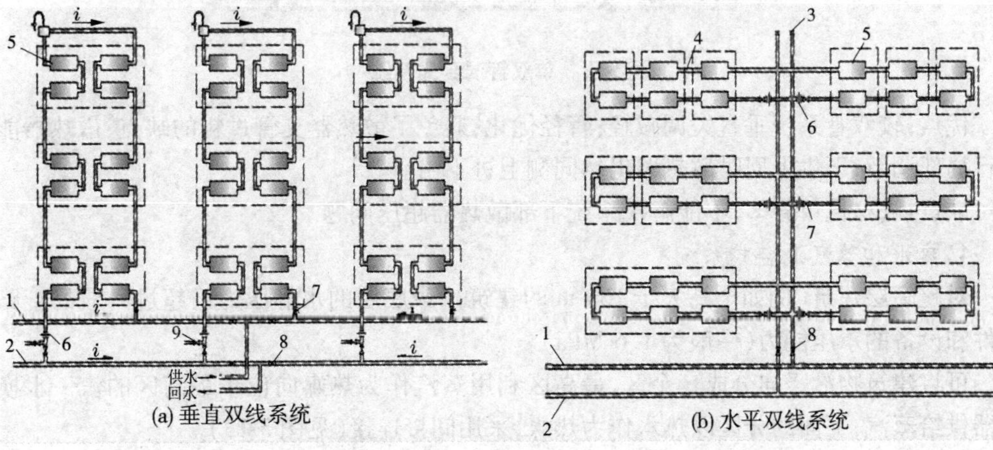

1—供水干管;2—回水干管;3—双线立管;4—双线水平管;5—散热设备;

6—节流孔板;7—调节阀;8—截止阀;9—排水阀

图 3-11　双线式热水采暖系统

(3)需在 Π 型立管的最高点设排气装置。

(4)由于立管阻力小,易引起水平失调。解决办法为可在回水立管上设孔板,增大立管阻力,或采用同程式系统来消除水平失调。

2)水平双线热水采暖系统

水平双线热水采暖系统如图3-11(b)所示,图中虚线框表示设置于同一房间的散热装置(串片式散热器或辐射板)。其特点如下:

(1)水平方向各组散热器平均温度近似相同。

(2)当系统水温或流量变化时,每组双线上的各个散热器传热系数的变化程度近似相同。

(3)由于上述两个特点有利于避免冷热不均。

(4)可在每层设调节阀,进行分层调节。

(5)在每层水平支线上设节流孔板,增加各水平环路阻力,以避免系统垂直失调。

3)单双管混合式系统

单双管混合式系统如图3-12所示,将散热器沿垂直方向分成若干组,每组内采用双管连接,组与组之间采用单管连接。

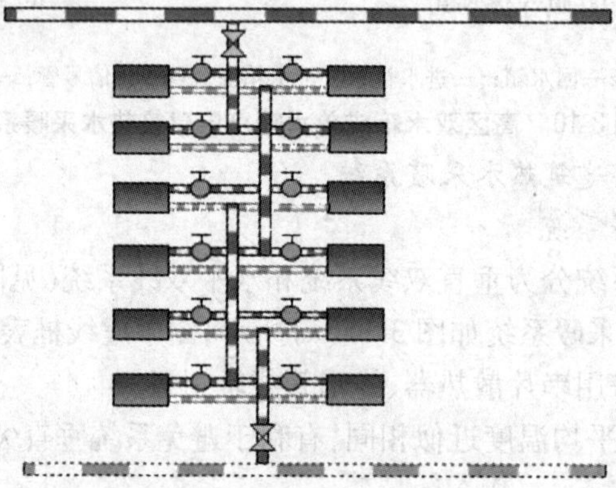

图3-12　单双管混合式系统

优点:较双管系统垂直失调减轻;管径优化,避免了散热器支管过粗的缺点;散热器能进行局部调节;下供上回时散热器仍然同侧上进下出。

缺点:管材比单管多,不能解决系统下部散热器超压问题。

4)热水和蒸汽混合式系统

对超高层建筑(例如全高大于160 m的建筑),最底层的水静压力已超过一般的管路附件和设备的承压能力(一般为1.6 MPa)。

可将建筑物沿竖向分成三个区,最高区利用蒸汽作为热媒向位于最高区的汽—水换热器供给蒸汽;下面的分区以热水作为热媒,采用间接连接(见图3-13)。

特点:可解决系统下部散热器超压的问题,可减轻竖向失调。

(三)分户热计量采暖系统

为了便于分户按实际耗热量计费、节约能源和满足用户对采暖系统多方面的功能要求,分户热计量采暖系统应运而生。

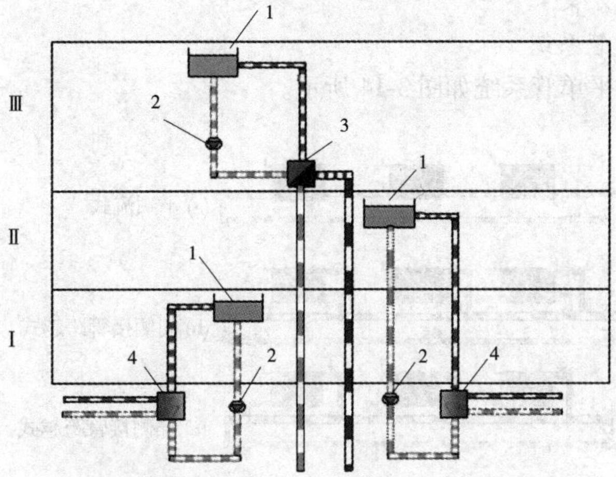

1—膨胀水箱;2—循环水泵;3—汽—水换热器;4—水—水换热器

图 3-13　特高层建筑热水采暖系统

1. 现有旧系统改造

现有旧系统形式多为单管顺流垂直式或水平式,必须改造,才可变为分户热计量采暖系统。

1)计量装置

(1)热量分配表(蒸发式热量计):贴在散热器表面,进行热量分配。

(2)热量表(又称热表):由多部件组成的机电一体化仪表,主要由流量计、温度传感器和积算仪构成,入户或装在用户入口。流量计:用于测量流经用户的热水流量(机械型、压差型、电磁型、超声波型)。温度传感器:用于测量供、回水温度(用铂电阻或热敏电阻等制成)。积算仪:根据流量计与温度计测得的流量和温度信号计算的温度、流量、热量及其他参数,可显示、记录和输出所需数据。

(3)热水表(流量表)。

2)调节装置

温控阀:调 t_n,装载散热器于供水管上。常规阀门(闸阀、截止阀):手动,调 t_n。锁闭阀:收费部门使用。

3)流量分配措施

流量分配措施采取跨越管。

4)改造方案

(1)跨越管 + 温控阀 + 蒸发热表(入口热表),能实现计量和调节。

(2)跨越管 + 常规阀门 + 蒸发热表(入口热表),能实现计量和调节。

(3)跨越管 + 蒸发热表 + 锁闭阀,能实现计量和锁闭。

(4)跨越管 + 锁闭阀,在总立管下部加热表,热量按面积分摊。

(5)跨越管 + 无调节功能的温控阀 + 热表,热量按面积分摊。

(6)入口加热表,热量按面积分摊。

(7)跨越管 + 温控阀 + 锁闭阀 + 蒸发热表,按室计量。

2. 新系统设计方案

1）分户水平单管系统

分户热计量水平单管系统如图3-14所示。

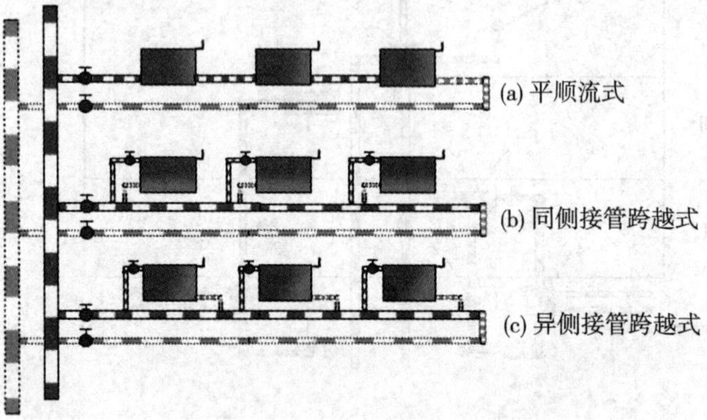

图3-14　分户热计量水平单管系统

（1）与以往水平式系统的主要区别：水平支路长度限于一个住户之内，能够分户计量和调节供热量，可分室改变供热量，满足不同的室温要求。

（2）分户水平单管系统的形式：平顺流式，如图3-14（a）所示，在水平支路上设关闭阀、调节阀和热表，可实现分户调节和计量热量，不能分室改变供热量；同侧接管跨越式，如图3-14（b）所示；异侧接管跨越式，如图3-14（c）所示。图3-14（b）、（c）在水平支路上安装关闭阀、调节阀和热表，在各散热器支管上装调节阀（温控阀），可实现分房间控制和调节供热量。

（3）水平单管系统的特点：水平单管系统比水平双管系统布置管道方便，节省管材，水力稳定性好，在调节流量措施不完善时容易产生竖向失调。

（4）设计要点：重视重力作用压头的计算，以减轻对竖向失调的影响；解决好排气问题，可在散热器上方安排气阀或利用串联空气管排气。

2）分户水平双管系统

分户水平双管系统如图3-15所示。一个住户内的各散热器并联，在每组散热器上装调节阀或恒温阀，可分室控制和调节。

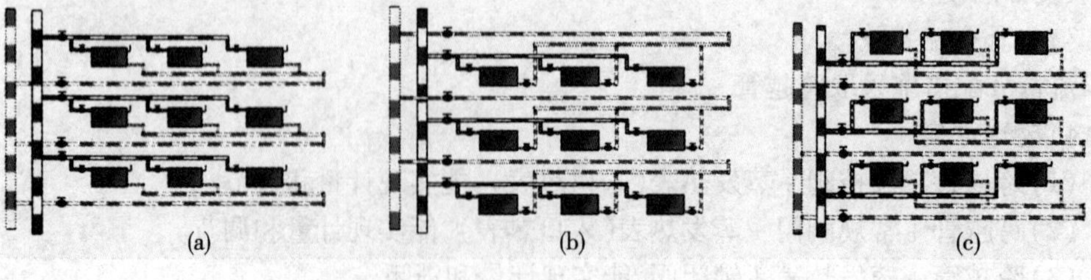

图3-15　分户水平双管系统

（1）水平供水管和回水管分别位于每层散热器的上、下方，如图3-15（a）所示；水平供水管和回水管全部位于每层散热器的上方，如图3-15（b）所示；水平供水管和回水管全部位于每层散热器的下方，如图3-15（c）所示。

(2)特点:可分室控制和调节;水力稳定性不如分户水平单管系统,耗费管材。

3)分户水平单、双管系统

分户水平单、双管系统如图 3-16 所示。该系统具有上述分户水平单管系统和分户水平双管系统的优缺点,可用于面积较大的户型以及跃层式建筑。

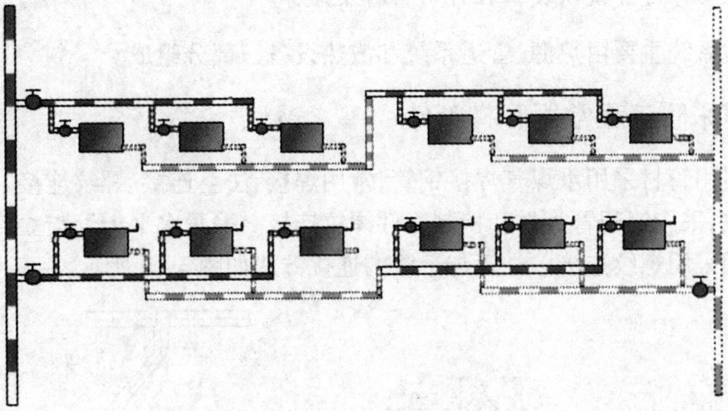

图 3-16　分户水平单、双管系统

4)分户水平放射式系统(章鱼式)

分户水平放射式系统如图 3-17 所示。在每户的供热管道入口设分水器和集水器,各散热器并联布置。从分水器引出的散热器支管呈辐射状埋地敷设至各个散热器。支管采用铝塑复合管等管材,要增加楼板的厚度和造价。分户管有热表,各散热器支管上有调节阀。

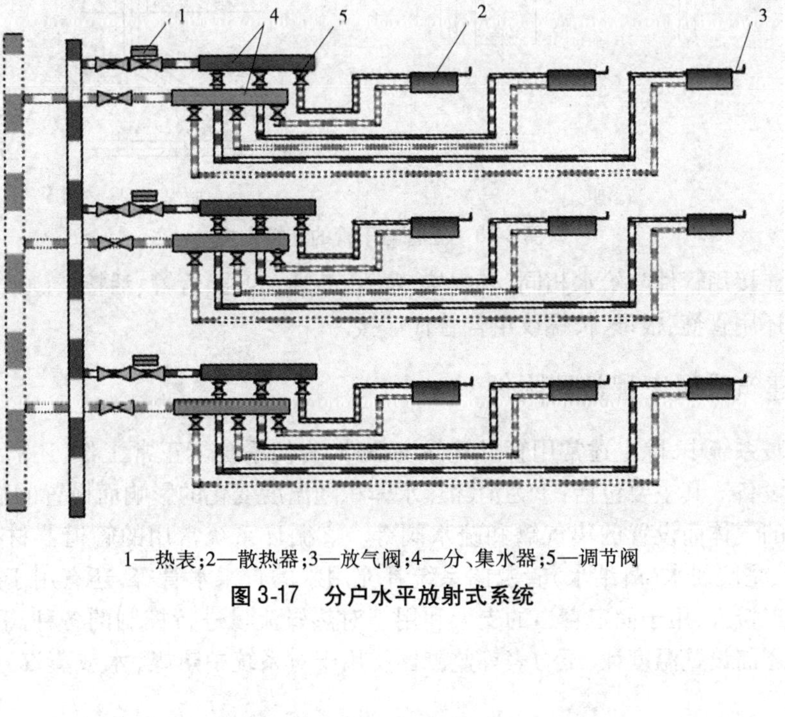

1—热表;2—散热器;3—放气阀;4—分、集水器;5—调节阀

图 3-17　分户水平放射式系统

任务二　建筑采暖工程常用材料及设备

【任务导航】

本任务主要学习建筑供暖工程常用材料及设备。

热水采暖系统主要由热源、管道系统和散热设备三部分组成。

一、建筑采暖工程常用管材管件

建筑采暖用管材采用水煤气焊接钢管，常用焊接、法兰连接、螺纹连接。近年来，地热采暖发展很快，采用铝塑管管材和特制管件螺纹连接。采暖水平干管与立管焊接时，立管上下阀门之间采用螺纹连接。立管与干管的连接方式如图 3-18 所示。

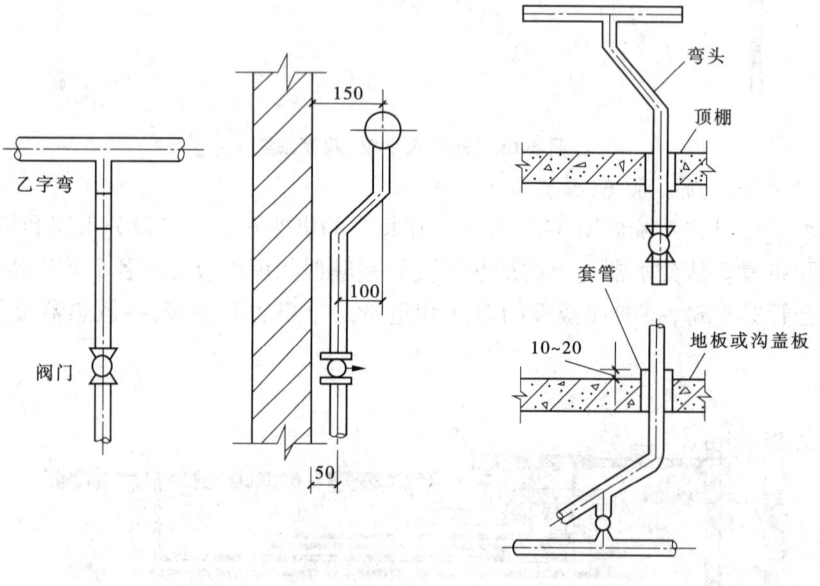

(a)明装　　(b)暗装

图 3-18　立管与干管的连接方式

螺纹连接用管件与给水相同，有内接、弯头、三通、四通、管箍、活接、补心、丝堵和根母等，此外，还用管箍、根母、长螺纹组合替代活接。

二、建筑采暖工程常用附件

在采暖系统中，除上述常用管材管件设备外，为使系统能正常工作，还需设置一些必需的辅助设备。其主要包括：①为消除热水体积随温度变化的影响而设置的膨胀水箱，为排除水中的气体而设置的集气罐和疏水阀等。②循环系统常用的管道器材有采暖热水（蒸汽）管、采暖回水（凝结水）管及向系统补充用水的自来水管等，还有用于进行管道连接的各种连接件，用于固定管道的支架和用于对热媒流量进行控制的各种阀门等。③采暖系统中还需设置温度计、压力表等监测器材用于对系统中热媒（水或蒸汽）的各种状态进行监测，以便对系统进行运行管理，确保系统的正常运行。

（一）水泵

在采暖系统中，常用的是离心式水泵，以保证连续供水，向采暖系统提供循环动力。

（二）膨胀水箱

为消除水受热时体积膨胀的影响而设置与大气相通的开式膨胀水箱，作用是容纳系统中水因受热而增加的体积，并补充系统中水的不足，排除系统中的空气，还有指示系统中的水位和控制系统中静水压力的作用。膨胀水箱一般用钢板制成，通常是圆形或矩形，如图 3-19、图 3-20 所示。

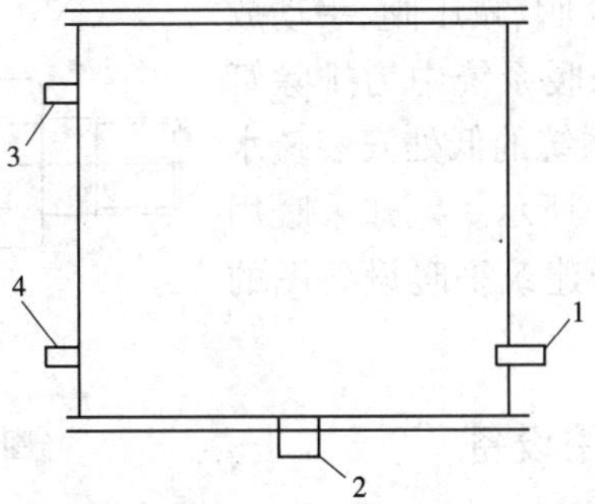

1—循环管；2—膨胀管；3—溢流管；4—检查管

图 3-19　膨胀水箱

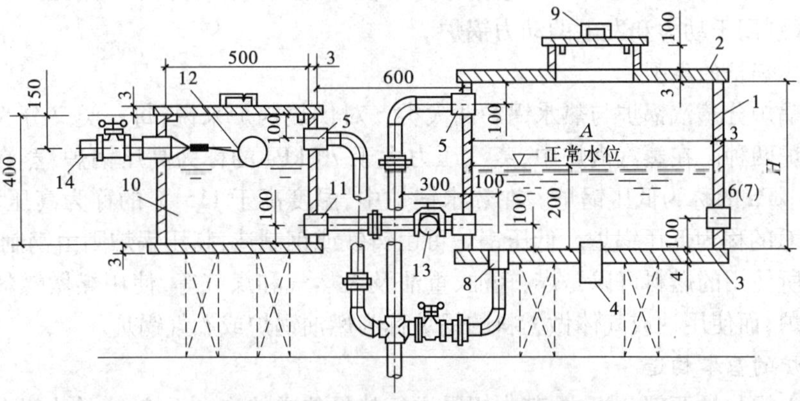

1—水箱壁；2—水箱盖；3—水箱底；4—膨胀水箱；5—溢流管；6—检测管；7—循环管；8—排污管；9—人孔管；10—补水水箱；11—补水管；12—浮球阀；13—止回阀；14—给水管

图 3-20　带补水箱的膨胀水箱接管图

（三）集气罐

集气罐是在热水采暖系统中设置的排除空气的设备。

（四）伸缩器

当采暖系统的管道输送热媒时，管道自身因温度升高而膨胀伸长。伸缩器是为了使管道能承受超过强度许可的应力而安装的设备。

（五）疏水阀

疏水阀是用于排除凝结水中的蒸汽，防止蒸汽从凝结水管道中泄漏的设备。常见的疏水阀有机械式疏水阀、热力式疏水阀和恒温式疏水阀三种类型。

（六）减压阀

减压阀用于将高压蒸汽的压力降低到使用条件要求的数值，它能够自动调节阀门的开启程度，稳定阀门后的压力。

（七）安全阀

安全阀是保证系统在一定的压力下安全工作的装置。当压力超过规定的最高允许工作压力时，阀门自动开启，把蒸汽排到系统之外；当压力恢复到正常工作压力时，阀门又自动关闭。

建筑采暖系统用阀门同给水系统，如闸阀、截止阀、浮球阀、止回阀、安全阀、减压阀、手动放气阀、自动排气阀，但蒸汽采暖系统中为排除管道和设备内的冷凝水，需在系统的低处安装疏水阀。恒温式疏水阀如图 3-21 所示。熟知采暖用的管材、管件和阀门，有利于建筑采暖设备图的识读及材料计算。

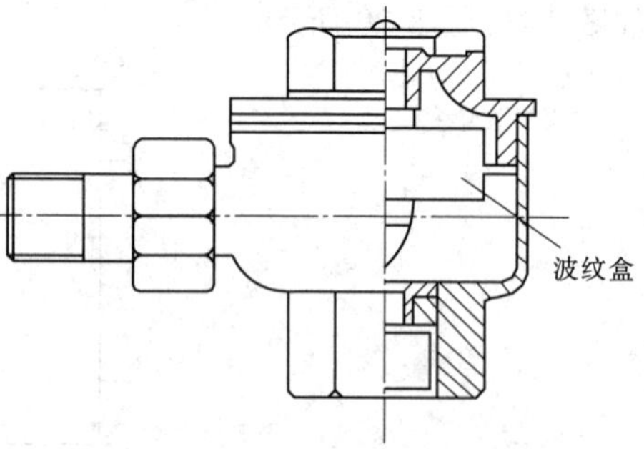

图 3-21　恒温式疏水阀

三、建筑采暖工程常用设备

（一）锅炉

锅炉是供热之源，主要用以产生蒸汽和热水。通常将工业和采暖用的锅炉称为供热锅炉，以区别用于动力和发电的动力锅炉。

1. 供热锅炉的类型

供热锅炉分蒸汽锅炉与热水锅炉两大类。对供热锅炉来说，每一类又分为高压锅炉和低压锅炉两种。在蒸汽锅炉中，蒸汽压力大于 70 kPa 的称为高压锅炉，蒸汽压力小于或等于 70 kPa 的称为低压锅炉。在热水锅炉中，温度高于 115 ℃的称为高压锅炉，温度低于 115 ℃的称为低压锅炉。低压锅炉可由铸铁或钢制造，高压锅炉则由钢制造。

锅炉所使用的燃料可以是煤、轻油、重油及天然气和煤气等，使用煤做燃料的锅炉称为燃煤锅炉，而使用油或气体做燃料的锅炉称为燃油锅炉或燃气锅炉。

2. 锅炉的基本构造

锅炉由锅与炉两部分组成，其中锅是进行热量传递的汽水系统，由给水设备、省煤器、锅筒及对流束管等组成；炉是将化学能转化成热能的燃烧设备，由送风机、引风机、烟道、风管、给煤装置、空气预热器、燃烧装置、除尘器及烟囱等组成，如图 3-22 所示。

燃料在炉子里燃烧产生高温烟气，以对流和辐射方式，通过汽锅的受热面将热量传递给汽锅内温度较低的水，产生热水或蒸汽。为了充分利用高温热量，在烟气离开锅炉前，先让其通过省煤器和空气预热器，对汽锅的进水和炉的进风进行预热。

为保证锅炉的安全工作，锅炉上还应配备安全阀、压力表、水位表、高低水位警报器及超温超压报警装置等。

3. 锅炉的技术性能

（1）锅炉的容量。指锅炉在单位时间内产生热水或蒸汽的能力，单位为 t/h。

（2）工作压力。指锅炉出气（水）处蒸汽（热水）的额定压力，单位为 MPa。

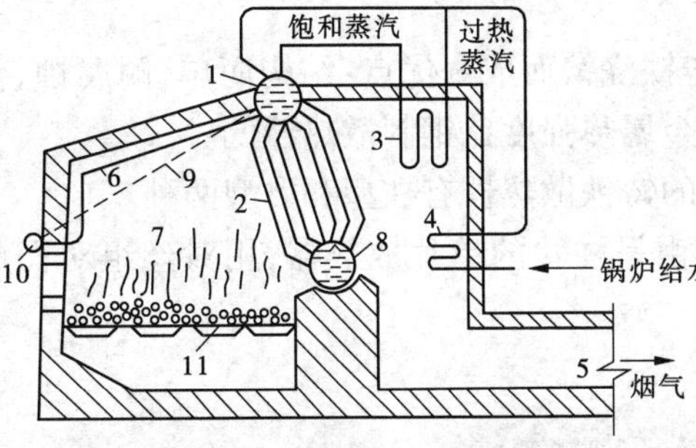

1—上锅筒；2—对流管束；3—过热器；4—省煤器；5—烟道；6—水冷壁；
7—炉膛；8—下锅筒；9—下降管；10—集箱；11—炉排

图 3-22　锅炉本体的构成

(3)温度。指锅炉出气(水)处的蒸汽(热水)的温度,单位为℃。

(4)热效率。指锅炉的有效利用热量与燃料输入热量的比值,它是锅炉最重要的经济指标。一般锅炉的热效率为60% ~80%。

4. 锅炉房

锅炉房有燃煤锅炉房和燃油燃气锅炉房。

(二)换热器

换热器按其工作原理可分为表面式换热器、混合式换热器和回热式换热器三类。

(1)表面式换热器。换热器中,冷热两种流体之间通过一层金属壁进行换热,两种流体之间没有直接接触。这种换热器常见的有壳管式、肋片管式及板式等三种结构形式。

(2)混合式换热器。换热器中,冷热两种流体直接接触并彼此混合进行换热,在热交换的同时伴随着物质交换。

(3)回热式换热器。换热器通过一个具有较大储热能力的换热面进行间接的热交换。运行时热流体通过换热面,使它温度升高并储存热量;然后冷流体通过换热面,吸收其储存的热量而被加热。

作为间接热源的换热器是设在锅炉房内或单独建造在热交换房内,作为一个独立热源而组成采暖系统。这种系统具有以下特点:①运行简单可靠;②凝结水可循环再用,减少了水处理设施和费用;③采用高温水送水可减少循环水量,减少热网的初始投资;④可根据室外气温以调节低温水量的方法来调节供热量,避免室温过高。

(三)散热器

散热器是采暖系统中的热负荷设备,是对空气进行加热的换热器,负责将热媒(热水或蒸汽)所携带的热量传递给室内空气,达到供暖的目的。散热器通常由钢或铸铁制造,具有多种形式,如柱型散热器、翼型散热器和钢串片对流散热器等。散热器设置在外墙窗口下最为合理。因为经散热器加热的空气沿外窗上升,能阻止渗入的冷空气沿墙及外窗下降,从而防止冷空气直接进入室内。对于要求不高的房间,散热器也可靠内墙壁设置。

1. 散热器的种类

散热器按传热方式分为辐射散热器和对流散热器。

散热器按材质分为铸铁散热器、钢制散热器、铝合金散热器以及塑料散热器等。

1)铸铁散热器

铸铁散热器用灰口铸铁浇铸而成。优点:结构简单,耐腐蚀,使用寿命长,水容量大。缺点:金属耗量大,笨重,金属热强度比钢制散热器低。

目前,国内应用较多的铸铁散热器有柱型和翼型两种。

(1)铸铁柱型散热器由呈柱状的单片散热器,用对丝组对而成。常用铸铁散热器见图3-23。

(a)四柱散热器　(b)长翼散热器　(c)M132型散热器　(d)圆翼型散热器

图3-23　常用铸铁散热器

①型式:四柱、二柱、五柱。

四柱散热器有:带足片与无足片,分别用于落地和挂墙安装。

②特点:外形美观,传热系数较大;单片散热量小,容易组对成所需散热面积,积灰较易清除。

③型号标记:

T Z X - X - X

- X — 工作压力(单位:0.1 MPa)
- X — 同侧进、出口中心距(单位:100 mm)
- X — 柱数
- Z — 柱型
- T — 灰铸铁

如:灰铸铁四柱散热器TZ4-5-5。

④灰铸铁四柱813型散热器,目前生产量大,作为非标准型号保留。

型号标记:

TZ4-813-4

- 4 — 工作压力(单位:0.1 MPa)
- 813 — 高度813 mm

(2)铸铁翼型散热器。

①型式:长翼型、圆翼型。

②特点:铸铁翼型散热器铸造工艺简单,价格较低,但易积灰,单片散热面积较大,不易组对成所需供热面积,承压能力低。

③型号标记。

灰铸铁长翼型标记:

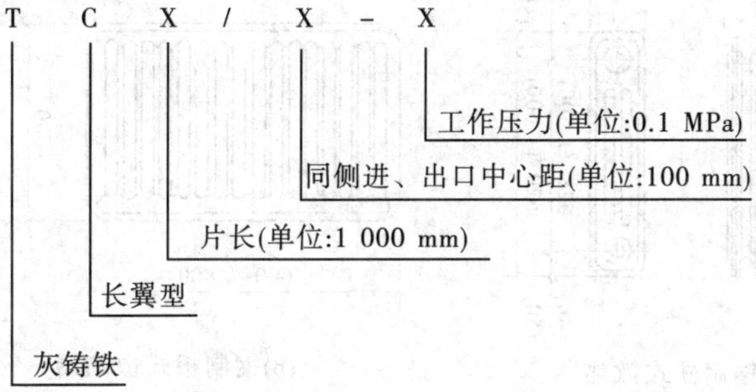

如灰铸铁长翼型散热器:TC0.2/5-4。

灰铸铁圆翼型标记:

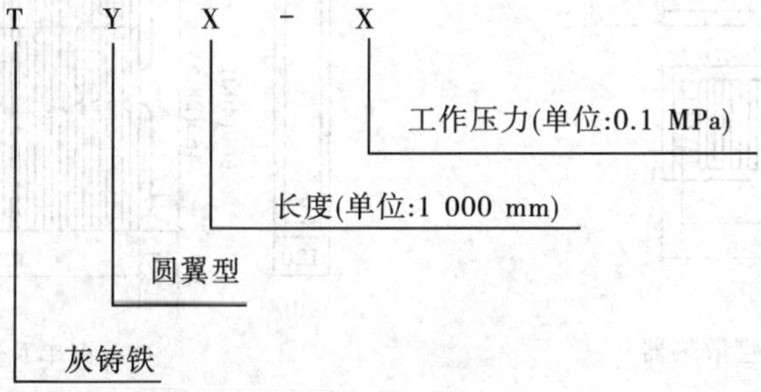

如灰铸铁圆翼型散热器:TY0.75-6(4)。

2)钢制散热器

钢制散热器包括新型钢制散热器和光排管散热器。

A.新型钢制散热器

(1)型式:柱型、板式、扁管式、串片式等。

钢制柱式散热器如图3-24(a)所示,其构造与铸铁柱型散热器相似,制造时,将单片用气体氩弧焊焊成整体。钢制板式散热器如图3-24(b)所示,由面板、背板、对流片、进出水接头等组成。钢板扁管散热器如图3-24(c)所示,由长方形扁管平排成平面并在背面扁管两端加联箱焊成整体,背面可点焊对流片。钢串片散热器如图3-24(d)所示,由钢管套钢片制成,该种散热器有带罩和无罩两种。

(2)特点:工艺先进,外形美观,适于工业化生产,产品多样化、系列化;金属耗量少,安装简便,承压能力较高,占地面积小;易腐蚀,采暖系统需进行水处理,非采暖期需满水养护;钢制散热器水容量小,热惰性小。

B.光排管散热器

(1)型式:如图3-25所示,由钢管焊接而成。

(2)特点:承压能力高,较笨重,耗钢材量大,占地面积大;易清除积灰,适用于灰尘较大的车间。

3)铝合金散热器和塑料散热器

(1)铝合金散热器:加工方便,质量轻,外形美观,造价较高,不如铸铁散热器耐用。

(2)塑料散热器:可节省金属,耐腐蚀,但不能承受太高的温度和压力。

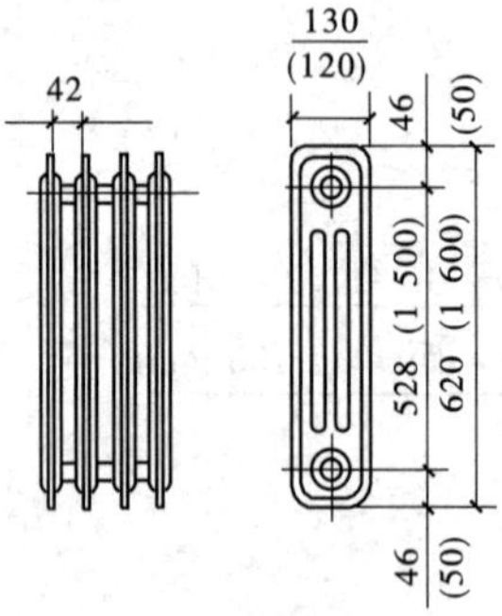

(a)钢制柱式散热器

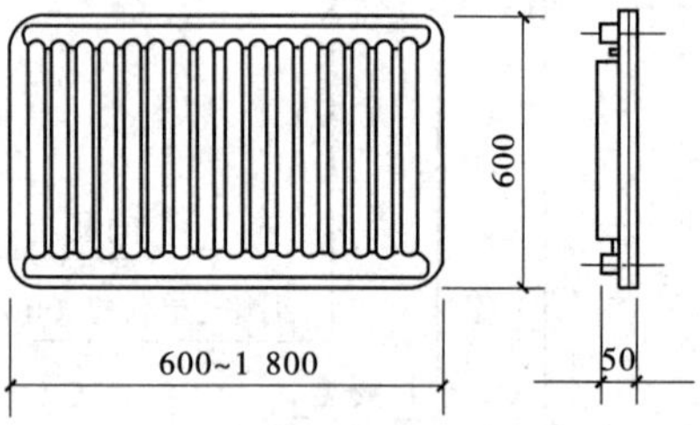

(b)钢制板式散热器

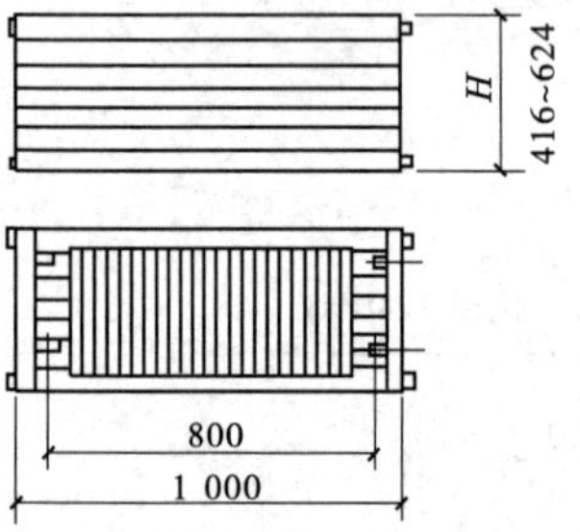

(c)钢板扁管散热器

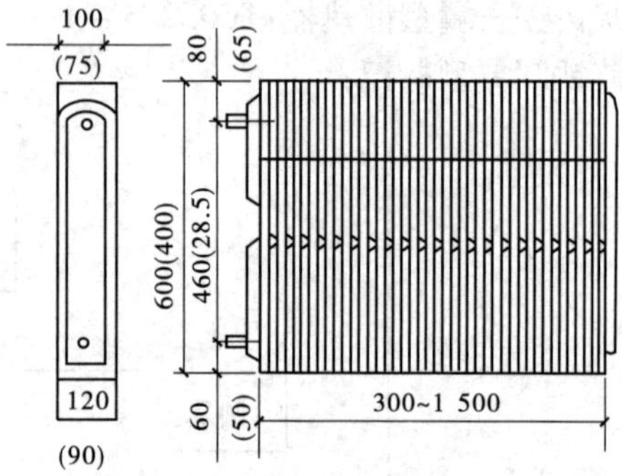

(d)钢串片散热器

图 3-24　常用钢制散热器

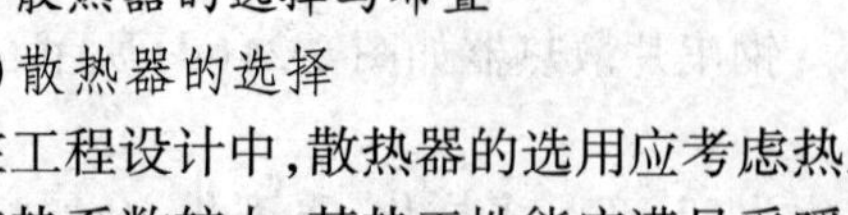

(a)用于热水采暖系统的光排管

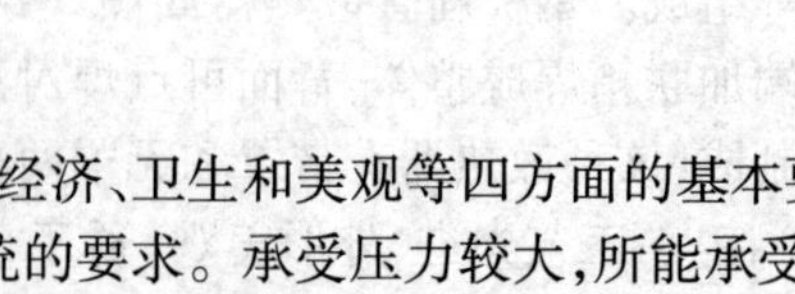

(b)用于蒸汽采暖系统的光排管

图 3-25　光排管散热器

2. 散热器的选择与布置

1)散热器的选择

在工程设计中,散热器的选用应考虑热工、经济、卫生和美观等四方面的基本要求。

传热系数较大,其热工性能应满足采暖系统的要求。承受压力较大,所能承受的最大工作压力应大于采暖系统底层散热器的实际最大工作压力。外形美观,与室内装修协调,易于清扫。在产尘和对防尘要求较高的工业建筑中,应采用易于清除灰尘的散热器。在具有腐蚀性气体的生产厂房或相对湿度较大的车间、地下水为水源且水处理不佳时应用铸铁散热器。

2)散热器的布置

(1)室内布置。一般沿外墙布置,特别是沿外窗布置,也可以沿内墙布置。①沿外墙布置,如图3-26(a)所示。布置特点:提高了外墙和窗下部的温度,减少了对人体的冷辐射,因而提高了房间的热舒适性;布置在外窗下少占用室内使用面积并能阻止渗入室内的空气形成下降的冷气流,房间贴地面板处的空气温度较高。②内墙布置,如图3-26(b)所示。布置特点:在某些场合下可减少管路系统的长度;没人经常活动的房间地面流动的空气温度较低,降低舒适度;占用室内使用面积,影响家具及其他设施的布置;散热器上升气流中所含微尘附着于内墙表面,影响美观。

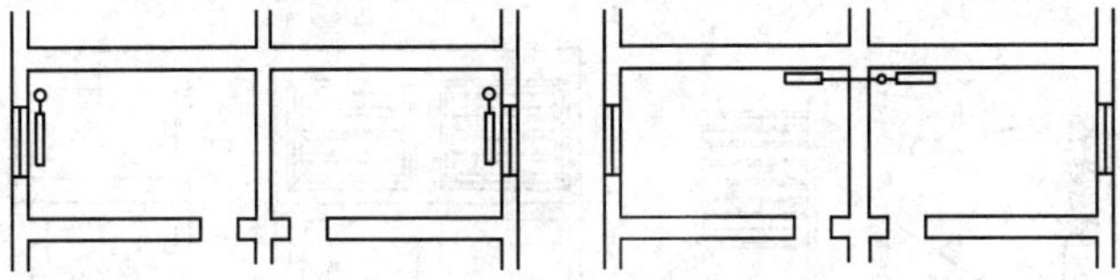

(a)置于外墙下　　(b)置于内墙下

图3-26　散热器在室内的平面布置

(2)楼梯间布置。散热器应尽量布置在底层或下部各层,不能置于两道外门之间,楼梯间底层等有冻结危险处的散热器应远离外门。

3)散热器的安装

散热器的安装有明装和暗装。明装:易于清除灰尘,布置简单,有利散热。暗装:对房间装饰要求较高的民用、公用建筑或要防止烫伤和磕碰的场所可加装饰罩暗装。加罩后散热器的散热量减少。

4)散热器的连接方式

散热器在系统中可以采用图3-27所示的六种连接方式。

连接方式不同时其外表面温度分布也会变化,使传热量发生变化。

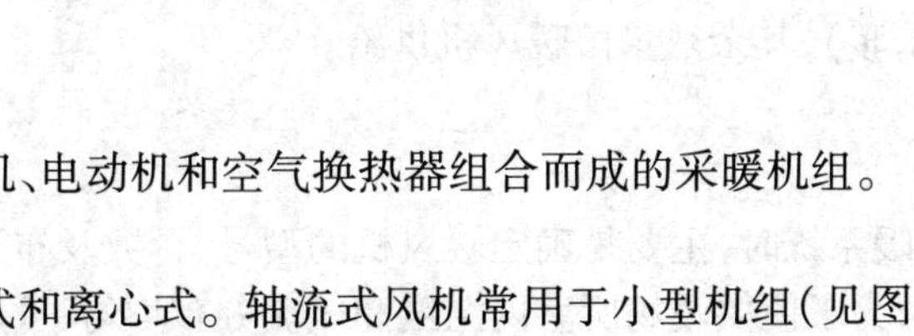

图3-27　散热器连接方式

(四)暖风机

1.组成

暖风机是由通风机、电动机和空气换热器组合而成的采暖机组。

2.风机形式

风机形式有轴流式和离心式。轴流式风机常用于小型机组(见图3-28(a)、(b)),离心式风机常用于大型机组(见图3-28(c)、(d))。

3.热媒种类

热媒种类有水和蒸汽。

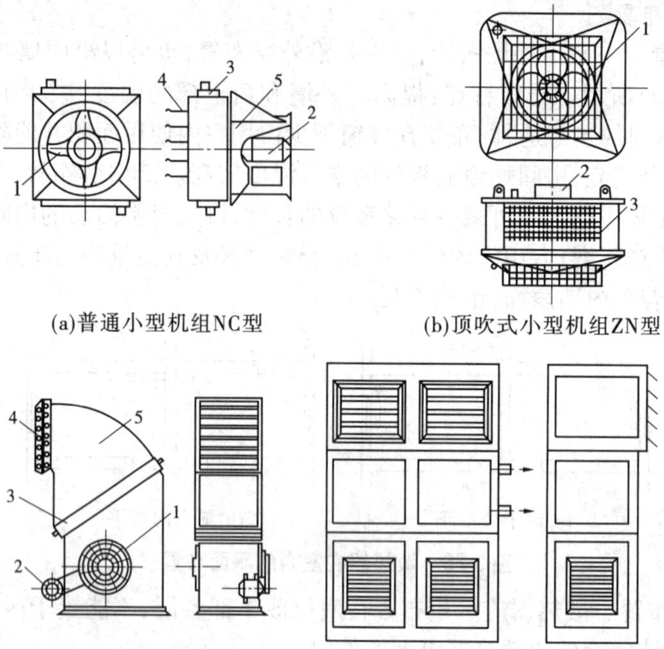

(a)普通小型机组NC型　(b)顶吹式小型机组ZN型

(c)普通大型机组NBL型　(d)柜式大型机组NLGS型

1—风机;2—电动机;3—换热器;4—导流叶片;5—外壳

图 3-28　暖风机

4. 布置方式

暖风机直接安装在采暖房间内。

5. 工作原理

在风机作用下,室内空气由吸风口进入机组,流经空气换热器被加热,从出风口送入室内,并造成室内空气循环。

6. 特点

优点:供热量大,占地小,启动快,能迅速提高室温。

缺点:风机运行时有噪声,如全部采用室内循环空气,不能改善室内空气质量。

7. 暖风机采暖方案

(1)暖风机供给全部采暖耗热量,适用于气候比较温暖的地方。

(2)暖风机供给部分采暖耗热量,用散热器采暖系统维持最低室内温度(一般不得低于5 ℃,称为值班采暖),其余热量由暖风机供给。

8. 暖风机选择

1)暖风机台数

设计暖风机采暖系统时,主要是确定暖风机的型号、台数及布置方案。

当空间较大时,为了使供暖场所室内温度和气流分布均匀,可选两台以上同型号的暖风机。暖风机台数计算式如下

$$n = \beta \frac{\dot{Q}}{\dot{q}} \tag{3-1}$$

式中　$\dot{Q}$——要求暖风机提供的采暖热负荷，W；

β——暖风机的富余系数，取 $\beta=1.2\sim1.3$；

$\dot{q}$——单台暖风机的实际散热量，W。

暖风机的性能参数可查产品样本或设计手册。产品样本中给出的暖风机供热量为进口空气温度为 15 ℃时的暖风机供热量，若进口空气温度不等于 15 ℃，用式(3-2)进行修正

$$\dot{q}=\dot{q}_0(t_m-t_i)/(t_m-15) \tag{3-2}$$

式中　$\dot{q}_0$——产品样本中提供的暖风机供热量，W；

t_m——暖风机进、出口热媒的平均温度，℃；

t_i——设计条件下的机组进风温度，一般可取室内温度，℃。

暖风机的送风温度不宜低于 35 ℃，以免有吹冷风的感觉；暖风机的送风温度不得高于 70 ℃，以免热射流上升，不利于有效利用。

2)暖风机布置

在生产厂房内布置暖风机时，应考虑车间的几何形状、工作区域、工艺设备的位置，以及暖风机气流作用范围等因素。暖风机平面布置时尽可能使室内气流分布合理、温度均匀，NC 型小型机组可采用图 3-29 所示的布置方案，悬挂在墙上、柱上、梁下。

(1)直吹：用于小跨度厂房，暖风机挂于内墙，向外墙方向送风。

(2)斜吹：将暖风机挂在中间纵轴上，向两面外墙斜向送风。

(3)顺吹：暖风机挂在外墙柱上，气流串接。

斜吹和顺吹用于大跨度厂房或多跨厂房。

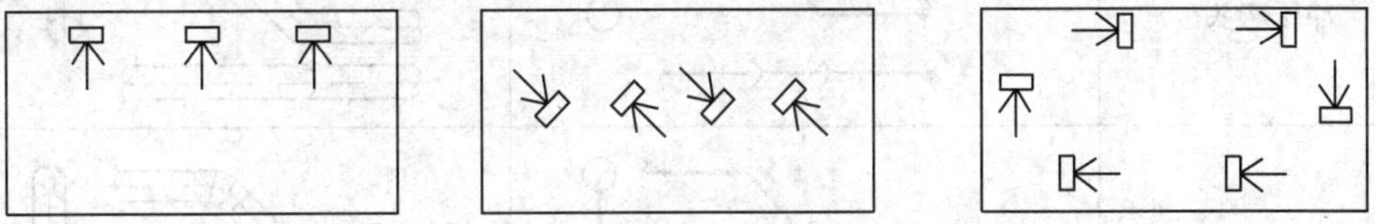

(a)直吹　(b)斜吹　(c)顺吹

图 3-29　轴流式暖风机布置方案

任务三　建筑采暖工程施工图的识读

【任务导航】

本任务主要学习建筑供暖工程施工图的识读。

一、建筑采暖工程施工图识读的基本知识

根据《暖通空调制图标准》(GB/T 50114—2010)和《供热工程制图标准》(CJJ/T 78—2010)看建筑采暖设备图时，应先掌握以下图样知识。

（一）采暖设备图的组成

采暖设备图由目录、设计说明、主要设备及材料表、平面图、轴测图和详图组成。目录是对图样的编号，并注有图样名称。设计说明标明有关设计参数、设计范围以及施工安装要求。平面图标示设备和管道的平面位置。轴测图标示设备和管道的空间位置，常用斜等测图画法表示。详图标明设备的制造、管件的加工和某些局部安装有特殊的要求和做法。

（二）管线的表示

常采用单线绘制管道，根据需要（如剖面图和详图）也常采用双线绘制管道。管道转向单、双线绘制见表 3-1。

表 3-1　管道转向单、双线绘制

名称	单线绘制	双线绘制
弯头（通用）	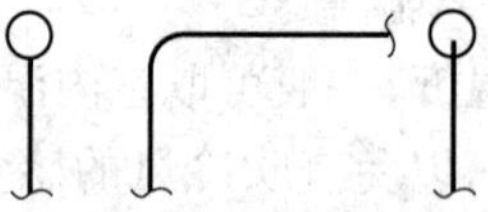	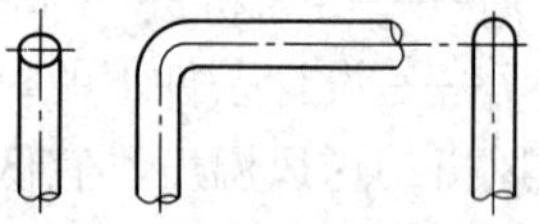
煨弯	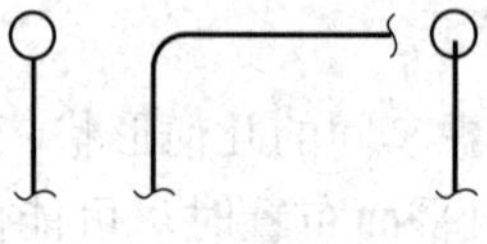	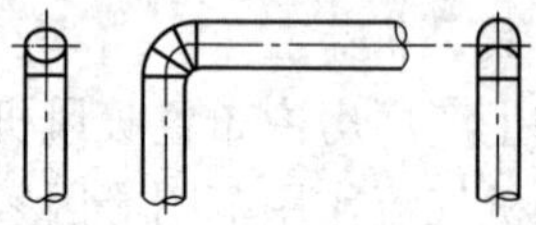
焊接弯头	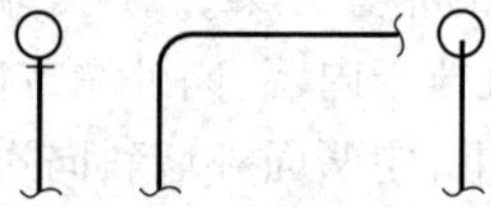	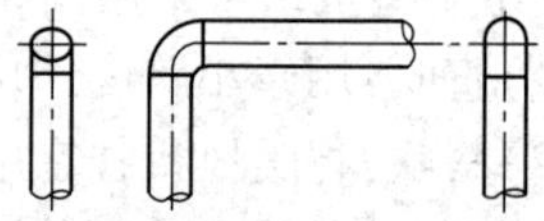
冲压弯头	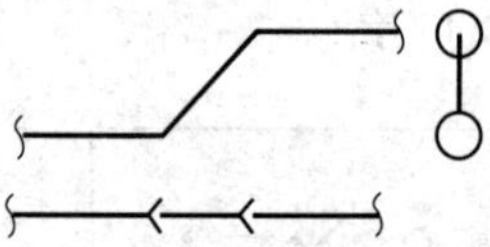	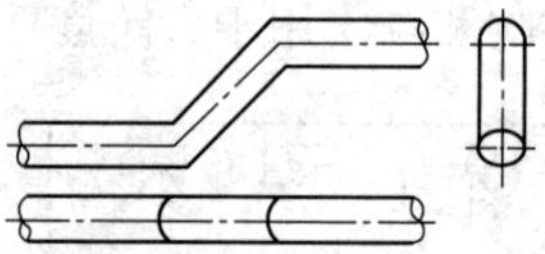
非 90°煨弯	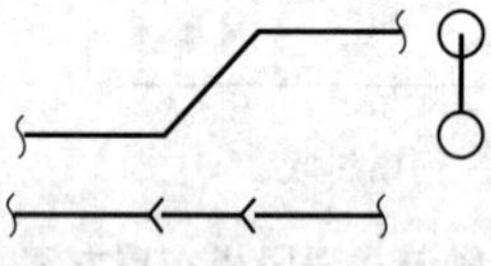	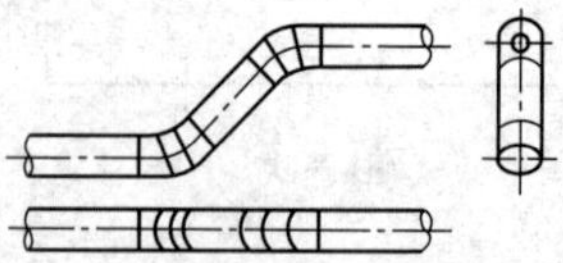
非 90°焊接弯头	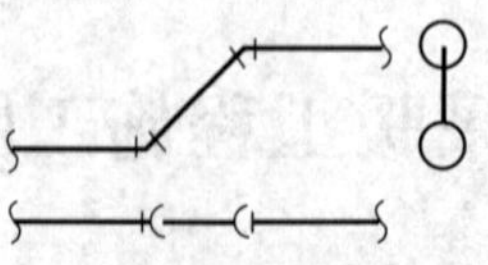	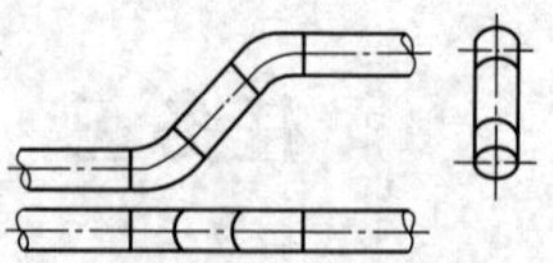
非 90°冲压弯头	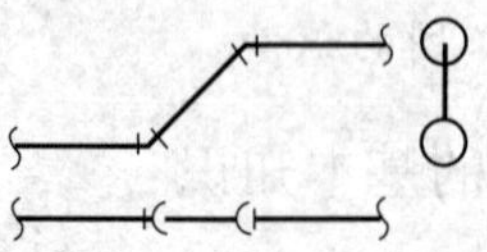	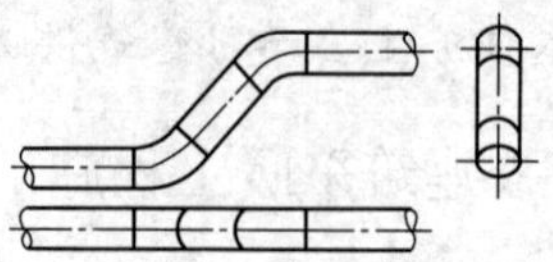

各种管道、管路附件和管线设施代号见表3-2～表3-4。

表3-2　管道代号

管道名称	代号	管道名称	代号
供热管线(通用)	HP	生活给水管	DW
蒸汽管(通用)	S	锅炉给水管	EW
饱和蒸汽管	S	省煤器回水管	ER
过热蒸汽管	SS	连续排污管	CB
一次蒸汽管	FS	定期排污管	PB
高压蒸汽管	HS	冲灰水管	SL
中压蒸汽管	MS	采暖供水管(通用)	H
低压蒸汽管	LS	采暖回水管(通用)	HR
凝结水管(通用)	C	一级管网供水管	H1
有压凝结水管	CP	一级管网回水管	HR1
自流凝结水管	CG	二级管网供水管	H2
排汽管	EX	二级管网回水管	HR2
给水管(通用)自来水管	W	空调用供水管	AS
生产给水管	PW	空调用回水管	AR

表3-3　管路其他图形符号

名称	图形符号	名称	图形符号
保温管	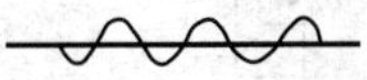	漏斗	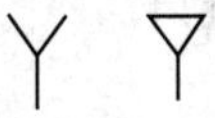
保护套管		排水管	
伴热管	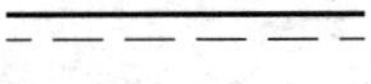	排水沟	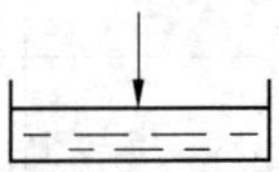
挠性管软管		排至大气	

表 3-4　敷设方式、管线设施图形符号及其代号

名称		图形符号		代号
		平面图	纵剖面图	
架空敷设		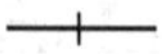	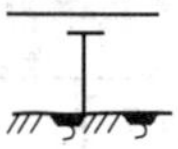	
管沟敷设		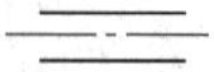	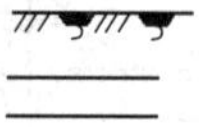	
直埋敷设		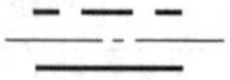		
套管敷设		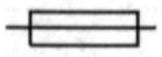	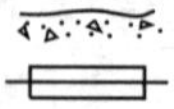	C
管沟入孔		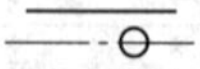	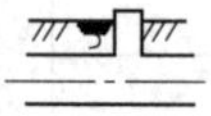	SF
管沟安装孔		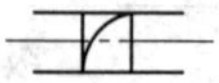		IH
管沟通风孔	进风口			IA
	排风口			EA
检查室(通用)				W
保护穴				D
管沟方形补偿器穴		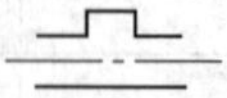		UD
入户井			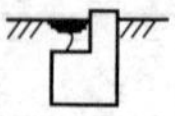	CW
操作平台		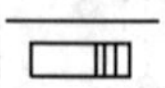	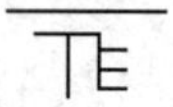	OP

（三）阀门的表示

管道图中常用阀门的画法表示见表3-5。

表3-5　管道图中常用阀门的画法表示

名称	俯视	仰视	主视	侧视	轴测投影
截止阀	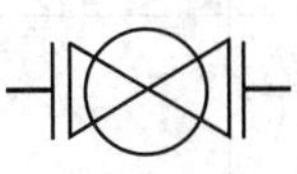		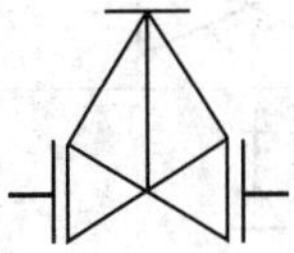	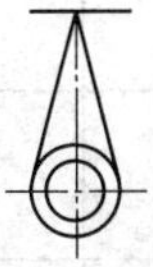	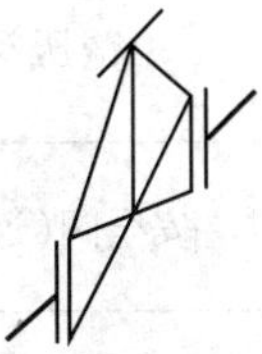
闸阀	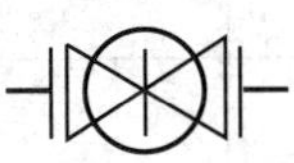	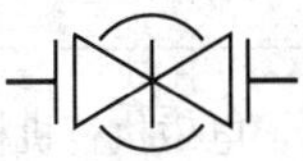	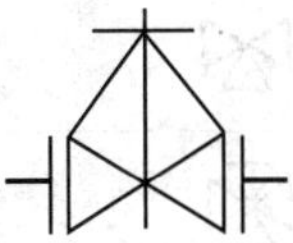	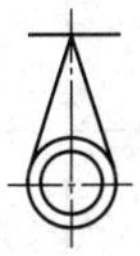	
蝶阀			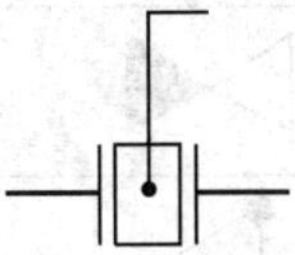		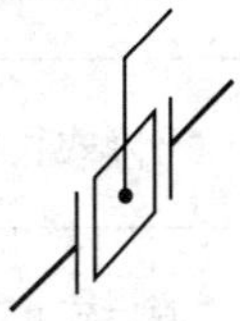
弹簧式安全阀					

注：本表以闸门与管道法兰连接为例编制。

阀门、控制元件和执行机构的图形符号见表3-6。

表3-6　阀门、控制元件和执行机构的图形符号

名称	图形符号	名称	图形符号
阀门（通用）		调节阀（通用）	
截止阀		旋塞阀	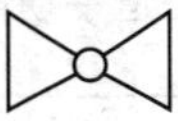
节流阀		隔膜阀	

续表 3-6

名称	图形符号	名称	图形符号
球阀		自力式温度调节阀	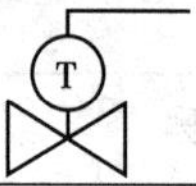
减压阀		自力式压差调节阀	
安全阀(通用)		手动执行机构	
角阀		自动执行机构(通用)	
三通阀		电动执行机构	
四通阀		电磁执行机构	
止回阀(通用)	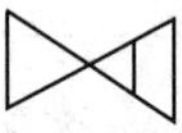	闸阀	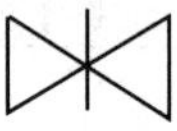
升降式止回阀		蝶阀	
旋启式止回阀		柱塞阀	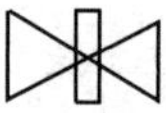
平衡阀	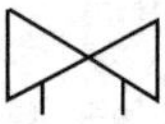	插板式煤闸门	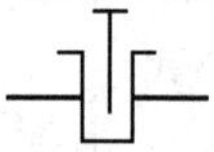
底阀		插管式蝶闸门	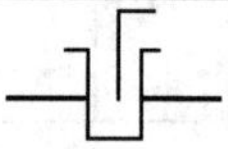
浮球阀	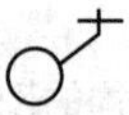	呼吸阀	
快速排污阀	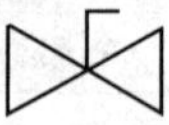	自力式压力调节阀	
疏水阀	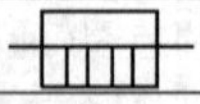	气动执行机构	
烟风管道手动调节阀	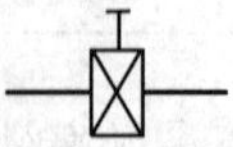	液动执行机构	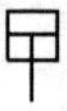
烟风管道蝶阀		浮球元件	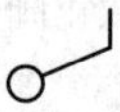
烟风管道插板阀	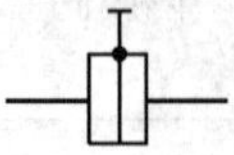	重锤元件	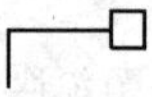
		弹簧元件	

阀门与管路连接方式的图形符号见表3-7。

表3-7　阀门与管路连接方式的图形符号

名称	图形符号
管路与阀门连接	
螺纹连接	
法兰连接	
焊接连接	

(四)补偿器表示

补偿器图形符号及其代号见表3-8。

表3-8　补偿器图形符号及其代号

名称		图形符号		代号
		平面图	纵剖面图	
补偿器(通用)		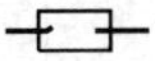	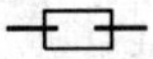	E
方形补偿器	表示管线上补偿器节点		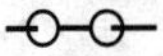	UE
	表示单根管道上的补偿器			
波纹管补偿器	表示管线上补偿器节点		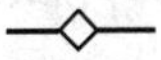	BE
	表示单根管道上的补偿器	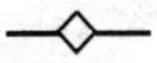	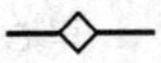	
套筒补偿器				SE
球形补偿器		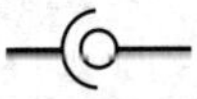	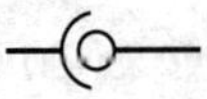	BC
一次性补偿器	表示管线上补偿器节点	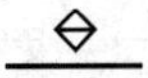	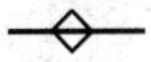	SC
	表示单根管道上的补偿器	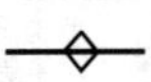	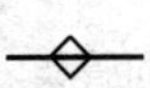	

（五）管道支座、支吊架、管架表示

管道支座、支吊架、管架图形符号及其代号见表 3-9。

表 3-9　管道支座、支吊架、管架图形符号及其代号

名称		图形符号		代号
		平面图	纵剖面图	
支座（通用）				S
支架、支墩			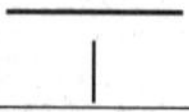	T
固定支座（固定墩）	单管固定	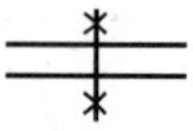		FS（A）
	多管固定			
活动支座（通用）				MS
滑动支座				SS
滚动支座		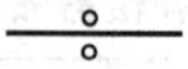	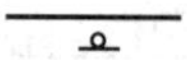	RS
导向支座		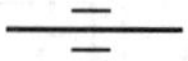	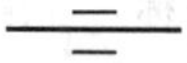	GS
刚性吊架			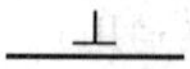	RH
弹簧支吊架	弹簧支架			SH
	弹簧吊架		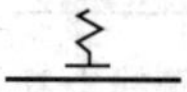	
固定管架	单管固定		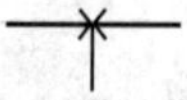	FT
	多管同时固定			
活动管架（通用）		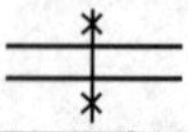	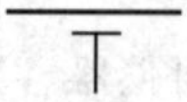	MT
滑动管架			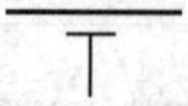	ST
滚动管架			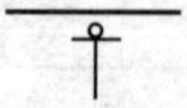	RT
导向管架		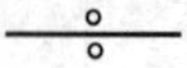	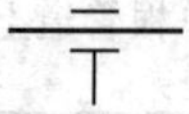	GT

（六）设备和器具表示

设备和器具图形符号见表3-10。

表3-10　设备和器具图形符号

名称	图形符号	名称	图形符号
电动水泵	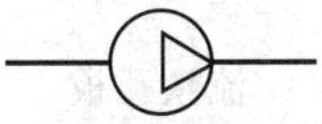	沉淀罐	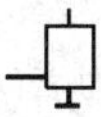
蒸汽往复泵	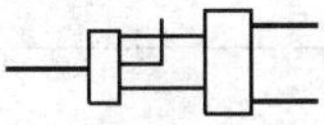	取样冷却器	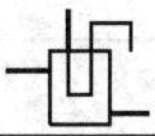
调速水泵		离子交换器（通用）	
真空泵	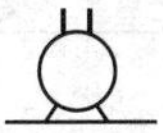	板式换热器	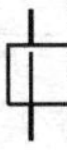
过滤器	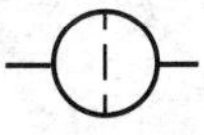	螺旋板式换热器	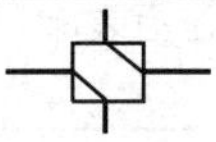
水射器 蒸汽喷射器	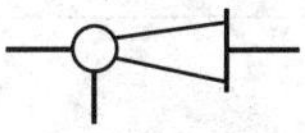	分汽缸 分（集）水器	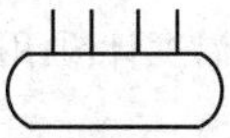
换热器（通用）	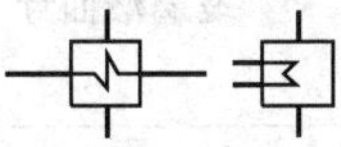	磁水器	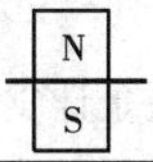
套管式换热器	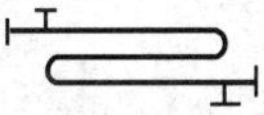	热力除氧器 真空除氧器	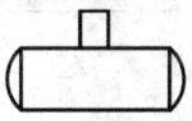
管壳式换热器	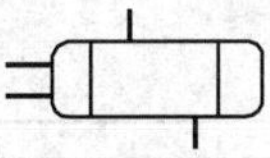	闭式水箱	
过滤器	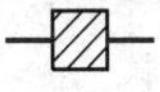	开式水箱	
水封 单级水封		除污器（通用）	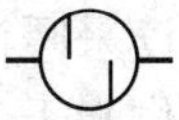
安全水封	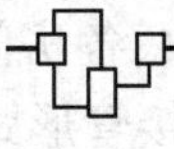	Y形过滤器	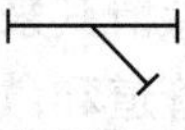
离心式风机		斜板锁气器	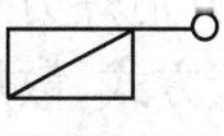
消声器	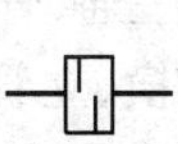	锥式锁气器	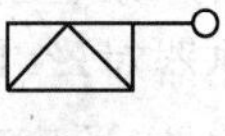
阻火器		电动锁气器	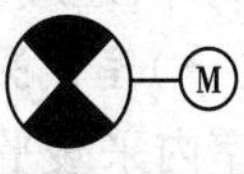

（七）检测、计量仪表及元件表示

检测、计量仪表及元件图形符号见表3-11。

表3-11　检测、计量仪表及元件图形符号

名称	图形符号	名称	图形符号
压力表(通用)		流量孔板	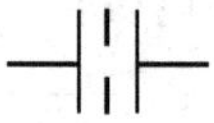
压力控制器	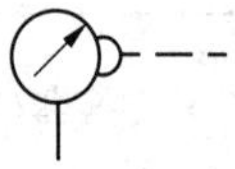	冷水表	
压力表座		转子流量计	
温度计(通用)		玻璃液面计	
流量计(通用)	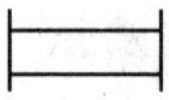	视镜	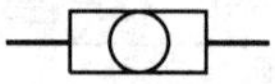
热量计	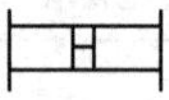		

二、建筑采暖工程施工图的识读

识读采暖设备图的基本方法是平面图与轴测图互相对照，从供热管入口开始，沿水流方向按供水干、立、支管的顺序到散热器，再从散热器开始，按回水支、立、干管的顺序到出口止，弄清其来龙去脉。通过平面图，弄清建筑层数、各房间的名称、门窗位置、热力入口位置、管道和散热器的位置、散热器的种类、片数和接管形式。通过轴测图，确定管道布置方式，弄清热力入口管道、立管、水平干管的走向，再逐根立管看立管方式、立管与横支管的连接方式、散热器片数。最后查出各管段管径、干管及立管上的阀门个数和阀门直径、散热器片数、立管和横支管上的乙字弯、横支管上的三通、管箍、补心、长螺纹管、全系统所用散热器对丝、散热器补心和丝堵、胶垫、托钩，还有横、立管上的吊架和管卡的个数及型号。此外，还应查明集气罐及除污器的位置、个数和型号等。

（一）室内采暖平面图

室内采暖平面图表示采暖的供回水管道和设备的平面布置位置，管道和设备与建筑轴线之间的关系。常用比例与建筑平面图一样均为1∶100。

室内采暖平面图包括首层、标准层、顶层。在室内采暖平面图上应标注供回水管道的管径、管道标高、坡度坡向、散热器的数量、立管编号等。

以下是根据一建筑室内采暖工程施工图为例进行识读讲解。

该建筑物为六层，首层为商店，二至六层为住宅。首层散热器为铸铁四柱 813 散热器，落地安装；二至六层是钢制闭式对流散热器，排气设备采用自动排气阀。

首先确定室内采暖平面图中供回水管道的布置方式，确定采暖系统的基本形式；其次查明供回水干管、立管、支管在室内采暖平面图中的位置、管径、标高、各立管的编号及管道的安装方式等；最后明确系统中散热器的布置和数量，查明系统排气设备的位置和数量。

1. 一层平面图

室内采暖工程施工图中的供水管道一般用粗实线表示，回水管道用粗虚线表示。

供、回水总立管在楼梯间处，标号分别是(N/总供)(N/总回)。

因为二至六层住宅的采暖方式为上供下回式，所以本层平面图主要显示回水干管，回水干管沿墙敷设，起点在(N/1)立管下，末端在楼梯间，此处标高为 4.16，水流从此处向下进入一层采暖入口 2 的回水总管(见图 3-30)。

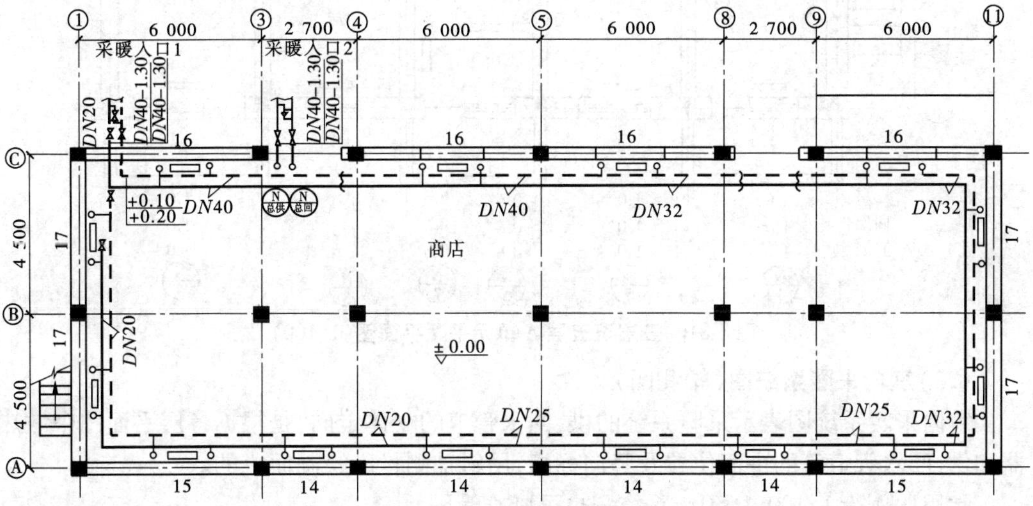

图 3-30　一层采暖平面图(1:100)

2. 楼层平面图

因为三至五层的建筑平面和散热器的布置完全相同，所以将这几层画在一起(见图 3-31)，图 3-31 中没有干管，仅显示立管的位置，以及三至五层各房间散热器的位置及散热器长度。

3. 顶层平面图

因为该系统为上供下回式，所以顶层平面图主要显示供水干管，供水干管沿墙敷设，起点标高为 +17.20，沿水流方向管径依次为 *DN*40、*DN*32、*DN*25、*DN*20，变径点分别在 5 号、9 号、10 号立管之后，在干管末端设有自动排气阀，如图 3-32 所示。

从图 3-32 中还可看出顶(六)层各房间散热器的位置及散热器长度。

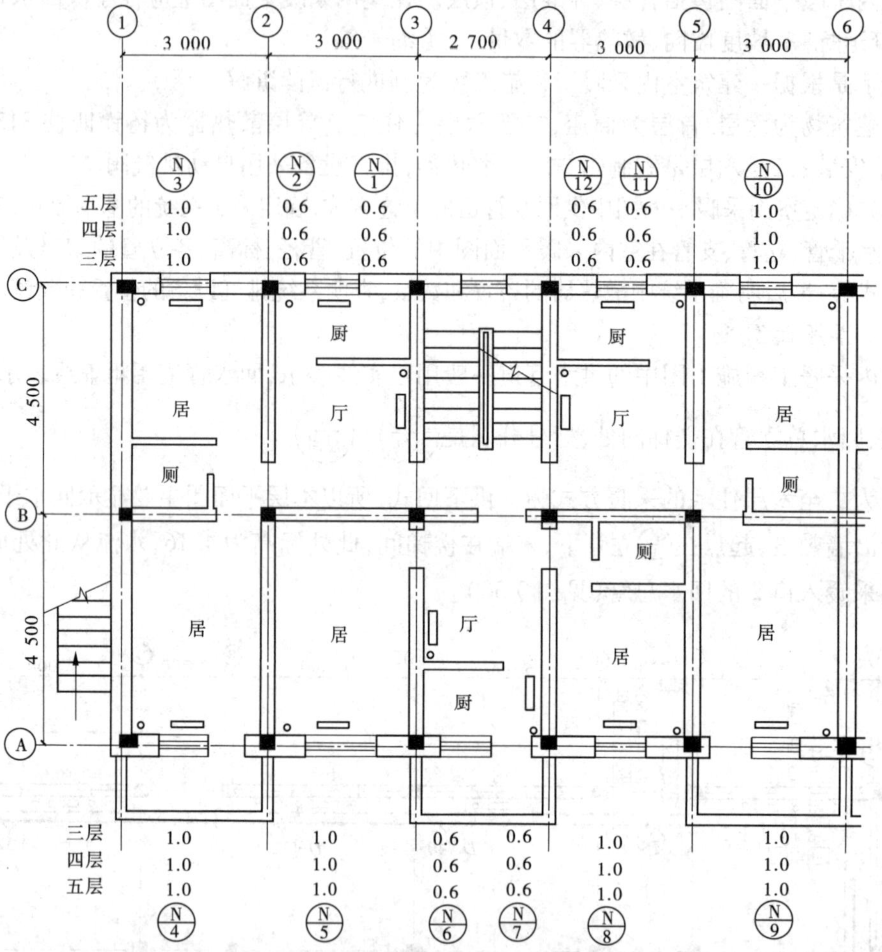

图3-31　三层至五层A单元采暖平面图(1:100)

（二）室内采暖系统图（轴测图）

室内采暖系统图表示采暖系统的供、回水管道的立体走向，是根据各层平面图中散热器和供、回水管道等的平面位置及竖向标高，用斜轴测投影绘制而成的。

常用比例为1:100、1:50。系统图也可画立管图。

在系统图上应标注管道管径、管道标高、立管标号、水平管道坡度及散热器数量等。

室内采暖系统由供水总管开始，按水流方向经供水干管在系统内形成分支，经供水立管、支管把水送到散热器。散热之后的回水经回水支管和立管、回水干管再汇总到回水总管至室外管网。

1. 商店采暖系统图

如图3-33所示的是一层商店的采暖系统，看图时，应将系统图与平面图对照，平面图中东西方向的管线在系统图中画成水平方向，南北方向的管线在系统图中用45°斜线表示；图3-33所注的管径、标高与平面图相同。

该系统采暖形式是水平跨越式，散热器片数注写在散热器的图例符号内，每组散热器

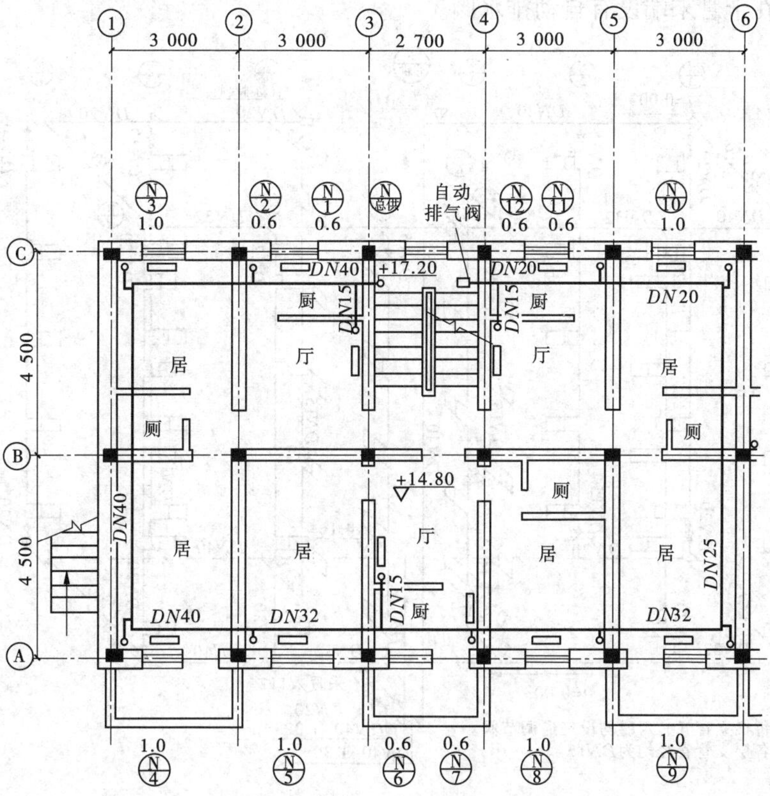

图 3-32　顶层 A 单元采暖图(1∶100)

均设手动放风门。

从图 3-33 可看出,供、回水干管的坡度为 0.003,坡向采暖系统入口。

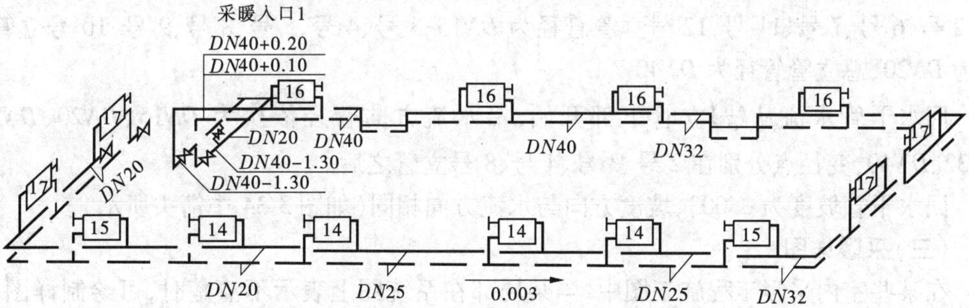

注:每组散热器均设手动放风门。

图 3-33　商店采暖系统图

2. A 单元二至六层采暖系统图

如图 3-34 所示的是二至六层住宅的采暖系统图,平面图中南北方向的采暖入口 2,在系统图中用 45°斜线表示。从图 3-34 中可以看出,供、回水总管的管径均为 *DN*40,标高为 -1.30。

热水进入建筑物后沿总立管上升,总立管管径为 *DN*40,至标高 +17.20 处敷设水平干管,沿水流方向干管管径依次为 *DN*40、*DN*32、*DN*25、*DN*20,变径点分别在 5 号、9 号、10

号立管之后，在干管末端设有自动排水阀。

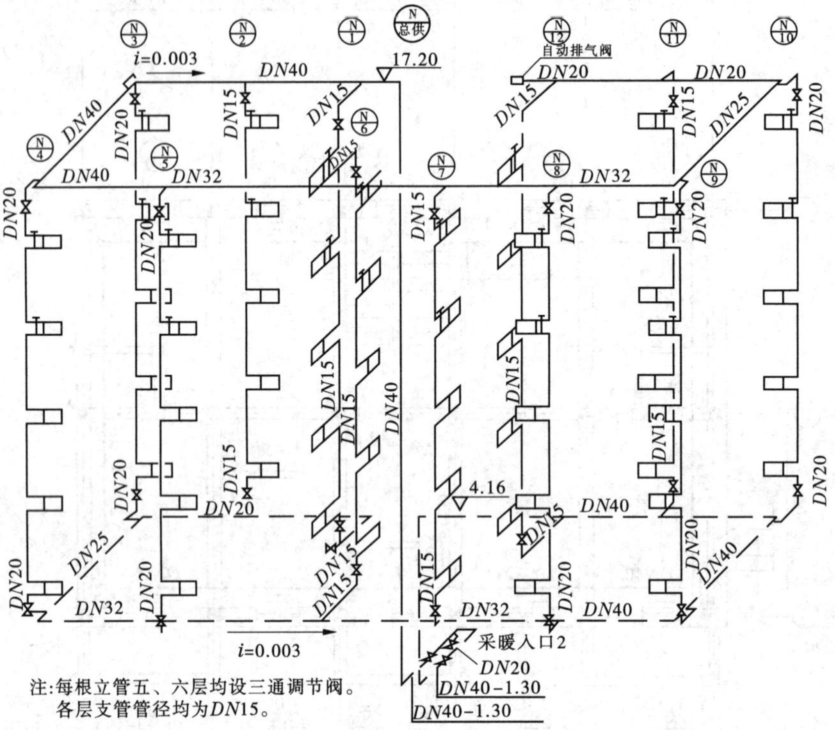

图 3-34 A 单元二至六层采暖系统图

供水干管坡度为 0.003，坡度方向与水流方向相反（见图 3-34 中箭头）。

该系统采暖形式是单管上供下回顺流式，散热器规格见平面图。

从图 3-34 可以看出，每根立管上下均设有阀门，立管管径为 *DN*15 或 *DN*20，其中 1 号、2 号、6 号、7 号、11 号、12 号立管管径为 *DN*15，3 号、4 号、5 号、8 号、9 号、10 号立管管径为 *DN*20，总立管管径为 *DN*40。

回水干管水流从$\frac{N}{1}$立管下部开始，沿水流方向管径依次为 *DN*15、*DN*20、*DN*25、*DN*32、*DN*40，变径点分别在 2 号、3 号、4 号、8 号立管之后。

回水干管坡度为 0.003，坡度方向与水流方向相同（如图 3-34 中箭头所示）。

（三）采暖详图

在某些室内采暖工程施工图中，当某局部在系统图上表示不清楚时，可绘制详图，一般是节点图和大样图，表示管道节点、散热器、集气罐、穿墙套管、管道支架等设备的安装图，表明安装尺寸和安装要求。

在采暖工程中，若使用标准图集，可以注明参照的标准图集编号。

在此列举几种常见的详图。

（1）热水采暖入口图，如图 3-35 所示。

（2）热水系统散热器立管与支管连接图（见图 3-36）。

（3）钢串片散热器安装详图（见图 3-37）。

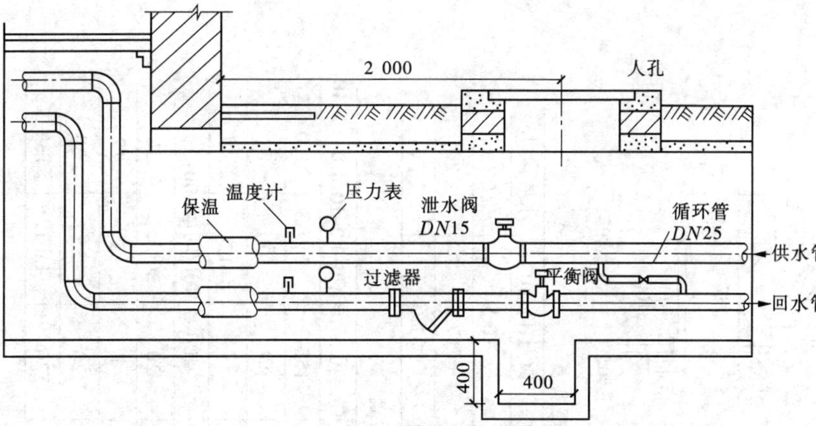

图 3-35　热水采暖入口图

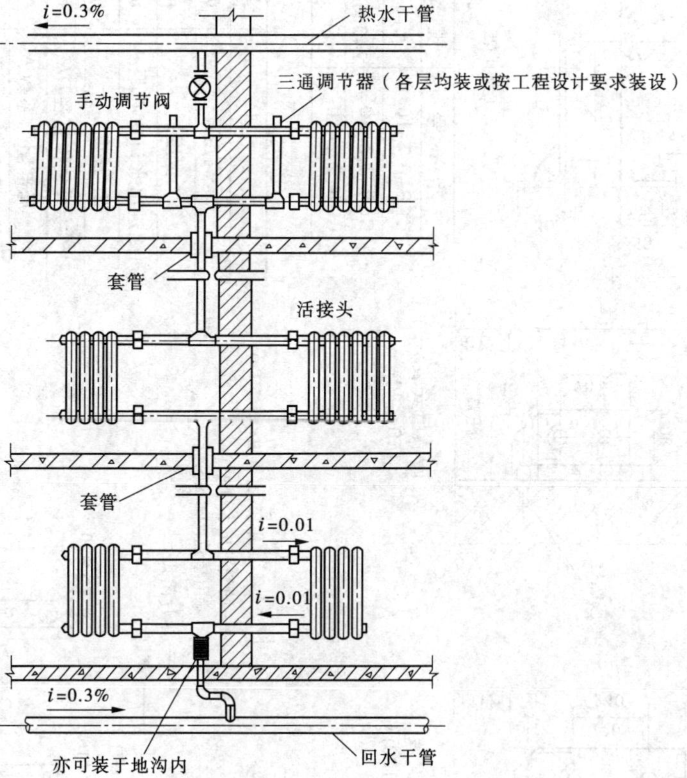

(a)立面图

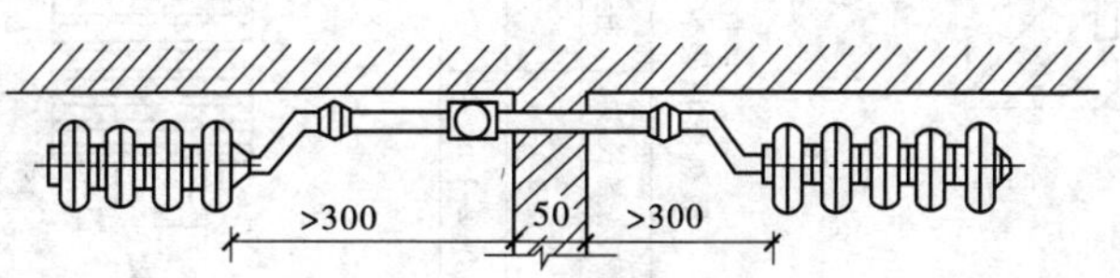

(b)平面图

图 3-36　热水系统散热器立管与支管连接图

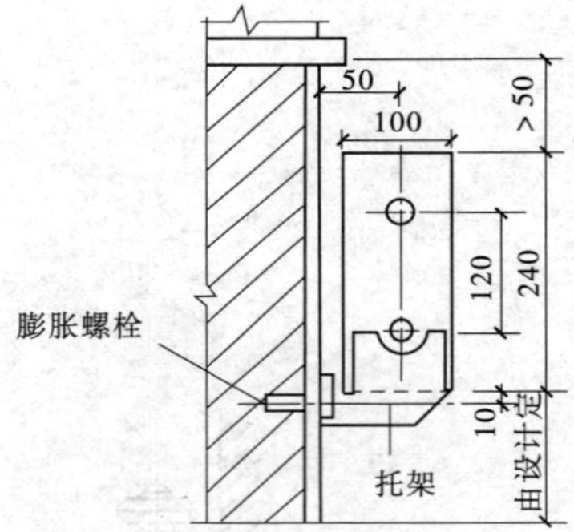

砖墙上安装
(240 × 100)

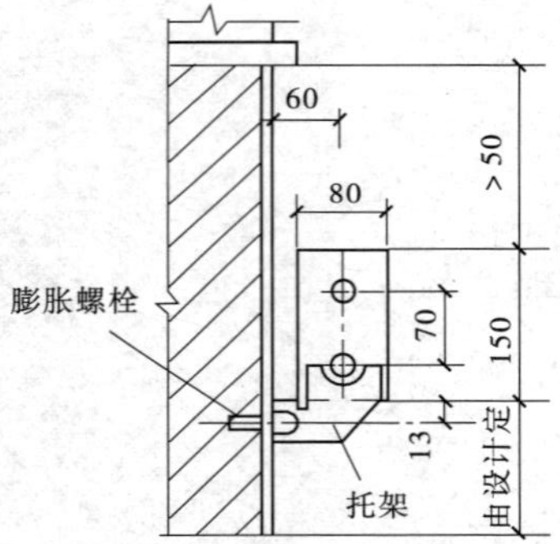

砖墙上安装
(150 × 80)

散热器托架数

散热器长度	托架数(个)
< 1.4 m	2
1.6~2.4 m	3

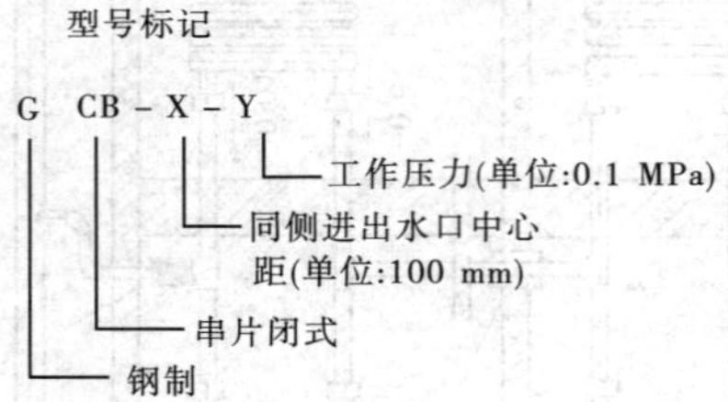

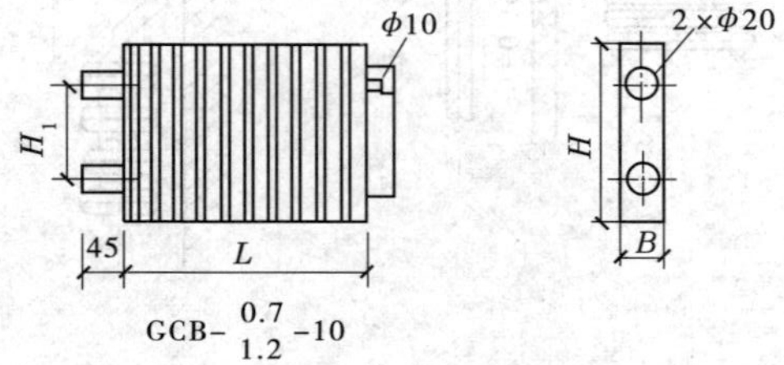

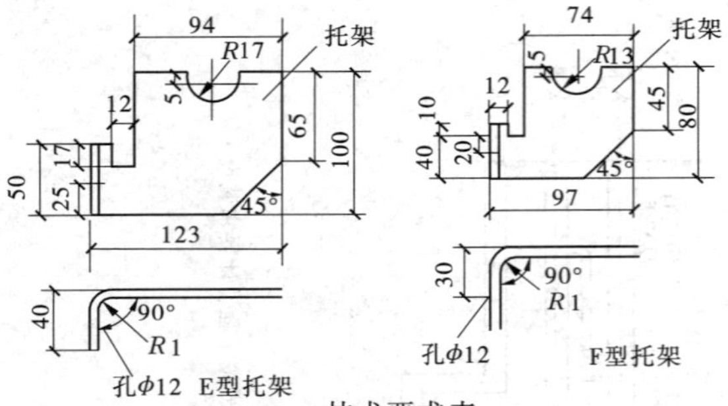

技术要求表

型　号	规　格	质量(kg/m)	水容量(L)
GCB-0.7-10	150 × 80	10.5	0.63
GCB-1.2-10	240 × 100	17.5	1.20
GCB-2.2-10	300 × 80	21.0	1.26

尺寸表

项　目	单位	GCB-0.7-10	GCB-1.2-10	GCB-2.2-10
高度H	mm	150	240	300
宽度B	mm	80	100	80
同侧进出水口中心距H_1	mm	70	120	220
长度L	mm	400~1 400(间隔100)		
接管公称直径DN	mm	20	20(25)	20
局部阻力系数		4	5	12
连接管径不应大于DN	mm	20	25	20
标准散热量	W/m	726	1 012	139

说明:1.本图产品型号按部标暂行技术条件;
2.工作压力1 MPa,试验压力1.5 MPa。

图 3-37　钢串片散热器安装详图

任务四　建筑采暖工程系统的安装

【任务导航】

本任务主要学习建筑供暖工程系统的安装。

本安装工艺适用于采暖系统安装工程。采暖施工的一般规定如下所述。

(1)施工安装前应具备下列条件:①设计施工图纸和有关技术文件齐全;②有较完善的施工方案、施工组织设计,并已完成技术交底;③施工现场具有供水或供电条件,有储放材料的临时设施;④土建专业已完成墙面粉刷(不含面层),外窗、外门已安装完毕,并已将地面清理干净;⑤厨房、卫生间应做完闭水试验并经过验收;⑥相关电气预埋等工程已完成。

(2)所有进场材料、产品的技术文件应齐全,标志应清晰,外观检查应合格。必要时应抽样进行相关检测。

(3)加热管和发热电缆应进行遮光包装后运输,不得裸露散装;运输、装卸和搬运时,应小心轻放,不得抛、摔、滚、拖。不得暴晒雨淋,宜储存在温度不超过 40 ℃、通风良好和干净的库房内,与热源距离应保持在 1 m 以上,应避免因环境温度和物理压力受到损害。

(4)在施工过程中,应防止油漆、沥青或其他化学溶剂接触污染加热管和发热电缆的表面。

(5)施工的环境温度不宜低于 5 ℃;在温度低于 0 ℃的环境下施工时,现场应采取升温措施。

(6)发热电缆间有搭接时,严禁电缆通电。

(7)施工时不宜与其他工种交叉作业,所有地面留洞应在填充层施工前完成。

(8)地面辐射供暖工程施工过程中,严禁人员踩踏加热管或发热电缆。

(9)施工结束后应绘制竣工图,并应准确标注加热管、发热电缆敷设位置及地温传感器埋设地点。

一、采暖管道防腐与绝热保温

(一)管道防腐与保温

给水排水管道及空调水管道防腐应在管路系统强度与严密性检验合格和防腐处理结束后进行。防腐施工时应采取防火、防冻、防雨等措施,并不应在低温或潮湿环境下作业。明装部分的最后一遍色漆宜在安装完毕后进行。管道绝热层的施工应符合下列规定:

(1)绝热产品的材质和规格应符合设计要求,管壳的粘贴应牢固,敷设应平整,绑扎应紧密,无滑动、松弛与断裂现象。

(2)硬质或半硬质绝热管壳的拼接缝隙,保温时不应大于 5 mm,保冷时不应大于 2 mm,并用黏结材料勾缝填满;纵缝应错开,外层的水平接缝应设在侧下方。

(3)管道阀门、过滤器及法兰部位的绝热结构应能单独拆卸。

(二)绝热层的敷设

(1)敷设绝热层的地面应平整、干燥、无杂物,墙面根部应平直,且无积灰现象。

(2)绝热层的敷设应平整,绝热层相互间接合应严密。直接与土壤接触或有潮湿气体侵入的地面，在铺放绝热层前应先铺一层防潮层。

（三）管道防潮层的施工的规定

（1）防潮层应紧密粘贴在绝热层上，封闭良好，不得有虚粘、气泡、褶皱、裂缝等缺陷。

（2）立管的防潮层应由管道的低端向高端敷设，环向搭接的缝口应朝向低端；纵向的搭接缝应位于管道的侧面，并顺水。

（3）卷材防潮层采用螺旋形缠绕的方式施工时，卷材的搭接宽度宜为 30 ~ 50 mm。

①U 形活动卡架一头套螺纹，在型钢托架上下各安一个螺母；而 U 形固定卡架两头套螺纹，各安一个螺母，靠紧型钢在管道上焊两块止动钢板。

②双立管卡安装在双立管位置中心的墙上并画好卡位印记，其高度为：层高 3 m 及以下者为 1.4 m，层高 3 m 以上者为 1.8 m，层高 4.5 m 以上者平分三段载两个管卡。

按印记剔直径 60 mm 左右、深度不少于 80 mm 的洞，用水冲净洞内杂物，将 M5.0 水泥砂浆填入洞深的一半，将预制好 $\phi 10 \times 170$ mm 带燕尾的单头丝棍插入洞内，用碎石卡牢找正，上好管卡后再用水泥砂浆填塞抹平。

③立支单管卡安装。先将位置找好，在墙上画好印记，剔直径 60 mm 左右、深度 100 ~ 120 mm 的洞，卡子距地高度和安装工艺与双立管卡相同。

二、室内采暖系统的安装

（一）材料性能要求

（1）暖卫设备、钢材、管材、管件及附属制品等，在进场后使用前应认真检查，必须符合国家或部颁标准的有关质量、技术要求，并有产品出厂合格证明。

（2）各种连接管件不得有砂眼、裂纹、偏螺纹、乱螺纹、丝螺纹不全和角度不准等现象。

（3）各种阀门的外观要规矩无损伤，阀体严密性要好，阀杆不得弯曲，安装前应按设计要求或施工规范、规定进行严密性试验。

（4）石棉橡胶垫、油麻、线麻、水泥、电、气焊条等质量都必须符合设计及规范要求。

（二）施工工具与机具

（1）机具：套螺纹机、砂轮锯、煨弯机、砂轮机、电焊机、台钻、手电钻、电锤、电动水压泵等。

（2）工具：套螺纹板、圆丝板、管钳、链钳、活扳手、手锯、锤子、大锤、錾子、捻凿、麻钎、螺纹板、压力案、台虎钳、克丝钳、螺钉旋具、气焊工具等。

（3）量具：水平尺、钢卷尺、线坠、焊口检测器、卡尺、小线等。

（三）作业条件

（1）根据施工方案安排好适当的现场工作场地、工作棚、料具库，在管道层、地下室、地沟内操作时，要接通低压照明灯。

（2）配合土建施工进度做好各项预留孔洞、管槽。各种型钢托、吊卡及预埋套管安装牢固，浇筑楼板孔洞、堵抹墙洞工作应在土建装修工程开始前完成。

（3）在各项预制加工项目进行前，要根据安装测绘草图及材料计划，核查需用材料、设备的规格型号、质量、数量，确认合格并准备齐全，运到现场。

(四)采暖系统安装工艺流程

安装准备→预制加工→支架、吊架安装→套管安装→干管安装→立管安装→支管安装→散热器安装→水压试验→系统冲洗→防腐保温→系统调试。

(五)施工要点

(1)安装准备。认真熟悉图纸,配合土建施工进度,预留洞及安装预埋件。按设计图纸画出管路的位置、管径、预留口、坡向、阀门及支架位置等施工草图,还包括干管起点、末端和拐弯、节点、预留口、坐标位置等。

(2)预制加工。根据施工方案及施工草图将管道、管件及支架和吊架等进行预制加工,加工好的成品应编号分类码放,以便使用。

(3)支架、吊架安装。采暖管道安装应按设计或规范规定设置支架、吊架,特别是活动支架、固定支架。安装支架、吊架时要根据设计图纸先放线,定位后再把预制的吊杆按坡向、顺序依次放在型钢上,要保证安装的支架、吊架准确和牢固。

(4)套管安装。①管道穿过墙壁和楼板应设置套管,穿外墙时要加防水套管。套管内壁应做防腐处理,套管管径应比穿墙套管大两号,穿墙套管两端与装饰面相平,安装在楼板内的套管,其顶部应高出装饰地面 20 mm。安装在卫生间、厨房间内的套管,其顶部应高出装饰面 50 mm,底部应与楼板地面相平。②穿过楼板的套管与管道之间的缝隙应用阻燃密实材料和防水油膏填实,端面应光滑。穿墙套管与管道之间应用阻燃密实材料填实。③套管应埋设平直,管接口不得设在套管内,出地面高度应保持一致。

(5)干管安装。按施工草图,进行管段的加工预制,包括切管、套螺纹、安装零件、调直、核对好尺寸。支架按设计要求或规定间距安装。吊卡安装时,先把吊棍按坡向、顺序依次固定在建筑物上,吊环按间距位置套在管上,再把管抬起穿上螺栓拧上螺母,将管固定。安装托架上的管道时,先把管道就位在托架上,把第一节管装好 U 形卡,然后安装第二节管,以后每节管均照此进行,紧固好螺栓。干管安装应从进户或分支路开始,装管前要检查管腔并清理干净。在螺纹处涂好铅油缠好麻,慢慢转动入扣,用一把管钳咬住前节管件,用另一把管钳转动管至松紧适度,对准调直时的标记,要求螺纹外露 2 ~ 3 扣,并清掉麻头。

(6)立管安装。核对各层预留洞位置是否正确,将预制好的管道按编号顺序运到安装地点。有钢套管的先穿插到管上,按编号从第一节开始安装。检查立管的每个预留口标高、方向、半圆弯等是否准确、平整,将事先固定的管卡子松开,把管旋入卡内拧紧螺栓,用吊杆、线坠从第一节管开始找好垂直度,扶正钢套管,最后填堵孔洞,预留口必须加好临时丝堵。

(7)制作羊角弯时,应煨两个 75°的弯头,在连接处锯出坡口,主管锯成鸭嘴形,拼好后即点焊,找平、找正、找直后,再施焊。羊角弯接合部位的口径必须与主管口径相同,其弯曲半径应为管径的 2 ~ 3 倍。分路阀门离分路点不宜过远,如分路处是系统的最低点,则必须在分路阀门前加泄水丝堵。集气罐的进出水口应开在罐高的 1/3 处。螺纹连接应与管道连接调直后安装。其放风管应稳固,如不稳可装两个卡子,集气罐位于系统末端时,应装托、吊卡。

(8)螺纹连接的管道,螺纹应清洁、规整,断螺纹或缺螺纹不大于螺纹全扣数的 10%,

连接应牢固；接口处根部外露螺纹为 2 ~ 3 扣，无外露填料；镀锌管道的镀锌层应注意保护，对局部的破损处应做防腐处理。

(9)法兰连接的管道，法兰面应与管道中心线垂直，并同心。法兰对接应平行，偏差不应大于其外径的 0.15%，且不得大于 2 mm；连接螺栓长度应一致，螺母在同侧，均匀拧紧。螺栓紧固后不应低于螺母平面。法兰的衬垫规格、品种与厚度应符合设计的要求。

(10)钢管焊接时，先把管子选好调直，清理好管腔，并将管运到安装地点。安装程序为：从第一节开始，把管就位找正，对准管口使预留口方向准确，找直后用点焊固定，校正、调直后施焊，焊完后应保证管道正直。遇有补偿器时，应在预制时按规范要求做好预拉伸，并做好记录，按位置固定，与管道连接好。管道安装完，检查坐标、标高、预留口位置和管道变径等是否正确，然后找直，用水平尺校对复核坡度，调整合格后，再调整吊卡螺栓、U 形卡，使其松紧适度，平正一致，摆正或安装好管道穿结构处的套管，填堵管洞，预留口处应加好临时管堵。

(11)支管安装。立管安装后，即可安装支管，方法是先在墙面弹出位置线，但是必须在所接的设备安装定位后才可以连接。支管安装方法与立管相同。

(12)管道弯制弯管的弯曲半径，热弯不应小于管道外径的 3.5 倍，冷弯不应小于管道外径的 4 倍；焊接弯管不应小于管道外径的 1.5 倍；冲压弯管不应小于管道外径的 1 倍。弯管的最大外径与最小外径的差不应大于管道外径的 8%，管壁减薄率不应大于 15%。

(13)没有补偿器的管道应设置固定支架，其结构形式和固定位置应符合设计要求，并应在补偿器预拉伸（或预压缩）前固定；导向支架的设置应符合所安装产品技术文件的要求。

(14)支架、吊架的安装应平整牢固，与管道接触紧密。管道与设备连接处应设独立支架、吊架。

(15)滑动支架的滑动面应清洁、平整，其安装位置应从支撑面中心向位移反方向偏移 1/2 位移值或符合设计文件规定；竖井内的立管，每隔 2 ~ 3 层应设导向支架。在建筑结构负重允许的情况下，水平安装管道支架、吊架的间距应符合表 3-12 的规定。

表 3-12　水平安装管道支架、吊架的间距

公称直径(mm)		15	20	25	32	40	50	70	80	100	125	150	200	250
支架的最大间距(m)	L_1	1.5	2.0	2.5	2.5	3.0	3.5	4.0	5.0	5.0	5.5	6.5	7.5	8.5
	L_2	2.5	3.0	3.5	4.0	4.5	5.0	6.0	6.5	6.5	7.5	7.5	4.0	4.05

注：1. 适用于工作压力不大于 2.0 MPa，不保温或保温材料密度不大于 200 kg/m^3 的管道系统。

2. L_1 用于保温管道，L_2 用于不保温管道。

(16)热水管道与支架、吊架之间，应有绝热衬垫（承压强度能满足管道重量的不燃、难燃硬质绝热材料或经防腐处理的木衬垫），其厚度不应小于绝热层厚度，宽度应大于支架、吊架支撑面的宽度，衬垫的表面应平整，衬垫接合面的空隙应填实。

(17)阀门的安装应符合下列规定:①阀门的安装位置、高度、进出口方向必须符合设计要求,连接应牢固紧密;安装在保温管道上的各类手动阀门,手柄均不得向下;阀门安装前必须进行外观检查,阀门的品牌应符合现行国家标准《通用阀门标志》(GB 12220—89)的规定。对于工作压力大于 1.0 MPa 及在主干管上起切断作用的阀门,应进行强度和严密性试验,合格后方准使用。其他阀门可不单独进行试验,可在系统试压中检验。②强度试验时,试验压力为公称压力的 1.5 倍,持续时间不小于 5 min,阀门的壳体、填充应无渗漏。③严密性试验时,试验压力为公称压力的 1.1 倍;试验压力在试验持续的时间内应保持不变,时间应符合表 3-13 的规定,以阀瓣密封面无渗漏为合格。

表 3-13　阀门压力持续时间

公称直径 *DN*(mm)	最短试验持续时间(s)	
	严密性试验	
	金属密封	非金属密封
≤50	15	15
65～200	30	15

(18)水箱、集水器、分水器、储冷罐等设备的安装。支架或底座的尺寸、位置应符合设计要求。设备与支架或底座应接触紧密,安装平整、牢固。平面位置允许偏差为 15 mm,标高允许偏差为 ±5 mm,垂直度允许偏差为 1/1 000。

(19)分区、分层试压。对相对独立的局部区域的管道进行试压。在试验压力下,稳压 10 min,压力不得下降,再将系统压力降至工作压力,在 60 min 内压力不得下降,外观检查无渗漏为合格。

(20)系统试压。在各分区管道与系统主、干管全部连通后,对整个系统的管道进行系统的试压。试验压力以最低点的压力为准,但最低点的压力不得超过管道与组成件的承受压力。压力试验升至试验压力后,稳压 10 min,压力下降不得大于 0.02 MPa,再将系统压力降至工作压力,外观检查无渗漏为合格。

凝结水系统采用充水试验,应以不渗漏为合格。

(21)填堵孔洞。管道安装完毕后,必须及时用不低于结构强度等级的混凝土或水泥砂浆把孔洞堵严、抹平,为了不致因堵洞而使管道移位,造成立管不垂直,应派专人配合土建堵孔洞。

堵楼板孔洞宜用定型模具或用木板支搭牢固后,往洞内浇点水再用 C20 以上的细石混凝土或 M5.0 水泥砂浆填平捣实,不允许向洞内填塞砖头、杂物。

(22)管道试压。管道试压一般分单项试压和系统试压两种。单项试压是在干管敷设完后或隐蔽部位的管道安装完毕,按设计和规范要求进行水压试验。系统试压是在全部干、立、支管安装完毕,按设计或规范要求进行水压试验。连接试压泵一般设在首层,或室外管道入口处。

试压前应将预留口堵严,关闭入口总阀门、所有泄水阀门及低处放风阀门,打开各分路及主管阀门和系统最高处的放风阀门。

打开水源阀门，向系统内充水，满水后放净冷风并将阀门关闭。

检查全部系统，如有漏水，应在漏水处做好标记，并进行修理，修好后再充满水进行加压，而后复查，如管道不渗、不漏，并持续到规定时间，压力降至允许范围内，则应通知有关单位验收并办理验收记录。

拆除试压水泵和水源，把管道系统内水泄净。

冬季施工期间竣工而又不能及时采暖的工程进行系统试压后，必须采取可靠措施把水泄净，以防冻坏管道和设备。

三、辅助设备及散热器安装

（一）辅助设备及散热器安装

1. 主控项目

（1）散热器组对后，以及整组出厂的散热器在安装前应做水压试验。试验压力如设计无要求应为工作压力的1.5倍，但不小于0.6 MPa。试验时间为2～3 min，期间应压力不降且不渗、不漏。

（2）水泵、水箱、热交换器等辅助设备安装的质量检验与验收应按相关规范的规定执行。

2. 一般项目

（1）为保证散热器组对的平直度和美观，表3-14对其允许偏差做出规定。

表3-14　组对后的散热器平直度的允许偏差

项次	散热器类型	片数	允许偏差（mm）
1	长翼型	2～4	4
		5～7	6
2	铸铁片式 钢制片式	3～15	4
		16～25	6

（2）组对散热器的垫片应符合下列规定：①组对散热器的垫片应使用成品，组对后垫片外露不应大于1 mm；②散热器垫片材质当设计无要求时，应采用耐热橡胶。

（3）散热器支架、托架安装，位置应准确，埋设牢固。散热器支架、托架的数量，应符合设计或产品说明书的要求。如设计未注明，则应符合表3-15的规定。

（4）散热器背面与装饰后的墙内表面的安装距离，应符合设计或产品说明书要求。如设计未注明，应为30 mm。

（5）为保证散热器安装垂直和位置准确，散热器安装允许偏差应符合表3-16的规定。

（6）铸铁或钢制散热器表面的防腐及面漆应附着良好，色泽均匀，无脱落、起泡、流淌和漏涂缺陷。

表 3-15　散热器支架、托架的数量

项次	散热器类型	安装方式	每组片数	上部托钩或卡架数	下部托钩或卡架数	合计
1	长翼型	挂墙	2～4	1	2	3
			5	2	2	4
			6	2	3	5
			7	2	4	6
2	柱型 柱翼型	挂墙	3～8	1	2	3
			9～12	1	3	4
			13～16	2	4	6
			17～20	2	5	7
			21～25	2	6	8
3	柱型 柱翼型	带足落地	3～8	1	—	1
			8～12	1	—	1
			13～16	2	—	2
			17～20	2	—	2
			21～25	2	—	2

表 3-16　散热器安装允许偏差

项次	项　目	允许偏差(mm)	检验方法
1	散热器背面与墙内表面距离	3	尺量
2	与窗中心线或设计定位尺寸	20	
3	散热器垂直度	3	吊线和尺量

(二)水泵、水箱、热交换器等辅助设备安装

1. 主控项目

(1)水泵就位前的基础混凝土强度、坐标、标高、尺寸和螺栓孔位置必须符合设计规定。

(2)水泵试运转的轴承温升必须符合设备说明书的规定。

(3)敞口水箱的满水试验和密闭水箱(罐)的水压试验必须符合设计与规范的规定。满水试验静置 24 h 观察,应不渗、不漏;水压试验在试验压力下 10 min 应压力不降,且不渗、不漏。

2. 一般项目

(1)水箱支架或底座安装,其尺寸及位置应符合设计规定,埋设平整、牢固。

(2)水箱溢流管泄放应设置在排水地点附近,但不得与排水管直接连接。

(3)立式水泵的减振装置不应采用弹簧减振器。

(4)室内给水设备安装的允许偏差和检验方法符合表 3-17 的规定。

表 3-17　室内给水设备安装的允许偏差和检验方法

项次	项目			允许偏差（mm）	检验方法
1	静置设备	坐标		15	经纬仪或拉线、尺量
		坐标		±5	用水准仪、拉线和尺量检查
		垂直度(每米)		5	吊线和尺量检查
2	离心式水泵	立式泵体垂直度(每米)		0.1	水平尺和塞尺检查
		卧式泵体水平度(每米)		0.1	水平尺和塞尺检查
		联轴器同心度	轴向倾斜(每米)	0.8	在联轴器互相垂直的四个位置上用水准仪、百分表或测微螺钉和塞尺检查
			径向位移	0.1	

(三)低温热水地板辐射采暖系统安装

1. 主控项目

(1)地面下敷设的盘管埋地部分不应有接头。

(2)盘管隐蔽前必须进行水压试验，试验压力为工作压力的 1.5 倍，但不小于 0.6 MPa，稳压 1 h 内压力降不大于 0.05 MPa，且不渗、不漏。

(3)加热盘管弯曲部分不得出现硬折弯现象，曲率半径应符合下列规定：塑料管不应小于管道外径的 8 倍，复合管不应小于管道外径的 5 倍。

2. 一般项目

(1)分、集水器的型号、规格、公称压力及安装位置、高度等应符合设计要求。

(2)加热盘管管径、间距和长度应符合设计要求，间距偏差不大于 ±10 mm。

(3)防潮层、防水层、隔热层及伸缩缝应符合设计要求。

(4)填充层的作用在于固定和保护散热盘管，使热量均匀散出。为保证其完好和正常使用，应符合设计要求的强度。

四、室外供热管道的安装

本工艺标准适用于民用建筑群(小区)饱和蒸汽压力不大于 0.8 MPa，热水温度不超过 150 ℃的室外采暖及生活热水供应管道(包括直埋、地沟或架空管道)安装工程。

(一)材料性能要求

(1)管材。碳素钢管、无缝钢管、镀锌碳素钢管应有产品合格证，管材不得弯曲、锈蚀、无飞刺、重皮及凹凸不平等缺陷。

(2)管件应符合现行标准，有出厂合格证，无偏螺纹、乱螺纹、方螺纹、断螺纹和角度不准等缺陷。

(3)各类阀门有出厂合格证,规格、型号、强度和严密性试验应符合设计要求。螺纹无损伤,铸造无毛刺、裂纹,开关灵活严密,手轮无损伤。

(4)附属装置。减压器、疏水阀、过滤器、补偿器、法兰等应符合设计要求,并应有产品合格证及说明书。

(5)型钢、圆钢、管卡、螺栓、螺母、油、麻、垫、电气焊条等应符合设计要求。

(二)施工工具与机具

(1)机具。砂轮锯、套螺纹机、台钻、电焊机、煨弯器等。

(2)工具。套丝板、压力案、管钳、活扳手、手锯、锤子、台虎钳、电气焊工具、钢卷尺、水平尺、小线等。

(三)作业条件

(1)安装地沟管道,必须在沟底找平夯实,沿管线敷设位置无杂物,沟宽及沟底标高尺寸复核无误。

(2)安装在地沟内的干管,应在管沟砌完后,盖沟盖板前,安装好托吊架、卡架。

(3)安装架空的干管,应先搭好脚手架,稳装好管道支架后进行。

(四)室外给水管网安装工艺流程

1. 直埋

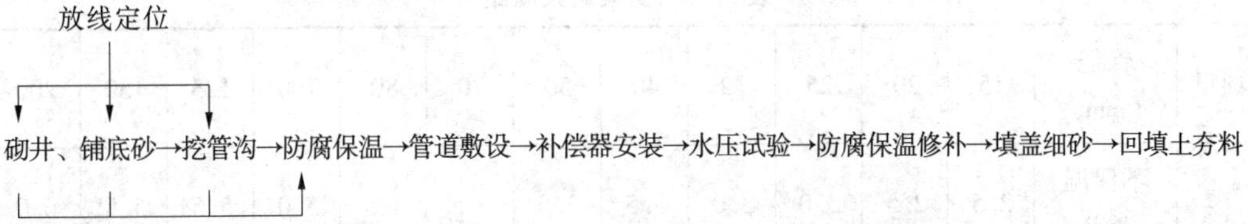

2. 管沟

放线定位→挖土方→砌管沟→卡架制作安装→管道安装→补偿器安装→水压试验→防腐保温→盖沟盖板→回填土。

3. 架设

放线定位→卡架安装→管道安装→补偿器安装→水压试验→防腐保温。

(五)施工要点

1. 直埋管道安装

(1)根据设计图纸的位置进行测量、打桩、放线、挖土、地沟垫层处理等。

(2)为便于管道安装,挖沟时应将挖出来的土堆放在沟边一侧,土堆底边应与沟边保持0.6~1 m的距离,沟底要求找平夯实,以防止管道弯曲受力不均。

(3)管道下沟前,应检查沟底标高、沟宽尺寸是否符合设计要求,保温管应检查保温层是否有损伤,如局部有损伤,应将损伤部位放在上面,并做好标记,便于统一修理。

(4)管道应先在沟边进行分段焊接,每段长度为25~35 m。放管时,应用绳索将一端固定在地锚上,并套卷管段拉住另一端,用撬杠将管段移至沟边,放好木滑杠,统一指挥,慢速放绳,使管段沿滑木杠下滚。为避免管道弯曲,拉绳不得少于两条,沟内不得站人。

(5)沟内管道焊接,连接前必须清理管腔,找平找直,焊接处要挖出操作坑,其大小以便于焊接操作为宜。

(6)阀门、配件、补偿器支架等，应在施工前按施工要求预先放在沟边沿线，并在试压前安装完毕。

(7)管道水压试验应按设计要求和规范规定进行，办理隐检试压手续，并把水泄净。

(8)管道防腐应预先集中处理，管道两端留出焊口的距离，焊口处的防腐在试压完后再处理。

(9)回填土时要在保温管四周填100 mm细砂，再填300 mm素土，用人工分层夯实。管道穿越马路处埋深少于800 mm时，应做简易管沟，加盖混凝土盖板，沟内填砂处理。

2. 地沟管道安装

(1)在不通行地沟安装管道时，应在土建垫层完毕后立即进行安装。

(2)土建打好垫层后，按图纸标高进行复查并在垫层上弹出地沟的中心线，并按规定间距安放支座及滑动支架。

(3)管道应先在沟边分段连接，管道放在支座上时，用水平尺找平找正。管道安装在滑动支架上时，要在补偿器拉伸并找正位置后才能焊接。

(4)通行地沟的管道应安装在地沟的一侧或两侧，支架应采用型钢，支架最大间距见表3-18。管道的坡度应按设计规定确定。

表3-18　支架最大间距

项目	管径（mm）	15	20	25	32	40	50	70	80	100	125	150	200
间距	不保温（m）	2.5	2.5	3.0	3.0	3.5	3.5	4.5	4.5	5.0	5.5	5.5	6.0
	保温（m）	2.0	2.0	2.5	2.5	3.0	3.5	4.0	4.0	4.5	5.0	5.5	5.5

(5)支架安装要平直牢固，同一地沟内有几层管道时，安装顺序应从最下面一层开始，再安装上面的管道。为便于焊接，焊接连接口要选在便于操作的位置。

(6)遇有伸缩器时，应在预制时按规范要求做好预拉伸并做好支撑，按位置固定，与管道连接。

(7)管道安装时，坐标、标高、坡度、甩口位置、变径等复核无误后，再把吊架螺栓紧好，最后焊牢固定卡处的止动板。

(8)冲水试压，冲洗管道办理隐蔽工程检验手续，把水泄净。

(9)管道防腐保温，应符合设计要求和施工规范规定，最后将管沟清理干净。

3. 架空管道安装

(1)按设计规定的安装位置、坐标，量出支架上的支座位置，安装支座。

(2)支架安装牢固后，进行架设管道安装，管道和管件应在地面组装，长度以便于吊装为宜。

(3)管道吊装，可采用机械或人工起吊，绑扎管道的钢丝绳吊点位置，应以管道不产生弯曲为宜。已吊装尚未连接的管段，要用支架上的卡子固定好。

(4)采用螺纹连接的管道，吊装后随即连接；采用焊接时，管道全部吊装完毕后再焊接。焊缝不允许设在托架和支座上，管道间的连接焊缝与支架间的距离应大于150～200 mm。

(5)按设计和施工各规定的位置，分别安装阀门、集气罐、补偿器等附属设备并与管道连接好。

(6)管道安装完毕，要用水平尺在每段管上进行一次复核，找正调直，使管道在一条直线上。

(7)摆正或安装好管道穿结构处的套管，填堵管洞，预留口处应加好临时管堵。

(8)按设计或规定的要求压力进行冲水试压，合格后办理验收手续，把水泄净。

(9)管道防腐保温应符合设计要求和施工规范的规定，注意做好保温层外的防雨、防潮等保护措施。

五、室内外采暖系统安装质量标准

(一)室内质量标准

1. 主控项目

(1)管道安装坡度，当设计未注明时，应符合下列规定：汽、水同向流动的热水采暖管道和汽、水不同向流动的蒸汽管道及凝结水管道，坡度应为0.3%，不得小于0.2%；汽、水逆向流动的热水采暖管道和汽、水逆向流动的蒸汽管道，坡度不应小于0.5%；散热器支管的坡度应为1%，坡向应利于排气和泄水。

(2)补偿器的型号、安装位置及预拉伸和固定支架的构造及安装位置应符合要求。

(3)平衡阀及调节阀的型号、规格、公称压力及安装位置应符合设计要求。安装完后应根据系统平衡要求进行调试并做出标志。

(4)蒸汽减压管道及设备上安全阀的型号、规格、公称压力及安装位置应符合设计要求。安装完毕后应根据系统工作压力进行调试，并做出标志。

(5)方形补偿器制作时，应用整根无缝钢管煨制，如需要接口，其接口应设在垂直臂的中间位置，且接口必须焊接。

(6)为了避免因方形补偿器垂直安装产生“气塞”造成的排气、泄水不畅问题，方形补偿器应水平安装，并与管道的坡度一致；如沿其臂长方向垂直安装，必须设排气及泄水装置。

(7)采暖系统安装完毕，管道保温之前应进行水压试验。试验压力应符合设计要求。当设计未注明时，应符合下列规定：蒸汽、热水采暖系统，应以系统顶点工作压力加0.1 MPa做水压试验，同时在系统顶点的试验压力应不小于0.3 MPa；高温热水采暖系统，试验压力应为系统顶点的试验压力且不小于0.4 MPa；使用塑料管及复合管的热水采暖系统，应以系统顶点工作压力加0.2 MPa做水压试验，同时在系统顶点的试验压力不小于0.4 MPa，降至工作压力后检查，不渗、不漏；使用钢管和复合管的采暖系统，应在试验压力下10 min内压力降不大于0.02 MPa，然后降至工作压力检查，各连接处不渗、不漏为合格；使用塑料管的采暖系统应在试验压力下1 h内压力降不大于0.05 MPa，然后降至工作压力的1.15倍，稳压2 h，压力降不大于0.03 MPa，同时各连接处不渗、不漏。

(8)系统试压合格后,应对系统进行冲洗并清扫过滤器及除污器。

(9)系统冲洗完毕后应充水、加热,进行试运行和调试。

2. 一般项目

(1)为保证系统正常运行,热量表、疏水阀、除污器、过滤器及阀门的型号、规格、公称压力及安装位置应符合设计要求。

(2)钢管管道焊口尺寸的允许偏差和检验方法应符合表3-19的规定。

表3-19 钢管管道焊口尺寸的允许偏差和检验方法

<table>
<tr><th>项次</th><th colspan="3">项目</th><th>允许偏差</th><th>检验方法</th></tr>
<tr><td>1</td><td>焊口平直度</td><td colspan="2">管壁厚10 mm以内</td><td>管壁厚的1/4</td><td rowspan="3">焊接检验尺和游标卡尺</td></tr>
<tr><td rowspan="2">2</td><td rowspan="2">焊缝加强面</td><td colspan="2">高度</td><td rowspan="2">+1 mm</td></tr>
<tr><td colspan="2">宽度</td></tr>
<tr><td rowspan="3">3</td><td rowspan="3">咬边</td><td colspan="2">深度</td><td><0.5 mm</td><td rowspan="3">直尺检查</td></tr>
<tr><td rowspan="2">长度</td><td>连续长度</td><td>25 mm</td></tr>
<tr><td>总长度(两侧)</td><td>小于焊缝长度的10%</td></tr>
</table>

(3)集中采暖建筑物热力入口及分户热计量户内系统入户装置,具有过滤、调节、计量及关断等多种功能,为保证正常运转及方便检修、查验,应按设计要求施工和验收。

(4)为防止支管中部下沉,散热器支管长度超过1.5 m时,应在支管上安装管卡。

(5)为保证采暖干管顺利排气和蒸汽干管顺利排除凝结水,以利系统运行,上供下回式系统的采暖干管变径应顶平偏心连接,蒸汽干管变径应底平偏心连接。

(6)在管道干管上焊接垂直或水平分支管道时,干管开孔所产生的钢渣及管壁等废弃物不得残留在管内,且分支管道在焊接时不得插入干管内。

(7)膨胀水箱的膨胀管及循环管上不得安装阀门。

(8)当采暖热媒为110~130 ℃的高温水时,管道可拆卸件应使用法兰,不得使用长丝和接头粗法兰垫料,应使用耐热橡胶板。

(9)焊接钢管管径大于32 mm的管道转弯,在作为自然补偿时应使用煨弯。塑料管及复合管除必须使用直角弯头的场合外,应使用管道直接弯曲转弯。

(10)管道、金属支架和设备的防腐和涂漆应附着良好,无脱皮、起泡、流淌和漏涂缺陷。

(11)管道及保温设备的允许偏差和检验方法应符合表3-20的规定。

表 3-20　管道及保温设备的允许偏差和检验方法

项次	项目		允许偏差(mm)	检验方法
1	厚度		+0.1δ～0.05δ	用量针刺入
2	表面平整度	卷材	5	用 2 m 靠尺和楔形塞尺检查
		涂抹	10	

注：δ 为保温层厚度。

(12)采暖管道安装的允许偏差和检验方法应符合表 3-21 的规定。

表 3-21　采暖管道安装的允许偏差和检验方法

项次	项目			允许偏差	检验方法
1	横管道纵、横方向弯曲(mm)	每米	管径≤100 mm	1	用水平尺、直尺、拉线和尺量检查
			管径>100 mm	1.5	
		全长(25 m 以上)	管径≤100 mm	≤13	
			管径>100 mm	≤25	
2	立管垂直度(mm)	每米		2	吊线和尺量检查
		全长(5 m 以上)		≤10	
3	弯管	椭圆率 D_{min}	管径≤100 mm	10%	用外卡钳和尺量检查
		椭圆率 D_{max}	管径>100 mm	8%	
		折皱不平度(mm)	管径≤100 mm	4	
			管径>100 mm	5	

注：D_{max}、D_{min} 分别为管了最大外径及最小外径。

(二)室外质量标准

1. 主控项目

(1)供热管道的水压试验压力应为工作压力的 1.5 倍，但不得小于 0.6 MPa。在试验压力下，10 min 内压力降不大于 0.05 MPa，然后降至工作压力下检查，不渗、不漏为合格。

(2)管道试压合格后，应进行冲洗，以水色不浑浊为合格。

(3)管道冲洗完毕应通水、加热，进行试运行和调试。当不具备加热条件时，应延期进行。

(4)供热管道做水压试验时，试验管道上的阀门应开启，试验管道与非试验管道应隔断。

(5)平衡阀及调节阀的型号、规格及公称压力应符合设计要求。安装后应根据系统要求进行调试，并做出标记。

(6)供热管网的管材应按设计要求选用。当设计未注明时，应符合下列规定：①管径小于或等于 40 mm 时，应使用焊接钢管；②管径为 50～200 mm 时，应使用焊接钢管或无缝钢管；③管径大于 200 mm 时，应使用螺旋焊接钢管。

(7)补偿器的位置必须符合设计要求，并应按设计要求或产品说明书进行预拉伸。

管道固定支架的位置和构造必须符合要求。

(8)检查井室、用户入口处的管道布置应便于操作及维修，支架、吊架、托架应稳固，并满足设计要求。

(9)直埋管道的保温应符合设计要求，接口在现场发泡时，接头处厚度一致，接头处保护层必须与管道保护层成一体，符合防潮防水要求。

2. 一般项目

(1)管道水平敷设时，其坡度应符合设计要求。

(2)除污器构造应符合设计要求，安装位置和方向应正确。管网冲洗后应清除内部污物。

(3)室外供热管道安装的允许偏差和检验方法应符合表3-22的规定。

表3-22　室外供热管道安装的允许偏差和检验方法

项次	项　目			允许偏差	检验方法
1	坐标(mm)	敷设在沟槽内及架空		20	用水准仪(水平尺)、直尺、拉线检查
		埋地		50	
2	标高(mm)	敷设在沟槽内及架空		±10	尺量检查
		埋地		±15	
3	水平管道纵、横方向弯曲(mm)	每米	管径≤100 mm	1	用水准仪(水平尺)、直尺、拉线检查
			管径>100 mm	1.5	
		全长(25 m以上)	管径≤100 mm	≤13	
			管径>100 mm	≤25	
4	弯管	椭圆率	管径≤100 mm	8%	用外卡钳和尺量检查
			管径>100 mm	5%	
		折皱不平度(mm)	管径≤100 mm	4	
			管径125~200 mm	5	
			管径250~400 mm	7	

(4)钢管管道焊口尺寸的允许偏差和检验方法应符合表3-19的规定。

(5)管道及管件焊接的焊缝表面质量应符合下列规定：①焊缝外形尺寸应符合图纸和工艺文件的规定，焊缝高度不得低于母材表面，焊缝与母材应有圆滑过渡；②焊缝及热影响区表面应无裂纹、未熔合、未焊透、夹渣、弧坑和气孔等缺陷。

(6)供热管道的供水管或蒸汽管，如设计无规定，应敷设在载热介质前进方向的右侧或上方。

(7)地沟内的管道安装位置，其净距(保温层外表面)应符合表3-23的规定。

(8)架空敷设的供热管道安装高度，如设计无规定，应符合下列规定(以保温层外表计算)：①人行地区，不小于2.5 m；②通行车辆地区，不小于4.5 m；③跨越铁路，距轨顶不小于 6 m。

(9)防锈漆的厚度应均匀,不得有脱皮、起泡、流淌和漏涂等缺陷。

表 3-23　地沟内的管道安装净距　　（单位:mm）

位置	净距
与沟壁	100 ~ 150
与沟底	100 ~ 200
与沟顶(不通行地沟)	50 ~ 100
与沟顶(半通行和通行地沟)	200 ~ 300

(10)管道及保温设备的厚度和表面平整度的允许偏差应符合表 3-20 的规定。

任务五　建筑室内燃气系统简介

【任务导航】

本任务主要学习建筑室内燃气系统的简介。

城市燃气供应系统是复杂的综合性设施,是城市现代化的标志之一。燃气是一种气体燃料,其特点是:热能利用率高,燃烧温度高,易于调节火焰大小,应用方便,燃烧时没有灰渣,卫生条件好,而且可以采用管道输送或瓶装供应。燃气和空气混合到一定比例时,容易引起燃烧式爆炸,火灾危险性较大;人工煤气具有毒性。为防止在使用时发生危险和中毒事故,对于燃气设备、燃气管道系统的设计和安装,都有严格的要求。

一、室内燃气的种类

(一)室内燃气的种类

燃气可分为人工煤气、液化石油气和天然气三大类,如表 3-24 所示。

(二)城镇燃气供应方式

城镇燃气供应方式分为管道输送和瓶装供应两种。

1. 管道输送

天然气或人工煤气经过净化后,便可输入城镇燃气管网。根据输送压力的不同,城镇燃气管网可分为如下几种:①低压管网:$P \leqslant 4.9$ kPa(注:P 为输送压力);②中压管网:4.9 kPa $< P \leqslant 147.15$ kPa;③次高压管网:147.15 kPa $< P \leqslant 294.3$ kPa;④高压管网:294.3 kPa $< P \leqslant 784.8$ kPa。

城镇燃气管网包括街道燃气管网和小区燃气管网两部分。

在供气区域较大的大城市,街道燃气管网可采用高压管网或次高压管网,以利于远距离输送;在小城镇内,一般采用中、低压管网。燃气由街道高压管网或次高压管网经过调压站,进入街道中压管网,然后经过区域的燃气调压站,进入街道低压管网,再经小区管网接入用户。

表 3-24 室内燃气的分类

燃气分类	加工	成分	其他
人工煤气	以煤为原料制成的煤气称为煤制气,以油为原料制成的煤气称为油制气	含有硫化氢、氨、萘、苯及焦油等杂质	供应城市的人工煤气要求最低发热量在 14 654 kJ/Nm^3 以上
液化石油气	对石油进行加工处理过程中所获得的一种可燃气体的混合物	主要是丙烷、丙烯、正(异)丁烷、正(异)丁烯及反(顺)丁烯等	在标准状态下呈气相,当温度低于临界值或压力升高到某一数值时呈液态
天然气	从钻井中开采出来的可燃气体	主要成分是甲烷,液化时的体积是气态时的 1/600	使用时加入某种无毒而有臭味的气体(如乙硫醇),以便发现漏气,避免发生中毒或燃烧爆炸等事故

2. 瓶装供应

液化石油气多采用瓶装,在储配站(灌瓶站)设球形储罐,通过一定设备把储罐内的石油气灌入气瓶内,经供应站供应用户使用。根据用气量的大小可采用单瓶供气或瓶组供气。其中,单瓶供应采用一定质量(如家庭用 15 kg)钢瓶一个,连同燃具供应使用;瓶组是把钢瓶并联供应给用气量较小的用户单位使用。钢瓶内液态石油气的饱和蒸汽压按绝对压力计算一般为 70 ~ 800 kPa,在室温下可自然汽化。在供燃具使用时,要经瓶上的减压阀减压至(2.8 ± 0.5) kPa。

(三)室内燃气管道

1. 管道系统

室内燃气管道系统由引入管、立管和支管组成。室内燃气管道多采用水煤气钢管,它属于低压管材。管道采用螺纹连接(丝扣连接)。埋地部分应涂防腐剂,明敷管道采用镀锌钢管,管道不允许有漏气。室内燃气管道要求明敷,具体敷设要求见《物业设备设施管理》。在有可能出现冻结的地方,室内煤气管道应采取防冻措施处理。

2. 燃气表

燃气表是计量燃气用量的仪表。目前,我国常用的是一种干式皮囊气流量表,它适用于室内低压燃气供应系统。

(四)燃气用具

根据不同的用途,有多种燃气用具。住宅常用燃气用具有厨房燃气灶和燃气热水器等。

1. 厨房燃气灶

厨房燃气灶常见的是双火眼燃气灶,它由炉体、工作面及燃烧器三部分组成。

2. 燃气热水器

燃气热水器是一种局部供应热水的加热设备。当建筑物内无集中热水供应时,可采用以燃气为热源,通过燃气热水器制备热水。由于燃气燃烧后排出的废气中含有一氧化碳,因此在设有燃气用具的房间,都应设有相应的通风设施。规范规定燃气热水器不得直接安装在浴室内。

二、室内燃气管道的安装

（一）工艺流程

安装准备→预制加工→干管安装→立管安装→支管安装→气表安装→管道试压→管道吹洗→防腐、刷油。

（二）安装准备

认真熟悉图纸，根据施工方案决定施工方法和技术交底的具体措施，做好准备工作。

参看有关专业设备图和装修建筑图，核对各种管道的坐标、标高是否有交叉，管道排列所用空间是否合理。有问题及时与有关设计人员研究解决，做好变更洽商记录。配合土建施工进度，预留槽洞及安装预埋件和套管。

（三）预制加工

按设计图纸画出管道分路、管径、变径、预留管口、阀门位置等施工草图，在实际安装的结构位置做上标记，按标记分段量出实际安装的准确尺寸，记录在施工草图上，然后按施工草图测得的尺寸预制加工（断管、套丝、上零件、调直、校对，管段分组编号工艺详见《暖卫管道安装基本施工工艺标准》（SGBZ—0501）。

（四）干管安装

（1）按施工草图进行管段的加工预制，包括：断管，套丝，上零件，调直，核对好尺寸，按系统分组编号，码放整齐。

（2）按设计要求或规范规定间距安装卡架。吊卡安装时，先把吊棍按坡向、顺序依次穿在型钢支架上，吊环按间距位置套在管上，再把管抬起穿上螺栓拧上螺母，将管固定。安装托架上的管道时，先反管就位在托架上，把第一节管装好 U 形卡，然后安装第二节管，以后各节管均照此进行，最后紧固好螺栓。

（3）燃气引入管安装。燃气引入管不得敷设在卧室、浴室、密闭地下室，并严禁敷设在易燃、易爆品的仓库，有腐蚀性介质的房间，配电间，变电室，电缆沟，暖气沟，烟道和进风道等部位，并应符合下列要求：

①引入管的公称直径不得小于 40 mm，引入管的坡度不得小于 0.003，坡向干管。引入管穿过建筑物基础时，应设置在套管中，考虑建筑物沉降，套管应比引入管大两号。穿墙套管尺寸可按表 3-25 选用，套管与管子间的缝隙用沥青油麻堵严，热沥青封口。引入管应采用壁厚≥3.5 mm 的无缝钢管。距建筑物外墙 1 m 以内的地下管及套管内不许有接头，弯管处用煨弯处理。

表 3-25　穿墙套管尺寸　（单位：mm）

燃气管公称直径 *DN*	15	20	25	32	40	50	70
套管公称直径 *DN*	32	40	50	50	70	80	100

②一般进气引入管遇暖气沟时，从室外地上引入室内，管中距室内地面高 500 mm，管材采用无缝钢管整管煨弯，做加强防腐层，穿墙管加钢套管。室外管顶加焊一丝堵或做成

三通丝堵，室外管砌砖台内外抹灰保护，内填充膨胀珍珠岩保温，顶上加盖板。

③引入管进气口如无暖沟或其他障碍，由室外地下直接引入室内，管材采用无缝钢管整管煨弯，做加强防腐层，穿墙及穿地面时均加钢套管，穿墙套管出内外墙面 50 mm。穿地面时，套管出地面 50 mm，下面与结构底板平。

④高层建筑的燃气引入管穿建筑基础时，应考虑建筑物沉降的影响，入口管在穿墙时应预留管洞，上端以建筑物最大沉降量为准，两侧保留一定间隙进入室内后，在室内侧沿管子砌封闭管井，然后，填以沥青油麻 4 号沥青堵严，外加钢丝网抹灰。

⑤居民用户的引入管应尽量直接引入厨房内，也可以由楼梯间引入。公共设施的引入管位置应尽量直接引至安装煤气设备或煤气表的房间内。

(4)干管安装应从进户引入管后或分支管开始，装管前要检查管腔并清理干净。在丝头处涂好铅油缠好麻或缠好聚四氟乙烯填料带，一人在末端扶平管道，一人在接口处把管相对固定对准丝扣，慢慢转动入扣，用一把管钳咬住前节管件，用另一把管钳转动管至松紧适度，对准调直时的标记，要求丝扣外露 2 ~ 3 扣，并清掉麻头，依此方法装完为止（管道穿过伸缩缝或过沟处，必须先穿好钢套管）。

(5)室内水平管敷设在楼梯间或外走廊时，距室内地面不低于 2.2 mm，距顶棚不小于 0.15 m。水平管应保持 0.001 ~ 0.003 的坡度，其坡向要求由煤气表分别坡向管道和燃具。

(6)室内燃气管道与其他管道及设备间的最小平行净距或最小交叉净距应符合表 3-26和表 3-27的规定。当平行或交叉净距达不到上述要求时，应做防护或绝缘处理。

表 3-26　室内燃气管道与其他管道及设备间的最小平行净距　（单位：m）

其他管道及设备	给水排水管	蒸汽管	电缆引入管、进线箱	照明电缆		电表、保险器、闸刀开关
				明敷	暗敷	
距离	0.1	0.1	1.3	0.1	0.05	0.3

表 3-27　室内燃气管道与其他管道及设备间的最小交叉净距　（单位：m）

其他管道及设备	给水排水管	蒸汽管	明敷照明线路	明敷动力线路	电表、保险器、闸刀开关
距离	0.01	0.01	0.05	0.15	0.3

(7)室内管道穿墙或楼板时，应置于套管中，套管内不得有接头。穿墙套管的长度应与墙的两侧平齐，穿楼板套管上部应高出楼板 30 ~ 50 mm，下部与楼板平齐。

(8)管道固定一般用角钢 U 形卡，其间距应符合表 3-28 的规定，并且每层楼的室内燃气立管至少加设一个固定卡子，在灶前下垂管上至少设一个卡子，如下垂管有转心门，可设两个卡子。

埋地燃气管与其他相邻管道及电缆间的最小水平净距、最小垂直净距见表 3-29 和表 3-30。燃气管与其他相邻管道及电线、电表箱、电气开关间的安全距离见表 3-31。

表 3-28　气管卡间距　（单位:m）

燃气管管径(mm)	水平管道	垂直管道
*DN*25	2.0	3.0
*DN*32 ~ *DN*50	3.0	4.0

表 3-29　埋地燃气管与其他相邻管道及电缆间的最小水平净距　（单位:m）

序号	项目		水平净距
1	与给水排水管道		1
2	与供热管的管沟外壁		1
3	与电力电缆		1
4	与通信电缆	直埋	1
		敷设在导管内	

表 3-30　埋地燃气管与其他相邻管道及电缆间的最小垂直净距　（单位:mm）

序号	项目		垂直净距（当有套管时,以套管计）
1	与给水排水管道		150
2	与供热管的管沟外壁		150
3	与电缆	直埋	600
		敷设在导管内	150

表 3-31　燃气管与其他相邻管道及电线、电表箱、电气开关间的安全距离　（单位:m）

类别走向	燃气管与给水排水管采暖和热水供应管道的间距	燃气管与电气线路的间距	燃气管与配电盘的距离	燃气管与电气开关和接头的距离
同一平面	≥0.05	≥0.05	≥0.3	≥0.15
不同平面	≥0.01	≥0.02	≥0.3	≥0.15

(9)室内燃气管道上的阀门,管径≥*DN*65 时,一般采用燃气用闸板阀;管径≤*DN*50 时,采用压兰式或拉紧式转心门。进气管总阀门一般安装在总立管上,距地面 1.5 m,楼梯间进气总立管阀门距地面 1.7 m。当流量≤3 m^3/h 时,燃气表前应设置一个转心门,燃气表后至燃具前可不另设阀门;当流量≤20 m^3/h 时,燃气表前所设阀门可作为食堂和其他公用福利设施的总进气阀门;当燃气用量≤57 m^3/h 时或不能中断供气的用户,燃气表应安装旁通阀门,同时加设燃气表的出口阀门。从室内燃气总干管至每个食堂的分支管上应安装一个分支阀门。高层建筑(凡十层及十层以上的住宅和建筑物高度超过 24 m

的其他民用建筑）引入管在室外的起点应设置切断阀门，室内的燃气管道上除安装一个总阀门外，每隔六层在总立管上应再增设一个分段阀门，在室内终点宜设置紧急切断阀门。有两根以上的分段立管时，可在每根立管上加设一个阀门，若每个分段阀门所带的户数超过 30 户，可酌情增设阀门。燃气管道上安装拉紧式转心门时，转心门轴线应和墙壁平行；安装压兰式转心门时，其轴线只准与墙面垂直。

(10)采用焊接钢管焊接，先把管子选好调直，清理好管膛，将管道运到安装地点，安装程序从第一节开始；把管子就位找正，对准管口使预留口方向准确，找直后用点焊固定（管径≤50 mm 以下点焊 2 点，管径≥70 mm 以上点焊 3 点），然后按照焊接要求施焊，焊完后应保证管道正直。

(11)管道安装完毕，检查坐标、标高、预留口位置和管道变径等是否正确，然后找直，用水平尺校对复核坡度，调整合格后再调整吊卡螺栓 U 形卡，使其松紧适度，平正一致。

(12)摆正或安装好管道穿结构处的套管，填堵管洞口，预留口处应加好临时管堵。

（五）立管安装

(1)核对各层预留孔洞位置是否垂直，吊线、剔眼、栽卡子，将预制好的管道按编号顺序运到安装地点。

(2)安装前先卸下阀门盖，有钢套管的先穿到管上，按编号从第一节开始安装。用铅油缠麻将立管对准接口转动入扣，用一把管钳咬住管件，用另一把管钳拧管，拧到松紧适度，对准调直标记要求，丝扣外露 2～3 扣，预留口平正为止，并清净麻头。

(3)检查立管的每个预留口标高、方向等是否准确、平正。先将事先栽好的管卡子松开，把管放入卡内拧紧螺栓，再用吊杆、线坠从第一节开始找好垂直度，扶正钢套管，最后配合土建填堵好孔洞，预留口必须加好临时丝堵。立管截门安装朝向应便于操作和修理。

(4)燃气立管一般敷设在厨房内或楼梯间。当室内立管管径不大于 50 mm 时，一般每隔一层楼装设一个活接头，位置距地面不小于 1.2 m。遇有阀门时，必须装设活接头，活接头的位置应设在阀门后边。管径 >50 mm 的管道上可不设活接头。

（六）支管安装

(1)检查燃气表安装位置及立管预留口是否准确，量出支管尺寸和灯叉弯的大小。

(2)安装支管，量出支管的尺寸，然后断管、套丝、煨灯叉弯和调直。将灯叉弯或短管两头抹铅油缠麻，装好油任，连接煤气表，把麻头清净。

(3)用钢尺、水平尺、线坠校对支管的坡度和距墙尺寸，并复查立管及燃气表有无移动，合格后用支管替换下燃气表，按设计或规范规定压力进行系统试压及吹洗，吹洗合格后在交工前拆下连接管，安装燃气表。合格后办理验收手续。

（七）燃气表安装

在室内燃气管道均已固定，管道系统严密性试验合格后，即可进行室内燃气表的安装，同时安装表后支管，如图 3-38 所示。

(1)居民家庭每户应装一只燃气表，集体、营业、事业用户，每个独立核算单位最少应装一只燃气表。

(2)燃气表必须具备以下条件方可安装：燃气表有出厂合格证书，厂家有生产许可证，燃气表经法定检测单位检测；距出厂日期不超过 4 个月，如超过，则需经法定检测单位

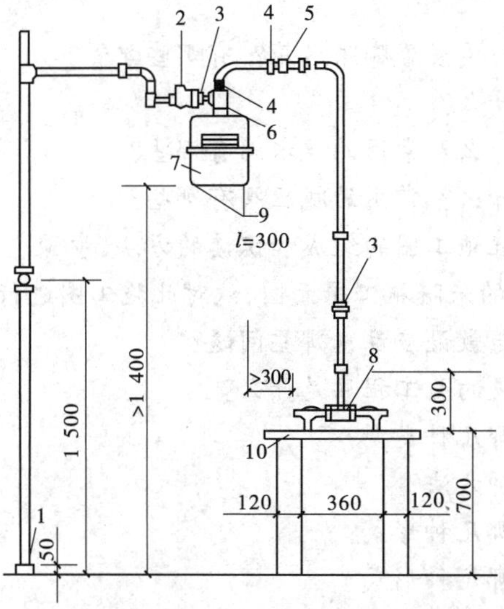

1—套管；2—转心门；3—油任；4—塑料接头；5—管箍；6—塑料三通；
7—燃气表；8—燃气灶；9—角钢 30×3；10—水磨石灶板 700×600×35

图 3-38　燃气表的安装

检测；燃气表安装过程中不准碰撞，下部应有支撑。燃气表与周围设施水平净距按表 3-32 所列规定。

表 3-32　燃气表与周围设施水平净距　　（单位：m）

设施名单	低压电器	家庭灶	食堂灶	开水灶	金属烟囱	砖烟囱
水平净距	1.0	0.3	0.7	1.5	0.6	0.3

思考题

1. 请叙述采暖系统的工作原理。
2. 热水采暖系统有什么特点？
3. 热水采暖系统由哪几个基本部分构成？有哪些分类方法？
4. 垂直式热水采暖系统的管道布置有哪些具体形式？
5. 水平式热水采暖系统的管道布置有哪些具体形式？水平式热水采暖系统与垂直式热水采暖系统相比有哪些优点？
6. 什么是热水采暖系统的同程式和异程式？各有什么特点？
7. 高层建筑热水采暖系统的类型及特点有哪些？
8. 分户热计量采暖系统的类型及特点有哪些？
9. 简述散热器的工作原理。
10. 散热器有哪几种类型？各自有何特点？
11. 散热器布置的基本要求是什么？

12. 如何安装散热器？
13. 热水采暖系统为何要设置膨胀水箱？有哪些配管？
14. 集气罐的作用是什么？
15. 疏水阀的作用是什么？常用的疏水阀有哪些？
16. 减压阀的作用是什么？常用的减压阀有哪些？
17. 简述建筑采暖工程施工图的组成和识读的方法、步骤。
18. 图 3-39 为某建筑的采暖施工平面图，试对此施工图进行识读。
19. 采暖管道的布置与敷设应注意哪些问题？
20. 室外管道直埋敷设的施工程序是什么？
21. 沟槽开挖断面有哪几种类型？
22. 地沟下管有哪几种方法？
23. 地沟管道敷设有哪几种形式？
24. 架空管道敷设有哪几种形式？
25. 室外供热管道安装时的技术要求有哪些？
26. 室外供热管道的热补偿措施有哪些？
27. 什么是固定支架？常用的有哪几种形式？
28. 什么是活动支架？常用的有哪几种形式？
29. 支架的安装方法有哪几种？支架的安装要求是什么？
30. 散热器安装前应做哪些工作？
31. 散热器安装的要求是什么？

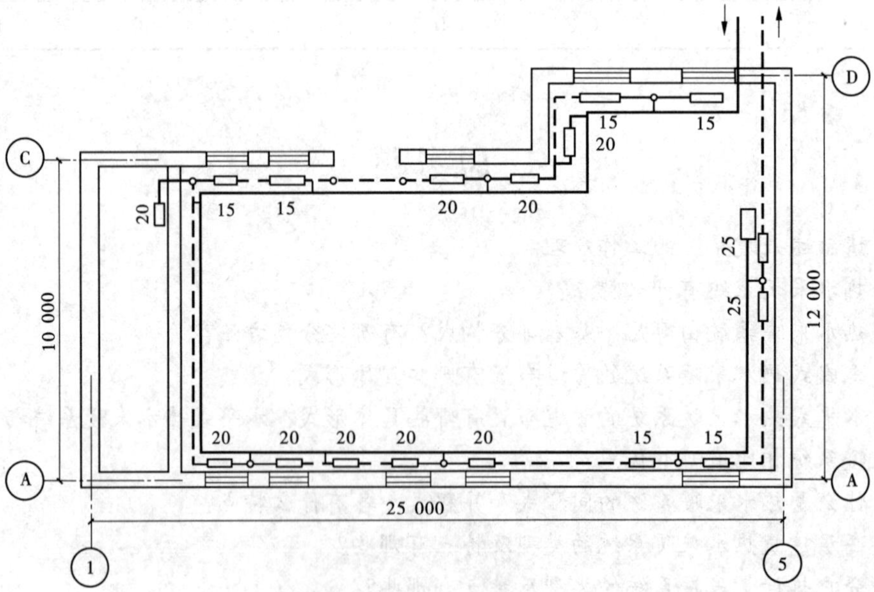

图 3-39　某建筑一层采暖平面图

项目四　建筑通风空调工程施工图的识读与安装

【能力目标】

1. 了解建筑通风空调工程概述。
2. 熟悉建筑通风空调工程各系统的作用及分类 。
3. 掌握建筑通风空调工程各系统的常用材料。
4. 掌握建筑通风空调工程施工图的识读方法及安装工艺。

【任务驱动】

任务一　建筑通风空调工程的基本知识

【任务导航】

本任务主要学习建筑通风空调工程的基本知识。

一、室内通风系统

通风是指利用室外空气来转换建筑物内的空气,以改善室内空气品质的过程。通风系统就是实施通风过程的所有设备和管道的统称。

通风系统实现的主要功能包括:提供建筑物内人员呼吸所需要的氧气;稀释室内污染物和气味;排除室内工艺过程中产生的污染物;去除建筑物内多余的热量,降低湿度;提供室内燃烧设备所需的空气。

按照空气流动的动力分类,通风可以分为自然通风和机械通风两类。自然通风是指依靠室外风力造成的风压、内外温差造成的热压使室外的新鲜空气进入室内,使室内的空气排到室外的过程。机械通风是指依靠风机的动力来向室内送入空气或从室内排除空气的过程。机械通风系统主要由风机、空气处理设备、管道及其配件、风口四部分组成。

民用建筑中常见的通风系统有车库送排风系统、房间送排气系统、厨房送排风系统、消防加压送风系统及消防排烟系统。

二、空气调节系统

空气调节简称空调,是指为满足生产、生活要求,改善劳动卫生条件,采用人工的方法使房间内空气的温度、相对湿度、洁净度、气流速度等参数达到一定要求的工程技术。空气调节系统是指实施空气调节所需的所有设备、管道及配件的总称。

按负担室内负荷所用的介质不同,空气调节系统可分为全空气系统、全水系统、空气—水系统和全制冷系统四种类型。

(一)全空气系统

全空气系统是指空调房间的负荷全部由经过处理的空气负担。其基本工作流程是:

空气从房间通过回风管道送至空调机房,在空调机房内将空气处理到合适的温度和湿度,然后又由送风管通过风口送至各个房间。全空气系统分为送风系统和回风系统两部分,主要由回风管道空气处理设备、送风管道、风口及其他附件组成。

（二）全水系统

全水系统是指空调房间内的负荷全部由水来负担。全水系统由冷冻水系统和冷却水系统组成。冷冻水系统的基本工作流程是:空调制冷机组将冷冻水处理到合适的温度,通过冷冻水供水管送至各房间的风机盘管或者其他末端设备,在风机盘管或者其他末端装置中与室内空气进行热交换后经冷冻水回水管回到空调制冷机组。冷却水系统的任务是对空调机组中的冷凝器进行降温。冷却水系统可分为水冷系统和风冷系统两类,其中水冷系统由冷却水管和冷却塔组成,风冷系统由风机构成。

（三）空气—水系统

空气—水系统是指空调房间内的空调负荷由空气和水共同负担的空调系统,通常指带有新风系统的水系统。空气—水系统主要设备包括新风机组、送风管道、空调机组、冷冻水管、风机盘管、冷却水管、冷却塔和风机。

（四）全制冷系统

全制冷系统也称直接蒸发式空调系统,是指空调房间内的空调负荷全部由制冷剂负担的空调系统。室外机主要由压缩机、冷凝器及其他制冷附件组成。室内机则由蒸发式换热器和风机组成。室外机通过制冷剂管道与分布在各个房间的室内机连接在一起。

任务二　建筑通风空调工程常用材料

【任务导航】

本任务主要学习建筑通风空调工程的常用材料。

一、板材

在通风空调安装工程中,板材主要用于制作通风管道(简称风管)。常用的板材包括普通钢板、热镀锌钢板、不锈钢板以及铝板和铝合金板等。

（一）普通钢板

普通钢板包括冷轧钢板和热轧钢板。冷轧钢板具有较好的平整性,适用于外观要求高的矩形送风管道制作,但不适用于卷成圆形,其咬口操作较困难,易断裂。热轧钢板具有较好的加工性能,便于卷成圆形、咬口等操作,适合加工成圆形风管。

普通钢板的厚度与理论质量见表4-1。

（二）热镀锌钢板

热镀锌钢板按用途可分为两类:一类是供冷成型用钢板;另一类是一般用途钢板,代号为“Y”。单张热镀锌薄钢板的规格见表4-2,理论质量见表4-3。

（三）不锈钢板

1 m^2 不锈钢板质量 = 基本质量 × 钢板厚度,其中基本质量为厚度为 1 mm、面积为 1 m^2 的钢板质量。不同牌号不锈钢板的基本质量见表4-4。

表 4-1　普通钢板的厚度及理论质量

厚度(mm)	理论质量(kg/m^2)	厚度(mm)	理论质量(kg/m^2)	厚度(mm)	理论质量(kg/m^2)
0.20	1.570	1.40	10.99	4.50	35.33
0.25	1.963	1.50	11.78	4.80	37.68
0.30	2.355	1.60	12.56	5.00	39.25
0.35	2.748	1.70	13.35	5.50	43.18
0.40	3.140	1.80	14.13	6.00	47.10
0.45	3.533	1.90	14.92	6.50	51.03
0.50	3.925	2.00	15.70	7.00	54.95
0.55	4.318	2.20	17.27	8.00	62.80
0.60	4.710	2.50	19.63	9.00	70.65
0.70	5.495	2.80	21.98	10	78.50
0.75	5.888	3.00	23.55	11	86.35
0.80	6.280	3.20	25.12	12	94.20
0.90	7.065	3.50	27.48	13	102.1
1.00	7.850	3.80	29.83	36	282.6
1.10	8.635	3.90	30.62	38	298.3
1.20	9.42	4.00	31.00	100	785.0
1.30	10.21	4.20	32.97	105	824.3

注：钢的密度按 7.85 g/cm^3 计。

表 4-2　单张热镀锌薄钢板的规格

钢板厚度(mm)														
0.35	0.40	0.45	0.50	0.60	0.70	0.75	0.80	0.90	1.00	1.10	1.20	1.30	1.40	1.50

表 4-3　单张热镀锌薄钢板的理论质量

厚度(mm)	理论质量(kg/m^2)	厚度(mm)	理论质量(kg/m^2)	厚度(mm)	理论质量(kg/m^2)
0.35	3.023	0.45	3.808	0.55	4.593
0.40	3.415	0.50	4.200	0.60	4.985
0.65	5.378	0.90	7.340	1.30	10.485
0.70	5.770	1.00	8.125	1.40	11.265
0.75	6.163	1.10	8.910	1.50	12.055
0.80	6.555	1.20	9.695		

注：镀锌钢板理论质量 = 镀锌厚板理论质量 + 锌层质量。镀锌厚板密度为 7.85 g/cm^3，锌层质量按 275 g/m^2 计算（含锌板两面锌层）。

(四)铝板及铝合金板

铝板分为纯铝板和铝合金板两种。纯铝板用于化工工程通风管道制作，一般的地下工程通常使用铝合金板。铝板根据加工方式不同可分为热轧铝板和冷轧铝板，其品种、规格及理论质量见表 4-5 ~ 表 4-7。

表 4-4　不同牌号不锈钢板的基本质量

牌号	基本质量（kg/m^2）	牌号	基本质量（kg/m^2）
1Cr17Mn6Ni5N	7.93	1Cr18Ni9Si3	7.93
1Cr18Mn8Ni5N	7.93	0Cr19Ni9	7.93
1Cr17Ni7	7.93	00Cr19Ni11	7.93
1Cr17Ni8	7.93	0Cr19Ni9N	7.93
1Cr18Ni9	7.93	00Cr18Ni10N	7.93
1Cr18Ni12	7.93	0Cr18Ni12Mo2Cu2	7.98
0Cr23Ni13	7.93	0Cr18Ni14Mo2Cu2	7.98
0Cr17Ni20	7.98	0Cr19Ni13Mo3	7.98
00Cr17Mo	7.70	00Cr19Ni13Mo3	7.98
7Cr17	7.70	0Cr18Ni16Mo5	8.00
0Cr26Ni5Mo2	7.80	0Cr18Ni11Ti	7.93

表 4-5　铝及铝合金热轧板材的品种及规格

常用牌号		
LG1 ~ LG4、L1 ~ L6、LF2、LF5、LF6、LF11、LF12、LD2、LD10、LY6、LY11、LY16、LC4、LC9		
长度（mm）	宽度（mm）	厚度（mm）
2 000 ~ 10 000	1 000 ~ 2 500	5 ~ 150

表 4-6　铝及铝合金冷轧板材的品种及规格

牌号	供应状态	宽度（mm）		
		400 ~ 1 500		1 500 ~ 2 400
		长度（m）		
		2 ~ 4	4 ~ 10	2 ~ 10
		厚度范围（mm）		
L1、L2、L3、L4、L5、L6、L5 - 1	M	0.3 ~ 10		
	Y_2	0.3 ~ 4	0.5 ~ 4	0.6 ~ 4
	Y	0.3 ~ 6		
LF2、LF21	M、Y	与 L1 ~ L5 - 1 同		
	Y_2	0.3 ~ 6.5	0.5 ~ 4	0.6 ~ 4
LF3	M、Y_2	0.5 ~ 4.5	0.5 ~ 4	0.6 ~ 4
LF4	M	0.5 ~ 4.5	0.5 ~ 4	—

续表 4-6

LF5、LF6、LF11	M	0.5~4.5	0.5~4	0.6~4
LF43	M、Y	0.5~4	0.5~4	0.5~4
LD2、LD10	M、CZ、CS	0.3~10	0.5~4	0.6~4
LY11、LY12	M、CZ	0.5~10	0.5~4	0.6~4
LY12	CZY	1.5~7.5	2~4	2~4
LC4、LC9	M、CS、CSY	0.5~10	0.5~4	0.6~4

注:供应状态栏中符号的含义为:M—退火,Y—硬,CZ—淬火(自然时效),CS—淬火(人工时效)。

表 4-7　铝及铝合金板材理论质量

厚度(mm)	理论质量(kg/m²)	厚度(mm)	理论质量(kg/m²)	厚度(mm)	理论质量(kg/m²)
0.30	0.855	3.5	9.975	30	85.50
0.40	1.140	4.0	11.40	35	99.75
0.50	1.425	5.0	14.25	40	114.0
0.60	1.710	6.0	17.10	50	142.5

(五)硬聚氯乙烯板

硬聚氯乙烯板是由聚氯乙烯树脂掺入稳定剂和少量增塑剂加热制成的。它具有密度小、强度大、耐磨、耐油浸、绝热、绝缘、易切削加工、可塑成型的特点,同时还具有耐酸碱腐蚀的能力,但在强氧化剂(如浓硝酸、发烟硫酸和芳香族碳氢化合物)的作用下不稳定。硬聚氯乙烯板具有较高的强度和弹性,但热稳定性较差,在较低温度下性能较脆,易裂易折,在较高温度下强度较低。当被加热到 100~150 ℃时就成为柔软状态,加热到 190~200 ℃时就成为柔性流动状态,只有在 60 ℃以下温度时才能保证适当强度,故其只适用于温度为 -10~60 ℃的范围。在通风工程中,硬聚氯乙烯板常用于制作输送含有腐蚀性气体的通风系统的风管和部件。硬聚氯乙烯板能在 130~150 ℃范围内加热弯曲成各种曲面或角度。硬聚氯乙烯风管可用塑料焊条焊接,也可用过聚氯乙烯胶或聚氨酯胶粘接,但硬聚氯乙烯板在运输和储存过程中应避免撞击和日晒、雨淋,且储存温度不宜高于 40 ℃。常用硬聚氯乙烯板的规格及质量见表 4-8。

二、管材

在通风空调安装工程中,管道主要用于输送冷冻水、冷却水、冷凝水以及制冷剂等。常用的管材包括焊接钢管、无缝钢管、铜管、塑料管以及相应的管件。

(一)焊接钢管

通风空调安装工程常用焊接钢管的规格及理论质量见表 4-9。

表 4-8　常用硬聚氯乙烯板的规格及质量

厚度(mm)	宽度(mm)，不小于	长度(mm)，不小于	板质量(kg/m^2)	厚度(mm)	宽度(mm)，不小于	长度(mm)，不小于	板质量(kg/m^2)
2.0	850或880	1 700或1 600	4.4 或 4.0	8.5	850或800	1 700或1 600	19 或 17
2.5			5.5 或 5.0	9.0			20 或 18
3.0			6.6 或 6.0	9.5			21 或 19
3.5			7.7 或 7.0	10.0			22 或 20
4.0			8.8 或 8.0	11.0			24 或 22
4.5			10 或 9	12.0			26 或 24
5.0			11 或 10	13.0			29 或 26
5.5			12 或 11	14.0			31 或 28
6.0			13 或 12	15.0			33 或 30
6.5			14 或 13	16.0			35 或 32
7.0			15.5 或 14	17.0			37.5 或 32
7.5			16.5 或 15	18.0			40 或 36
8.0			17.8 或 16	19.0			42 或 38

表 4-9　常用焊接钢管的规格及理论质量

公称直径		外径	普通钢管		加厚钢管	
mm	in	公称尺寸	壁厚(mm)	理论质量(kg/m)	壁厚(mm)	理论质量(kg/m)
15	$\frac{1}{2}$	21.3	2.75	1.26	3.25	1.45
20	$\frac{3}{4}$	26.8	2.75	1.63	3.50	2.01
25	1	33.5	3.25	2.42	4.00	2.91
32	$1\frac{1}{4}$	42.5	3.25	3.13	4.00	3.78
40	$1\frac{1}{2}$	48.0	3.50	3.84	4.25	4.58
50	2	60.0	3.50	4.88	4.50	6.16
65	$2\frac{1}{2}$	75.5	3.75	6.64	4.50	7.88
80	3	88.5	4.00	8.34	4.75	9.81
100	4	114.0	4.00	10.85	5.00	13.44
125	5	140.0	4.00	13.42	5.50	18.24
150	6	165.0	4.50	17.81	5.50	21.63

注：1. 表中尺寸及理论质量均指黑管（即不镀锌管），镀锌管的理论质量比表中黑管质量增加 3% ~6%。

2. 1 in≈2.54 cm。

(二)无缝钢管

根据制造工艺的不同,无缝钢管分热轧无缝钢管和冷轧无缝钢管两种,在通风空调安装工程中可用于输送冷冻水和冷却水等。常用热轧无缝钢管的规格和理论质量见表4-10。

表4-10 常用热轧无缝钢管的规格和理论质量

外径	壁厚(mm)								
	2.5	3	3.5	4	4.5	5	5.5	6	6.5
	理论质量(kg/m)								
32	1.82	2.15	2.46	2.76	3.05	3.33	3.59	3.85	4.09
38	2.19	2.59	2.98	3.35	3.72	4.07	4.41	4.73	5.05
42	2.44	2.89	3.32	3.75	4.16	4.56	4.95	5.33	5.69
45	2.62	3.11	3.58	4.04	4.49	4.93	5.36	5.77	6.17
50	2.93	3.48	4.01	4.54	5.05	5.55	6.04	6.51	6.97
54		3.77	4.36	4.93	5.49	6.04	6.58	7.10	7.61
57		3.99	4.62	5.23	5.83	6.41	6.98	7.55	8.09
60		4.22	4.88	5.52	6.16	6.78	7.39	7.99	8.58
63.5		4.48	5.18	5.87	6.55	7.21	7.87	8.51	9.14
68		4.81	5.57	6.31	7.05	7.77	8.48	9.17	9.86
70		4.96	5.74	6.51	7.27	8.01	8.75	9.47	10.18
73		5.18	6.00	6.81	7.60	8.38	9.16	9.91	10.66
76		5.40	6.26	7.10	7.93	8.75	9.56	10.36	11.14
83			6.86	7.79	8.71	9.62	10.51	11.39	12.26
89			7.38	8.38	9.33	10.36	11.33	12.28	13.22
95			7.90	8.98	10.04	11.10	12.14	13.17	14.19
102			8.50	9.67	10.82	11.96	13.09	14.20	15.31
108				10.26	11.49	12.70	13.90	15.09	16.27
114				10.85	12.15	13.44	14.72	15.98	17.23
121				11.54	12.93	14.30	15.67	17.02	18.35
127				12.13	13.59	15.04	16.48	17.90	19.31
133				12.72	14.26	15.78	17.29	18.79	20.28
140					15.04	16.65	18.24	19.83	21.40
146					15.07	17.39	19.06	20.72	22.36
152					16.37	18.13	19.87	21.60	23.32
159					17.14	18.99	20.82	22.64	24.44
168						20.10	22.04	23.97	25.89
180						21.58	23.67	25.74	27.81
194						23.30	25.60	27.82	30.05

（三）铜管

铜管按其成分分为紫铜管（工业纯铜）和黄铜管（铜锌合金）两种。紫铜管适用于工作压力在4 MPa以下、温度介于250～-196 ℃的流体。黄铜管适用于工作压力在22 MPa以下，温度介于120～-158 ℃的流体。

铜管按其制造方法的不同可分为拉制铜管、轧制铜管和挤制铜管，一般中低压管道采用的均为拉制铜管。通风空调安装工程中常用紫铜管的型号和理论质量见表4-11，通风空调安装工程中常用黄铜管的型号和理论质量见表4-12。

表4-11　常用紫铜管的型号和理论质量

公称直径（mm）	外径（mm）	壁厚（mm）	理论质量（kg/m）	公称直径（mm）	外径（mm）	壁厚（mm）	理论质量（kg/m）
5	6	1	0.112	20	23	1.5	0.861
6	8	1	0.213	25	28	1.5	1.113
8	10	1	0.274	32	35	1.5	1.407
10	12	1	0.307	40	44	2	2.352
15	17	1	0.420	50	55	2.5	2.968
16	18	1.5	0.735	65	70	2.5	4.725

注：表中未显型号的紫铜管理论质量可按公式27.960 2 &(D-&)×1/1 000计算，这里&、D分别为紫铜管的壁厚和外径。

表4-12　常用黄铜管的型号和理论质量

公称直径（mm）	外径（mm）	壁厚（mm）	理论质量（kg/m）	公称直径（mm）	外径（mm）	壁厚（mm）	理论质量（kg/m）
8	10	1	0.240	24	28	2	1.388
6	10	2	0.427	22	28	3	2.002
10	12	1	0.294	26	30	2	1.495
8	12	2	0.534	25	30	2.5	1.835
12	14	1	0.347	24	32	3	2.162
10	14	2	0.641	29	32	1.5	1.221
14	16	1	0.400	28	32	2	1.601
12	16	2	0.747	23	32	4.5	3.303
16	18	1	0.454	31	35	2	1.761
14	18	2	0.854	29	35	3	2.562
18	20	1	0.507	27	35	4	3.309
16	20	2	0.961	34	38	2	1.922
20	22	1	0.560	32	38	3	2.802
18	22	2	1.068	30	38	4	3.630
20	24	2	1.174	36	40	2	2.028
18	24	3	1.681	35	40	2.5	2.502
22	26	2	1.281	33	40	3.5	3.409
20	26	3	1.842				

注：表中未显型号的黄铜管的理论质量可按公式26.703 6&(D-&)×1/1 000计算，这里&、D分别为黄铜管的壁厚和外径。

(四)塑料管

目前,市面上塑料管的类型很多,本书仅介绍其中的硬聚乙烯(UPVC)管,其他类型的管可参照相关资料。常用硬聚乙烯管的规格见表4-13。

表4-13 常用硬聚乙烯管的规格

公称外径(mm)	公称压力(MPa)		公称外径(mm)	公称压力(MPa)	
	0.63	1.00		0.63	1.00
	壁厚(mm)			壁厚(mm)	
20	1.6	1.9	125	3.9	6.0
25	1.6	1.9	140	4.3	6.7
32	1.6	1.9	160	4.9	7.7
40	1.6	1.9	180	5.5	8.6
50	1.6	2.4	200	6.2	9.6
63	2.0	3.0	225	6.9	10.8
75	2.3	3.6	250	7.7	11.9
90	2.8	4.3	280	8.6	13.4
110	3.4	5.3	315	9.7	15.0

(五)管件

管件只用于连接管道的配件,包括弯头、三通、变径、四通等。管件的规格尺寸与管材的型号配套,本书不再详述。

三、型材

在通风空调安装工程中,型材的主要功能是制作支架和吊架,有时也可以作为部分设备的基座。

(一)角钢

根据制作工艺的不同,角钢可分为热轧角钢和冷轧角钢两种;根据外形尺寸的不同,角钢可分为等边角钢和不等边角钢两种。

1. 热轧等边角钢

热轧等边角钢的型号、尺寸及理论质量见表4-14,表4-14中各尺寸含义见图4-1。

2. 热轧不等边角钢

热轧不等边角钢的型号、尺寸及理论质量见表4-15,表4-15中各尺寸含义见图4-2。

(二)扁钢

扁钢常用来制作风管卡箍、支架和预埋件等,其规格及理论质量见表4-16。

(三)圆钢

在通风空调安装过程中,圆钢通常用于制作吊筋,其规格及理论质量见表4-17。

表 4-14　热轧等边角钢的型号、尺寸及理论质量

型号	尺寸(mm)		理论质量 (kg/m)	型号	尺寸(mm)		理论质量 (kg/m)
	b	d			b	d	
2	20	3	0.889	7	70	4	4.372
		4	1.145			5	5.398
2.5	25	3	1.124			6	6.406
		4	1.459			7	7.398
3	30	3	1.373			8	8.373
		4	1.786	7.5	75	5	5.818
3.6	36	3	1.656			6	6.905
		4	2.163			7	7.976
		5	2.654			8	9.030
4	40	3	1.852			10	11.089
		4	2.422	8	80	5	6.211
		5	2.976			6	7.376
4.5	45	3	2.088			7	8.525
		4	2.736			8	9.658
		5	3.369			10	11.874
		6	3.985	9	90	6	8.350
5	50	3	2.332			7	9.656
		4	3.059			8	10.946
		5	3.770			10	13.476
		6	4.465			12	15.940
5.6	56	3	2.624	10	100	6	9.366
		4	3.446			7	10.830
		5	4.251			8	12.276
		8	6.568			10	15.120
6.3	63	4	3.907			12	17.898
		5	4.822			14	20.611
		6	5.721			16	23.257
		8	7.469				
		10	9.151				

注：本表内容为节选。

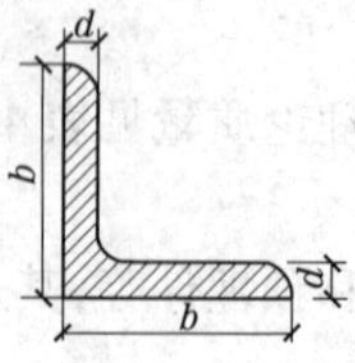

图 4-1　热轧等边角钢尺寸图

表 4-15　热轧不等边角钢的型号、尺寸及理论质量

型号	尺寸(mm)			理论质量(kg/m)	型号	尺寸(mm)			理论质量(kg/m)
	B	*b*	*d*			*B*	*b*	*d*	
2.5/1.6	25	16	3	0.912	9/5.6	90	56	5	5.661
			4	1.176				6	6.717
3.2/2	32	20	3	1.171				7	7.756
			4	1.522				8	8.779
4/2.5	40	25	3	1.484	10/6.3	100	63	6	7.550
			4	1.936				7	8.722
4.5/2.8	45	28	3	1.687				8	9.878
			4	2.203				10	12.142
5/3.2	50	32	3	1.908	10/8	100	80	6	8.350
			4	2.494				7	9.656
5.6/3.6	56	36	3	2.153				8	10.946
			4	2.818				10	13.476
			5	3.466	12.5/8	125	80	7	11.066
6.3/4	63	40	4	3.185				8	12.551
			5	3.920				10	15.474
			6	4.638				12	18.330
			7	5.339	14/9	140	90	8	14.160
7/4.5	70	45	4	3.570				10	17.475
			5	4.403				12	20.724
			6	5.218				14	23.908
			7	6.011	16/10	160	100	10	19.872
8/5	80	50	5	5.005				12	23.592
			6	5.935				14	27.247
			7	6.848				16	30.835
			8	7.745					

注:本表内容为节选。

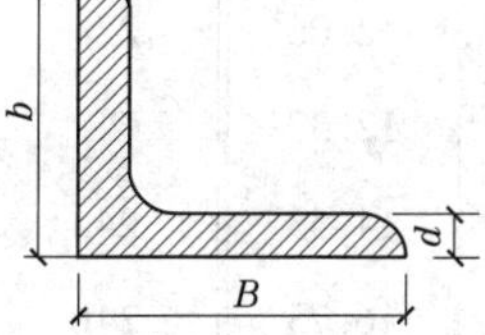

图 4-2　热轧不等边角钢尺寸图

表 4-16　扁钢的规格及理论质量　　（单位:kg/m）

厚度(mm)	宽度(mm)							
	10	12	14	16	18	20	22	25
3	0.24	0.28	0.33	0.38	0.42	0.47	0.52	0.59
4	0.31	0.38	0.44	0.50	0.57	0.63	0.69	0.79
5	0.39	0.47	0.55	0.63	0.71	0.79	0.86	0.98
6	0.47	0.57	0.66	0.75	0.85	0.94	1.04	1.18
7	0.55	0.66	0.77	0.88	0.99	1.10	1.21	1.37
8	0.63	0.75	0.88	1.00	1.13	1.26	1.38	1.57

表 4-17　圆钢的规格及理论质量

直径(mm)	理论质量(kg/m)	直径(mm)	理论质量(kg/m)	直径(mm)	理论质量(kg/m)
6	0.222	12	0.888	19	2.23
6.3	0.245	13	1.04	20	2.47
7	0.302	14	1.21	21	2.72
8	0.395	15	1.39	22	2.98
9	0.499	16	1.58	24	3.55
10	0.617	17	1.78	25	3.85
11	0.746	18	2.00	26	4.17

（四）槽钢

在通风空调安装工程中，槽钢通常用于制作支架。常用槽钢的规格尺寸及理论质量见表 4-18，表中各尺寸含义见图 4-3。

表 4-18　常用槽钢的规格尺寸及理论质量

型号	尺寸(mm)			理论质量(kg/m)	型号	尺寸(mm)			理论质量(kg/m)
	h	*b*	*d*			*h*	*b*	*d*	
5	50	37	4.5	5.44	16	160	65	8.5	19.74
6.3	63	40	4.8	6.63	18a	180	68	7.0	20.17
6.5	65	40	4.8	6.70	18	180	70	9.0	22.99
8	80	13	5.0	8.04	20a	200	73	7.0	22.63
10	100	18	5.3	10.00	20	200	75	9.0	25.77
12	120	53	5.5	12.06	22c	220	77	7.0	24.99
12.6	126	53	5.5	12.37	22	220	79	9.0	28.45
14a	140	58	6.0	14.53	24a	240	78	7.0	26.55
14b	140	60	8.0	16.73	24b	240	80	9.0	30.62
16a	160	63	6.5	17.23	24c	240	82	11.0	34.39

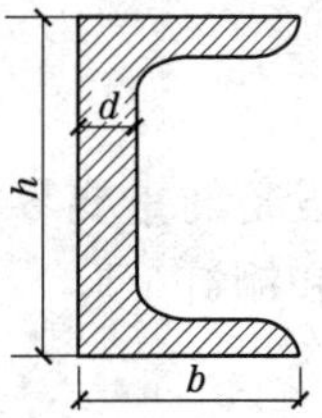

图 4-3　槽钢尺寸图

(五)工字钢

在通风空调安装工程中,常用的工字钢为热轧普通工字钢,通常用于制作风管和水管支架或简单的设备基础。常用热轧普通工字钢的规格尺寸及理论质量见表 4-19,表中各尺寸含义见图 4-4。

表 4-19　热轧普通工字钢的规格尺寸及理论质量

型号	尺寸(mm)			理论质量(kg/m)	型号	尺寸(mm)			理论质量(kg/m)
	h	*b*	*d*			*h*	*b*	*d*	
10	100	68	4.5	11.2	28a	280	122	8.5	43.4
12	120	74	5	14.0	28b	280	124	10.5	47.9
14	140	80	5.5	5.5	30a	300	126	9	48.0
16	160	88	6	6.0	30b	300	128	11	52.7
18	180	94	6.5	24.1	30c	300	130	13	57.4
20a	200	100	7	27.9	32a	320	130	9.5	52.7
20b	200	102	9	31.1	32b	320	132	11.5	57.7
22a	220	110	7.5	33.0	32c	320	134	13.5	62.8
22b	220	112	9.5	36.4	36a	360	136	10	59.9
24a	240	116	8	37.4	36b	360	138	12	65.6
24b	240	118	10	41.2	36c	360	140	14	71.2
25a	250	116	8	38.1	40a	400	142	10.5	67.6
25b	250	118	10	42.0	40b	400	144	12.5	73.8
27a	270	112	8.5	42.8	40c	400	146	14.5	80.1
27b	270	124	10.5	47.1					

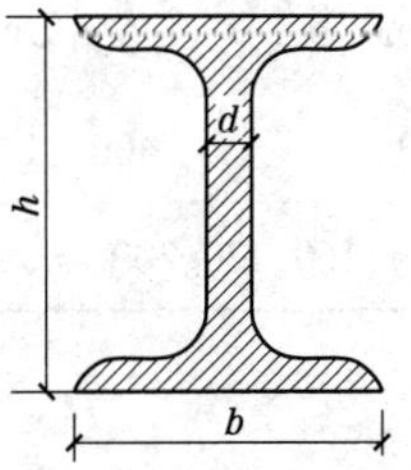

图 4-4　热轧普通工字钢尺寸图

四、紧固件

紧固件是连接法兰、固定支架或设备的重要零件，常用的紧固件有螺栓、螺母、垫圈、铆钉和射钉，本节仅介绍其中的螺栓和铆钉。

（一）螺栓

螺栓的种类很多，在通风空调安装工程中，常用的螺栓包括普通六角螺栓、地脚螺栓和膨胀螺栓等。

1. 普通六角螺栓

普通六角螺栓的表示方法为 M16 ×90，其中第一个数字代表螺栓直径，第二个数字代表螺杆长度。普通六角螺栓的规格见表 4-20。

表 4-20　普通六角螺栓的规格

直径（mm）	螺杆长度（mm）	直径（mm）	螺杆长度（mm）	直径（mm）	螺杆长度（mm）
3	4 ~ 35	12	14 ~ 220	24	32 ~ 260
4	5 ~ 40	（14）	16 ~ 220	（27）	35 ~ 260
5	6 ~ 50	16	18 ~ 220	30	40 ~ 260
6	8 ~ 75	（18）	20 ~ 240	36	50 ~ 300
8	10 ~ 85	20	25 ~ 240	42	55 ~ 300
10	12 ~ 180	（22）	30 ~ 240	48	60 ~ 300
说明	螺栓长度系列（mm）：4、5、6、8、10、12、（14）、16、（18）、20、（22）、25、（28）、30、（32）、35、（38）、40、45、50、55、60、65、70、75、80、85、90、95、100、110、120、130、140、150、160、170、180、190、200、210、220、230、240、250、260、280、300				

注：括号内的直径和长度一般不采用。

2. 地脚螺栓

地脚螺栓通常用于固定通风空调设备，其常用规格见表 4-21。

表 4-21　地脚螺栓的常用规格

直径（mm）	螺杆长度（mm）	直径（mm）	螺杆长度（mm）	直径（mm）	螺杆长度（mm）
10	160 ~ 330	20	300 ~ 630	36	500 ~ 1 000
12	160 ~ 400	24	300 ~ 800	42	630 ~ 1 250
16	220 ~ 500	30	400 ~ 1 000	48	630 ~ 1 500
说明	地脚螺栓长度系列（mm）：160、220、300、400、500、630、800、1 000、1 250、1 500				

3. 膨胀螺栓

膨胀螺栓由底部呈锥形的螺栓、能膨胀的套管、平垫圈、弹簧垫圈及螺母组成，在通风空调安装工程中用于各种墙面和地面的固定设备、管道、支架，可代替地脚螺栓使用。膨胀螺栓的规格用 M6×65 表示，其中第一个数字代表螺栓直径，第二个数字代表螺栓总长。常用膨胀螺栓的规格见表4-22。

表4-22　常用膨胀螺栓的规格

规格	总长(mm)	套管长度(mm)	安装后高度(mm)	质量(kg/100件)
M6×65	65	30	8	2.77
M6×75	75	35	8	2.93
M6×85	85	35	8	3.15
M8×80	80	40	9	6.14
M8×90	90	45	9	6.42
M8×100	100	45	9	6.72
M10×95	95	45	12	10
M10×110	110	55	12	10.9
M10×125	125	55	12	11.6
M12×110	110	55	14.5	16.9
M12×130	130	65	14.5	18.3
M12×150	150	65	14.5	19.6
M16×150	150	70	19	37.2
M16×175	175	90	19	40.4
M16×200	200	90	19	43.5
M16×220	220	90	19	46.1

(二)铆钉

在通风空调安装工程中，铆钉常用于板材与板材、风管或部件与法兰之间的连接。常用的铆钉为3~6 mm的小铆钉，分为半圆头铆钉和平头铆钉两类。半圆头铆钉的规格见表4-23，平头铆钉的规格见表4-24。

表4-23　半圆头铆钉的规格

公称直径 *d*(mm)	头部尺寸		钉杆长度(mm)
	直径 *D*(mm)	高度 *H*(mm)	
3	5.3	1.8	6~20
4	7.1	2.4	8~28
5	8.8	3.0	8~35
6	11.0	3.6	10~42

表4-24　平头铆钉的规格

公称直径 *d*(mm)	头部尺寸		钉杆长度(mm)
	直径 *D*(mm)	高度 *H*(mm)	
2.5	5.2	1.2	7
3	6	1.4	8
3.6	7	1.6	9
4	8	1.8	8,10,16
5	10	2.0	11

五、保温材料

(一)保温材料的分类

1. 按导热系数分类

保温材料按导热系数的大小可分为4级:1级保温材料的导热系数不大于0.08 W/(m·K),2级保温材料的导热系数为0.08~0.116 W/(m·K),3级保温材料的导热系数为0.116~0.174 W/(m·K),4级保温材料的导热系数为0.174~0.209 W/(m·K)。

2. 按物质成分分类

保温材料按物质成分可分为有机保温材料和无机保温材料两种。有机保温材料包括聚苯乙烯泡沫塑料、毛毯等。无机保温材料包括膨胀珍珠岩、石棉以及泡沫混凝土等。

3. 按使用温度分类

保温材料按使用温度可分为高温材料、中温材料和低温材料。高温材料的使用温度可在700 ℃以上,如硅酸铝纤维、硅纤维等;中温材料的使用温度为100~700 ℃,如石棉、珍珠岩等;低温材料的使用温度在100 ℃以下,如聚苯乙烯泡沫塑料、软木聚氨酯泡沫塑料。

(二)常用保温材料

1. 石棉及石棉制品

石棉是蕴藏在中性或酸性火成岩矿床中的一种非金属矿物质,有灰、白、褐、浅绿、深绿等颜色,通常具有耐热、耐酸碱、难燃、保温、隔声、绝缘等性能。石棉板是在石棉中加入黏合剂加工制成的,是通风空调工程中常用的保温材料。石棉根据纤维长度的不同可分为不同等级,如表4-25所示。

表4-25　石棉等级划分

石棉等级		石棉制品所用石棉的等级
手选石棉	机选石棉	
特1级;100 mm以上,200 mm以下占3% 特2级;50 mm以上占60%,20 mm以下占3% 1级;18 mm以上 2级;12 mm以上 3级;6 mm以上	1级,长度为15 mm 2级,长度为12 mm 3级,长度为8 mm 4级,长度为5 mm 5级,长度为2.5 mm 6级,长度为1.5 mm	石棉水泥制品用3、4、5、6级棉 石棉纸、板用4、5、6级棉 石棉沥青用4、5、6级棉

2. 岩棉及其制品

岩棉是以精选的优质玄武岩为主要原料，融化后采用离心制棉工序，将玄武岩高温熔体拉成4～7 μm的非连续性纤维制成的。通过在岩棉纤维中加入一定量的黏结剂、防尘油、憎水剂，经过沉降、固化、切割等工艺可制成不同用途的岩棉制品，如岩棉板、岩棉玻璃布缝毯等。岩棉及其制品具有质量轻、导热系数小、吸引性能好、不燃、化学稳定性好的特点。

3. 玻璃棉及其制品

玻璃棉属于玻璃纤维中的一个类别。采用石英砂、石灰石、白云石等天然矿石为主要原料，配合一些纯碱、硼砂等化工原料熔成玻璃，在融化状态下，借助外力吹制成絮状超细纤维，纤维之间为立体交叉，互相缠绕在一起，呈现出许多细孔隙，因此可视为多孔材料。玻璃棉及其制品具有容量小、导热系数小、吸声性能好、过滤效率高、不燃烧、耐腐蚀等性能，是一种优良的绝热、吸声、过滤材料。玻璃棉按玻璃纤维的直径可分为普通玻璃棉、超细玻璃棉和中细玻璃棉。常用的几种玻璃棉制品包括以下几种：

(1)淀粉玻璃棉板、管壳。淀粉玻璃棉板、管壳的密度为100～200 kg/m^3，导热系数为0.04 W/(m·K)，使用温度低于350 ℃，纤维直径小于15 μm。

(2)酚醛玻璃棉板。酚醛玻璃棉板的密度为120～150 kg/m^3，导热系数为0.037 W/(m·K)，使用温度低于250 ℃，纤维直径小于15 μm。

(3)玻璃棉毡。玻璃棉毡的密度小于90 kg/m^3，导热系数为0.037 W/(m·K)，使用温度低于250 ℃。

(4)有碱超细棉板、管壳。有碱超细棉板、管壳的密度大于60 kg/m^3，导热系数为0.028 W/(m·K)，使用温度低于350～400 ℃，纤维直径为4～6 μm。

4. 矿渣棉及其制品

矿渣棉是利用工业废料矿渣作为主要材料，经过机械加工后形成的棉丝状材料，其密度为120～150 kg/m^3，导热系数为0.044～0.052 W/(m·K)，使用极限温度为600 ℃，具有质量轻、导热系数小、阻燃、防蛀、耐腐蚀、化学稳定性好、吸声性能好、价格低廉等特点。常用的矿渣棉制品包括以下几种：

(1)沥青矿渣棉毡。是以沥青为胶结剂，由矿渣棉压制而成的毡状保温材料，密度为120～150 kg/m^3，导热系数为0.041～0.047 W/(m·K)，使用极限温度为200 ℃，其规格为1 000 mm×750 mm×(30～50) mm，也可以根据用户要求的规格进行加工。

(2)酚醛树脂矿渣棉板。是以酚醛树脂为胶结剂，通过对矿渣棉加压、加热而制成的一种板状保温材料，密度为120～150 kg/m^3，导热系数为0.04～0.05 W/(m·K)，使用极限温度低于300 ℃。

5. 泡沫材料

泡沫材料是以各种树脂为基料，按比例加入一定数量的发泡剂、催化剂、稳定剂等辅助材料，经过加热发泡而成的。常用的泡沫材料包括以下几种：

(1)聚苯乙烯泡沫塑料。可分为自发型、自熄型和乳液等三种。在设备安装工程中经常采用的是自熄型聚苯乙烯泡沫塑料，密度为15～50 kg/m^3，导热系数为0.032 5～0.046 5 W/(m·K)，使用温度为－80～70 ℃，抗压强度大于0.15 MPa。

(2)聚乙烯(PEF)泡沫塑料。以高压聚乙烯、阻燃剂、发泡剂、交联剂等多种原料共混，经过密炼、开炼后，再经过两次发泡处理得到的产品。

（3）聚氨酯泡沫塑料。是以聚醚多乙醇和多次甲基多苯基多异氰酸酯为主要原料，在催化剂、发泡剂、表面活性剂等的作用下，经化学反应发泡而制成的。这种材料具有质量轻、强度高、绝热、隔声、阻燃、耐寒、防腐、不吸水、施工简便快捷等优点。

聚氨酯泡沫塑料按所用原料的不同，可分为聚氨酯泡沫塑料聚醚型和聚氨酯泡沫塑料聚酯型；按塑料的软硬程度不同，可分为硬质聚氨酯泡沫塑料和软质聚氨酯泡沫塑料。硬质聚氨酯泡沫塑料是闭孔结构，常用于保温结构，也可在施工现场发泡喷涂（或灌注），能黏着于金属、木材、水泥等材料上。

6. 硅酸铝制品

硅酸铝耐火纤维是一种新型轻质耐火、绝热材料，它具有质量轻、导热系数小、耐高温、抗机械振动性能好、受热膨胀小、绝热及隔声性能好、施工简便等特点，其主要技术指标见表4-26。

表4-26 硅酸铝耐火纤维的主要技术指标

技术指标	普通纤维	高纯纤维	高铝纤维
导热系数（W/(m·K)）	0.038	0.035	0.032
最高使用温度（℃）	1 000	1 250	1 250
纤维细度（μm）	2.3	2.3	2.3
渣球含量（Φ>0.25 mm）	8%	5%	4%
防火性能	A级不燃	A级不燃	A级不燃
软毡密度（kg/cm³）	80～192	100～160	100～160

六、涂料

涂料（俗称油漆）由漆基和辅助材料组成，其中漆基材料决定着油漆的基本性能，辅助材料则从某些方面改变油漆的性能。常用的辅助材料包括稀释剂、防潮剂、催化剂、催干剂、脱漆剂和固化剂等。

在通风空调安装工程中，涂料主要起到防腐作用。

任务三　建筑通风空调工程施工图的识读

【任务导航】

本任务主要学习建筑通风空调工程施工图的识读。

一、建筑通风空调工程施工图识读的基本知识

建筑通风空调工程施工图通常由两部分组成：文字部分和图纸部分。文字部分包括目录、设计总说明和主要设备材料表，图纸部分包括基本图和详图。基本图是指通风空调系统平面图、剖面图、轴测图和原理图等，详图是指通风空调系统中某些局部构件和部件的放大图和加工图等。

(一)图纸目录

图纸目录是建筑通风空调安装工程施工图纸的总索引。其主要用途是方便使用者迅速地查找自己所需的图纸。在图纸目录中完整地列出建筑通风空调工程施工图所有设计图纸的名称、图号和工程编号等,有时也包含了图纸的图幅和备注。

(二)设计和施工说明

设计和施工说明在整套建筑通风空调安装工程施工图中占有重要作用,用来向识图者说明系统的设计概况和施工要求,主要包括以下两个部分内容:

(1)设计说明。主要介绍通风空调系统的室内外设计气象参数、冷热源情况、空调冷热负荷、通风空调系统的划分和组成、通风空调系统的使用操作要点等内容。

(2)施工说明。主要介绍设计中使用的材料和附件、系统工作压力和试压要求、支架及吊架的制作和安装要求、涂料施工要求、调试方法与步骤以及施工规范。

附录包括某通风空调安装工程施工图设计和施工说明样例,仅供参考。

(三)图例符号说明

在建筑通风空调安装工程施工图中为了识图方便,用单独的图纸列出了施工图中所用到的图例符号。其中,有些是国家标准中规定的图例符号,也有一些是制图人员自定的图例符号。当图例符号数量较少时,有时也归纳到设计与施工说明中或直接附在图纸旁边。

(四)主要设备材料表

主要设备材料表用来罗列通风空调系统中所使用的设备和主要材料的图纸,内容包括设备和主要材料的名称、型号规格、单位、数量、生产厂家以及备注等。不同的设计单位可能有不同形式的表格,内容可能也有细小的差别。当数量较少时,有时也归纳到设计与施工说明中。表4-27为某通风空调安装工程施工图主要设备材料表的节选并略有修改,仅供参考。

表4-27 某通风空调安装工程施工图主要设备材料表

序号	系统标号	设备名称	主要性能	单位	数量	说明
1	R1	水冷热泵机组	制冷量为560 kW,制热量为740 kW,电量为110/170 kW、380 V/50 Hz	台	1	
2	B1	冷水泵	流量 $L=140\ m^3/h, H=33\ mH_2O$	台	2	
3	BB1	补水泵	流量 $L=10\ m^3/h, H=60\ mH_2O$	台	2	
4	K1	空调机组 AFA-30	$L=30\ 000\ m^3/h, H=500\ Pa, Q=210\ kW$	台	2	
5	X1	新风机组	$L=8\ 000\ m^3/h, H=130\ Pa, Q=210\ kW$	台	3	
6	J3	送风机	$L=5\ 500\ m^3/h, H=170\ Pa, N=0.8\ kW$	台	2	
7	Pj2	双速排风机 GYFSI-BX	$L=10\ 000/4\ 500\ m^3/h, H=400/150\ Pa$	台	2	
8		风机盘管 FP-8	(中挡)$L=600\ m^3/h, Q=4\ kW, N=50\ W$,220 V	台	50	
9		防火调节阀	FVD型,70 ℃	个	10	
10		消声器	双层阻抗复合式消声器	台	10	

（五）平面图

建筑通风空调安装工程施工图中的平面图主要是用来描述通风空调系统的各种设备、风管、水管以及其他部件等在建筑物中的平面布置情况，主要包括通风空调平面图、空调机房平面图等。

（六）剖面图

建筑通风空调安装工程施工图中的剖面图一般伴随着平面图一起出现，主要用来表达在平面图中无法表达清楚的内容，例如垂直管道的布置等。剖面图包括通风空调剖面图和通风空调机房剖面图。

（七）系统图

建筑通风空调安装工程施工图中系统图的作用是从总体上表明通风空调的设备和管道的空间布置情况。系统图可采用单线或双线进行绘制，虽然双线绘制的系统图更加直观，但难度较大，因此通常所见的系统图均为单线图。

（八）立管图

建筑通风空调安装工程施工图中的立管图主要用以说明管道的竖向布置情况。

（九）原理图

建筑通风空调系统的原理图是用来描述通风空调系统工作原理的图纸，主要用来描述系统的原理和流程、空调房间的设计参数、冷热源空气处理和输送方式、控制系统之间的相互关系、系统中的主要设备和仪表等内容。

（十）详图

详图通常用来表达以上图纸无法表达但应该表达清楚的内容。在建筑通风空调安装工程施工图中，详图的数量比较多，主要包括设备、管道的安装详图，设备、管道的加工详图，设备、部件的结构详图等。

建筑通风空调安装工程施工图常用水、气管道代号见表4-28。自定义的管道代号通常在施工图中进行了说明。

表4-28　建筑通风空调安装工程施工图常用水、气管道代号

序号	代号	管道名称
1	R	（采暖、生活、工艺用）热水管
2	Z	蒸汽管
3	N	凝结水管
4	P	膨胀水管、排污管、排气管、旁通管
5	G	补给水管
6	X	泄水管
7	XH	循环管、信号管
8	L	空调冷水管
9	LR	空调冷/热水管
10	LQ	空调冷却水管
11	n	空调冷凝水管

建筑通风空调安装工程施工图中的风道代号见表 4-29，自定义的风道代号需在建筑施工图中说明。

表 4-29 建筑通风空调安装工程施工图中的风道代号

代号	风道名称	代号	风道名称
K	空调风管	H	回风管(一、二次回风可附加 1、2 区别)
S	送风管	P	排风管
X	新风管	PY	排烟管或排风、排烟共用管道

建筑通风空调设备的常用图例见表 4-30，自定义的图例需在施工图中说明。

表 4-30 建筑通风空调设备的常用图例

序号	名称	图例	说明
1	轴流风机	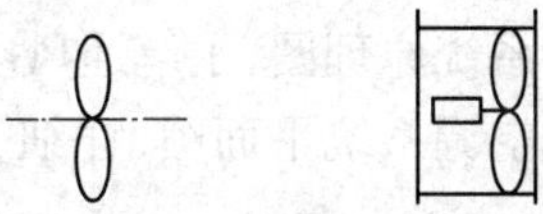	
2	离心风机		左图为左式风机，右图为右式风机
3	水泵		左侧进水，右侧出水
4	空气加热器、冷却器		左图、中图分别为单加热、单冷却，右图为双功能换热装置
5	板式换热器	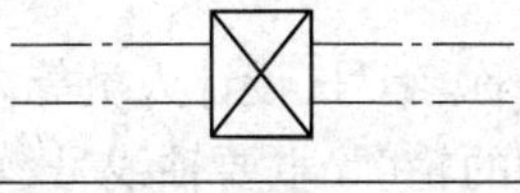	
6	空气过滤器	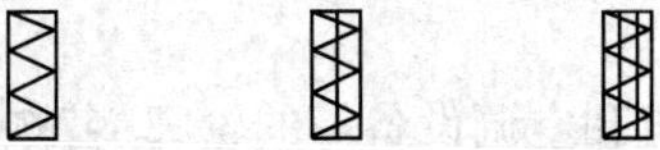	左图为粗效，中图为中效，右图为高效
7	电加热器		
8	加湿器		
9	挡水板		
10	分体空调器	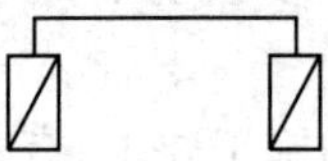	
11	风机盘管	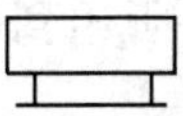	

二、建筑通风空调工程施工图的识读

建筑通风空调安装工程施工图的识读是进行建筑通风空调安装工程施工和预算的基础。

（一）建筑通风空调安装工程施工图识读的基本步骤

在一般情况下，根据建筑通风空调安装工程施工图所包含的内容，可按以下步骤对建筑通风空调安装工程施工图进行识读：

（1）阅读图纸目录。通过阅读图纸目录，了解整套建筑通风空调安装工程施工图的基本概念，包括图纸张数、名称以及编号等。

（2）阅读设计和施工说明。通过阅读施工说明，全面了解通风空调系统的基本概念和施工要求。

（3）阅读图例符号说明。通过阅读图例符号说明，了解施工图中所用到的图例符号的含义。

（4）阅读系统原理图。通过阅读系统原理图，了解通风空调系统的工作原理和流程。

（5）阅读平面图。通过阅读通风空调系统平面图，详细了解通风空调系统中设备、管道、部件等的平面布置情况。

（6）阅读剖面图。通风空调安装工程剖面图应与平面图结合在一起识读。对于在平面图中一些无法了解到的内容，可以根据平面图上的剖切符号查找相应的剖面图进行阅读。

（7）阅读其他图纸。在掌握了以上内容后，可根据实际需要阅读其他相关图纸（如设备及管道的加工安装详图、立管图等）。

（二）通风空调系统平面图的识读

通风空调系统平面图是用来描述通风空调系统在建筑物中平面布置情况的图纸。其通常包括以下内容：

（1）标题栏。包括本张图纸的名称、编号、设计人员等内容。

（2）建筑物平面图。包括建筑物的轮廓、主要轴线号、轴线尺寸、室内外地坪标高、各房间名称和指北针。

（3）通风设备。包括通风风机和空调设备等的轮廓、名称、位置等。

（4）风管系统。通常用双线来表示，包括风管的大小和布置情况，风管上各配附件（如三通、防火阀、送排风口等）的型号和布置情况，风管上其他设备（如消声器等）的型号、轮廓和布置情况等。

（5）尺寸标注。包括风管及其所配附件的尺寸、各种设备和基础定型尺寸和定位尺寸。

（6）剖切和详图符号。对于需要进一步说明的部位，在平面图中还标注有剖切符号或详图索引符号。

（7）施工说明。对于需要特别指出的施工要求，有时还写有施工说明。

（8）设备表。在有些平面图中还有图中所用到的设备和配附件的详细列表，包括型号、名称、数量等。

通风空调系统平面图的识读一般采用以下步骤：

(1)阅读标题栏或图名。通过阅读，了解图纸名称、比例、设计人员等内容。

(2)通览全图。通过对整个图纸大致的阅读，了解在此平面图中包含有几个通风空调系统，以便分别加以识读。

(3)阅读相关建筑平面图。在本步骤中，主要了解图中与通风空调系统相关的建筑物的基本情况，包括建筑物各部位的划分情况以及各部分的名称和用途。

(4)阅读通风空调系统。在阅读通风空调系统时，可按照空气的流动顺序进行识读。对于送风系统，应该首先找到送风的起始点。送风系统的起始点可能是新风机组、风机或其他部位引入的风管。然后从送风的起始点开始识读，了解沿途送风管道及其配附件的尺寸和布置情况、设备的型号和布置情况、送风口的尺寸和布置情况。对于回风或排风系统，从建筑物的排风口开始识读，了解沿途排风口的尺寸和布置情况、排风管道及其配件的尺寸和布置情况、设备的型号和布置情况。对于在一张平面图中存在多个通风空调系统的情况，应该识读完一个系统后再识读另一个系统，以免造成混淆，影响读图的速度和效果。

(5)阅读剖切符号和剖面图。在平面图中，如果标有剖切符号，可根据实际情况找出相应的剖面图，通过对剖面图的识读详细了解此部位的系统布置情况。

(6)阅读尺寸标注。通过对尺寸标注的识读，详细了解系统中各种设备、管道、附件的安装位置。

(7)阅读施工说明。通过对施工说明的阅读，了解在通风空调系统施工时应该注意的事项。

(8)阅读详图索引符号。在必要时，阅读图中的详图索引符号，找出相应的详图进行阅读。

(9)阅读设备表。通过对设备表的阅读，了解图中的通风空调系统中包含的通风空调系统的名称、符号等详细情况。

图4-5为某全空气空调系统平面图，图中略去了图框和标题栏。

(1)由图纸下方标注的图名和比例可知，本图为一层平面空调系统平面图，比例为1∶100。

(2)通过对图纸的大致浏览可以看出在图中有送风系统、回风系统、新风系统。

(3)通过对图中建筑部分的识读可以看到，此一层平面图为规则形状，房间较少，且大部分为大厅。

(4)一层大厅装有两台吊顶风柜(K_1-1、K_1-2)，风柜出来的冷空气经一个消声器消声，通过五个方形散流器送入大厅。注意：第一个分支管处装有风量调节阀，方便风量调节。在风柜和墙之间设有回风口及回风管。

服务大厅与大厅类似，不同之处在于K_1-3、K_1-4有新风，新风通过外墙上的新风百叶直接进入回风管中，和回风一起进入风柜，经冷却后送入室内。

办公门厅安装两台风机盘管，1 000×120风管及方形散流器。

左边办公室安装一台风机盘管，通过侧送风口送冷风进房间。

(5)此图无剖面图，无须读取。

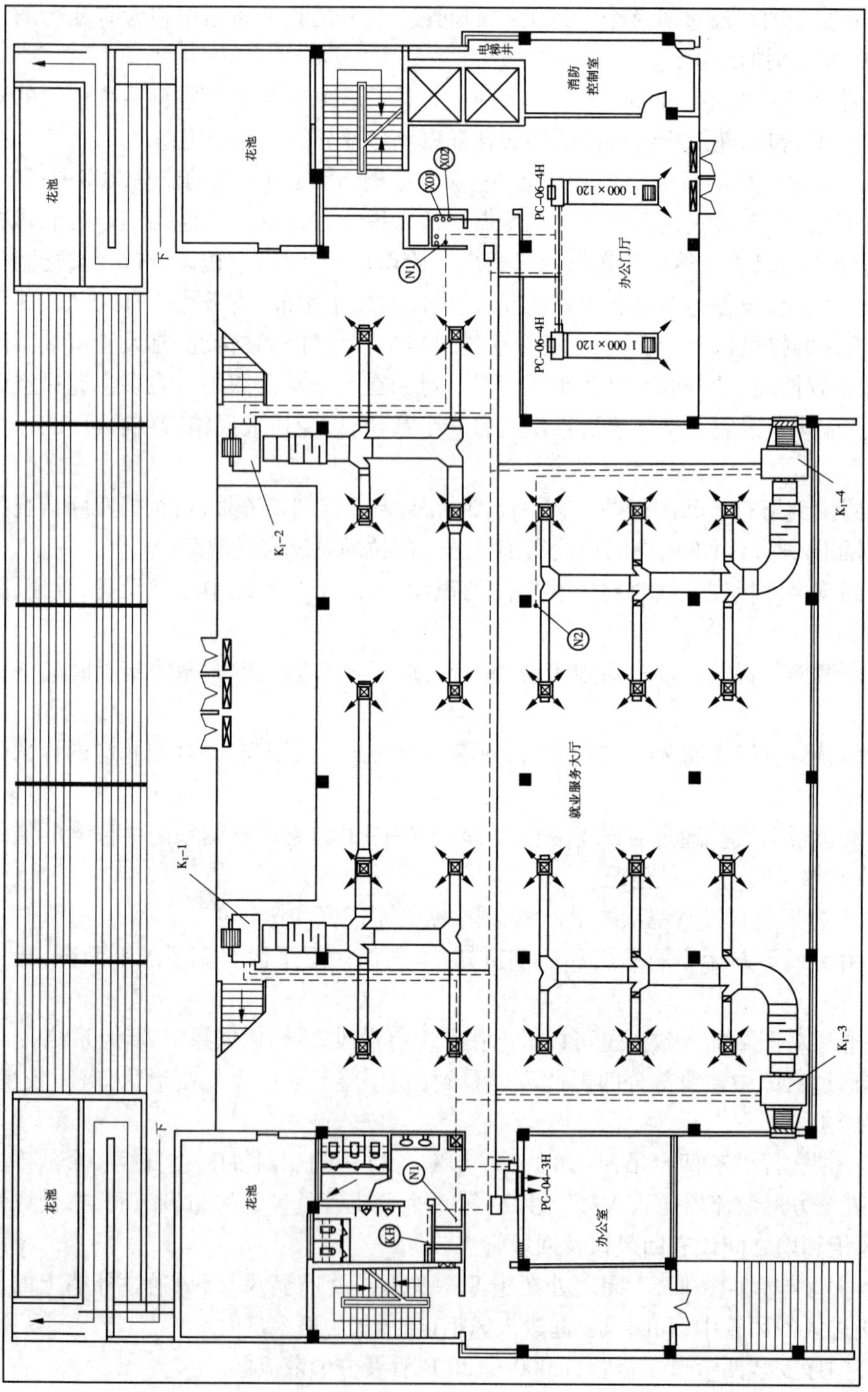

图 4-5　全空气空调系统平面图

(6)此图尺寸标注为风管尺寸,未标位置尺寸。

(7)图中无施工说明、详图符号和设备材料表,无须读取。

图4-6为风机盘管加新风空调系统平面图。

(三)全水系统平面图的识读

1. 全水系统平面图的识读

全水系统平面图是用来描述水系统在建筑物中平面布置情况的图纸,通常包含以下内容:

(1)图名和比例。包括本张图纸的名称、比例、设计人员等内容。

(2)建筑物平面图。

(3)管路系统。通常用单线表示,包括管道的尺寸和布置情况,水管上各配件(如三通、阀门等)的型号和布置情况,风管上其他设备(如风机盘管等)的型号、轮廓和布置情况。

(4)尺寸标注。包括水管、各配附件及各种设备的定性尺寸和定位尺寸。

(5)剖切符号和详图索引符号。对于需要进一步说明的部位,在平面图中还标注有剖切符号和详图索引符号。

(6)施工说明。对于图中特别指出的施工要求,有时还写有施工说明。

(7)设备材料表。在有些平面图中还列有图中所涉及的设备及管道配附件的详细列表,包括型号、名称、数量等。

2. 全水系统平面图的识读方法

在识读全水系统平面图时,一般可采用以下步骤。

(1)阅读标题栏或图名。

(2)通览全图。在这个步骤中,对整个图纸进行大致的阅读,重点了解在本平面图中包含有几个管道系统,以便分别加以识读。

(3)阅读相关建筑平面图。在这个步骤中,主要了解相关建筑物的基本情况,包括建筑物各部位的划分情况以及各部位的名称和用途。

(4)阅读设备、管道及配附件。供水管道的识读通常是从图中供水的起始点开始按照介质的流向进行的,了解原图水管及配附件的尺寸和布置情况、末端设备的编号或型号及其布置情况。回水管道或凝结水管道通常从末端设备开始,按介质流动的方向进行识读,了解沿途管道及其配附件的尺寸和布置情况。

当一张平面图中存在多个水系统时,应该读完一个系统后再读另一个系统,以免造成混淆。对于同一系统,应按供水管道、回水管道、凝结水管道的顺序进行识读。

(5)阅读剖切符号和剖面图。在平面图中如标有剖切符号,可根据需要找出相应的剖面图进行识读,以了解此部位设备、管道及配附件的布置情况。

(6)阅读尺寸标注。通过对尺寸标注的识读,详细了解系统中各种设备、管道、附件的安装位置。

(7)阅读施工说明。通过对施工说明的阅读,了解在通风空调系统施工时应该注意的事项。

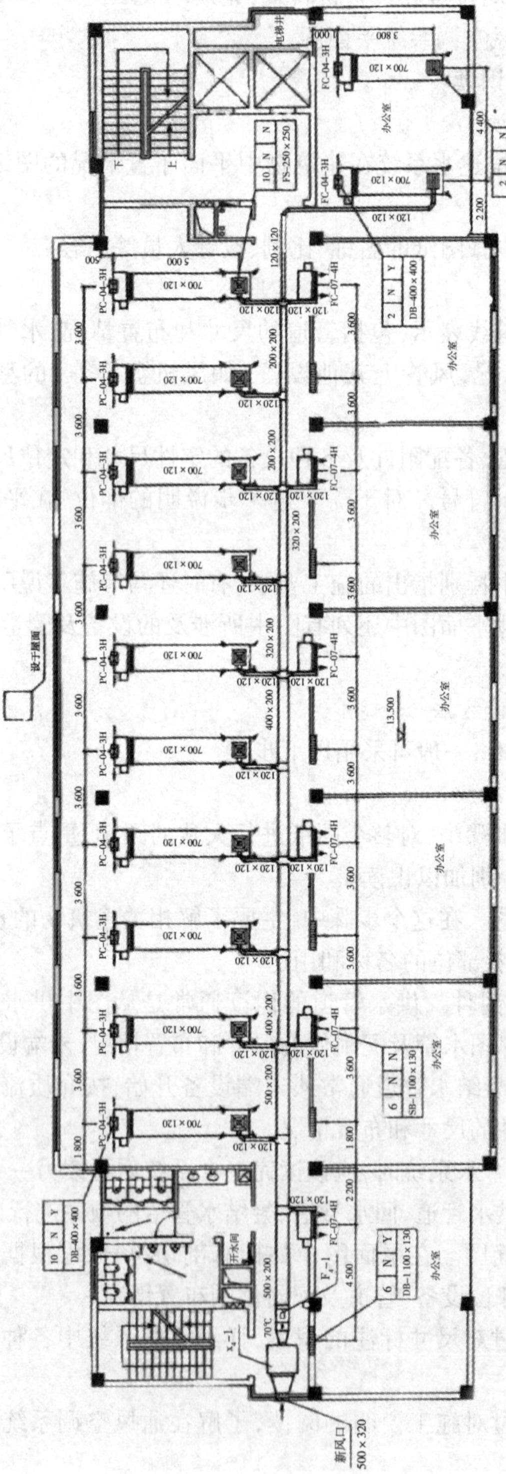

图 4-6　四层风机盘管加新风空调系统平面图(1:100)

(8)阅读详图索引符号。在必要时,阅读图中的详图索引符号,找出相应的详图进行阅读。

(9)阅读设备表。通过对设备表的阅读,了解图中通风空调系统中包含的通风空调系统的名称、符号等详细情况。

图4-7和图4-8分别为风机盘管加新风水系统平面图和系统图。

(四)通风空调系统剖面图的识读

1.通风空调系统剖面图包含的内容

当风管或水管数量较多、布置较复杂,在平面图中无法清晰表达时,通常都会有剖面图或局部剖面图。通风空调系统剖面图包括以下内容:

(1)图名和比例。

(2)建筑物轮廓。

(3)风管、水管、风口、设备等的布置情况。

(4)尺寸标注。包括管道、设备尺寸与标高,管道、设备与建筑物结构(如梁、板、柱等)及地面之间的定位尺寸,气流、水流走向等。

(5)详图索引符号。

(6)施工说明。对于图中特别指出的施工要求,有时还写有施工说明。

2.通风空调系统剖面图的识读方法

(1)标题栏,了解图名、比例、设计人员等内容。

(2)阅读相关图例,了解图中管道代号、符号和图例的含义。

(3)阅读建筑物平面图,了解机房的建筑结构。

(4)根据图中的设备编号,查阅相关设备材料明细表,了解机房内有哪些通风设备及其布置情况。

(5)按照一定的顺序阅读机房内的管道系统(可以以不同设备或不同类型的管道为序进行识读)。对一条管道的识读可以按介质流动方向进行,在识读时还应了解管道上仪表和配附件的布置情况。

(6)阅读尺寸标注,了解设备和管道的定位情况。

(7)阅读剖切符号和剖面图。当平面图中有剖切符号时,可根据实际需要找出对应的剖面图进行识读。

(8)阅读详图索引符号。

(9)阅读施工说明。

3.通风空调机房平面图识读举例

图4-9为某制冷机房平面图,图中省略了图框和标题栏。

(1)根据图纸下方的图名和比例可知此图为某制冷机房的平面布置图,比例为1:50。

(2)阅读图例,了解图中所有管道符号的含义以及仪表、配件的名称。

(3)通过阅读机房的建筑平面图可知,此机房为矩形结构,长度为13.2 m,宽度为10 m。

(4)根据平面图中设备标注,可知机房内布置的主要设备包括冷水机组、冷冻水泵、冷却水泵、循环水旁流处理器等。从图中可以清楚地了解到各设备在机房内的布置情况。

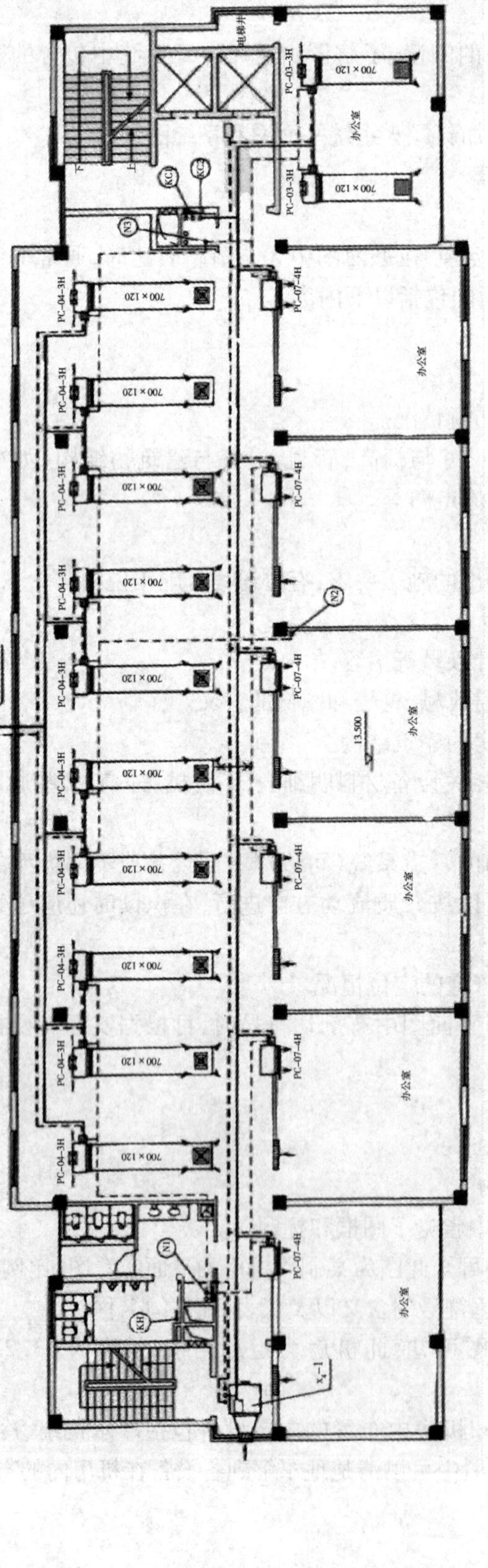

图 4-7　四层风机盘管加新风水系统平面图(1∶100)

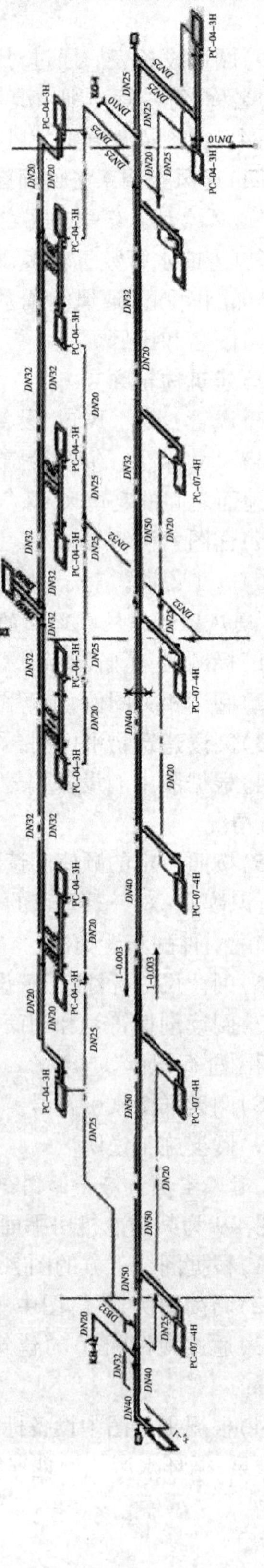

图 4-8　四层风机盘管加新风水系统图(1∶100)

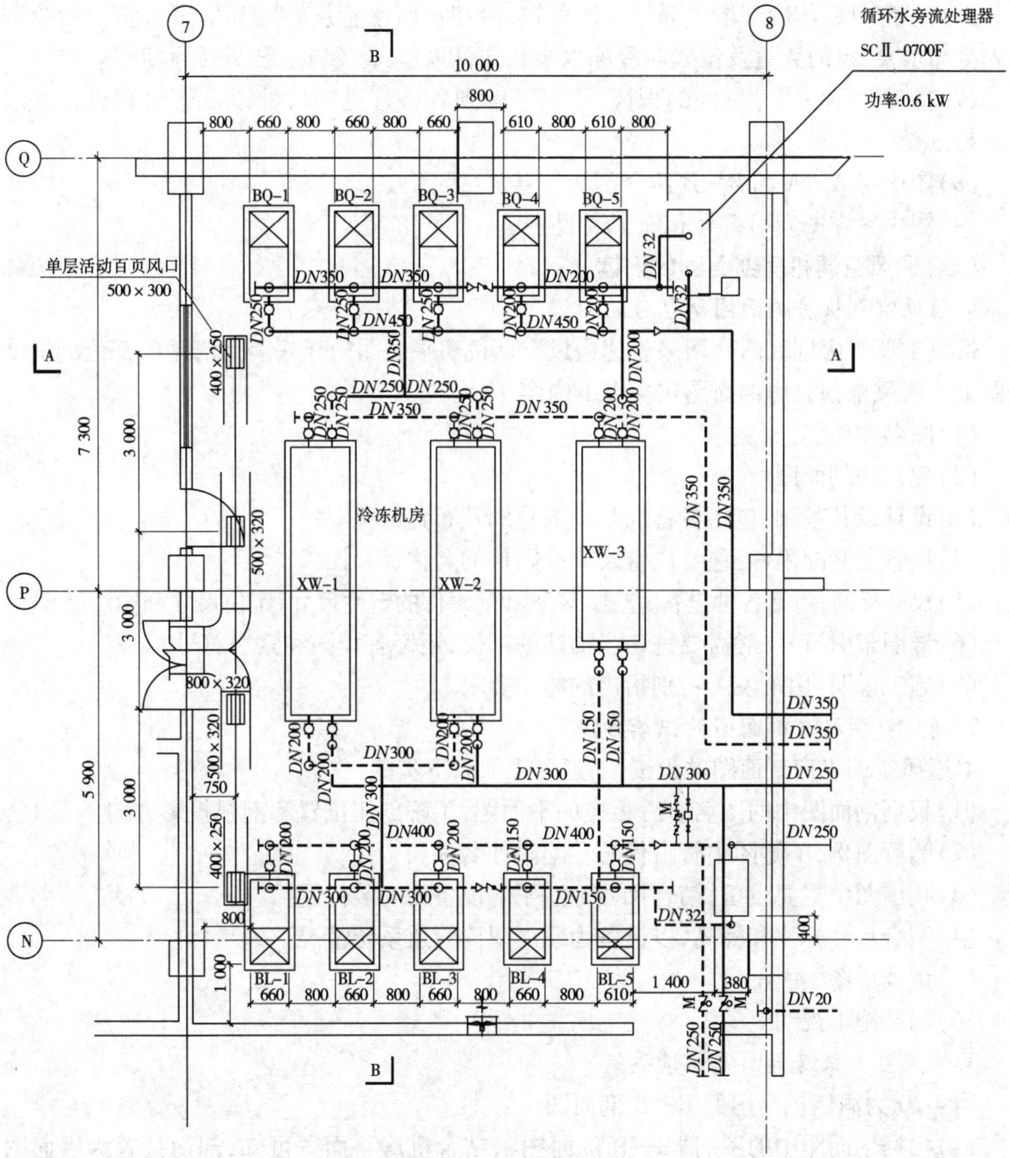

图 4-9　某酒店制冷机房平面图(1:50)

(5)根据图例符号可知,机房内的管道分为冷冻水供水管道、冷冻水回水管道、冷却水供水管道、冷却水回水管道及排水管道等几种类型。首先识读冷冻水供水管道。冷冻水供水管的起始点为制冷机组。机房内并排布置有三台冷水机组,每台机组各引出一条冷冻水供水支管,三条冷冻水供水支管连接到两条冷冻水供水管上,冷冻水供水管在机房内水平布置,其中左边两台机组相同,使用三台泵(两用一备),右边一台机组单独使用两台泵(一用一备),冷冻水管汇集成一根管之后送到室外。

机房内的冷冻水回水是从外界接入的,通过读图可知,回水管分为两支分别接到两台并联的冷水机组。

(6)冷却水系统中冷却水管从三台冷水机组出来后汇集成一条冷却水管后送出，接着分送到对应机组的冷却塔。通过读图可知，冷却水回水管从各冷却塔进入室内后分别接入冷却水泵，泵的数量及位置与冷冻水泵相同，再由泵将冷却水压入冷水机组。

(7)通过对图中尺寸标注的识读，可以了解到各条管道的尺寸以及管道和设备的水平安装位置。

(8)图中有 A—A 和 B—B 两个剖切符号。

(9)图中无详图索引符号和施工说明。

(五)通风空调机房剖面图的识读

1. 通风空调机房剖面图所包含的内容

通风空调机房剖面图是用来表达通风空调机房平面图中无法表达清楚的部位的辅助性图纸。通风空调机房剖面图包含以下内容：

(1)图名和比例。

(2)建筑物剖面图。

(3)设计及其基础：包括设备和基础的轮廓及布置情况。

(4)风管及其配附件：包括风管及其配附件的名称、型号。

(5)尺寸标高：包括各种设备、基础、风管和配附件的定性尺寸、定位尺寸和标注尺寸。

(6)详图索引符号：对需要进一步描述的部位，还标有详图和索引符号。

(7)施工说明：用来说明特别指出的施工要求。

2. 通风空调机房剖面图的识读方法

对通风空调机房剖面图的识读，一般可采取以下步骤：

(1)根据剖面图中的图名查看相应的平面图，了解剖切位置和剖视投影方向。

(2)阅读图例，了解图中管道代号和配附件名称。

(3)找出图中主要设备，结合尺寸标注了解设备的安装位置。

(4)结合尺寸标注和标高，以设备为顺序识读管道系统情况。

(5)识读详图索引符号。

(6)阅读施工说明。

3. 通风空调机房剖面图识读举例

图 4-10 为酒店机房图的 B—B 剖面图。

(1)根据剖面图中的图名“B—B 剖面图”，结合机房平面图可知，剖切位置为平面图中最左侧制冷机组的左侧，剖面图的主要目的是表达制冷机组出口接管情况、泵与风管的位置。

(2)阅读图例，了解图中管道代号和配附件名称。

(3)剖面图中有制冷机组一个主要设备，另有冷冻水泵和冷却水泵，上方有分管，结合下方尺寸可知，制冷机组支座距定轴线间的距离分别为 5 900 mm 和 7 300 mm。

(4)从剖面图中可以看出，制冷机组两侧连接了 4 条管道。根据图中管道代号并结合平面图可知，4 条管道分别为机组右侧的冷冻水回水管、冷冻水供水管，机组左侧的冷却水回水管和冷却水供水管。冷冻水回水管由冷水机组引出后转为垂直管道，在垂直管道上设置有橡胶软接、温度计、压力表、电动蝶阀和蝶阀，在接出冷冻水泵之一定高度后转

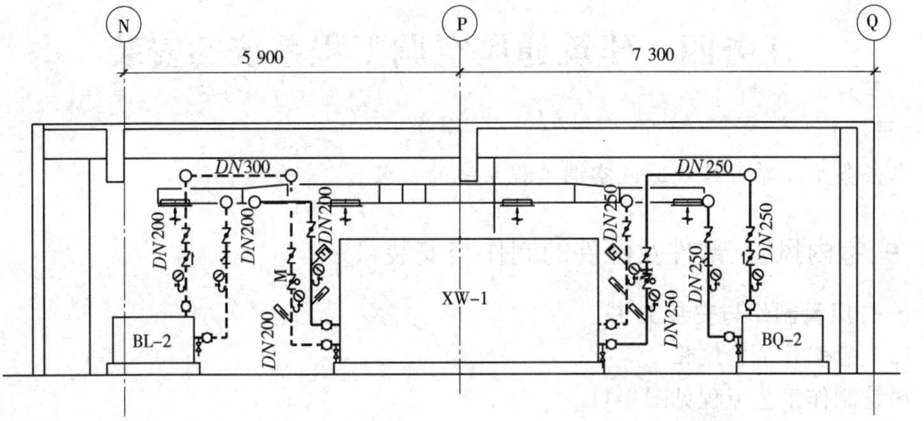

图 4-10　B—B 剖面图(1∶50)

为水平管道。

冷却水回水管接出冷却水泵后接有橡胶软接、压力表、Y 型过滤器和蝶阀，之后接入冷水机组，冷却水出水管引出后设置橡胶软接并转为垂直管，一定高度后转为水平管道。

(5)图上方标有风管高度、风口位置及变径的位置。

(6)图中无详图索引符号和施工说明。

(六)通风空调系统图的识读

1. 通风空调系统图包含的内容

建筑通风空调安装工程施工图中的系统图采用单线或双线的形式，形象地表达了通风系统的设备和管道的空间位置。通风空调系统轴测图所包含的内容主要有：

(1)标题栏或图名。

(2)图例说明和文字说明。

(3)通风空调设备的名称或编号及其布置情况。

(4)管道系统及其配附件的布置情况。

(5)标注，包括管道的尺寸、介质走向和标高。

2. 通风空调系统图的识读方法

(1)阅读标题栏或图名。

(2)阅读图例和文字说明(在机房系统轴测图中常有接口说明)。

(3)找出系统中主要设备或介质流动的起始点。这里所指的系统主要设备，对风系统而言，通常是空气处理设备，对于水系统或制冷剂系统而言，通常是空调制冷机组。有的系统图无主要设备，而是把介质流动的起始点作为识读的起点。

(4)从起始点出发，了解沿途管道的空间走向，了解各配附件、仪表等的类型和数量。当系统图中有多条管时，应逐一识读。在识读过程中应注意与平面图和剖面图结合起来，了解系统图中的管道代表的是平面图、剖面图中的哪一条管道。

(5)阅读尺寸标注、标高和坡度，了解各管道尺寸、标高和坡度走向。

任务四　建筑通风空调工程系统的安装

【任务导航】

本任务主要学习建筑通风空调工程系统的安装。

一、室内风管、部件及配件的制作与安装

（一）风管制作与安装工艺

1. 风管制作工艺流程

风管制作工艺流程见图4-11。

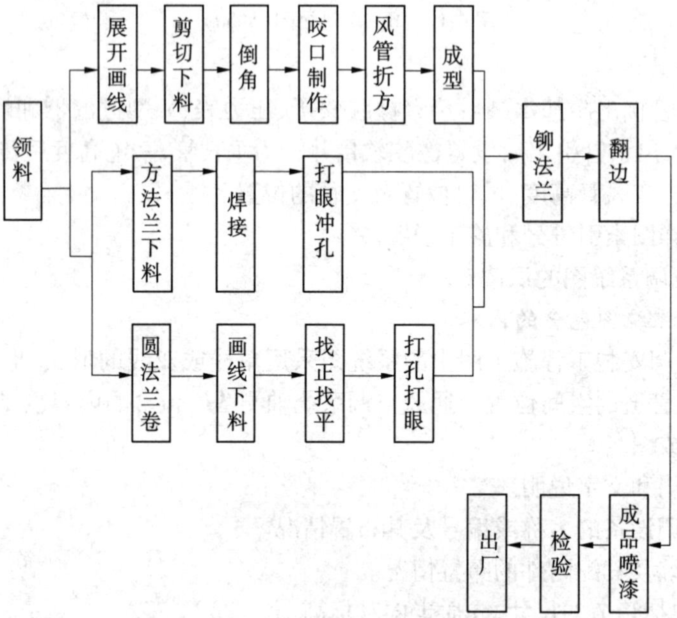

图4-11　风管制作工艺流程

2. 风管安装操作工艺

1）准备工作

核实风管和送风口等部件预埋件、预留孔的位置。安装前，由技术人员向班组人员进行技术交底，包括有关技术、标准和措施以及相关的注意事项。

2）标高的确定

认真检查风管在标高上有无交错重叠现象，土建在施工中有无变更，风管安装有无困难等。同时，对现场的标高进行实测，并绘制安装简图。

3）支架、托架的安装

风管一般是沿墙、楼板或靠柱子敷设的支架，其形式应根据风管安装的部位、风管截面大小及工程具体情况选择，并应符合设计图纸或国家标准图的要求。常用风管支架的

形式有托架、吊架及立管架。通风管道沿墙壁或柱子敷设时,经常采用托架来支撑风管。在砖墙上敷设时,应先按风管安装部位的轴线和标高,检查预留孔洞是否合适,如不合适,可补修或补打孔洞。孔洞合适后,按照风管系统所在的空间位置,确定风管支架、托架的形式。常用形式如图 4-12 和图 4-13 所示。

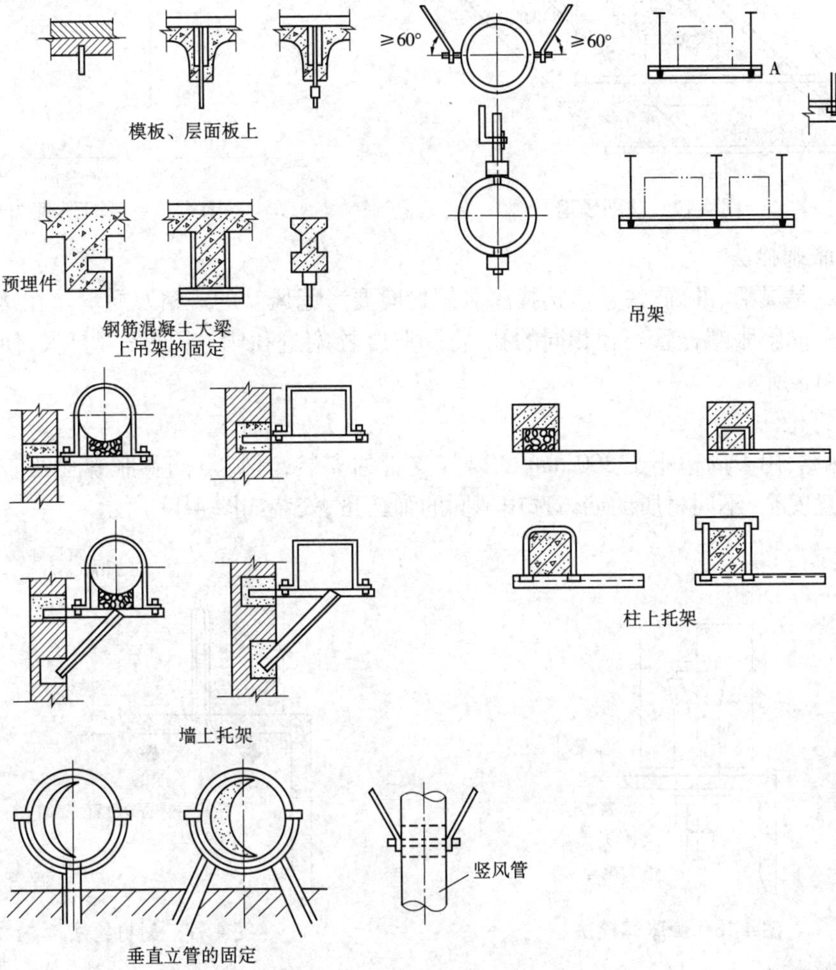

图 4-12　风管支架

支架、托架制作完毕后,应进行除锈,刷一遍防锈漆。风管的吊点应根据吊架的形式设置,有预埋件法、膨胀螺栓法、射钉枪法等。

A. 预埋件法

预埋件法分前期预埋与后期预埋两种方式。

(1)前期预埋。一般将预埋件按照图纸坐标位置和支架、托架间距,在土建绑扎钢筋时牢固固定在墙、梁柱的结构钢筋上(见图 4-14),然后浇筑混凝土。

(2)后期预埋。①在砖墙上埋设支架;②在楼板下埋设吊件,确定吊架位置,然后用冲击钻在楼板上钻一个孔洞,再在地面上凿一个

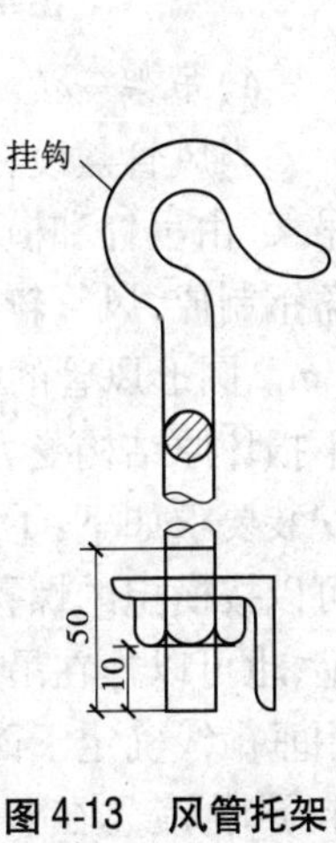

图 4-13　风管托架

长 3 mm、深 20 mm 的槽（见图 4-15），将吊件嵌入槽中，用水泥砂浆将槽填平。

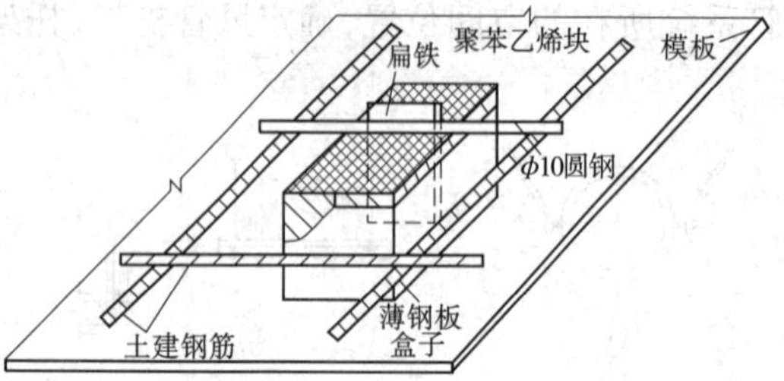

图 4-14　前期预埋

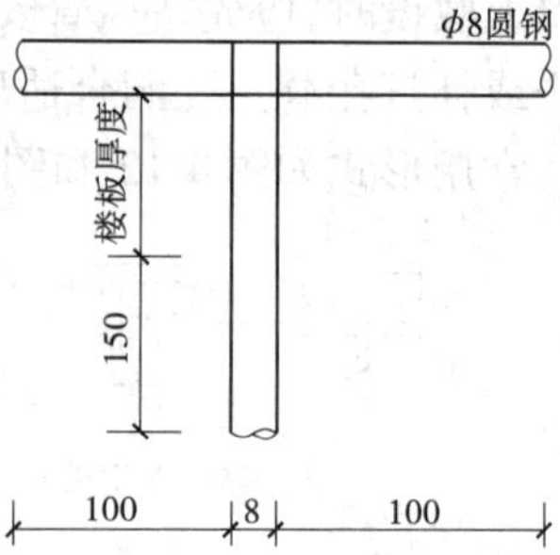

图 4-15　后期预埋

B. 膨胀螺栓法

其特点是灵活、准确、快速。选择膨胀螺栓时要考虑风管的规格及质量。在楼板上由电锤打一个同膨胀螺栓管外径相同的孔，将膨胀螺栓塞进孔中，并把胀管打入，使螺栓紧固，如图 4-16 所示。

C. 射钉枪法

射钉枪法用于周边小于 800 mm 的风管支管的安装，其特点同膨胀螺栓法。使用时应特别注意安全，不同材质的墙体选用不同的弹药量，安装如图 4-17 所示。

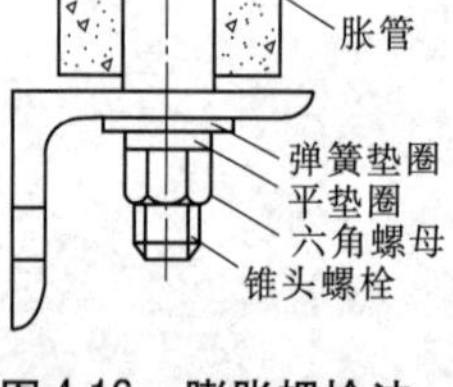

图 4-16　膨胀螺栓法

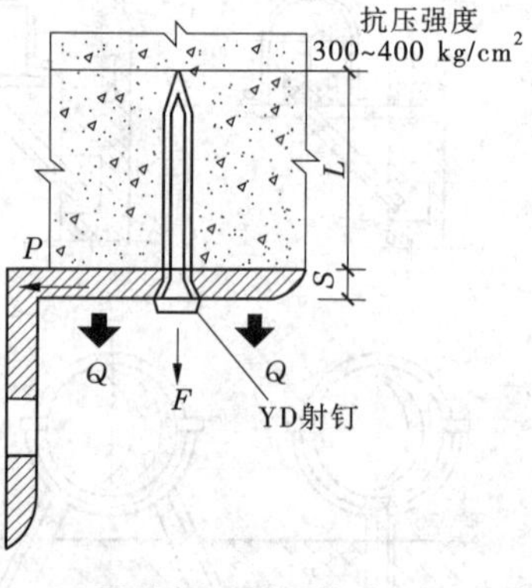

图 4-17　射钉枪法

4）吊架安装

当风管敷设在楼板或桁架下面离墙较远时，一般采用吊架来安装风管。矩形风管的吊架，由吊杆和横担组成；圆形风管的吊架，由吊杆和抱箍组成。矩形风管的横担，一般用角钢制成，风管较重时，也可用槽钢。横担上穿吊杆的螺栓孔距，应比风管稍宽 40 ~ 50 mm。圆形风管的抱箍，可按风管直径用扁钢制成，为便于安装，抱箍常做成两半。吊杆在不损坏原结构受力分布情况下，可采用电焊或螺栓固定在楼板、钢筋混凝土梁或钢架上，安装要求如下：①按风管的中心线找出吊杆敷设位置，单吊杆在风管的中心线上，双吊杆可以按横担的螺孔间距或风管的中心线对称安装。②吊杆根据吊件形式可以焊接在吊件上，也可以挂在吊件上，焊接后应涂防锈漆。③立管管卡安装时，应从立管最高点开始，并用垂吊线确定下面的管卡位置和进行安装固定，垂直风管可用立管进行固定。安装主管卡子时，应先在卡子半圆弧的终点画好线，然后按风管位置和迈进的深度，把上面的一个卡子固定好，再用线锤在中点处吊线，下面夹子可按线进行固定，以保证安装的风管垂直。④当风管较长，需要安装很多支架时，可先把两端的安好，然后以两端的支架为基准，用拉线法确定中间各支架的标高进行安装。⑤吊架安装应注意的问题：采用吊架的风管，当管路较长时，应在适当的位置增设防止管道摆动的支架。支架、吊架的标高必须正确，如圆形风管管径由大变小，为保证风管中心线的水平，支架型钢上表面标高应做相应提高。对于有坡度要求的风管，支架的标高也应按风管的坡度要求安装；风管支架、吊架间距如无设计要求，对于不保温风管应符合表 4-31 的要求。保温风管支架、吊架间距无设计要求的，按表 4-31 间距要求值乘以 0.85。⑥风管穿越屋面和墙的做法。风管在穿越屋面和墙处应有防雨防漏措施，如图 4-18 所示。防雨罩应设置在建筑结构预置的井圈外侧，使雨水不能沿壁渗透到室内。风管上的法兰需涂防锈漆。一般情况下，超出屋面 1.5 m 的风管设一层拉索固定，超出 3 ~ 8 m 需设两层拉索，每层应不少于 3 根，拉索采用镀锌钢丝或钢丝绳，以防止被风吹倒。穿过屋面的风管必须严密不漏雨水。

表 4-31 不保温风管的支架、吊架间距

风管直径或矩形风管长边尺寸(mm)	水平风管间距(m)	垂直风管间距(m)	最少吊架数(副)
≤400	≤4	≤4	2
400 ~ 1 000	≤3	≤3.5	2
>1 000	≤2	≤2	2

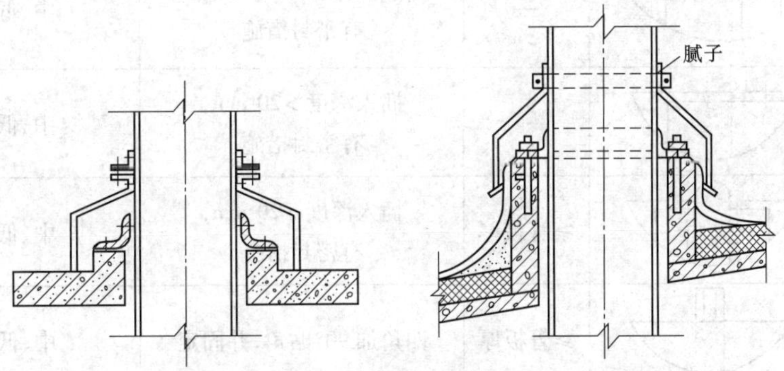

图 4-18 风管穿墙处理

3. 风管连接

1) 风管系统分类

风管系统按工作压力(总风管静压)范围划分为三个类别：低压系统、中压系统及高压系统。风管系统分类及使用范围见表 4-32。

表 4-32 风管系统分类及使用范围

系统工作压力(Pa)	系统类别	使用范围
$P \leqslant 500$	低压系统	一般空调及排气系统
$500 < P \leqslant 1\,500$	中压系统	100 级及以下空气净化、排烟、除尘等系统
$P > 1\,500$	高压系统	1 000 级及以上空气净化、气力输送、生物工程系统

2）风管法兰连接

法兰连接时，按设计要求确定垫料后，把两个法兰先对正，穿上几个螺栓并带上螺母，暂时不要紧固，待所有螺栓都穿上后，再把螺栓拧紧。为避免螺栓滑扣，紧固螺栓时应按十字交叉、对称均匀地拧紧。连接好的风管应以两端法兰为准，拉线检查风管连接是否平直。

不锈钢风管法兰连接的螺栓宜用铜材质的不锈钢制成。如用普通碳素钢标准件，应按设计要求喷刷涂料。铝板风管法兰连接应采用镀锌螺栓，并在法兰两侧垫镀锌垫圈。硬聚氯乙烯风管和法兰连接应采用镀锌螺栓或增强尼龙螺栓，螺栓与法兰接触处应加镀锌垫圈。

3）风管无法兰连接

（1）圆形风管无法兰连接形式有承插连接、芯管连接及抱箍连接等。其具体连接形式、接口要求及使用范围见表4-33。

表4-33　圆形风管无法兰连接形式、接口要求及使用范围

无法兰连接形式		附件板厚	接口要求	使用范围
承插连接	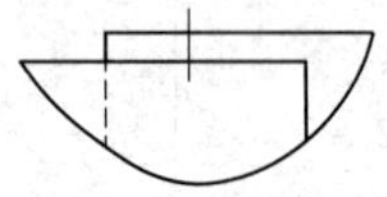	—	插入深度 >30 mm，有密封措施	低压风管直径 <700 mm
带加强筋承插	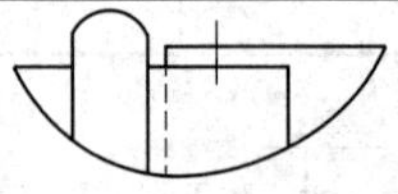	—	插入深度 >20 mm，有密封措施	中、低压风管
角钢加固承插	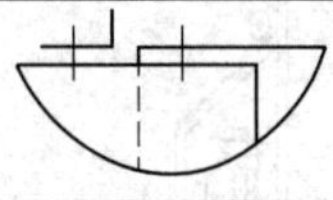	—	插入深度 >20 mm，有密封措施	中、低压风管
芯管连接	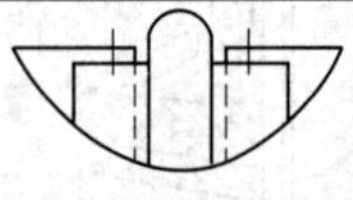	≥管板厚	插入深度 >20 mm，有密封措施	中、低压风管
立筋抱箍连接	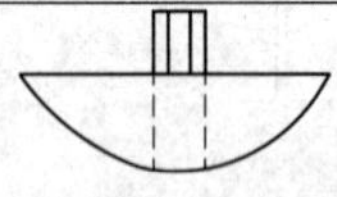	≥管板厚	四角加90°贴角，并固定	中、低压风管
抱箍连接	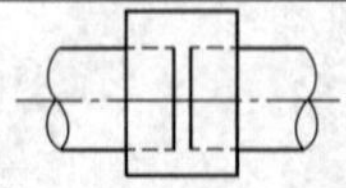	≥管板厚	接头尽量靠近，不重叠	中、低压风管宽度≥100 mm

（2）矩形风管无法兰连接形式有插条连接、立咬口连接及薄钢板法兰弹簧夹连接等。其具体连接形式、转角要求及使用范围见表4-34。

4）软管连接

软管连接主要用于风管与部件（如散流器、静压箱、侧送风口等）的连接。软管两端套在连接的外管上，然后用特制管卡把软管箍紧。风管与静压箱的软管连接如图4-19所示。软管连接给安装工作带来很大的方便，尤其在安装空间狭窄、预留位置难以准确确定的情况下，更为便利，但系统的阻力很大。

表 4-34　矩形风管无法兰连接形式、转角要求及使用范围

无法兰连接形式		附件板厚（mm）	转角要求	使用范围
S 形插条	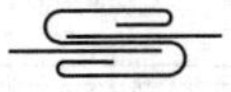	≥0.7	立面插条两端压到平面各 20 mm 左右	单独使用,低压风管必须有固定措施
C 形插条		≥0.7	立面插条两端压到平面各 20 mm 左右	中、低压风管
立插条		≥0.7	四角加 90°平板条固定	中、低压风管
立咬口	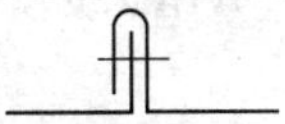	≥0.7	四角加 90°贴角,并固定	中、低压风管
包边立咬口	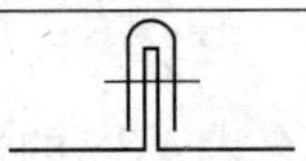	≥0.7	四角加 90°贴角,并固定	中、低压风管
薄钢板法兰插条	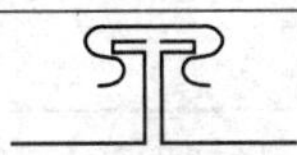	≥0.8	四角加 90°贴角	高、中、低压风管
薄钢板法兰弹簧夹		≥0.8	四角加 90°贴角	高、中、低压风管
直角形平插条		≥0.7	四角两端加固	低压风管
立联合角插条	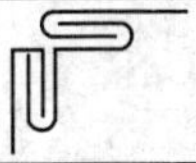	≥0.8	四角加 90°贴角,并固定	低压风管

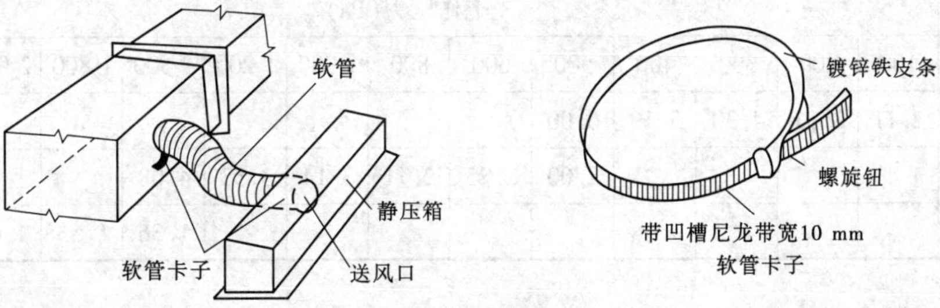

图 4-19　软管连接

4. 风管加固

对于管径较大的风管,为保证断面不变形且减少由管壁震动而产生的噪声,则需要加固。圆形风管本身钢度较好,一般不需要加固。当管径大于 700 mm,且管段较长时,每隔 1.2 m 可用扁钢加固。矩形风管当边长大于或等于 630 mm,管段大于 1.2 m 时,均应采取加固措施。对于边长小于或等于 800 mm 的风管,宜采用相应的方法加固。当中、高压风管的管段长大于 1.2 m 时,应采取加固框的形式加固。而对高压风管的单咬口缝应有加固、补强措施。风管的加固形式如图 4-20 所示。

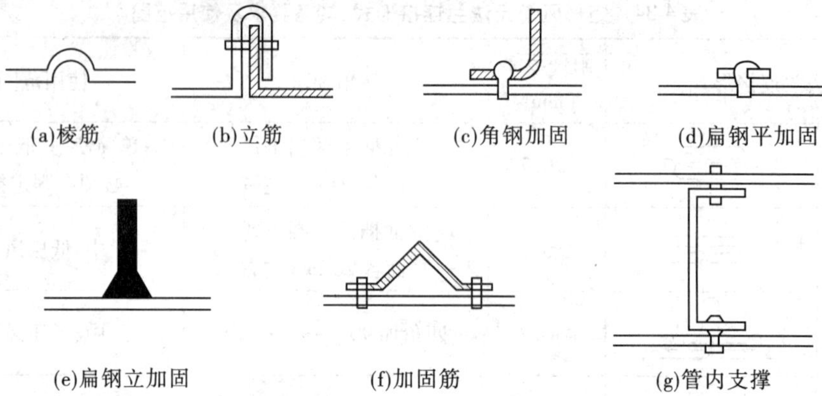

(a)棱筋　(b)立筋　(c)角钢加固　(d)扁钢平加固

(e)扁钢立加固　(f)加固筋　(g)管内支撑

图 4-20　风管的加固形式

5. 风管强度、严密性及允许漏风量

风管强度及严密性应符合设计规定，当设计无规定时，应符合表 4-35 的规定。

表 4-35　风管强度及密封的要求

系统类别	强度要求	密封要求
低压系统	一般	咬口缝及连接处无洞及缝隙
中压系统	局部增强	连接面及四角咬口处增加密封要求
高压系统	特殊加固不得用按扣式咬缝	所有咬口连接面及固定件四周均采取密封措施

不同系统风管单位面积允许漏风量应符合表 4-36 的规定。

表 4-36　不同系统风管单位面积允许漏风量　（单位：$m^3/(h \cdot m^2)$）

系统类别	工作压力(Pa)												
	100	200	300	400	500	600	800	1 000	1 200	1 500	1 800	2 000	2 500
低压系统	2.11	3.31	4.30	5.19	6.00								
中压系统					2.00	2.25	2.71	3.14	3.53	4.08			
高压系统										1.36	1.53	1.64	1.90

6. 风管保温

详见供热通风空调的防腐及保温相关内容。

(二)部件及配件安装工艺

1. 风阀安装

通风空调工程常用的阀门有插板阀(包括平插阀、斜插阀和密闭阀等)、蝶阀、多叶调节阀(平行式、对开式、离心式)、通风机圆形瓣式启动阀、空气处理室中旁通阀、防火阀和止回阀等。

阀门产品或加工制作均应符合国家标准，阀门安装时应注意：制动装置动作应灵活，安装前如因运输、保管产生损伤要修复。

1）蝶阀

蝶阀是通风空调系统中常见的阀门，分为圆形、方形和矩形三种，它由短管、阀门和调节装置三部分组成。按它的调节方式有手柄式和拉链式两类，如图 4-21 所示。

2）对开式多叶调节阀

对开式多叶调节阀分手动式和电动式两种，如图 4-22 所示。这种调节阀装有 2 ~ 8 个叶片，每个叶片长轴端部装有摇柄，连接各摇柄的连动杆与调节手柄相连。操作手柄，各叶片就能同步开或合。调整完毕，拧紧蝶形螺母，就可以固定位置。

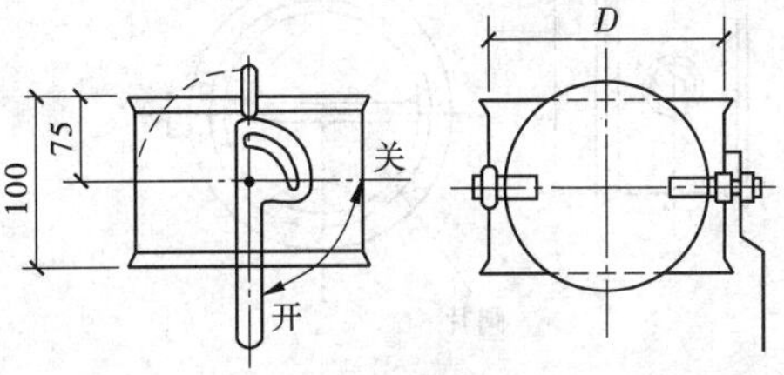

图 4-21　蝶阀（手柄式）

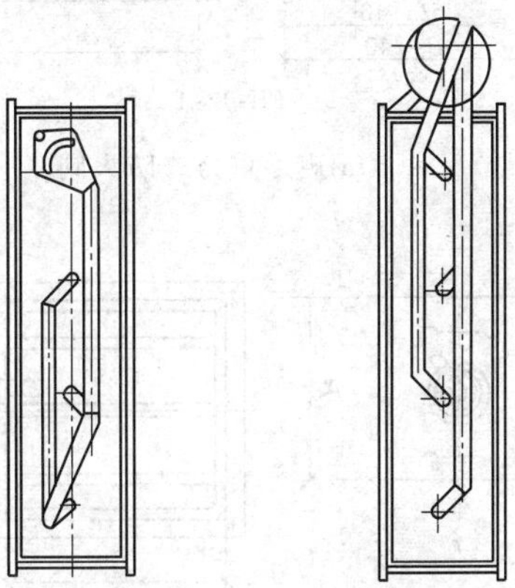

(a)手动阀门　(b)电动阀门

图 4-22　对开式多叶调节阀

这种调节阀结构简单，轻便灵活，造型美观，但矩形阀体刚性较差，在搬运、安装时容易变形，造成调节失灵，甚至阀片脱落。如果将调节手柄取消，把连动杆用连杆与电动执行机构相连，就是电动式多叶调节阀，从而可以进行遥控和自动调节。

3）三通调节阀

三通调节阀有手柄式和拉杆式两种，如图 4-23 所示。适用于矩形和斜三通管，不适用于直角三通。在矩形斜三通的分叉点，装有可以转动的阀板，转轴的端部连接调节手柄，手柄转动，阀板也随之转动，从而调节支管空气的流量，调整完毕后拧紧蝶形螺母固定。

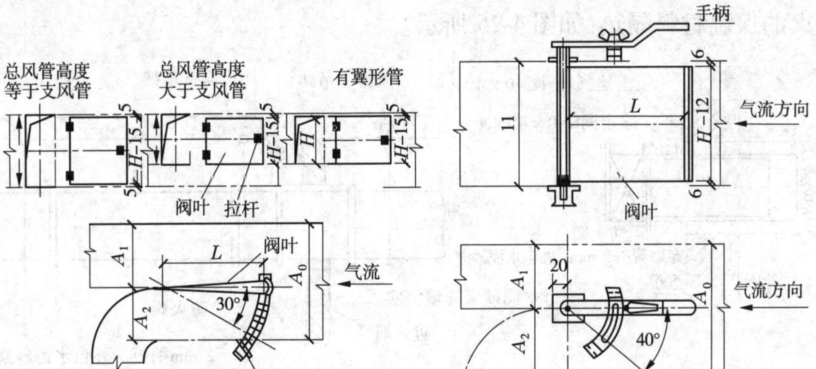

(a)拉杆式　(b)手柄式

图 4-23　三通调节阀

2. 防火阀的安装

风管常用的防火阀分为重力式、弹簧式、百叶式三种，如图 4-24 所示。

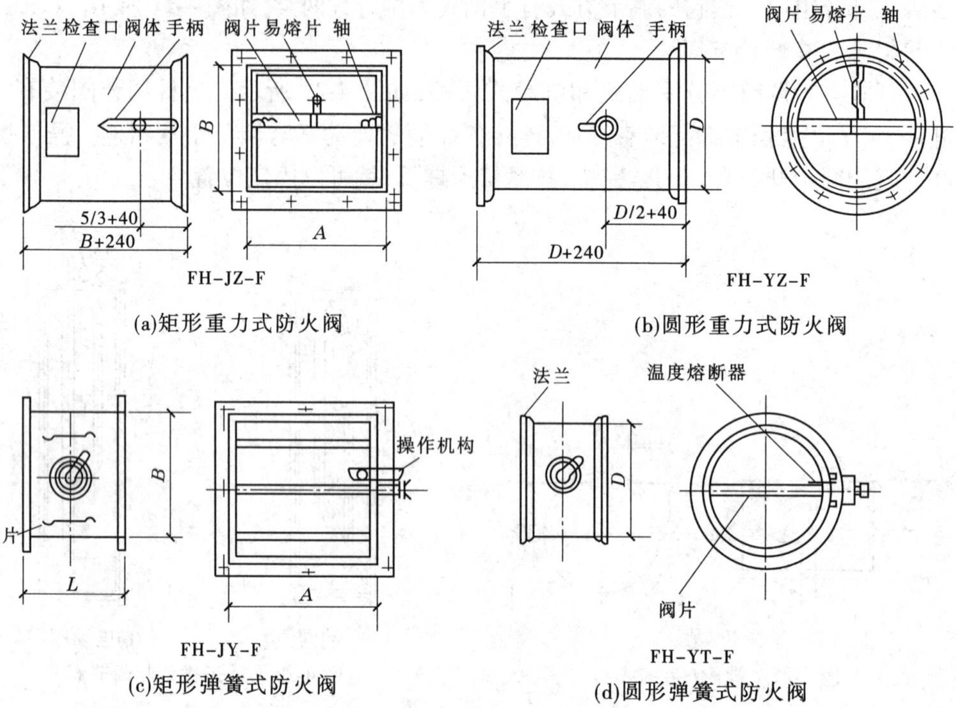

图 4-24　防火阀

防火阀安装时的注意事项如下：

(1) 防火阀安装时，阀门四周要留有一定的建筑空间，以便于检修和更换零部件。

(2) 防火阀温度熔断器一定要安装在迎风面一侧。

(3) 安装阀门（风口）之前应先检查阀门外形及操作机构是否完好，检查动作的灵活性，然后再进行安装。

(4) 防火阀与防火墙（或楼板）之间的风管壁厚应采用 $\delta \geqslant 2$ mm 的钢板制作，在风管外面用耐火的保温材料隔热，如图 4-25 所示。

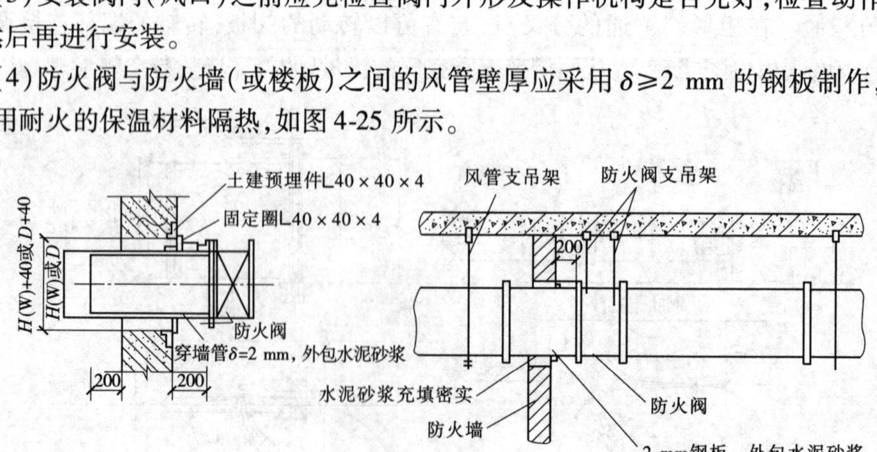

图 4-25　防火阀安装示意

(5)防火阀应有单独的支架,以避免风管在高温下变形,影响阀门功能。

(6)阀门在建筑吊顶上或在风道中安装时,应在吊顶板上或风管壁上设检修孔,一般孔尺寸不大于450 mm。

(7)阀门在安装以后的使用过程中,应定期进行关闭动作试验,一般每半年或一年进行一次,并应有检查记录。

(8)防火阀中的易熔件必须是经过有关部门批准的正规产品,不允许随便代用。

(9)防火阀门有水平安装和垂直安装,并有左式和右式之分,安装时务必要注意,不能装反。

(10)安装阀门时应注意,阀门调节装置要安装在便于操作的部位;安装在高处的阀门也要使其操作装置安装在离地面或平台1~1.5 m处。

(11)阀门安装完毕后,应在阀体外部明显地标出开和关的方向及开启程度。保温的风管系统,应在保温层外设法做标志,以便调试和管理。

3. 斜插板阀的安装

斜插板阀一般用于除尘系统,安装时应考虑不致集尘,因此对水平管上安装的斜插板阀应顺气流安装;在垂直管(气流向上)安装时,斜插板阀就应逆气流安装,阀板应向上拉启,而且阀板应顺气流方向插入,如图4-26所示。防火阀安装后应做动作试验,手动、电动操作应灵敏可靠,阀板关闭应可靠。

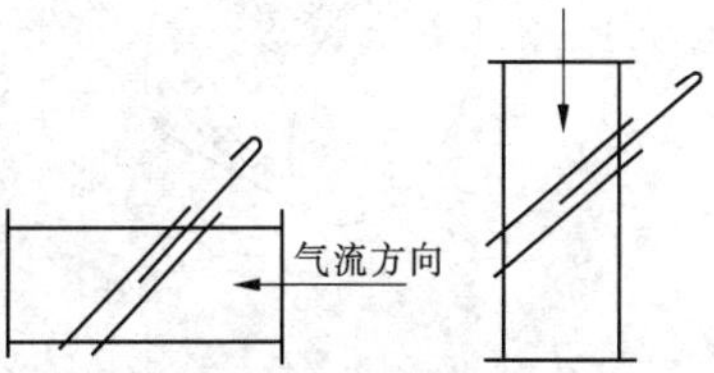

图4-26　斜插板阀安装示意

4. 风口的安装

风口的安装,风口与风管的连线应严密、牢固;边框与建筑面贴实,外表面应平整不变形;同一厅室、房间内相同风口的安装高度应一致,排列整齐。带阀门的风口在安装前后都应扳动一下调节手柄或杆,保证调节灵活。变风量末端装置的安装,应设独立的支架、吊架,与风管相接前应做动作试验。

净化系统风口安装应清扫干净,其边框与建筑顶板间的接缝应加密封垫料或填密封胶,不得漏风。

5. 风帽的安装

风帽可在室外沿墙绕过檐口伸出屋面,或在室内直接穿过屋面板伸出屋顶。对于穿过屋面板的风管,在面板孔洞处应做防雨罩,防雨罩与接口应紧密,防止漏水,如图4-27所示。

不连接风管的筒形风帽,可用法兰固定在屋面板预留洞口的底座上。当排送温度较高的空气时,为避免产生的凝结水流入室内,应在底座下设有滴水盘,并应有排水装置。

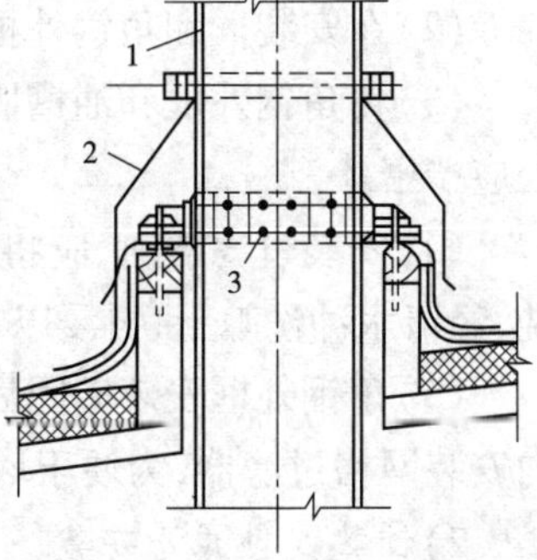

1—金属风管;2—防雨罩;3—铆钉

图4-27　穿过屋面排风管

风管安装高度高出屋面1.5 m时,应用镀锌钢丝或圆钢拉索固定,防止被风吹倒。拉索不应少于3根,拉索可用花篮螺栓拉紧,并可在屋面板上预留的拉索座上固定。

6. 吸尘罩与排气罩安装

吸尘罩与排气罩的主要作用是排除工艺过程或设备中的含尘气体、余热、余温、毒气、油烟等。各类吸尘罩、排气罩的安装位置应正确,牢固可靠,支架不得设置在影响操作的部位。用于排出蒸汽或其他气体的伞形排气罩,应在罩口内边采取排除凝结液体的措施。

7. 柔性短管安装

柔性短管安装用于风机与空调器、风机与送回风管间的连接,以减少系统的机械振动,如图 4-28 所示。柔性短管的安装应松紧适当,不能扭曲,安装在风机吸入口的柔性短管可紧一些,以免风机启动后,由于管内负压造成截面缩小的现象。柔性短管不宜做保温层,并且不能把柔性短管当成找平、找正的连接管或异径管。

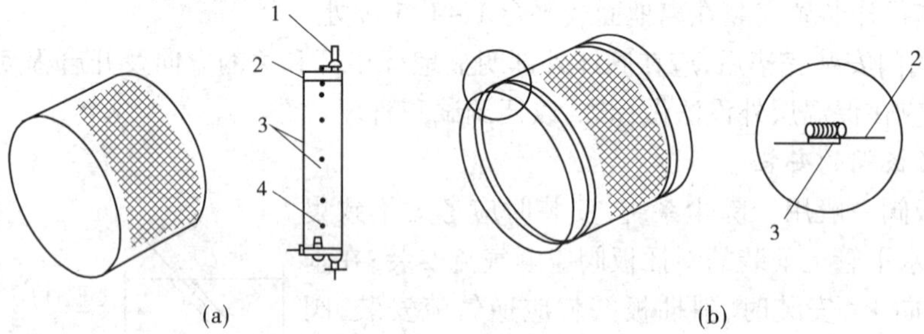

1—法兰盘;2—帆布短管;3—镀锌薄钢板;4—铆钉

图 4-28　帆布连接软管

二、通风空调系统设备安装

(一)空气过滤器安装

1. 粗效过滤器的安装

1)网状过滤器安装

(1)按设计图纸要求,制作角钢外框、底架和油槽,安装固定。

(2)在安装框和角钢外框之间垫上 3 mm 厚的石棉橡胶板或毛毡衬垫。

(3)将角钢外框和油槽固定在通风室预留洞内预埋的木砖上,角钢外框与木砖连接处应严密。

(4)安装过滤器前,应将过滤器上的铁锈及杂物清除干净,可先用 70% 的热碱水清洗,经清水冲洗晾干,再浸以 12 号或 20 号机油。

(5)角钢外框安装牢固后,将过滤器安装在框内,并用压紧螺栓将压板压紧。在风管内安装网格过滤器,为便于取出清扫,可做成抽屉式过滤器,如图 4-29 所示。

2)铺垫式过滤器安装

因滤料需经常清洗,为了拆装方便,采用铺垫式横向踏步式过滤器,如图 4-30 所示。先用角钢做成框架,框架内呈踏步式。斜板用镀锌钢丝制成斜形网格,在其上铺垫 20 ~ 30 mm 厚的粗中孔泡沫塑料垫,与气流成 30° 角,需要清洗或更换时就可以从架子上取下。这种过滤器使用和维修方便,一般在棉纺厂的空气处理室中做初效过滤。凡用泡沫塑料做滤料的,在装入过滤器前,都应用 5% 浓度的碱溶液进行透孔处理。

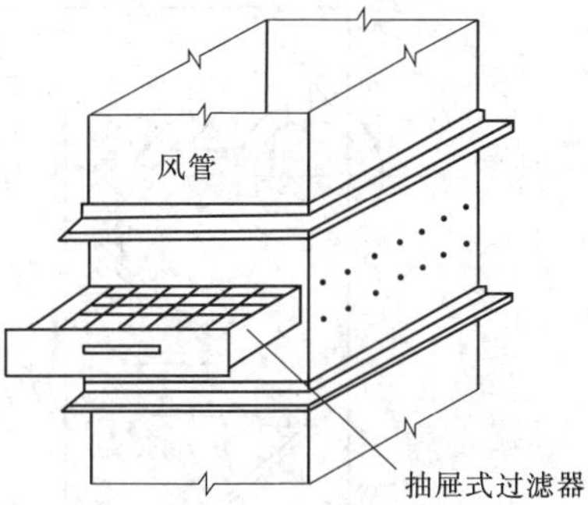

图 4-29　抽屉式过滤器

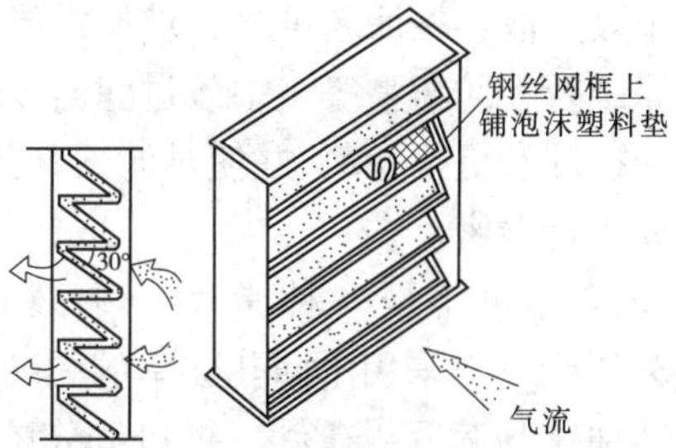

图 4-30　铺垫式横向踏步式过滤器

3）金属网格浸油过滤器安装

金属网格浸油过滤器用于一般通风空调系统，安装前应用热碱水将过滤器表面黏附物清洗干净，晾干后再浸以 12 号或 20 号机油。安装时应将空调器内外清扫干净，并注意过滤器的方向，将大孔径金属网格朝迎风面，以提高过滤效率。金属网格出厂时一般都涂以机油防锈，但在运输和存放后，就会黏附上灰尘，故在安装时应先用 70% ~80% 的热碱水清洗油污，晾干后再浸以 12 号或 20 号机油。相互邻接波状网的波纹应互相垂直，网孔尺寸应沿气流方向逐次减少，如图 4-31 所示。

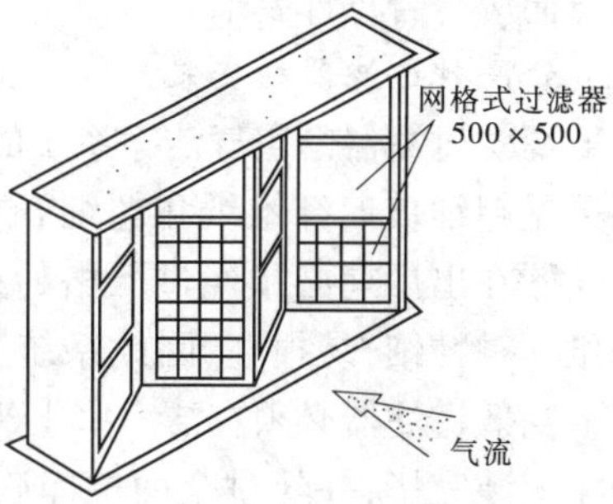

图 4-31　金属网格浸油过滤器

4）自动浸油过滤器安装

自动浸油过滤器常用于一般通风空调系统。安装时应清除过滤器表面黏附物，并注意装配的转动方向，使转动机构灵活。自动浸油过滤器由过滤层、油槽及传动机构三部分组成。过滤层有多种形式，有用金属丝织成的网板，有用一系列互相搭接成链条式的网片板等。自动浸油过滤器安装时应注意以下几点：

（1）安装前，应与土建配合好，按设计要求预留孔洞，并预埋角框。

（2）将过滤器油槽擦净，并检查轴的旋转情况。

（3）将金属网放在煤油中刷洗，擦干后卷起，再挂在轴上，同时纳入导槽，绕过上端接成连续网带。检查滤网边在导槽里的位置，合适后，再用拉紧螺栓将滤网拉紧。

（4）开动电动机，先检查滤网转动方向，进气面的滤网应自上向下移动；再在油槽内注满机油，转动 1 h，使滤网沾油；然后停车 0.5 h，使余油流回油槽，并将油加到规定的油位。

（5）将过滤网用螺栓固定在预埋的角钢框内，并在连接处加衬垫，使连接严密，无漏风之处。

（6）两台或三台过滤器并排安装时，其转动中的中心应连成一条直线。

5）卷绕式过滤器安装

卷绕式过滤器一般为定型产品，整体安装，大型的卷绕式过滤器可以在现场组装。安装时应注意上下卷筒平行，框架平整，滤料松紧适当，辊轴及传动机构灵活，如图 4-32 所示。

2. 中效过滤器的安装

中效过滤器按滤料可分为玻璃纤维纸、棉短绒纤维滤纸及无纺布型等。中效过滤器安装时，应考虑便于拆卸和更换滤料，并使过滤器与框架和空调器之间保持严密。

袋式过滤器是一种常用的中效过滤器，如图4-33所示。它采用不同孔隙率的无纺布做滤料，把滤料加工成扁平袋形状，袋口固定在角钢框架上，然后用螺栓固定在空气处理室的型钢框上，中间加法兰垫片，由多个扁布袋平行排列，袋身用钢丝夹撑起或是袋底用挂钩吊住。安装时要注意袋口方向应符合设计要求。

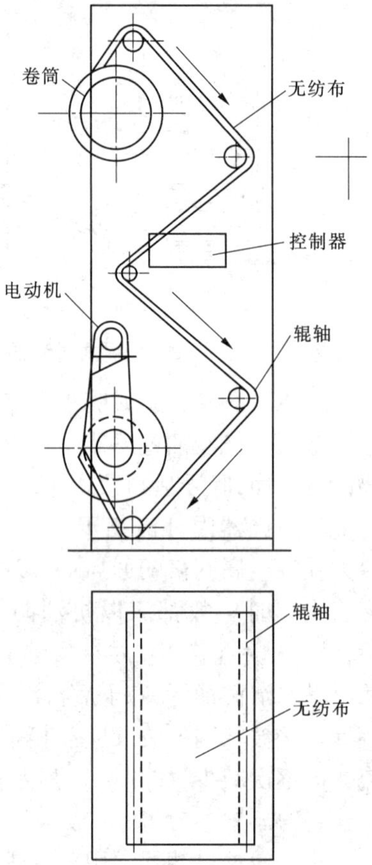

图4-32　卷绕式过滤器

3. 高效过滤器的安装

高效过滤器是空气洁净系统的关键设备，其滤料采用超细玻璃纤维纸和超细石棉纤维纸。高效过滤器在出厂前必须经过严格的检验。过滤器的滤纸非常精细，易损坏，因此系统安装之前不得开箱。高效过滤器必须在洁净室土建完成、空调系统施工安装完毕，并经过全面擦净吹扫一段时间后，才可安装。

高效过滤器在安装前应认真检查滤纸和框架有无损坏，损坏的应及时补修。高效过滤器密封垫的漏风是造成过滤总效率下降的主要原因之一。密封效果与密封垫材料的种类、表面状况、断面大小、拼接方式、安装的好坏、框架断面加

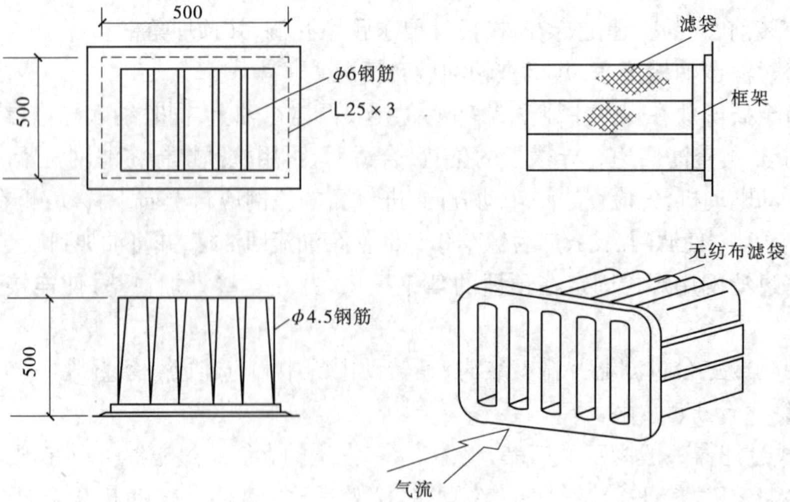

图4-33　袋式中效过滤器

工精度和光洁度等都有密切关系。

安装过滤器时，应注意保证密封垫受压后，最小处仍有足够的厚度。为保证高效过滤器的过滤效率和洁净系统的洁净效果，高效过滤器的安装必须遵守《洁净室施工及验收规范》（JGJ 71—90）或设计图纸的要求。

（二）分水器、集水器的安装

1. 分水器、集水器的安装要求

分水器和集水器均为卧式，但由于工作压力不同，对形状也有不同的要求：当公称压力在 0.07 MPa 以下时，可采用无折边球形封头；当公称压力为 0.25 ~ 4.0 MPa 时，应采用椭圆形封头。

分水器、集水器的接管位置应尽量安排在上下方向，其连接管的规格、间距和排列关系，应依据设计要求和现场实际情况在加工订货时做出具体的技术交底。注意：考虑各支管的保温和支管上附件的安装位置，一般按管间保温后净距≥100 mm 确定。

分水器、集水器一般安装在钢支架上，支架形式由安装位置决定。支架的形式有落地式和挂墙悬臂式两种，如图 4-34 所示。

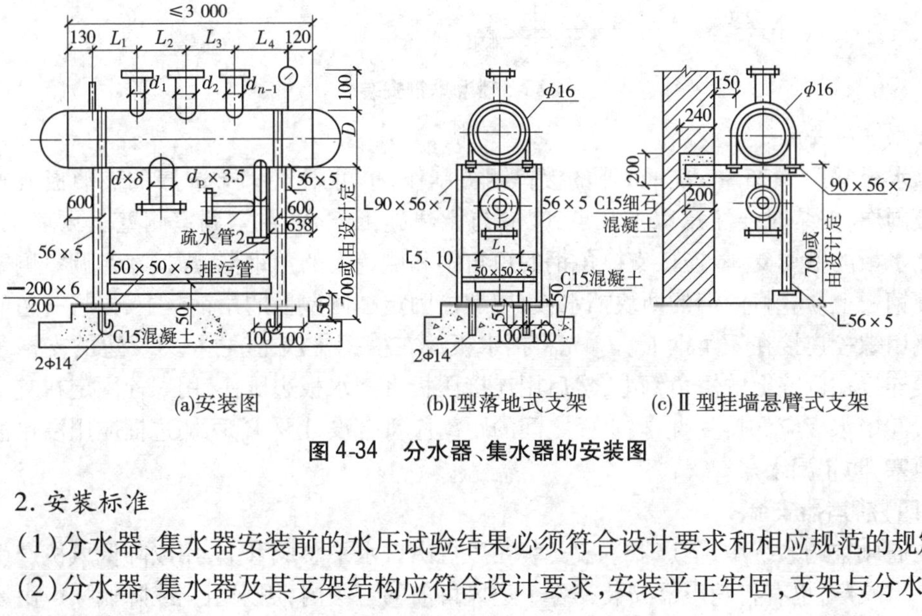

(a)安装图　　(b)Ⅰ型落地式支架　　(c)Ⅱ型挂墙悬臂式支架

图 4-34　分水器、集水器的安装图

2. 安装标准

（1）分水器、集水器安装前的水压试验结果必须符合设计要求和相应规范的规定。

（2）分水器、集水器及其支架结构应符合设计要求，安装平正牢固，支架与分水器、集水器接触紧密。

（3）分水器、集水器及其支架的油漆种类、涂刷遍数应符合设计要求，附着良好，无脱皮、起泡和漏涂。漆膜厚度均匀，色泽一致，无流淌和污染现象。

（4）分水器、集水器安装位置的允许偏差值如下：坐标 15 mm，标高 5 mm。

（5）分水器、集水器保温厚度的允许偏差为：$+0.1\delta$、-0.5δ（δ 为保温层厚度）。

（6）分水器、集水器保温表面平整度允许偏差为：卷材 5 mm，涂抹 10 mm。

（三）喷淋排管的安装

1. 喷淋排管安装

在加工管路时，要对喷淋排管的内部尺寸进行实测，按图纸要求，结合现场实际进行加工制作和装配。主管与立管采用螺纹连接，支管的一端与立管采用焊接连接，另一端安装喷嘴（螺纹连接）。支管间距要均匀，每根立管上至少有两个立管卡固定，喷水系统安装完毕，在安设喷嘴前先把水池清扫干净，再开动水泵冲洗管路，清除管内杂质，然后拧上喷嘴。注意：喷口方向与设计要求的顺喷和逆喷方向相一致，喷嘴在同一面上呈梅花形排列，如图4-35所示。

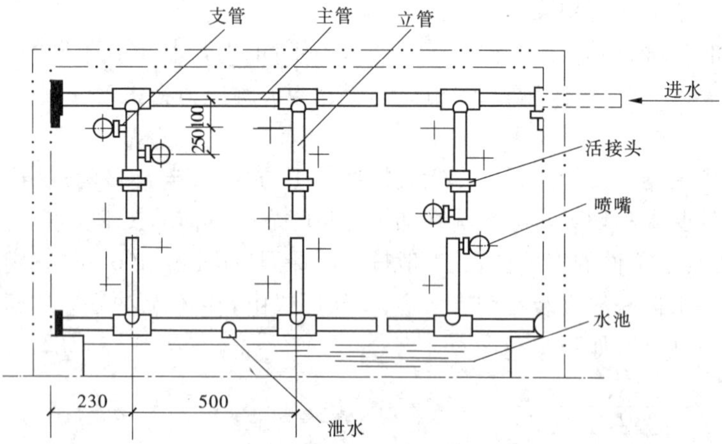

图4-35　喷淋排管安装

2. 挡水板安装

挡水板常用0.75～1.0 mm厚的镀锌钢板制作，也可用3～5 mm厚的玻璃板或硬质塑料板制作，安装时要注意以下几点：①应与土建施工配合，在空调室侧壁上预埋钢板。②将挡水板的槽钢支座、连接支撑角钢的短角钢和侧壁上的角钢框，焊接在空调室侧壁上的预埋钢板上。③将两端的两块挡水板，用螺栓固定在侧壁上的角钢框上，再将一边的支撑角钢用螺栓连接在短角钢上。④先将挡水板放在槽钢支座上，再将另一边的支撑角钢用螺栓连接在侧壁上的短角钢上，然后用连接压板将挡水板边压住，用螺栓固定在支撑角钢上。⑤挡水板应保持垂直，挡水板之间的距离应符合设计要求，两侧边框应用浸铅油的麻丝填塞，防止漏水。

（四）消声器安装

在通风空调系统中，消声器一般安装在风机出口水平总风管上，用以降低风机产生的空气动力噪声，也有将消声器安装在各个送风口前的弯头内，用来阻止或降低噪声由风管内向空调房间传播。消声器的结构及种类有多种，但其安装操作的要点有如下几条：①消声器在运输和吊装过程中，应力求避免振动，防止消声器变形，影响消声性能。尤其对填充消声多孔材料的阻抗式消声器，应防止由于振动而损坏填充材料，降低消声器效果。②消声器在安装时应单独设支架，使风管不承受其质量。③消声器支架的横担板穿吊杆的螺孔距离，应比消声器宽40～50 mm，为便于调节标高，可在吊杆端部套50～80 mm的螺纹，以便找平、找正用，并加双螺母固定。④消声器的安装方向必须正确，与风管或管线的法兰连接应牢固、严密。⑤当通风空调系统有恒温、恒湿要求时，消声器设备外壳与风管同样，应做处理。⑥消声器安装就绪后，可用拉线或吊线的方法进行检查，对不符合要求的应进行修整，直到满足设计和使用要求。⑦消声器应尽量安装在靠近使用房间的部位，如必须安装在机房内，则应对消声器外壳及消声器之后位于机房内的分管采取隔声处理。当系统为恒温系统时，消声器外壳应与风管同样做保温处理。

（五）通风机安装

1. 轴流风机安装

轴流风机大多安装在风管中间、墙洞内或单独支架上。在空气处理室内也有选用大型（1.2 号以上）轴流风机做回风机用的。

（1）风管中安装轴流风机。其安装方法与在单独支架上安装相同，如图 4-36 所示。支架应按设计图纸要求位置和标高安装，支架螺孔尺寸应与风机底座螺孔尺寸相符。支架安装牢固后，再把风机吊放在支架上，支架与底座间垫上厚度为 4 ~ 5 mm 的橡胶板，穿上螺栓，找正、找平后，上紧螺母。连接风管时，风管中心应与风机中心对正，为方便检查和接线，应设检查孔。

（2）墙洞内安装轴流风机。安装前，应在土建施工时，配合土建留好预留孔，并预埋挡板框和支架，安装时，把风机放在支架上，上紧地脚螺栓的螺母，连接好挡板，在外墙侧应装上 45°防雨、防雪弯头，如图 4-37 所示。

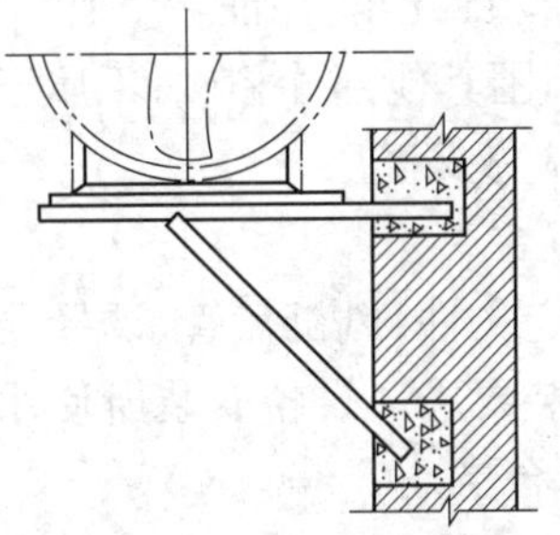

图 4-36　轴流风机在支架上安装

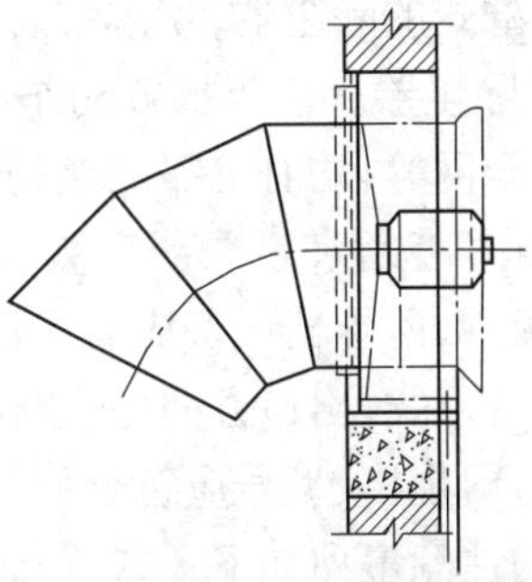

图 4-37　轴流风机在墙洞内安装

2. 离心式通风机的安装

（1）离心式通风机混凝土基础浇筑或型钢支架安装制作时，应在底座上穿入地脚螺栓，并将风机同底座一起吊装在基础上。

（2）离心式通风机的开箱检查。

（3）机组的吊装、校正、找平。调整底座的位置，使底座和基础的纵、横中心线相吻合；用水平尺检查通风机的底座放置是否水平，不水平时可用平垫片和斜垫片进行水平坡度的调整。

（4）地脚螺栓的二次浇筑或型钢支架的初紧固。对地脚螺栓可进行二次浇筑，约养护两周后，当二次浇筑的混凝土强度达到设计强度的 75% 时，再次复测离心式通风机的水平度并进行调整，并用手扳动离心式通风机轮轴，检查有无刮蹭现象。

（5）复测机组安装的中心偏差、水平度和联轴器的轴向偏差、径向偏差等是否满足要求。

（6）机组进行试运行。

3. 安装的注意事项

在安装通风机之前，应再次核实通风机的型号、叶轮的旋转方向、传动方式、进出口位置等；检查通风机的外壳和叶轮是否有锈蚀、凹陷及其他缺陷，有缺陷的通风机不能进行安装，外观有轻度损伤和锈蚀的通风机，进行修复后方能安装。

（六）除尘器安装

除尘器按作用原理可分为机械式除尘器、过滤式除尘器、洗涤式除尘器及电除尘器等类型。其安装的一般要求是：安装除尘器，应保证位置正确，牢固平稳，进、出口方向垂直度与水平度等必须符合设计要求；除尘器的排灰阀、卸料阀、排泥阀的安装必须严密，并便于日后操作和维修。此外，根据不同类型除尘器的结构特点，在安装时还应注意如下操作要点：

（1）机械式除尘器。组装时，除尘器各部分的相对位置和尺寸应准确，各法兰的连接处应垫石棉垫片，并拧紧螺栓；除尘器与风管的连接必须严密不漏风；除尘器安装后，在联动试车时应考核其气密性，如有局部渗漏应进行修补。

（2）过滤式除尘器。各部件的连接必须严密；布袋应松紧适度，接头处应牢固；安装的振打或脉冲式吹刷系统，动作应正常可靠。

（3）洗涤式除尘器。对于水浴式、水膜式除尘器，其本体的安装要确保液位系统的准确；对于喷淋式的除尘器，喷淋装置的安装应使喷淋均匀无死角，保证除尘效率。

（4）电除尘器。清灰装置动作灵活可靠，不能与周围其他部件相碰；不属于电晕部分的外壳、安全网等，均有可靠的接地；电除尘器的外壳应做保温层。

（七）风机盘管和诱导器安装

风机盘管、诱导器设备应有出厂合格证和质量鉴定文件，风机盘管、诱导器设备的结构形式、安装形式、出口方向、进水位置应符合设计安装要求。设备安装所使用的主要材料和辅助材料规格、型号应符合设计规定，并具有出厂合格证。

安装的注意事项如下：

（1）土建施工时即搞好配合，按设计位置预留孔洞。待建筑结构工程施工完毕，屋顶做完防水层，室内墙面、地面抹完后，再检查安装的位置尺寸是否符合设计要求。

（2）空调系统干管安装完后，检查接往风机盘管的支架预留管口位置标高是否符合要求。

（3）风机盘管在安装前应检查每台电动机壳体及表面交换器有无损伤、锈蚀等缺陷。

（4）风机盘管和诱导器应逐台进行水压试验，试验强度应为工作压力的1.5倍，定压后观察2～3 min，不渗、不漏为合格。

（5）卧式吊装风机盘管和诱导器，吊装应平整牢固、位置正确。吊杆不应自由摆动，吊杆与托盘相连，应用双螺母紧固找平整。

（6）冷热媒水管与风机盘管、诱导器连接宜采用钢管或紫铜管，接管应平直。紧固时应用扳手卡住六方接头，以防损坏铜管。凝结水管宜软性连接，材质宜用透明胶管，严禁渗漏，坡度应正确，凝结水应畅通地流到指定位置，水盘应无积水现象。

（7）风机盘管、诱导器的冷热媒管道，应在管道系统冲洗排污后再连接，以防堵塞热交换器。

（8）暗装的卧式风机盘管、吊顶应留有活动检查门，便于机组整体拆卸和维修。

（9）风机盘管、诱导器安装必须平稳、牢固，风口要连接严密、不漏风。

(10)风机盘管、诱导器与进出水管的连接严禁渗漏,凝结水管的坡度必须符合排水要求,与风口及回风口的连接必须严密。

(11)风机盘管和诱导器运至现场后要采取措施,妥善保管,码放整齐,并应有防雨、防雪措施。冬季施工时,风机盘管水压试验后必须随即将水排放干净,以防冻坏设备。

(12)风机盘管、诱导器安装施工要随运随装,与其他工种交叉作业时要注意成品保护,防止碰坏。

(13)立式暗装风机盘管,安装完后要配合好土建安装保护罩。屋面喷浆前要采取防护措施,保护已安装好的设备,保持清洁。

(八)空调机组安装

安装前首先要检查机组外部是否完整无损,然后打开活动面板,用手转动风机,细听内部有无摩擦声。如有异声,可调节转子部分,使其和外壳无摩擦。

(1)立式、卧式、柜式空调机组安装:①一般不需要专用地基,安放在平整的地面上即可运转。若四角垫以 20 mm 厚的橡胶垫,则更好。②冷热媒流动方向,卧式机组采用下进上出,立式机组采用上进下出。③冷凝水用排水管应接 U 形存水弯后通到下水道排泄。④机组安装的场所应有良好的通风条件,无易爆、易燃物品,相对湿度应不大于 85%。⑤与空调机连接的进出水管必须装有阀门,用以调节流量和检修时切断冷(热)水源,进出水管必须做好保温。

(2)窗式空调器的安装:①窗式空调器一般安装在窗户上,也可以采用穿墙安装,其安装必须牢固。安装位置不要受阳光直射,要通风良好,远离热源,且排水(凝结水)顺利。②安装高度以 1.5 m 左右为宜,若空调器的后部(室外侧)有墙或其他障碍物,其间距必须大于 1 m。③空调器室外侧可设遮阳防雨罩,但决不允许用薄钢板等物将室外侧遮盖,否则会因空调器散热受阻而使室内无冷气。④空调器的送风、回风百叶口不能受阻,气流要保持通畅。⑤空调器必须将室外侧装在室外,而不允许在内窗上安装,室外侧也不允许在楼道或走廊内安装。⑥空调器凝结水盘要有坡度,室外排水管路要畅通,以利于排水。⑦空调器搬运和安装时,不要倾斜 30°,以防冷冻油进入制冷系统内。

三、制冷系统机房的安装

(一)活塞式冷水机组安装

冷水机组安装在混凝土基础上,为了防止振动和噪声通过基础和建筑结构传入室内,影响周围环境,应设置减振基础或在机器的地脚下垫隔振垫,如图 4-38 所示。

(1)将基础表面清理干净,按平面坐标位置,以制冷机房的轴线为准在基础上放出纵向中心线、横向中心线、地脚螺栓孔中心线以及设备底座边缘线等,如图 4-39 所示。

(2)冷水机组搬运到基础旁,准备好设备就位的起吊工具,选择好绳索绑扎位置,绳索与设备接触处应垫以软木或旧布等加以保护。在冷水机组起吊坐落到基础上之前穿上地脚螺栓,使冷水机组对准基础上纵、横向中心线,徐徐地下落到基础上,此时将地脚螺栓置于基础地脚螺栓孔内。冷水机组就位后,它的中心线应与基础中心线重合,若出现纵横偏差(见图 4-40),可用撬棍进行拨正。

(3)用水准仪测量冷水机组的纵横水平度,冷水机组横向水平度的偏差应小于

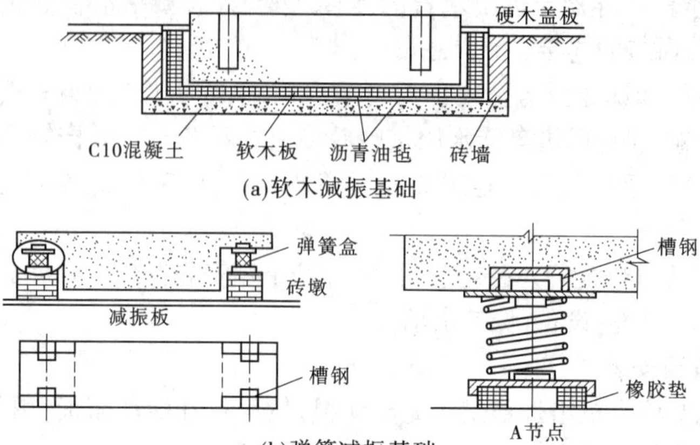

(a)软木减振基础

(b)弹簧减振基础

图 4-38 减振基础

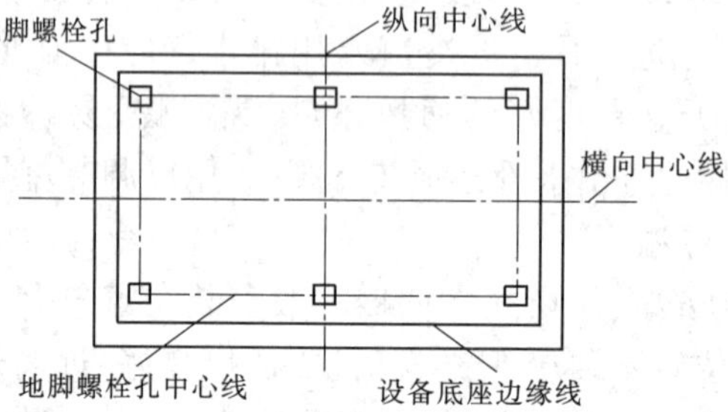

图 4-39 基础放线

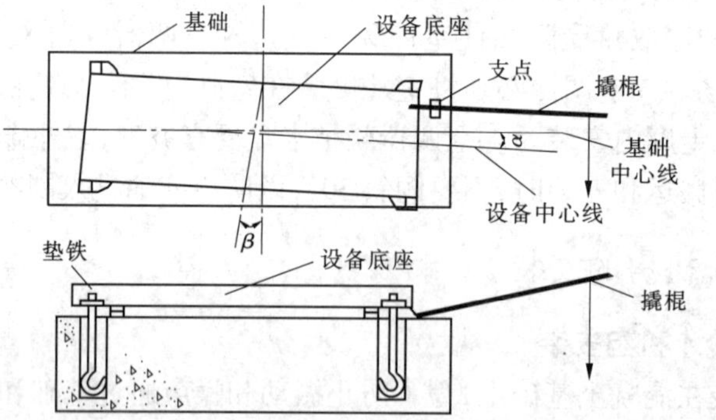

图 4-40 设备拔正

0.1%。当不符合要求时，可用斜垫铁调整。当水平度达到要求后，用强度高于基础一级的混凝土将地脚螺栓孔灌实，待混凝土强度达到75%后，再做一次校核，符合要求后将垫铁点焊固定，然后拧紧地脚螺栓，最后进行二次灌浆。

（二）离心式冷水机组安装

离心式冷水机组属于高速回转机械，对安装有较高要求。在安装过程中，即使很小的误差，也会造成机器运转不稳定和剧烈的振动。因此，安装时必须精益求精，确保机器的正常运转。

离心式冷水机组多安装在室内的混凝土基础或软木、玻璃纤维砖等减振基础上，用地脚螺栓与基础固定，用垫铁调整机组的水平度，基础的结构形式和机组的安装方法与活塞式冷水机组基本相同。离心式冷水机组也可以用隔振器进行减振，如图4-41所示。

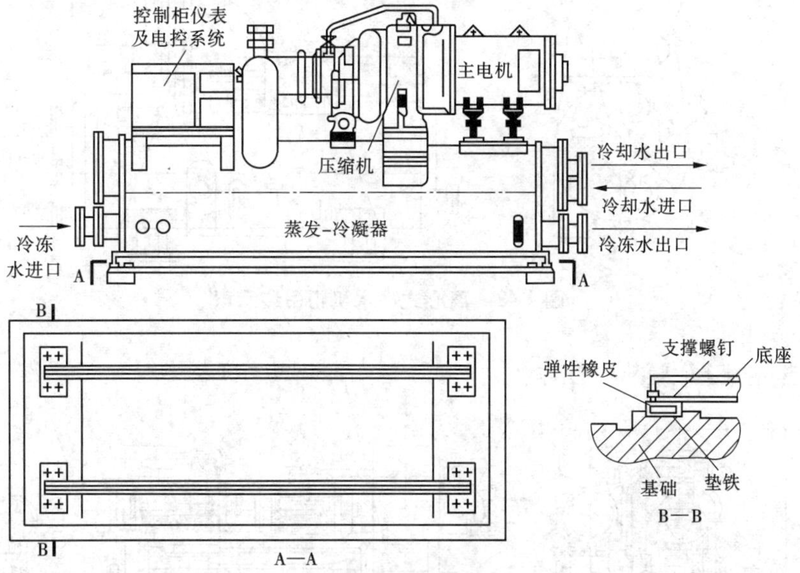

图4-41　减振器减振

在机组底座的四角处放置四个橡皮弹性支座，每个支座用四颗支撑螺钉将机组的质量支撑在基础四角预埋的四块厚20 mm、大小与支座相同的钢板上，并用支撑螺钉调整集中的水平度。也可将机组直接安装在地坪上，但要求地坪能承受运行时的质量，并在6 mm范围内找水平，用氯丁橡胶隔振器或弹簧减振器进行减振，将机组安装在橡胶垫上或安装在弹簧型水平可调节减振器上。

离心式冷水机组的质量一般都为5～20 t，必须选择合适的搬运和起重吊装方法。吊装机组的钢丝绳应系在机组的底座或蒸发－冷凝器筒体支座的外侧，并注意钢丝绳不要使仪表盘、油管、气管、液管、各仪表引压管受力，钢丝绳与设备接触处应垫以软木或其他软质材料，以防止钢丝绳擦伤设备表面油漆（见图4-42）。

离心式冷水机组的找平应在油位等处的机加工面上测量，纵横向允许偏差不得大于0.1%，特别是纵向水平度更应保证，以防止推力轴承颤动和承受外轴向力。水平度不符合要求时，可用垫铁或支撑螺钉调整。

（三）螺杆式冷水机组安装

螺杆式冷水机组安装时，应对基础进行找平，其纵、横向不平度不应超过1%，机组接管前，应先清洗吸、排气管道，管道应做必要的支撑。连接时应注意不要使机组变形，从而影响电动机和螺杆式压缩机的对中（见图4-43）。

四、通风空调系统的保温

（一）冷热媒管道及配件、阀的保温

常用保温材料有铝箔玻璃棉管壳、膨胀珍珠岩、聚苯乙烯泡沫塑料管壳、硬质聚氨酯

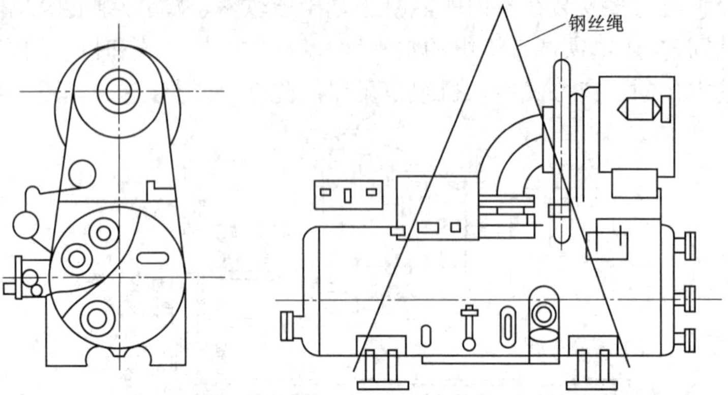

图 4-42　离心式冷水机组吊装示意

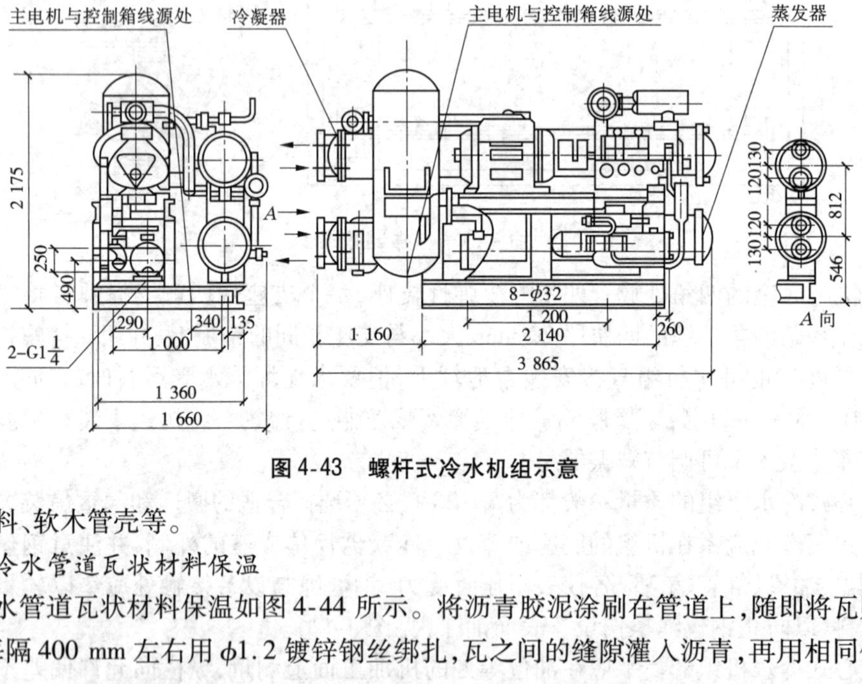

图 4-43　螺杆式冷水机组示意

泡沫塑料、软木管壳等。

1. 冷水管道瓦状材料保温

冷水管道瓦状材料保温如图 4-44 所示。将沥青胶泥涂刷在管道上，随即将瓦贴在管道上，每隔 400 mm 左右用 ϕ1. 2 镀锌钢丝绑扎，瓦之间的缝隙灌入沥青，再用相同保温材料填补。

在保温瓦外涂一道沥青胶泥，当管道敷设在经常被人踢碰处时用 12 mm × 12 mm × 1. 0 mm 的镀锌钢丝网包上，并用镀锌钢丝将网的纵向接缝处缝合拉紧，钢丝网外抹石棉水泥保护壳（厚度为 5 mm 左右），待保护壳干后再涂两道调和漆。

当管道敷设在不常踢碰处时，则在沥青胶泥外包一道塑料薄膜，再包一道玻璃丝布，外涂两道调和漆。

2. 冷水管道聚苯乙烯泡沫塑料瓦保温

其结构如图 4-45 所示。将保温瓦合在管道外面，每隔 400 mm 左右用 ϕ1. 2 镀锌钢丝绑扎紧，瓦之间用石棉硅藻土填补抹平。

保温瓦外包一层塑料薄膜，再包一层玻璃丝布。包时将布幅裁成宽度 200 ~ 300 mm，

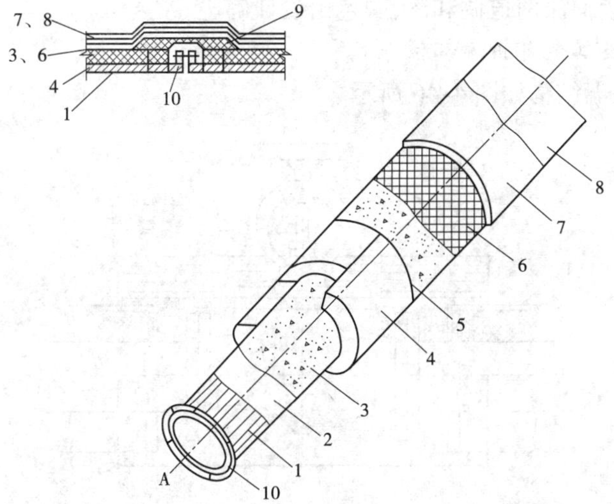

1—管道;2—沥青清漆或红丹防锈漆;3—沥青胶泥;4—保温瓦;5—镀锌钢丝;
6—镀锌钢丝网;7—石棉水泥保护壳;8—调和漆;9—保温材料(软泡沫塑料);10—法兰盘

图 4-44　冷水管道瓦状材料保温

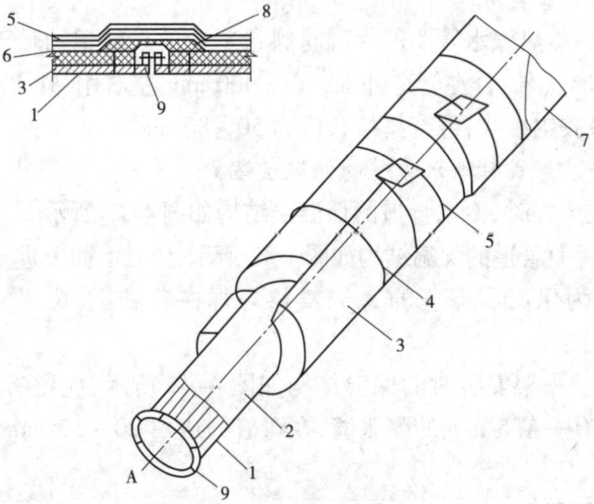

1—管道;2—沥青清漆或红丹防锈漆;3—保温瓦;4—镀锌钢丝;5—镀锌钢丝网;
6—玻璃丝布;7—调和漆;8—保温材料(软泡沫塑料);9—法兰盘

图 4-45　冷水管道聚苯乙烯泡沫塑料瓦保温

缠绕搭接长度为 50 ~ 80 mm。玻璃丝布外涂两道调和漆,颜色由工程设计确定。

3. 冷水管道毡状材料保温

这种方法适用于超细玻璃面棉毡、离心玻璃棉毡、沥青矿棉毡等材料保温。

管道外用保温毡包扎,包扎时注意搭接边要贴紧。保温棉外每隔 400 mm 左右用直径 1.2 mm 的镀锌钢丝绑扎,包完第一层后再包第二层,层数根据所需厚度确定。

保温层外包一层沥青毡,接缝处采用搭接,外用直径 1.2 mm 的镀锌钢丝绑扎。油毡外包玻璃丝布，外表面涂两道调和漆，颜色由设计确定。

4. 阀门、法兰及其他可拆卸部位保温

阀门可拆式保温结构如图4-46所示。

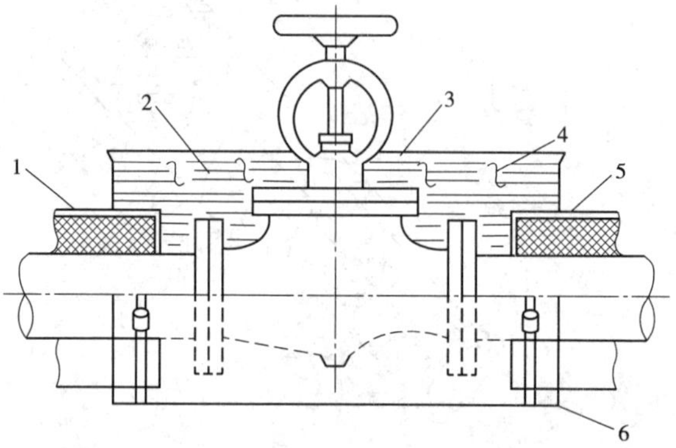

1—保温层；2—填充保温层；3—金属外壳；
4—薄钢板钩钉；5—沥青玛琋脂封口；6—薄钢板扎带

图4-46　阀门可拆式保温结构

5. 常用的保温材料及其施工

目前，空调工程中冷热媒水管路的保温材料最常用的是带铝箔玻璃棉管瓦。施工时将玻璃面管瓦（带玻璃丝布）合在管道外面，每隔400 mm左右用$\phi1.2$镀锌钢丝绑扎紧，然后在保温瓦外用带胶铝缠绕，缠绕搭接长度为50～80 mm。

6. 采用不同的安装形式时冷水管道的保温层结构

采用不同的安装形式时，冷水管道的保温层结构如图4-47所示。

（1）立管保温。垂直管道的保温结构如图4-47所示，应自下而上进行，每隔3 m左右设置一个托环，其宽度为保温层厚度的2/3，支棒环焊在管壁上，位于立管卡子上部200 mm处。

（2）支架处保温。吊架安装时的保温结构如图4-48所示，应留有膨胀缝，在支管端上每隔5～7 m应留有一条5 mm的膨胀缝，在弯管处应留20～30 mm的膨胀缝，并用玻璃棉填塞。

（二）通风管道的保温

1. 黏结法保温

黏结法保温适用于各种加工成型的预制品保温材料，主要用于空调系统保温及制冷系统保温。它是靠胶粘剂与被保温的物体固定的，其结构如图4-49所示。常用的胶粘剂有石油沥青玛琋脂、醋酸乙烯乳胶、酚醛树脂、环氧树脂和橡胶海绵等，其中石油沥青玛琋脂适于大部分保温材料的黏结，施工时应根据保温材料的特性选用。涂刷胶粘剂时，要求粘贴面及四周接缝上各处胶粘剂均匀饱满。粘贴保温材料时，应将接缝相互错开，错缝的方法及要求与绑扎保温相同。

2. 钉粘法保温

钉粘法保温是矩形风管采用较多的一种方法，它是用保温钉（见图4-50）代替胶粘剂

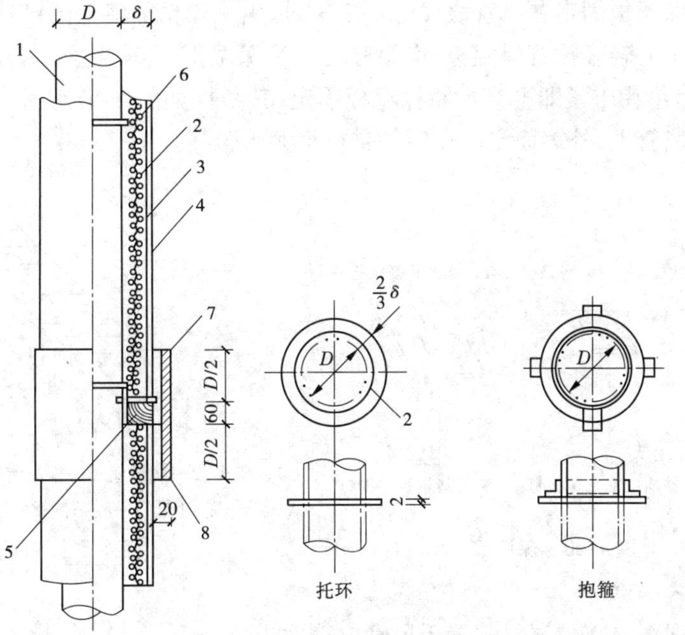

1—管道;2—保温层;3—防潮层;4—保护层;5—硬木块(涂石油沥青);

6—托环;7—抱箍;8—承重钢套管及内托

图 4-47　垂直管道的保温结构

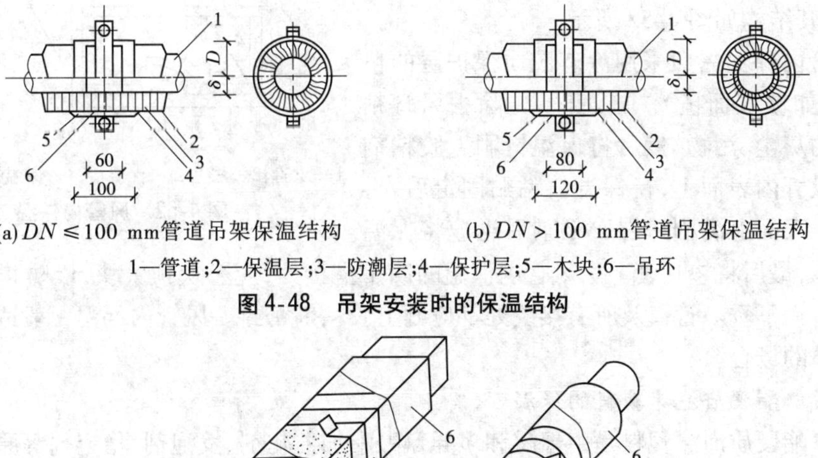

(a) $DN \leqslant 100$ mm管道吊架保温结构　　(b) $DN > 100$ mm管道吊架保温结构

1—管道;2—保温层;3—防潮层;4—保护层;5—木块;6—吊环

图 4-48　吊架安装时的保温结构

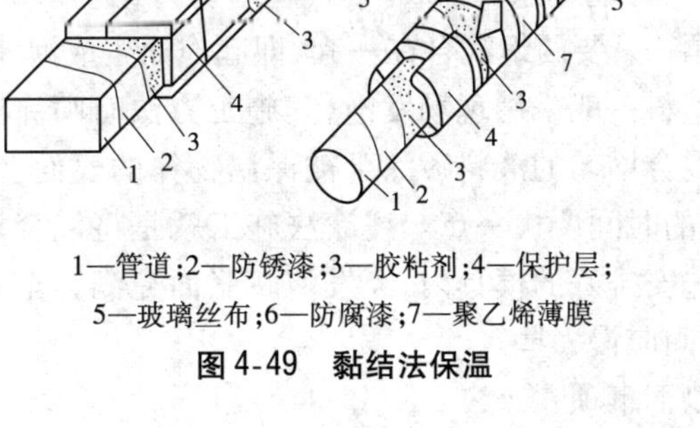

1—管道;2—防锈漆;3—胶粘剂;4—保护层;

5—玻璃丝布;6—防腐漆;7—聚乙烯薄膜

图 4-49　黏结法保温

将泡沫塑料保温板固定在风管表面上。施工时，先用胶粘剂将保温钉粘贴在风管表面上，然后用手或木方轻轻拍打保温板，保温钉便穿过保温板而露出，然后套上垫片，将外露部分扳倒(自然垫片压紧即可)，即将保温板固定，其结构如图4-51所示。为了使保温板牢固地固定在风管上，外表面也应用镀锌带或尼龙带包扎。

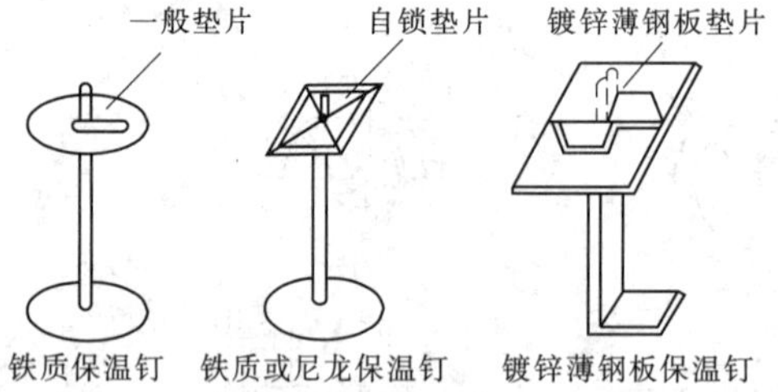

图4-50　保温钉

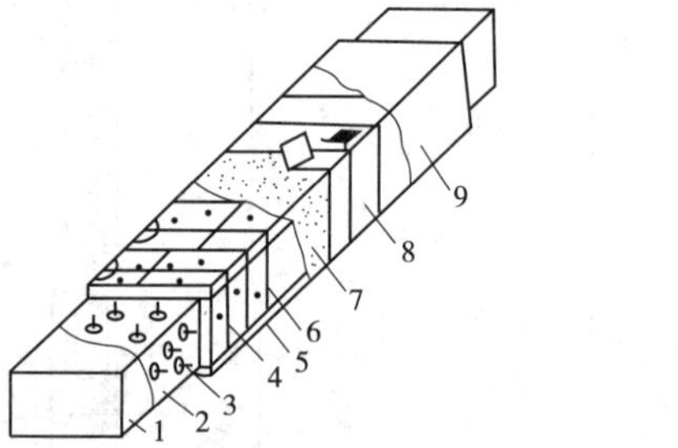

1—管道；2—防锈漆；3—保温钉；4—保温层；5—铁垫片；6—包扎带；7—胶粘剂；8—玻璃丝布；9—防腐漆

图4-51　钉粘法保温

3. 风管内保温

风管内保温是将保温材料置于风管内表面，用胶粘剂和保温钉将其固定，是黏结法和钉粘法联合使用的一种保温方法，其目的是加强保温材料与风管的结合力，以防止保温材料在风力作用下脱落，其结构如图4-52所示。

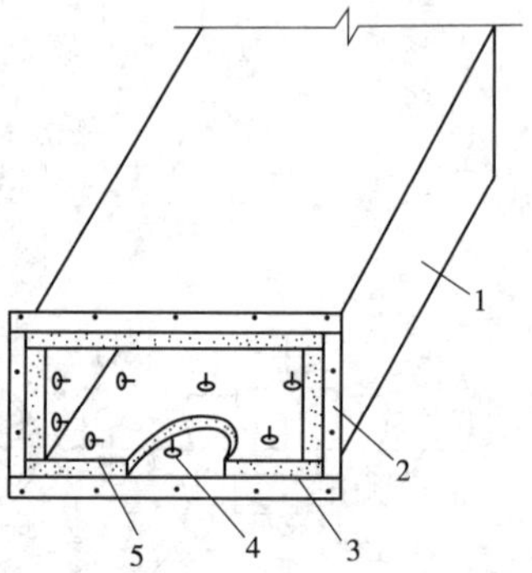

1—风管；2—法兰；3—保温层；4—保温钉；5—垫片

图4-52　风管内保温

风管内保温一般采用涂有胶质保护层的毡状材料(如玻璃面毡)。施工时，先除去风管粘贴面上的灰尘、污物，然后将保温钉刷上胶粘剂粘贴在风管内表面上，待保温钉粘贴固定后，再在风管内表面上满刷一层胶粘剂后迅速将保温棉铺贴上，最后将垫片套上。风管内保温的四角搭接处，应小块顶大块，以防止上面一大块面积过大下垂。管口及所有接缝处都应刷上胶粘剂密封。风管内保温一般适用于需要进行消声的场合。

4. 聚氨酯硬质泡沫塑料的保温

聚氨酯硬质泡沫塑料是由聚醚和多异氰酸酯加催化剂、发泡剂、稳定剂等原料按比例调配而成的。施工时，应将这些原料分成两组(A组和B组)。A组为聚醚和其他原料的混合液，B组为异氰酸酯，只要两组混合在一起，即起泡而生成泡沫塑料。

聚氨酯硬质泡沫塑料一般采用现场发泡，其施工方法有喷涂法和灌涂法两种。喷涂法施工就是用喷枪将混合均匀的液料喷涂于被保温物体的表面上，为避免垂直壁面喷涂时液料下滴，要求发泡的时间要快一点。灌涂法施工就是将混合均匀的液料直接灌注于需要成型的空间或事先安排好的模具内，经发泡膨胀而充满整个空间。为保证有足够的操作时间，要求发泡时间应慢一些。

施工操作应注意以下事项：

(1)聚氨酯硬质泡沫塑料不宜在气温低于 5 ℃的情况下施工,否则应将液料加热到 20 ~ 30 ℃。

(2)被涂物表面应清洁干燥,可以不涂防锈层。为便于喷涂和灌注后清洁工具和脱取模具,在施工前可在工具和模具内表面涂上一层油脂。

(3)调配聚醚混合液时,应随用随调,不宜隔夜,以防原料失效。

(4)异氰酸酯及其催化剂等原料均为有毒物质,操作时应戴上防毒面具、防毒口罩、防护眼镜、橡皮手套等防护用品,以免中毒和影响健康。

聚氨酯硬质泡沫塑料现场发泡工艺操作简单、方便,施工效率高,没有接缝,不需要任何支撑件,材料导热系数小,吸湿率低,附着力强,可用于 -100 ~ +120 ℃的环境温度。

五、设备保温

由于一般设备表面积大,保温层不容易附着,所以设备保温时要在设备表面焊制钉钩,并在保温层外设置镀锌钢丝网与钉钩扎牢,以帮助保温材料能附着在设备上。设备保温结构如图 4-53 所示。

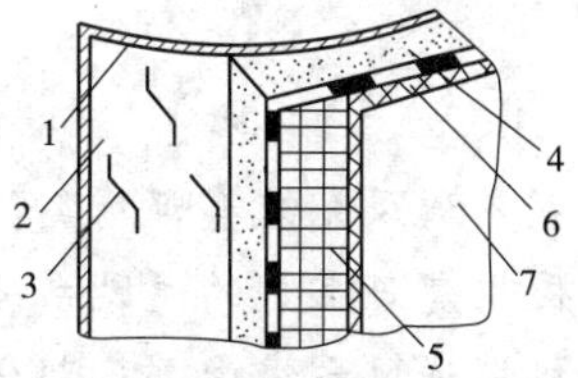

1—设备外壁;2—防锈漆;3—钉钩;4—保温层;5—镀锌钢板网;6—保护层;7—防腐层

图 4-53　设备保温结构

设备保温具体结构形式有湿抹式、包扎式、预制式和填充式等几种。

湿抹式保温适用于石棉硅藻土等保温材料。涂抹方式与管道涂抹法相同,涂抹完后罩一层镀锌钢丝网,钢丝网与钉钩扎牢。包扎式保温适用于半硬质板、毡等保温材料,施工时保温材料搭接应紧密,如图 4-54 所示。湿抹式保温和包扎式保温钉钩间距以 250 ~ 300 mm 为宜,湿抹式钉网布置如图 4-55 所示。预制式保温材料为各种预制块。保温时预制块与设备表面及预制块之间须用胶泥等保温材料填实,预制块应错缝拼接,并用钢丝网与钉钩扎牢固定。钉网布置如图 4-56 所示。

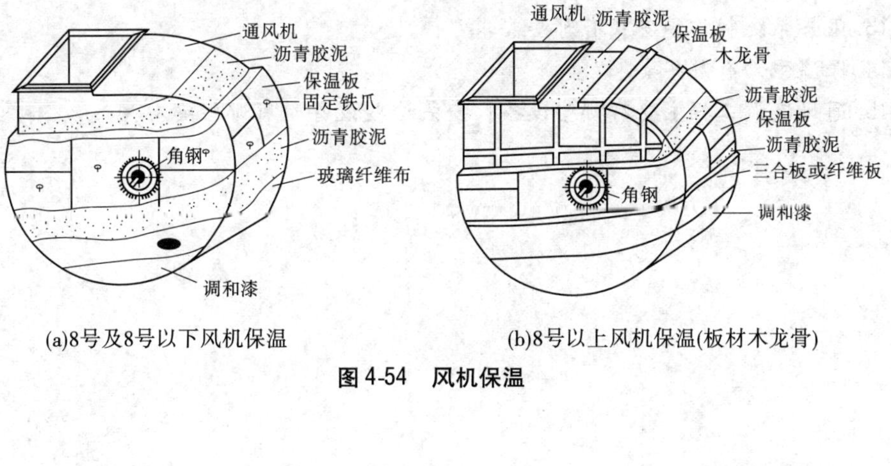

(a)8号及8号以下风机保温　　(b)8号以上风机保温(板材木龙骨)

图 4-54　风机保温

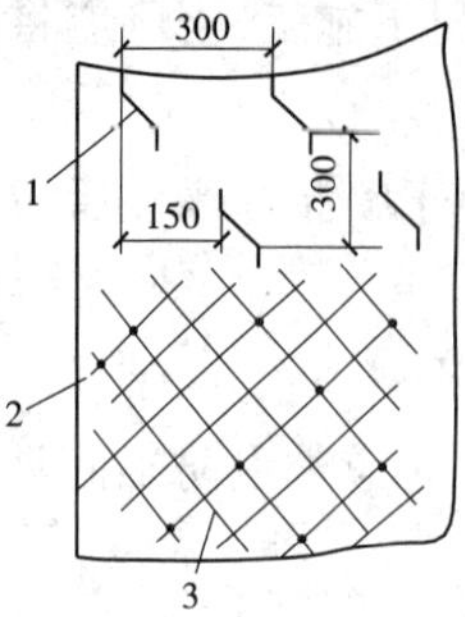

1—钉钩;2—绑扎镀锌钢丝;3—镀锌钢丝网

图 4-55　湿抹式钉网布置

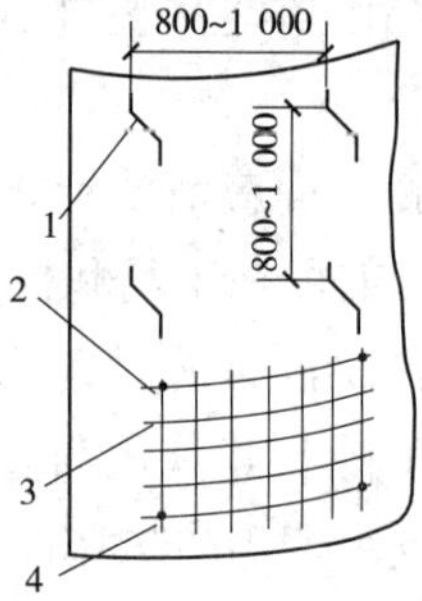

1—钉钩;2—钢丝扎环;3—镀锌钢丝;4—绑扎钢丝

图 4-56　预制式钉网布置

思考题

1. 室内通风系统有哪两类?

2. 民用建筑常见的通风系统有哪些?

3. 机械通风系统由哪几部分组成?

4. 空气调节系统有哪几种形式?

5. 通风空调常用材料有哪些?

6. 通风空调风管常用哪些材料? 各使用在什么场合?

7. 一份完整的建筑通风空调安装工程施工图应该包含哪些图纸? 通常应该按何种顺序识图?

8. 在进行平面图、系统图、大样图、剖面图识读时要注意什么问题?

9. 设计和施工说明是图纸的一部分吗? 它主要包含哪些内容?

10. 某些管线特别复杂的部位,除看平面图,还需要看哪些图纸?

11. 中央空调平面图识图时,最好按系统分别识图,一般平面图包含哪些系统?

12. 通风工程安装包含哪些内容?

13. 风管系统制作和安装有哪些要求?

14. 保温施工有哪些要求?

15. 通风空调工程主要有哪些设备? 安装这些设备时有哪些要求?

项目五　建筑变配电工程施工图的识读与安装

【能力目标】

1. 了解建筑变配电工程概述。
2. 熟悉建筑变配电工程各系统的作用及组成 。
3. 掌握建筑变配电工程的常用材料。
4. 掌握建筑变配电工程施工图的识读方法及安装工艺。

【任务驱动】

任务一　建筑变配电工程的基本知识

【任务导航】

本任务主要学习建筑通风空调工程系统的安装。

一、建筑变配电系统的组成

电能由发电厂产生,发电厂一般建在动力资源丰富的地方,通常与用电场所相距较远,这就需要把电能长距离地输送到用电场所,为了减少输送过程中的电能损失,一般把发电机发出的电压用变压器进行升压送至用户。而用户所使用的电压又是很低的,多数为380 V和220 V,所以又需要降压,甚至需要二次降压才能达到用户的要求。图5-1是从发电厂到用户的供电过程示意图。

这种由发电、变电、送配电和用电构成的一个整体,即电力系统。建筑供配电系统是电力系统的组成部分,以解决建筑物所需电能的供应和分配问题。

电力系统主要由以下部分组成。

(一)发电厂

发电厂是把其他形式的能量,如水能、太阳能、风能、核能等转换成电能的工厂。根据所利用的能量形式不同,发电厂可分为水力发电厂、火力发电厂、风力发电厂、核能发电厂、地热发电厂等。目前,我国发电厂多为水力发电厂和火力发电厂。

(二)变配电所

变配电所是接受电能、改变电能电压并分配电能的场所,主要由电力变压器与开关设备组成,是电力系统的重要组成部分。装有升压变压器的变电所叫升压变电所,装有降压变压器的变电所叫降压变电所。接受电能,不改变电压,并进行电能分配的场所叫配电所。

(三)电力网

电力网是指输送、变换和分配电能的网络,由输电线路和变配电所组成,分为输电网和配电网。

(1)输电网。由35 kV以上的输电线路和与其连接的变电所组成,其作用是将电能

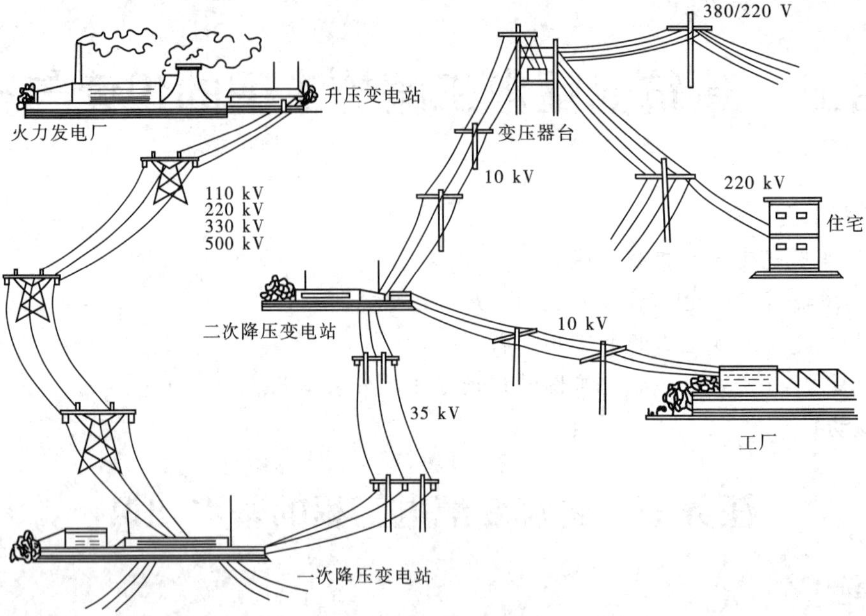

图 5-1　从发电厂到用户的供电过程示意

输送到各个地区的配电网或直接送给大型企业用户。

(2)配电网。由 10 kV 及以下的配电线路和配电变压器组成,其作用是将电能送给各类用户。一般将 3 kV、6 kV、10 kV 的电压称为配电电压。

建筑供配电线路的额定电压等级多为 10 kV 线路和 380 V 线路,并有架空线路和电缆线路之分。

(四)低压配电系统

低压配电系统由配电装置(配电盘)及配电线路组成。配电方式有放射式、树干式及混合式等,如图 5-2 所示。放射式配电的优点是各个负荷独立受电,因而故障范围一般仅限于本回路,线路发生故障需要检修时,放射式配电一般多用于对供电可靠性要求高的负荷或大容量设备。树干式配电的特点正好与放射式配电相反。一般情况下,树干式配电采用的开关设备较少,有色金属消耗量也较少,但干线发生故障时,影响范围大,因此供电可靠性较低。树干式配电在机加工车间、高层建筑中使用较多,可采用封闭式母线,灵活方便,也比较安全。在很多情况下往往采用放射式和树干式相结合的配电方式,亦称混合式配电。

二、供电电压等级及电力负荷分级

(一)我国电网电压等级

电力网的电压等级比较多,从输电的角度来讲,电压越高则输送的距离就越远,传输的容量越大,但电压越高,要求绝缘水平也相应提高,因而造价也越高。目前,根据我国国民经济发展的需要,技术经济上的合理性及电机电器制造工业的水平等因素,由国家颁布制定了我国电力网的电压等级主要有 0. 22 kV、0. 38 kV、3 kV、6 kV、10 kV、35 kV、110 kV、220 kV、330 kV、550 kV 等 10 级。其中,电网电压在 1 kV 及以上的电压称为高压,在 1 kV以下的电压称为低压。

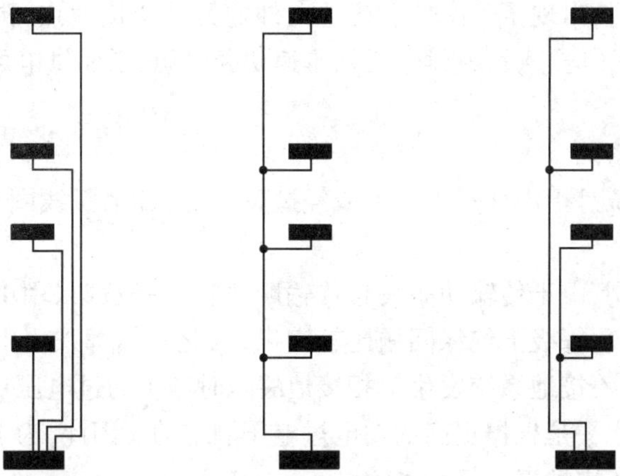

图 5-2　配电方式分类示意

（二）电力负荷分级及供电要求

在电力系统上的用电设备所消耗的功率称为用电负荷或电力负荷。根据电力负荷对供电可靠性的要求及中断供电在政治上、经济上所造成的损失或影响的程度，电力负荷分为如下三级。

1. 一级负荷

一级负荷指中断供电将造成人身伤亡的负荷，如医院急诊室、监护病房、手术室等处的负荷；中断供电将在政治、经济上造成重大损失的负荷；中断供电将影响有重大政治、经济意义的用电单位的正常工作的负荷，如重要交通枢纽、重要通信枢纽、重要宾馆、大型体育场馆、经常用于国际活动的大量人员集中的公共场所等用电单位中的重要负荷。

2. 二级负荷

二级负荷指中断供电将在政治、经济上造成较大损失的负荷，中断供电将影响重要用电单位的正常工作的负荷。

3. 三级负荷

三级负荷为一般的电力负荷，不属于一、二级负荷者为三级负荷。

在一个工业企业或民用建筑中，并不一定所有用电设备都属于同一等级的负荷，因此在进行系统设计时应根据其负荷级别分别考虑。

三级负荷对电源无特殊要求，一般以单电源供电即可。但在条件允许的情况下，应尽量提高供电的可靠性和连续性。

三、电力系统的中性点运行方式

（一）供配电系统中性点运行方式

供配电系统的中性点是指星形联结的变压器或发电机绕组的中间点。所谓系统的中性点运行方式，是指系统中性点与大地的电气联系方式，或简称系统中性点的接地方式。

1. 中性点接地系统

中性点接地系统就是中性点直接接地或经小电阻接地的系统，也称大接地电流系统。

这种系统中一相接地时，出现了除中性点接地点外的另一个接地点，构成了短路回路，接地故障相电流很大，为了防止设备损坏，必须迅速切断电源，因而供电可靠性低，易发生停电事故。

2. 中性点不接地系统

中性点不接地系统是指中性点不接地或经过高阻抗（如消弧线圈）接地的系统，也称小接地电流系统。

对于高压输配电网，由于传输功率大且传输距离长，一般都采用110 kV及以上的电压等级，在这样高的电压等级下绝缘问题比较突出，因此一般都采用中性点接地系统；而在中压系统中，中性点不接地系统发生单相接地故障时产生的过电压对绝缘的威胁不大，因为中压系统的绝缘水平是根据更高的雷电过电压制定的。因此，为了提高供电可靠性，中压系统较多地采用了中性点不接地系统。

对于1 kV以下的低压配电系统，中性点运行方式与绝缘的关系已不是主要问题，这时中性点运行方式主要取决于供电的可靠性和安全性。因此，1 kV以下的低压配电系统采用中性点接地系统。

（二）低压配电系统接地的形式

低压配电系统接地的形式根据电源端与地的关系、电气装置的外露可导电部分与地的关系分为TN系统、TT系统、IT系统，其中TN系统又分为TN－S、TN－C、TN－C－S系统。

以拉丁文字做代号形式的意义为：

第一个字母表示电源与地的关系。T表示电源有一点直接接地，I表示电源端所有带电部分不接地或有一点通过阻抗接地。

第二个字母表示电气装置的外露可导电部分与地的关系。N表示电气装置的外露可导电部分与电源端有直接电气连接；T表示电气装置的外露可导电部分直接接地，此接地点在电气上独立于电源端的接地点。

1. TN系统

根据国家标准《供配电系统设计规范》（GB 50052—2009）规定：TN电力系统有一点直接接地，电气设施的外露可导电部分用保护线与该点连接。

按中性线与保护线的组合情况，TN系统有以下三种形式：

（1）TN－S系统。如图5-3所示，整个系统的中性线和保护线是分开的。

（2）TN－C系统。如图5-4所示，整个系统的中性线和保护线是合一的。

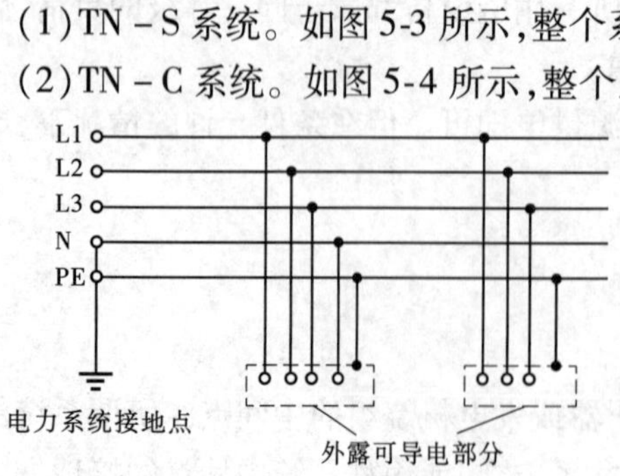

图5-3　TN－S系统

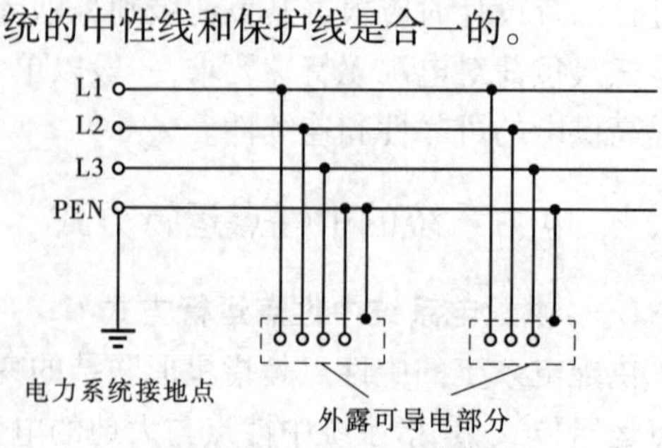

图5-4　TN－C系统

（3）TN－C－S系统。如图5-5所示，系统中有一部分中性线和保护线是合一的。

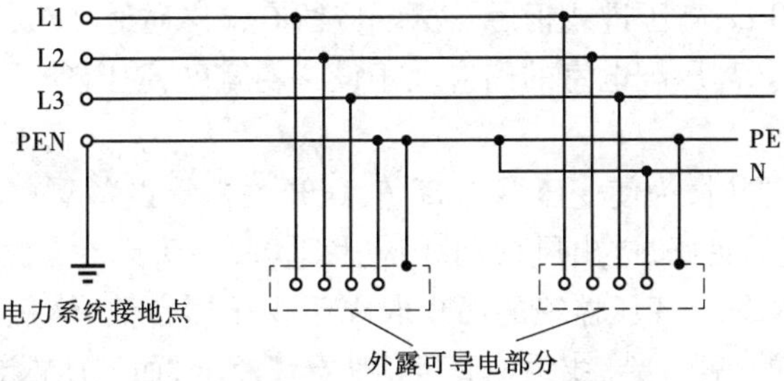

图 5-5 TN－C－S 系统

2. TT 系统

TT 系统有一个直接接地点，电气设施的外露可导电部分接至电气上与电力系统的接地点无关的接地极，如图 5-6 所示。

3. IT 系统

IT 系统的带电部分与大地间不直接连接，而电气设施的外露可导电部分则是接地的，如图 5-7 所示。

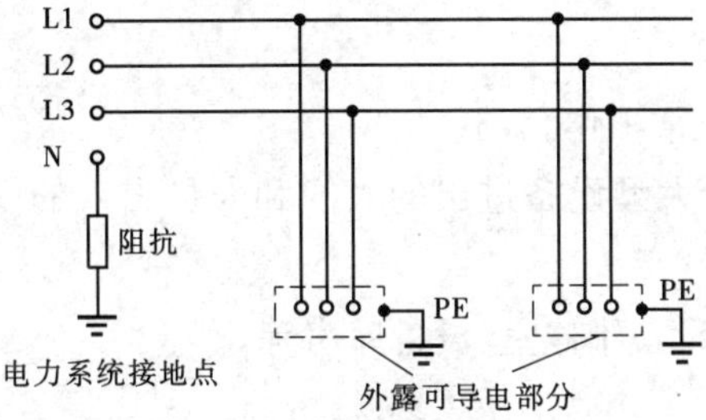

图 5-6 TT 系统

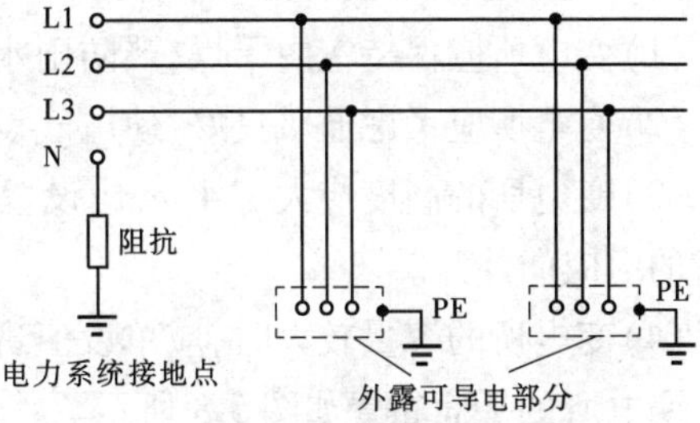

图 5-7 IT 系统

4. 重复接地

为确保公共 PE 线或 PEN 线安全可靠，除在电源中性点进行工作接地外，专用保护线 PE（或 PEN 线）上一处或多处通过接地装置再次与大地相连接称为重复接地。

重复接地在降低漏电设备对地电压、减轻公共 PE 线或 PEN 线断线的危险性、缩短故障时间、改善防雷性能等方面起着重要作用。

四、室内变电所的布置

（一）变电所的形式

变电所的形式有独立式、附设式、杆上式或高台式、成套式。附设式变电所又分为内附式和外附式。

（二）变电所的布置

10 kV 变电所一般由高压配电室、变压器室和低压配电室三部分组成。

1. 高压配电室

高压配电室内设置高压开关柜，柜内设置断路器、隔离开关、电压互感器、母线等。高压配电室一般设有高压进线柜、计量柜、电容补偿柜、馈线柜等。高压进线柜前留有巡检操作通道，应大于1.8 m；高压进线柜后及两端应留有检修通道，应大于1 m。高压配电室的高度应大于2.5 m。高压配电室的门应大于设备的宽度，应向外开。

2. 变压器室

当采用油浸变压器时，为使变压器与高、低压开关柜等设备隔离，应单独设置变压器室。变压器室要求通风良好，进出风口面积应达到0.5～0.6 m^2。对于设在地下室内的变电所，可采用机械通风。变压器室的面积取决于变压器台数、体积，还要考虑周围的维护通道。10 kV以下的高压裸导线距地高度应大于2.5 m，而低压裸导线要求距地高度大于2.2 m。

3. 低压配电室

低压配电室应靠近变压器室，低压裸导线（铜母排）架空穿墙引入。低压配电室有进线柜、仪表柜、配出柜、低压补偿柜（采用高压电容补偿的可不设）等。低压配电室配出回路多，低压开关数量也多。低压配电室的面积取决于低压开关柜数量，柜前应留有巡检通道（大于1.8 m），柜后应留有维修通道（大于0.8 m）。低压开关柜有单列布置和双列布置（柜数量较多时采用）等。

变电所的建设还应满足以下条件：

（1）变电所应保持室内干燥，严防雨水进入。

（2）变电所应考虑通风良好，使电气设备正常工作。

（3）变电所的高度应大于4 m，应设置便于大型设备进出的大门和人员出入的门，且所有的门应向外开。

（4）变电所的容量较大时，应单设值班室、设备维修室、设备库房等。

变电所的平面布置如图5-8所示。

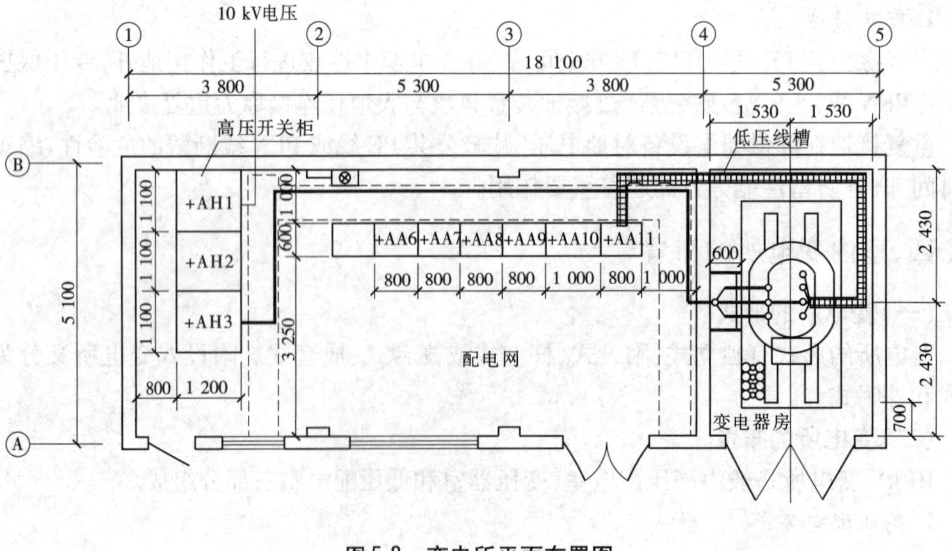

图5-8　变电所平面布置图

任务二 建筑变配电工程施工图的识读

【任务导航】

本任务主要学习建筑变配电工程施工图的识读。

一、建筑变配电工程施工图识读的基本知识

(一)常用高压电气设备

常用的高压一次电气设备有高压隔离开关、高压断路器、高压负荷开关、高压熔断器、高压开关柜、避雷器和互感器等。

1. 高压隔离开关

高压隔离开关的作用主要是隔断高压电源,并造成明显的断开点,以保证其他电气设备安全进行检修。因为高压隔离开关没有专门的灭弧装置,所以不允许带负荷分闸和合闸。

按安装地点不同,高压隔离开关分为户内式和户外式两大类。GN19 - 10/600 型户内高压隔离开关的外形如图 5-9 所示。它的型号含义如下:G 代表隔离开关,N 代表户内式,19 代表设计序号,10 代表额定电压(kV),600 代表额定电流(A)。

2. 高压断路器

高压断路器具有相当完善的灭弧结构和足够的断流能力。它的作用是接通和切断高压负荷电流,并在严重的过载和短路时自动跳闸,切断过载电流和短路电流。

按采用的灭弧介质不同,高压断路器分为少油断路器、气体断路器(如 SF6)和真空断路器等。一般 6 ~ 10 kV 的户内高压配电装置中都采用少油断路器。SN10 - 10/1000 型高压少油断路器的外形结构图如图 5-10 所示。它的型号含义如下:S 代表少油断路器,N 代表户内式,10 代表设计序号,10 代表额定电压(kV),1000 代表额定电流(A)。

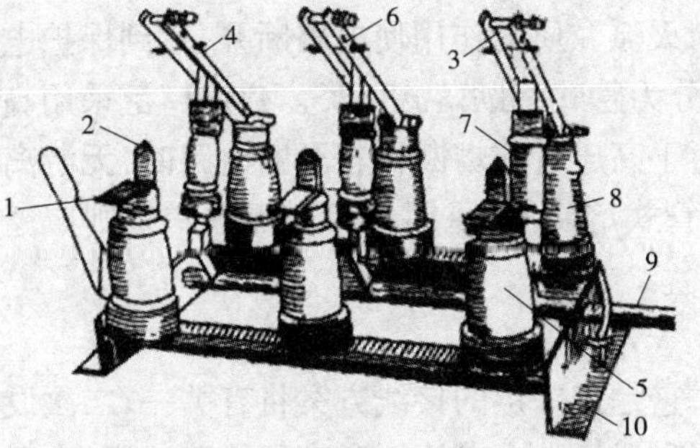

1—连接板;2—静触头;3—接触条;4—夹紧弹簧;
5、8—支持瓷瓶;6—镀锌钢片;7—拉杠绝缘子;
9—传动主轴;10—底架

图 5-9 GN19 - 10/600 型户内高压隔离开关

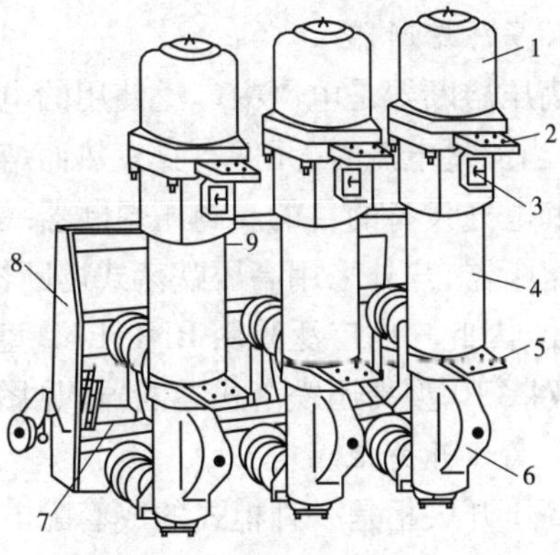

1—上帽;2—上出线座;3—油标;4—绝缘筒;
5—下出线座;6—基座;7—主轴;
8—框架;9—断路弹簧

图 5-10 SN10 - 10/1000 型高压少油断路器

3. 高压负荷开关

高压负荷开关是专门用在高压装置中接通和切断负荷电流，如装有热脱扣器，也可在过负荷情况下自动跳闸切断过负荷电流。高压负荷开关也分为户内式和户外式两大类。我国自行设计的 FN3 - 10RT 型户内压气式高压负荷开关如图 5-11 所示。它的型号含义如下：F 代表负荷开关，N 代表户内式，3 代表设计序号，10 代表额定电压（kV），R 代表带熔断器，T 代表带热脱扣器。

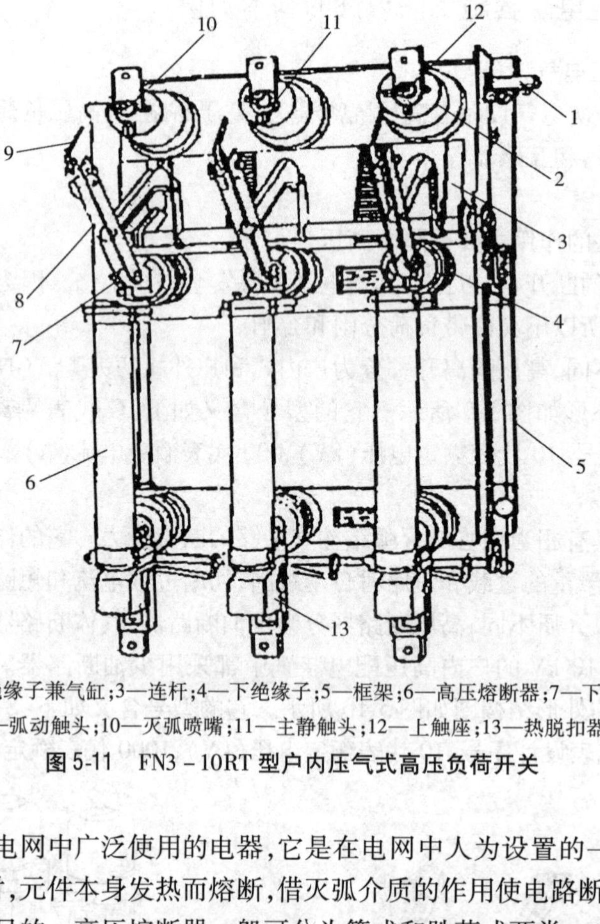

1—主轴；2—上绝缘子兼气缸；3—连杆；4—下绝缘子；5—框架；6—高压熔断器；7—下触座；8—闸刀；9—弧动触头；10—灭弧喷嘴；11—主静触头；12—上触座；13—热脱扣器

图 5-11　FN3 - 10RT 型户内压气式高压负荷开关

4. 高压熔断器

高压熔断器是电网中广泛使用的电器，它是在电网中人为设置的一个最薄弱的通流元件，当流过电流时，元件本身发热而熔断，借灭弧介质的作用使电路断开，达到保护电网线路和电气设备的目的。高压熔断器一般可分为管式和跌落式两类。户内广泛采用高压管式熔断器，户外采用高压跌落式熔断器。由于高压管式熔断器在开断电路时，无游离气体排出，因此户内广泛采用 RN1、RN2 型高压管式熔断器（见图 5-12），而在户外则广泛采用 RW4 - 10 型高压跌落式熔断器（见图 5-13）。

5. 高压开关柜

高压开关柜是一种柜式的成套配电设备，它是按一定的接线方案将有关一、二次设备组成成套的高压配电装置，在变电所中作控制和保护电力变压器和高压线路之用，也可作大型高压交流电动机的启动和保护之用。高压开关柜中安装有高压开关设备、保护电器、监测仪表和母线、绝缘子等。

我国现在大量生产和广泛使用的固定式高压开关柜主要有 GG - 10 型。这种开关柜采用新型开关器，柜内空间较大，便于检修，而且技术性能成熟。

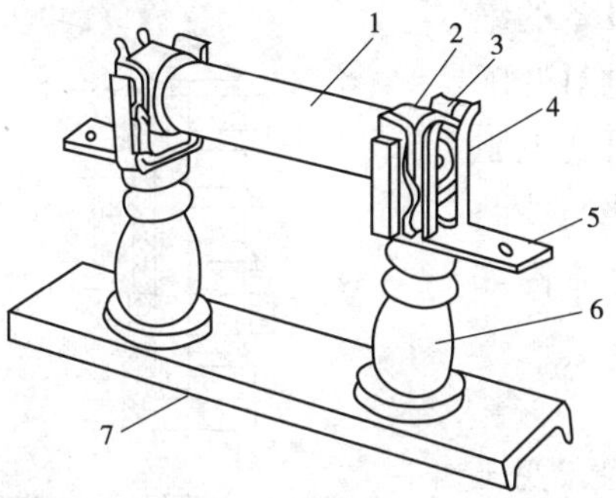

1—瓷熔管；2—金属管帽；3—弹性触座；4—熔断指示器；5—接线端子；6—瓷绝缘子；7—底座

图 5-12 RN2 型高压管式熔断器

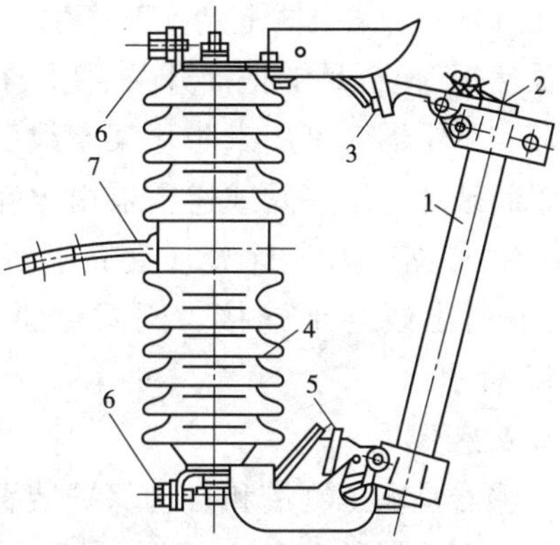

1—熔管；2—熔丝元件；3—上触头；4—绝缘瓷套管；5—下触头；6—端部螺栓；7—紧固板

图 5-13 RW4－10 型高压跌落式熔断器

GG－1A－07S 型高压开关柜的外形结构如图 5-14 所示。其符号含义为：G 代表高压开关柜，G 代表固定式，1A 代表设计序号，07 代表一次线路方案编号，S 代表手动主开关操作机构（D 电磁式，I 弹簧式）。

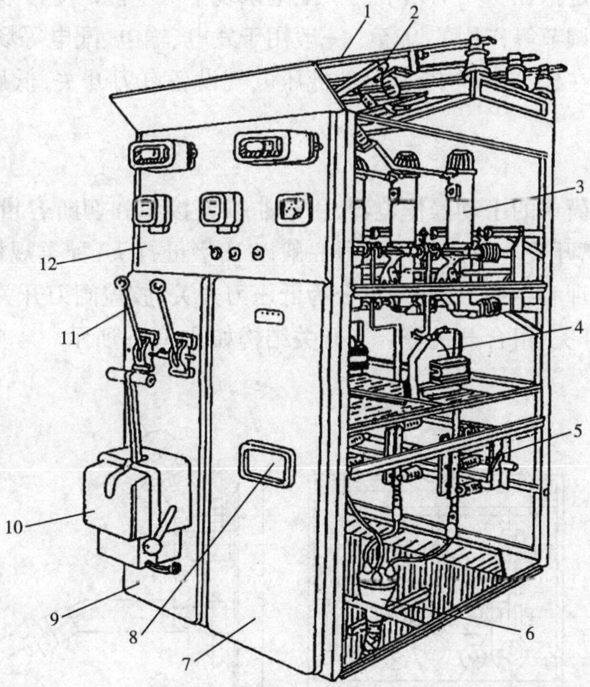

1—汇流排；2、5—高压隔离开关；3—高压断路器；4—电流互感器；6—电缆头；7—检修门；8—观察窗；9—操作面板；10—高压断路器操作机构；11—高压隔离开关操作机构；12—仪表、继电器板（兼检修门）

图 5-14 GG－1A－07S 型高压开关柜（已抽出右面的防护板）

6. 避雷器

在打雷时，架空线上会临时产生一个非常高的电压，时间虽然短，但也足够把油开关、变压器等电气设备的绝缘破坏。避雷器就是用来防止架空线引进的雷电对变配电装置起破坏作用。阀式避雷器由火花间隙和可变电阻两部分组成，密封于一个瓷质套筒里面，上面出线与线路连接，下面出线与地连接。阀式避雷器的外形结构如图 5-15 所示。

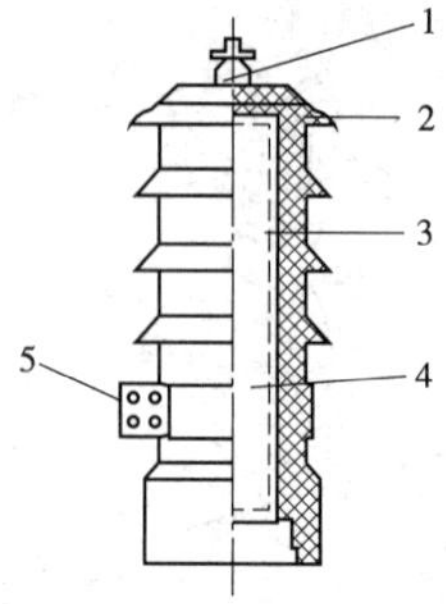

1—接线端；2—瓷套筒；3—火花间隙；4—阀型电阻片；5—安装卡子

图 5-15　阀式避雷器

7. 互感器

互感器是电工测量和自动保护装置使用的特殊变压器。使用互感器的目的：一是把测量回路和高压电网隔离，以利于确保工作人员的安全；二是扩大测量仪表的量程，可以使用小量程电流表测量大电流，用低量程电压表测量高电压，或者为高压电路的控制及保护装置提供所需的低电压或小电流。互感器按用途可分为电压互感器和电流互感器两类。

（二）常用低压电气设备

低压电气设备是指在 500 V 以下的供配电系统中对电能的生产、输送、分配与应用起转换、控制、保护与调节等作用的设备。一般用于发电、输电、配电等场所与电气传动和自动控制等设备中。在建筑工程中，常见的低压电气设备有刀开关、低压断路器、交流接触器、低压熔断器等。

1. 刀开关

刀开关是一种简单的手动操作电器，用于非频繁接通和切断容量不大的低压供电线路，并兼作电源隔离开关。刀开关的型号一般以 H 字母打头，种类规格繁多，并有多种衍生产品。按工作原理和结构，刀开关可分为低压刀开关、胶盖闸刀开关、刀形转换开关、铁壳开关、熔断式刀开关、组合开关等。刀开关结构如图 5-16 所示。

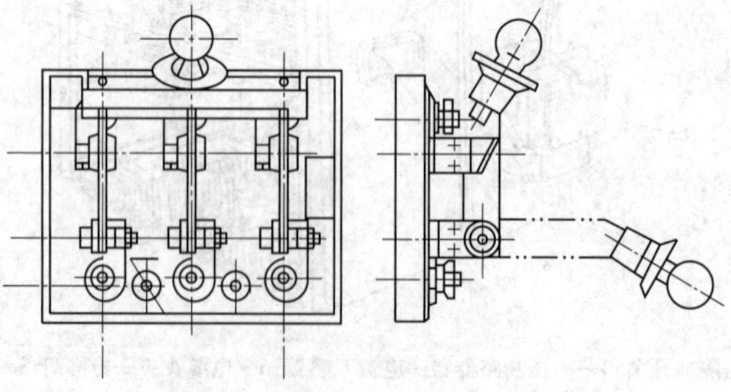

图 5-16　HD11、11B－100～400 刀开关

低压刀开关型号含义如下：

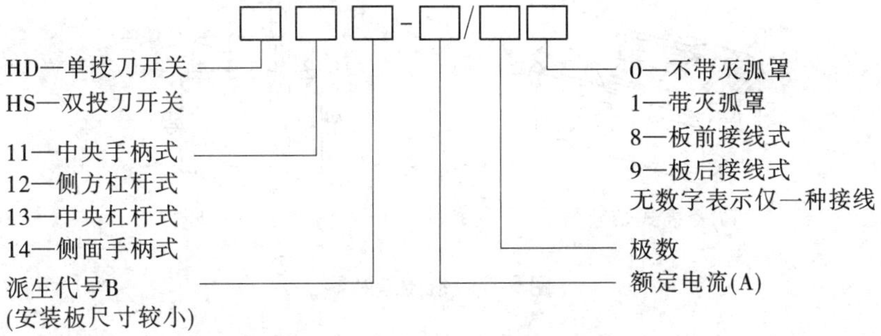

2. 低压断路器

低压断路器又称低压空气开关，或自动空气开关。低压断路器具有良好的灭弧性能，它能带负荷接通和切断电路，可以用于电路的不频繁操作，同时它又能提供短路、过负荷和失压保护，是低压供配电线路中重要的开关设备。

低压断路器按照用途可分为配电用断路器、电机保护用断路器、直流保护用断路器、发电机励磁回路用灭磁断路器、照明用断路器、漏电保护断路器等。按照分断短路电流的能力可分为经济型、标准型、高分断型、限流型、超高分断型等。

低压断路器的代号含义如下：

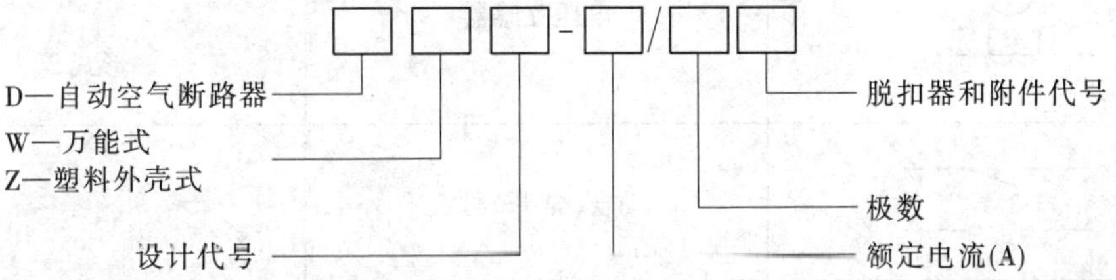

3. 交流接触器

接触器的工作原理是利用电磁吸力来使触头动作的开关，它可以用于需要频繁接通和切断操作的场合。按电流类型不同，接触器可分为直流接触器和交流接触器。在建筑工程中常用的是交流接触器。

4. 低压熔断器

低压熔断器是常用的一种简单的保护电器。主要作为短路保护用，在一定条件下也可能起过负荷保护的作用。当线路中出现故障时，通过的电流大于规定值，熔体产生过量的热而被熔断，电路由此被分断。低压熔断器常用的有瓷插式（RC1A）、密闭管式（RM10）、螺旋式（RL7）、填充料式（RT20）等多种类型。常用的低压熔断器外形如图 5-17 所示。

二、建筑变配电工程施工图的识读

建筑变配电工程常用的施工图有一次回路系统图、二次回路原理接线图、二次回路展开接线图、安装接线图及设备布置图。变配电系统图形符号如表 5-1 所示。

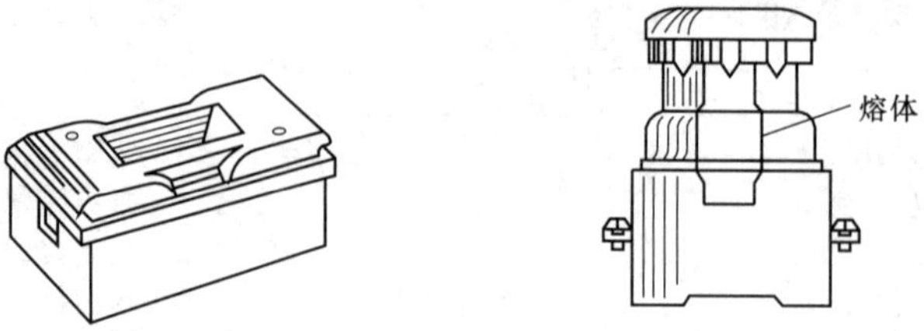

(a)瓷插式熔断器　　(b)螺旋式熔断器

图 5-17　低压熔断器

表 5-1　变配电系统图形符号

图形符号	文字说明	说明
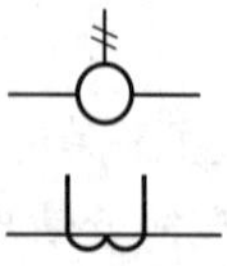	电流互感器 脉冲变压器	形式 1 形式 2
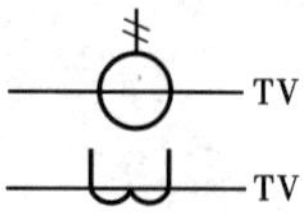	电压互感器	形式 1 形式 2
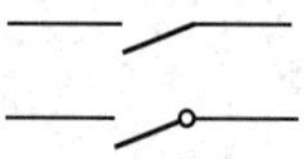	动合(常开)触点	
	断路器	
	隔离开关	
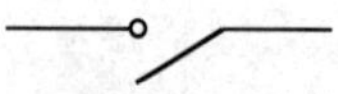	负荷开关	
	熔断器式开关	

(一)一次回路系统图

一次回路是通过强电流的回路。一次回路又称主回路,由于单线图具有简洁、清晰的特点,所以一次回路一般都采用单线图的形式。图 5-18 是以单线图表示的变电所一次回路系统图,从该系统图上可以清晰地看出,该变电所的一次回路是由三级高压隔离开关 GK、油断路器 YOD、两只电流互感器 LH_D 和 LH_C、电力变压器 B、自动开关 ZK 以及避雷器 BL 等组成的。图 5-18 中表明了各电气设备的连接方式,而未表示出各电气设备的安装位置。

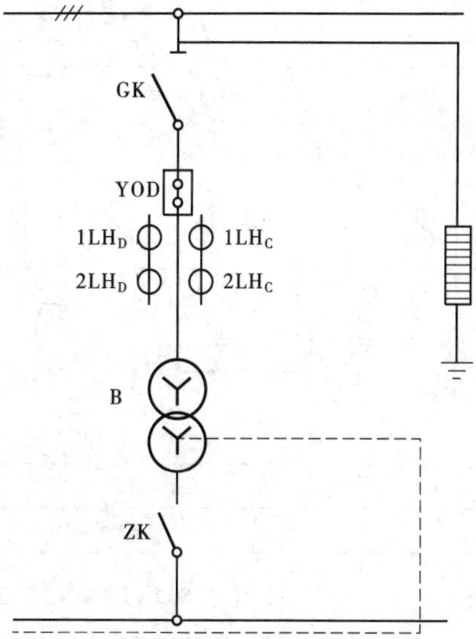

图 5-18　变电所一次回路系统图

（二）安装接线图

为了施工和维护的方便，在展开接线图的基础上，还应绘制安装接线图，用来表达电源引入线的位置，电缆线的型号、规格，穿管直径，配电盘（柜）的安装位置、型号及分支回路标号，各种电器、仪表的安装位置和接线方式。安装接线图是现场安装和配线的主要依据。安装接线图一般包括盘面布置图、盘背面接线图和端子排图等。

1. 盘面布置图

盘面布置图是加工制造盘、箱、柜和安装盘、箱、柜上电气设备的依据。盘、箱、柜上各个设备的排列、布置，是根据运行操作的合理性并适当考虑到维修和施工的方便而安排的。

2. 盘背面接线图

盘背面接线图是以盘面布置图为基础，以原理接线图为依据而绘制的接线图。它表明了盘上各设备引出端子之间的连接情况，以及设备与端子排间的连接情况，是盘上配线的依据。

3. 端子排图

端子排图是表示盘、箱、柜内需要装设端子排的图样。它反映端子排的数目、形式、排列次序、位置，以及它与盘、箱、柜上设备和盘、箱、柜外设备连接的情况。

三、变配电工程识读实例

图 5-19 为综合楼变配电高压系统图，图 5-20 为 10 kV 配网接线图，试对其进行识读。

母线规格		TMY 3×(60×6)							
主接线单线图 额定电压～10 kV		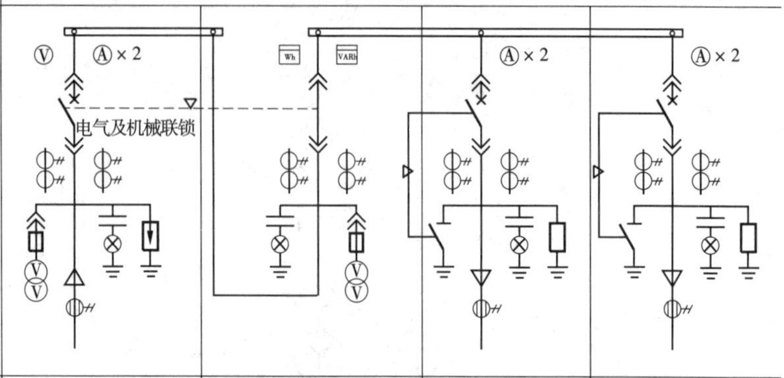							
高压开关柜编号		G1		G2		G3		G4	
高压开关柜型号		KYN－10							
高压开关柜外形尺寸 $W\times D\times H$		800×1 700×2 300							
柜内主要元件	型号	规格	数量	规格	数量	规格	数量	规格	数量
真空断路器	VS1	10/1250	1			10/630	1	10/630	1
电流互感器	LZZBJ9－10	300/5	2	300/5	2	150/5	2	150/5	1
电压互感器	LDZJ－10	10/0.1	2	10/0.1　0.2级	2				
零序电流互感器	LJY－10	300/5	1			150/5	1	150/5	1
高压熔断器	RN2－10	1A	3	1A	3				
接地开关	JN15－10						1		1
避雷器	HY5WS	17/50	3						
阻容吸收器	CS10－1						1		1
带电显示器	GSN－10		1		1		1		1
高压开关柜用途		进线		计量		出线1		出线2	
继电保护方式		速断，定时限过流，零序保护				速断，定时限过流，零序保护，温度发信，超温速断			
设备容量(kAV)		3 200				1 600		1 600	
计算电流(A)		185				92.4		92.4	
进出线电缆型号规格		YJV22－3×240				YJV22－3×95		YJV22－3×95	
保护管径/回路编号		电缆桥架敷设				电缆沟敷设/1B		电缆沟敷设/2B	
备注									

说明：

1. 地下室配电房高压电源由小区开关房引来，首层开关房施工图由供电部分负责。
2. 断路器采用VS1型户内高压真空断路器，其额定电压10 kV，断路器额定开断电流31.5 kA，开关柜采用上进线上出线。
3. 计量柜中设置如下计量：峰谷表、有功电度表、数据采集装置、断相稳时器。
4. 开关柜应装设“五防”装置，加装电磁感应门锁，计量柜的小车与进线开关柜的真空断路器装设电气及机械联锁，防止计量柜小车带负荷拉出。
5. 真空断路器采用220 V直流操作机构，操作及继电保护电源：选用一套20 Ah、220 V直流屏。
6. 二次线路定货时由厂家配套，继电保护设置及要求以当地供电部门为准，高压设备须由当地供电部门校验短路容量。
7. 本图仅作为方案，待供电公司审批后，再按供电公司意见修正或由供电公司提供。

图5-19　综合楼变配电高压系统图

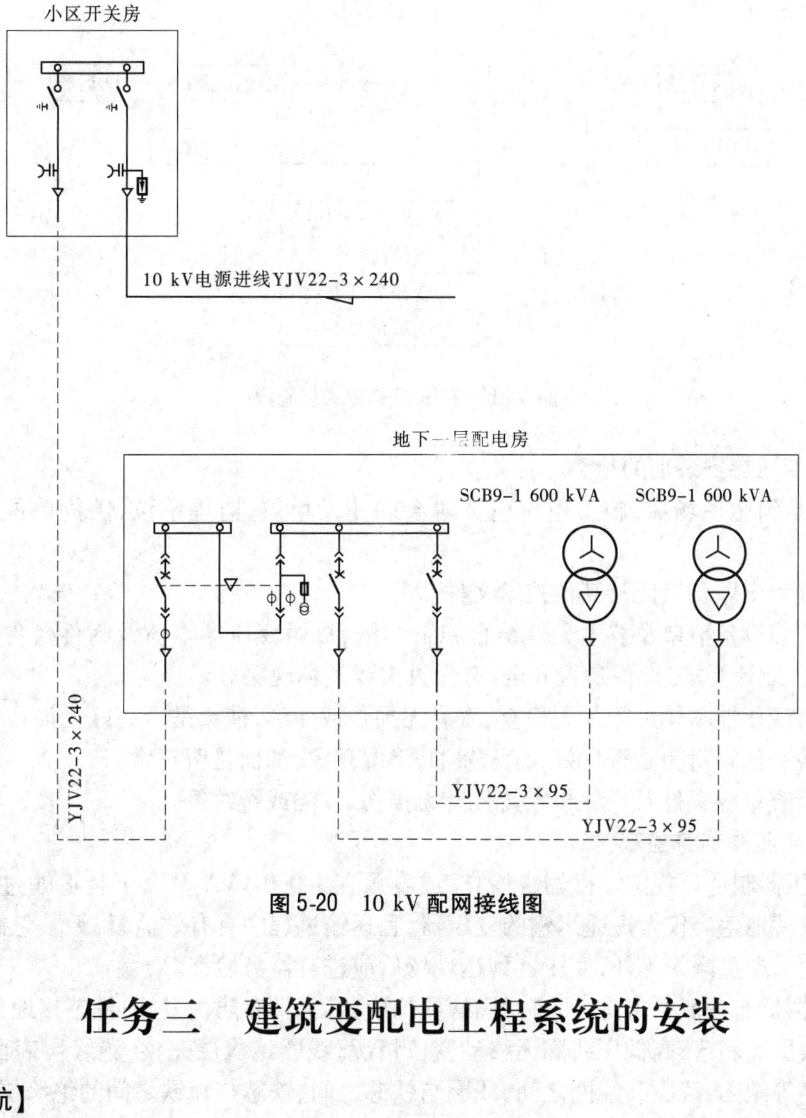

图5-20　10 kV配网接线图

任务三　建筑变配电工程系统的安装

【任务导航】

本任务主要学习建筑变配电工程系统的安装。

一、变压器的安装

变压器安装的工作内容，根据变压器容量的大小不同有所区别。一般容量在1 600 kVA以下的变压器多为整体安装，容量在3 150 kVA以上的变压器通常是解体运到现场，油箱和附件则分别安装。在施工中所碰到的10 kV配电变压器均为整体安装，其安装工艺流程如图5-21所示。

（一）变压器的搬运

变压器的一次搬运一般与制造厂协商进行。二次搬运，即施工现场对变压器的搬运，一般均采用起重运输机械。

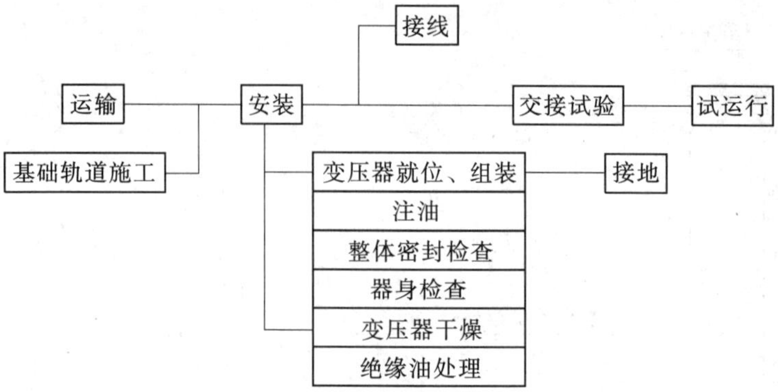

图 5-21　变压器安装工艺流程

(二)变压器安装前的检查

变压器到达现场后,施工单位应及时会同建设单位、监理单位、供货单位进行下列检查:

(1)查验出厂合格证及其他技术文件。

(2)按照设备清单及技术文件结合施工图纸,核对变压器本体及附件备件的规格型号是否符合设计要求,设备是否齐全,有无丢失或损坏现象。

(3)对变压器本体进行外观检查,看有无损伤或变形,油漆是否完好无损。

(4)检查油箱封闭是否良好,有无漏油、渗漏现象,油面是否正常。

(5)检查绝缘瓷件及环氧树脂铸件有无损伤、缺陷或裂纹等。

(三)变压器器身检查

除变压器制造厂规定不做器身检查,或容量在 1 000 kVA 及以下且运输过程中无异常情况,或就地生产仅做短途运输的变压器,且运输过程中有有效监督,无紧急制动、剧烈振动、冲撞或严重颠簸等外,变压器到达现场后应进行器身检查。

变压器器身一般要求是:所有紧固螺栓均应紧固,且有防松措施;铁芯接地良好,无变形,表面漆层无剥落;高低压线圈无移动变位情况,线圈绝缘层完整,绝缘层表面无变色、脆裂、击穿等缺陷;线圈与线圈之间、线圈与铁芯之间、铁芯与轭铁之间的绝缘层应完整无松动;引出线固定牢靠,接线正确,同时引出线与套管的连接要牢靠,接触良好;所有能触及到的穿心螺栓要连接紧固,穿心螺栓与铁芯及轭铁之间、铁芯与轭铁之间绝缘电阻应符合规范要求;所有油路应畅通,油箱底部清洁无油垢杂物,油箱内壁无锈蚀。

(四)变压器的干燥

新装油浸式电力变压器不需干燥的条件为:

(1)对于带油运输的变压器,绝缘油的电气强度测试和微量水分测试均应合格,检测绝缘电阻及吸收比应符合规定。

(2)对于充气运输的变压器,器身内的压力在出厂至安装前均保持正压;残油中微量水分不应大于 30×10^{-6};变压器注入合格绝缘油后,绝缘油电气强度及微量水分测试以及绝缘电阻应符合《电气装置安装工程电气设备交接试验标准》(GB 50150—2016)的规定。

（五）变压器油的处理

新安装变压器内部的绝缘油或补充用的新绝缘油，应取油样进行检验。凡不符合绝缘油标准要求的绝缘油，可换合格的新油或依据具体情况进行处理，例如，若机械杂质超标，可采用滤油机过滤；若水分导致电气绝缘强度试验下降，可在变压器干燥时排除水分，提高电气绝缘强度。

（六）就位安装

变压器经过上述一系列检查后，若无异常现象，即可进行就位安装。变压器就位安装的注意事项如下：

（1）严格控制变压器的安装定位位置。

（2）变压器基础的轨道应水平，轨道与轮距应配合。

（3）变压器就位时可用汽车吊进行吊装，也可使用三脚架和吊链起吊变压器。条件具备的，用行车和叉车就位最好。

（4）变压器就位时，应注意其方位和距墙尺寸应与图纸相符，允许误差为 ±25 mm，图纸无标注时，纵向按轨道定位，横向距离不得小于 800 mm，距门不得小于 1 000 mm，并适当兼顾屋内吊环的垂线位于变压器中心，以便吊心。

（5）变压器宽面推进时，低压侧应向门一侧；变压器窄面推进时，油枕侧应向门一侧。在装有开关的情况下，操作方向应留有 1 200 mm 以上的宽度。

（6）油浸式变压器的安装，应考虑能在带电的情况下便于检查油枕和套管中的油位、上层油温、瓦斯继电器等。

（7）装有滚轮的变压器，滚轮应能转动灵活，在变压器就位后，应将滚轮用能拆卸的制动装置加以固定。

（8）变压器的安装应采取抗振措施。稳装在混凝土地坪上的变压器安装如图 5-22 所示，由混凝土轨梁上且宽面推进的变压器安装如图 5-23 所示。

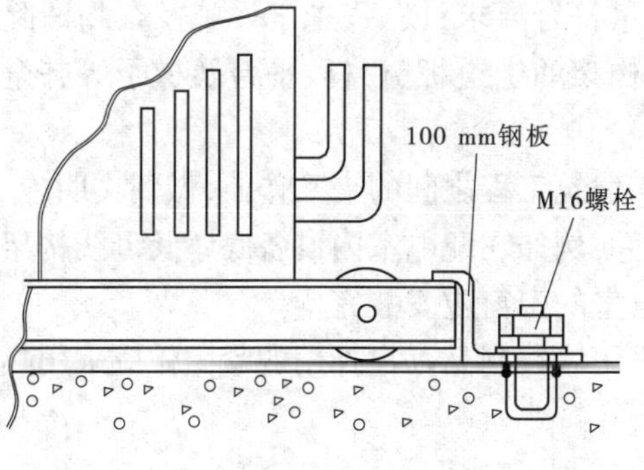

图 5-22　稳装在混凝土地坪上的变压器

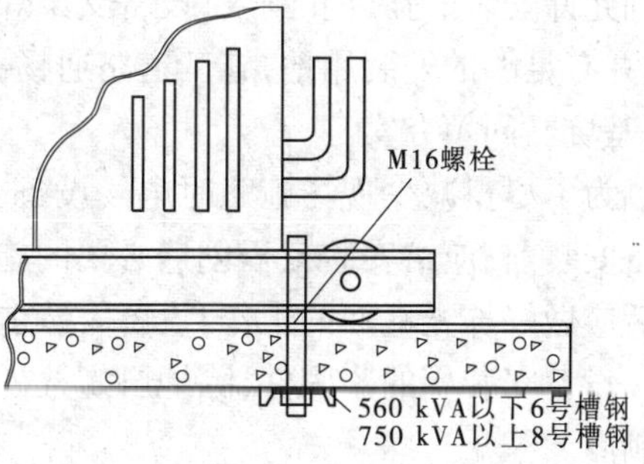

图 5-23　稳装在混凝土轨梁上且宽面推进的变压器

（9）在变压器的接地螺栓上接上地线。如果变压器的接线组别是 Y/Y，则还应将接地线与变压器低压侧的零线端子相连。变压器基础轨道也应和接地干线相连。接地线的材料可用铜绞线或扁钢，其接触处应搪锡，以免锈蚀，并应连接牢固。

（10）装接高、低压母线。母线中心线应与套管中心线相符。

（七）通电试运行前的检查

变压器试运行前，必须由质量监督部门检查合格，确认符合试运行条件时方可进行变压器送电试运行。变压器安装应注意的质量问题及防治措施如表5-2所示。

表5-2 变压器安装应注意的质量问题及防治措施

序号	易产生的质量问题	防治措施
1	铁件焊渣清理不净，除锈不净，刷漆不均匀，有漏刷现象	加强工作责任心，做好工序搭接的自检互检
2	防地震装置安装不牢	加强对防地震的认识，按照工艺标准进行施工
3	变压器一、二瓷套管损坏	瓷套管在变压器搬运至安装完毕时应加强保护
4	变压器中性点、零线及中性点接地线，不分开敷设	认真学习北京地区安装标准，参照电气施工图册
5	变压器一、二次引线，螺栓不紧，压按不牢。母带与变压器连接间隙不符合规范要求	提高质量意识，加强自检、互检，母带与变压器连接时应锉平
6	变压器附件安装后，有渗油现象	附件安装时，应垫好密封圈，螺栓应拧紧

二、高压电器的安装

（一）高压电器安装基本要求

设备安装前，建筑工程屋顶、楼板应施工完毕，不得渗漏；室内地面基层施工完毕，并在墙上标出地面标高；在配电室内，设备底座及母线的构架安装后，做好抹光地面的工作；配电室的门窗安装完毕；预埋件及预留孔符合设计要求，预埋件牢固；进行装饰时有可能损坏已安装的设备或设备安装后不能再进行装饰的工作应全部结束；混凝土基础及构架达到允许安装的强度和刚度，设备支架焊接质量符合要求；模板、施工设施及杂物清除干净，并有足够的安装用地，施工道路通畅；高层构架的走道板、栏杆、平台及梯子等齐全牢固；基坑已回填夯实。

为了尽量减少现场施工时电气设备安装和建筑工程之间的交叉作业，做到文明施工，设备安装前，应给安装工程创造必要的施工条件，例如在配电室内设备底座及母线构架安装后应做好抹光地面的工作；设备安装前，配电室的门窗应安装完毕。

设备安装用的紧固件，除地脚螺栓外，应采用镀锌制品。户外用的紧固件应采用热镀锌制品。

（二）空气断路器安装

在建筑设备安装工程中，额定电压为3～500 kV的高压空气断路器在进行设备安装前应注意对设备进行检查。首先空气断路器到达现场后，灭弧室、储气筒等应密封良好。环氧玻璃钢导气管和绝缘拉杆等应置于室内保管，不得变形。设备及其瓷件应安置稳妥，不得损坏。

（1）空气断路器及其附件安装前，检查外表应完好，无影响其性能的损伤。

(2)空气断路器基础的中心距离及高度的误差不应大于10 mm。预留孔或预埋铁板中心线的误差不应大于10 mm,预埋螺栓一般均由安装部门自行埋设,在二次灌浆时可仔细调整到2 mm误差范围以内,以利于设备的安装。

(3)空气断路器的安装应在无雨雪及无风沙天气下进行,部件的解体检查宜在室内或棚内进行。

(4)空气断路器底座的安装应符合下列要求:底座应安装稳固,三相底座相间距离误差不应大于5 mm。支持瓷套的法兰面应水平;三相联动的空气断路器,其相间瓷套法兰面宜在同一水平面上。储气筒内部应无杂物,并应用压缩空气吹净或吸尘器除净。

(三)油断路器的安装与调整

同空气断路器一样,安装前应对油断路器进行解体检查。但电气装置安装工程高压电器施工及验收规范中规定:制造厂规定不作解体且有具体保证的10 kV少油断路器可进行抽查。

弹簧或油缓冲器是断路器操作时起缓冲作用的重要部件,跳闸时的冲力高达几吨,因此安装时,油缓冲器内应注以干净的油,油的规格及注入油位应符合产品的技术要求。油断路器应根据安装时的气温来确定油标的油位,避免油位过高或过低。

安装调整时,应配合调试进行的检查项目,其中包括分、合闸速度等的调整。安装完毕后,油断路器应先进行慢分、合操作,以便检查其动作是否正常,安装是否正确,如发现问题,也可随时停止检查并加以排除。如一开始就进行快速分、合闸操作,则可能会发生意外损伤设备。

安装调整完毕注油后,取油样做耐压试验时,往往不合格而反复注油。因此,应先将油箱及内部绝缘件用合格的绝缘油冲洗干净,最好将油加热后进行热油循环。有的施工单位将热油从断路器底部的放油阀注油并循环几遍,效果较好。

(四)真空断路器安装

真空断路器技术条件中规定,真空断路器应在防潮、防霉、无腐蚀性气体的室内保管。在保管时应注意,灭弧室不能重叠存放,以免损坏,并应定期进行检查。

真空断路器安装与调整比其他断路器容易,包括对触头开距、超行程、合闸时外触头弹簧高度及油缓冲器等进行调整,手动慢合、分闸操作等。灭弧室的真空度,目前采用电气耐压的间接测定方法。在导电回路中应对导电杆、可挠铜片、接线端子重点检查,当可挠铜片有损坏时应采取措施。

(五)隔离开关、负荷开关及高压熔断器安装

高压隔离开关安装程序如图5-24所示。

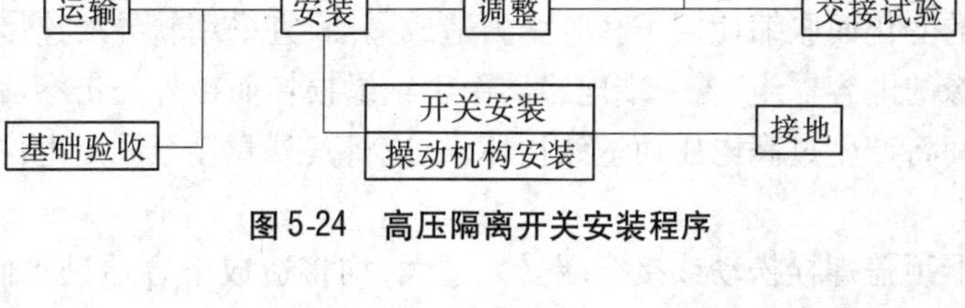

图5-24 高压隔离开关安装程序

隔离开关、负荷开关、高压熔断器安装时，应检查绝缘子是否有破损。以往发现有的隔离开关底座由于装配过紧和轴承缺少润滑脂而造成转动不灵，因此应对转动部分进行检查。

在室内同一隔墙的两面安装两组隔离开关时，往往共同使用一组双头螺栓固定，如其中一组隔离开关拆除，安装人员应注意不得使隔墙另一组隔离开关松动。

隔离开关应有防误操作的闭锁装置，不论是电气、电磁或机械闭锁装置均应动作灵活，正确可靠；安装在户外的闭锁装置应有防潮措施，以免影响电气回路的绝缘。

隔离开关及负荷开关的辅助开关应调整合适，以确保开关操作时动作可靠。

高压熔断器在安装时，应注意检查熔管、熔丝的质量及规格是否符合要求，并应按规定进行安装。

（六）避雷器安装

1. 阀式避雷器安装

多节组合的带串、并联电阻的阀式避雷器，安装时应进行选配，使同相各节的非线性系数互相接近，其差值应符合现行国家标准《电气装置安装工程电气设备交接试验标准》（GB 50150—2006）的规定，否则将影响整组避雷器的灭弧特性。

为了减少各连接处金属表面的接触电阻，其接触面应清拭干净，除去氧化膜和油漆，涂一层电力复合脂。因为电力复合脂与中性凡士林相比较，具有滴点高（200 ℃以上）、不流淌、耐潮湿、抗氧化、理化性能稳定、能长期稳定地保持低接触电阻等优点，故规定用电力复合脂取代中性凡士林。

阀式避雷器垂直安装时的中心线与避雷器安装点中心线的垂直偏差的允许值，不同型号、不同厂家的产品略有不同，故应按制造厂的要求进行调整，使之符合制造厂的规定。

拉紧绝缘子串既要紧固，又要求各串受力均匀，以免受到额外的应力。

2. 排气式避雷器安装

普通排气式避雷器或无续流避雷器，其间隙均经制造厂调好，不允许拆出芯棒进行调节，以免影响灭弧性能。普通排气式避雷器喷口处灭弧管的内径尺寸与灭弧性能有关，因此安装前必须检查其内径尺寸是否符合要求。

避雷器及其支架的安装必须牢固，以防止因受冲力而导致变形或移位。隔离间隙宜水平安装，这样可避免雨滴造成短路；其间隙轴线与避雷器管体轴线的夹角不应小于45°，以免引起管壁的外闪。

为防止外界杂物短接，制造厂把隔离间隙置于套管内，出厂时已将其调整好，安装时只需核对其尺寸是否符合规定即可。

（七）电容器安装

电容器端子的连接线，设计有规定时应按设计要求，若设计未作规定，考虑到硬母线将会由于温度的变化而胀缩使端子套管受力造成漏油，宜采用软导线连接。

凡与地绝缘的电容器组，若一端电容器由于绝缘损坏而被外壳击穿后，另一端电容器之一极与外壳间将产生过高电压而遭致损坏，故应将其外壳接至固定电位，以保护其不承受过高电压。

耦合电容器顶盖螺栓松动或接线端受力过大，均将造成电容器进水而引起损坏或发生运行事故，故特做出此项规定。

电容器安装完毕在交接验收时，应注意检查的项目及要求。

三、低压电器的安装

低压电器安装的工艺流程：

开箱→预留预埋→摆位→画线→钻孔→固定→配线→检查→测试→通电试验。

(一)低压电器的安装要求

低压电器及其操作机构的安装高度、固定方式，如设计无规定，可按下列要求进行：

(1)用支架或垫板(木板无绝缘板)固定在墙或柱子上。

(2)落地安装的电器设备，其底面一般应高出地面 50 ~ 100 mm。

(3)操作手柄中心距离地面一般为 1 200 ~ 1 500 mm，侧面操作的手柄距离建筑物或其他设备不宜小于 200 mm。

(4)成排或集中安装的低压电器应排列整齐，便于操作和维护。

(5)紧固的螺栓规格应选配适当，电器固定要牢固，不得采用焊接。

(6)电器内部不应受到额外应力。

(7)有防震要求的电器要加设减振装置，紧固螺栓应有防松措施，如加装锁紧螺母、锁钉等。

(二)刀开关安装

(1)刀开关应垂直安装在开磁板上(或控制屏、箱上)，并要使夹座位于上方。如夹座位于下方，如果支座松动，则在刀开关打开的时候，闸刀在自重作用下向下掉落而误动作，会造成严重事故。

(2)刀开关用作隔离开关时，合闸顺序为先合上刀开关，再合上其他用以控制负载的开关；分闸顺序则相反。

(3)严格按照产品说明书规定的分断能力来分断负荷，无灭弧罩的刀开关一般不允许分断负载，否则有可能导致稳定持续燃弧，使刀开关寿命缩短，严重的还会造成电源短路，开关烧毁，甚至发生火灾。

(4)刀片与固定触头的接触良好，大电流的触头或刀片可适量加润滑油(脂)；有消弧触头的刀开关，各相的分闸动作应迅速一致。

(5)双投刀开关在分闸位置时，刀片应能可靠地接地固定，不得使刀片有自行合闸的可能。

(三)直流母线隔离开关安装

(1)开关无论是垂直安装还是水平安装，刀片都应垂直在板面上；在混凝土基础上时，刀片底部与基础间应有不小于 50 mm 的距离。

(2)开关动触片与两侧压板的距离应调整均匀。合闸后，接触面应充分压紧，刀片不得摆动。

(3)刀片与母线直接连接时，母线固定端必须牢固。

(四)熔断器安装

(1)安装位置及相互间距应便于更换熔体；更换熔丝时，应切断电流，更不允许带负荷更换熔丝,并应换上相同额定电流的熔丝。

(2)有熔断指示的熔芯,其指示器的方向应装在便于观察侧。

(3)瓷质熔断器在金属底板上安装时,其底座应垫软绝缘衬垫。安装螺旋式熔断器时,应将电源线接至瓷底座的接线端,以保证安全。如是管式熔断器应垂直安装。

(4)安装应保证熔体和插刀以及插刀和刀座接触良好,以免因熔体温度升高发生误动作。安装熔体时,必须注意不要使它受机械损伤,以免减少熔体截面面积,产生局部发热而造成误动作。

(五)自动开关安装

(1)自动开关一般应垂直安装,其上下端导线接点必须使用规定截面的导线或母线连接。

(2)裸露在箱体外部,且易触及的导线端子应加绝缘保护。

(3)自动开关与熔断器配合使用时,熔断器应尽可能装在自动开关之前,以保证使用安全。

(4)自动开关使用前应将脱扣器电磁铁工作面的防锈油脂擦去,以免影响电磁机构的动作值。电磁脱扣器的整定值一经调好就不允许随意变动,而且要检查其弹簧是否生锈卡住,以免影响其动作。

(5)自动开关的操作机构安装:①操作手柄或传动杠杆的开、合位置应正确,操作力不应大于产品允许值。②电动操作机构的接线正确。在合闸过程中开关不应跳跃;开关合闸后,限制电动机或电磁铁通电时间的联锁装置应及时动作,使电磁铁或电动机通电时间不超过产品允许值。③触头接触面应平整,合闸后接触应紧密。④触头在闭合、断开过程中,可动部分与灭弧室的零件不应有卡阻现象。⑤有半导体脱扣装置的自动开关,其接线应符合相序要求,脱扣装置尖可靠。

(六)直流快速自动开关的安装

(1)开关极间中心距离及开关与相邻设备或建筑物的距离均不应小于500 mm,小于500 mm时,应加装隔弧板,隔弧板高度不小于单极开关的总高度。

在灭弧量上方应留有不小于1 000 mm的空间;无法达到时,应按开关容量在灭弧室上部200~500 mm高度处装设隔弧板。

(2)灭弧室内绝缘衬件应完好,电弧通道应畅通。

(3)有极性快速开关的触头及线圈,其接线端应标出正、负极性,接线时应与主回路极性一致。

(4)触头的压力、开距及分断时间等应进行检查,并符合出厂技术条件。

(5)开关应按产品技术文件进行交流工频耐压试验,不得出现击穿、闪络现象。

(6)脱扣装置必须按设计整定值校验,动作应准确、可靠。在短路(或模拟短路)情况下合闸时,脱扣装置应能立即自由脱扣。

(7)试验后,应安装触头表面与启动器。

(七)接触器与启动器安装

(1)安装前检查:

①电磁铁的铁芯表面应无锈斑及油垢,将铁芯板面上的防锈油擦净,以免油垢粘住造

成接触器断电不释放。触头的接触面应平整、清洁。

②接触器、启动器的活动部件应动作灵活，无卡阻；衔铁吸合后应无异常响声，触头接触紧密，断电后应能迅速脱开。

③检查接触器铭牌及线圈上的额定电压、额定电流等技术数据是否符合使用要求；电磁启动器热元件的规格应按电动机的保护特性选配；热继电器的电流调节指示位置，应调整在电动机的额定电流值上，如设计有要求，还应按规定值进行校验。

(2)安装时，接触器的底面与地面垂直，倾斜度不超过5°。CJ0系列接触器安装时，应使有孔的两面放在上下位置，以利散热，降低线圈的温度。

(3)自耦减压启动器的安装。

①启动器应垂直安装。

②油浸式启动器的油面不得低于标定的油面线。

③减压抽头(65%～80%额定电压)应按负荷的要求进行调整，但启动时间不得超过自耦减压启动器的最大允许启动时间。

④连续启动累计或一次起动时间接近最大允许启动时间时，应待其充分冷却后方能再启动。

(4)可逆电磁启动器防止同时吸合的联锁装置动作正确、可靠。

(5)星三角启动器，应在电动机转速接近运行转速时进行切换；自动转换的应按电动机负荷要求正确调节延时装置。

(八)接线

(1)按电器的接线端头标志接线。

(2)一般情况下，电源侧导线应连接在进线端(固定触头接线端)，负荷侧的导线应接在出线端(可动触头接线端)。

(3)电器的接线螺栓及螺钉应有防锈镀层，连接时，螺钉应拧紧。

(4)母线与电器连接时，接触面的要求应符合有关要求；连接处不同相母线的最小净距应不小于表5-3的规定。

表5-3　不同相母线的最小净距

额定电压 U(V)	最小净距(mm)
$U \leqslant 500$	10
$500 < U \leqslant 1\,200$	14

(5)胶壳闸刀开关接线时，电源进线与出线不能接反，否则更换熔丝时易发生触电事故。

(6)铁壳开关的电源进出线不能接反，60 A以上开关的电源进线座在上方，60 A以下开关的电源进线座在下方。外壳必须有可靠的接地。

(7)电阻器接线：

①电阻器与电阻元件间的连线应用裸导线，在电阻元件允许发热条件下，能可靠接触。

②电阻器引出线夹板或螺钉有与设备接线图相应的标号；与绝缘导线连接时，不应由

于接头处的温度升高而降低导线的绝缘强度。

③多层叠装的电阻箱，引出导线应用支架固定，但不可妨碍更换电阻元件。

（九）质量标准

低压电器安装工程质量检验评定标准见表5-4。

表5-4 低压电器安装工程质量检验评定标准

项别	项目		质量标准	检验方法	检查数量
保证项目	1	绝缘测量	绝缘测量和绝缘电阻值必须符合施工规范规定	实测或检查绝缘电阻测试记录	按不同类型抽查5台
	2	导线电器的导电接触面和母线连接的接触面	导电接触面、开关与母线连接处必须接触紧密，用0.05 mm×10 mm塞尺检查；线接触的塞不进去；面接触的接触面宽50 mm及其以上时，塞入深度不大于4 mm；接触面宽60 mm及其以上时，塞入深度不大于6 mm	实测和检查安装记录	按不同类型各抽查1~3台
基本项目	1	电器安装	合格：(1)部件完整，安装牢靠，排列整齐，绝缘器件无裂纹缺损；电器的活动接触导部分接触良好，触头压力符合电器技术条件；电刷在刷握内能上、下活动；集电环表面平整、清洁。 (2)电磁铁芯的表面无锈斑及油污，吸合、释放正常，通电后无异常噪声；注油的电器，油位正确，指示清晰，油试验合格，贮油部分无渗漏现象 优良：在合格基础上，电器表面整洁，固定电器的支架或盘、板平整，电器的引出导线整齐，固定可靠，电器及其支架油漆完整	观察和试通电检查，检查安装记录	按不同类型抽查5台（件）
	2	电器的操作机构安装	合格：动作灵活，触头动作一致，各联锁、传动装置位置正确可靠 优良：在合格基础上，操作时无较大振动和异常噪声，需润滑的部位润滑良好	观察和试操作检查	
	3	电器的引线焊接	合格：焊缝饱满，表面光滑，焊药清除干净，锡焊焊药无腐蚀性 优良：在合格基础上，焊接处防腐和绝缘处理良好，引线绑扎整齐，固定可靠	观察检查	抽查10处
	4	电器及其支架的接地（接零）支线敷设	合格：连接紧密、牢固，接地（接零）线截面选用正确，需防锈的部分涂漆均匀无遗漏 优良：在合格基础上，线路走向合理，色标准确，涂刷后不污染设备和建筑物		抽查5处

四、变配电系统调试

试验和调整是安装工程中最主要的环节。柜(盘)试验调整包括高压试验和二次控制回路试验调整。

(一)柜、屏、台的试验调整

1. 高压试验

高压试验应由当地供电部门许可的试验单位进行,试验应符合《电气装置安装工程 电气设备交接试验标准》(GB 50510—2016)的有关规定。

试验内容包括高压柜、母线、避雷器、高压瓷瓶、电压互感器、电流互感器、高压开关等。调整内容包括过流继电器调整、时间继电器调整、信号继电器调整及机械联锁调整。

2. 二次控制回路试验调整

二次回路是指电气设备的操作、保护、测量、信号等回路中的操动机构的线圈、接触器、继电器、仪表、互感器二次绕组等。

1)绝缘电阻测试

用500 V摇表在端子板处测试每条回路的绝缘电阻,绝缘电阻必须大于0.5 MΩ。二次回路如有晶体管、集成电路、电子元件,该部位的检查不准使用摇表测试,应使用万用表或自制对线灯测试回路是否接通。接通临时的控制电源和操作电源:将柜、盘内的控制、操作电源回路熔断器上端相线摘掉,接上临时电源。

2)交流耐压试验

试验电压为1 000 V。当回路绝缘电阻值在10 MΩ以上时,可采用2 500 V兆欧表代替,试验持续时间为1 min。48 V及以下回路可不做交流耐压试验。回路中有电子元器件设备的,试验时应将插件拔出或将两端短接。

3. 模拟试验

按图样要求,接通临时控制和操作电源,分别模拟控制,联锁、操作、继电保护和信号动作,应正确无误,灵敏可靠。

(二)送电运行验收

1. 送电前的准备工作

安装作业全部完毕,质量检查部门检查全部合格后着手组织试运行工作。明确试运行指挥者、操作者和监护人,明确职责和各项操作制度,准备好试验合格的验电器、绝缘靴、绝缘手套、临时接地编织铜线、绝缘胶垫、1211灭火器或干粉灭火器等。彻底清扫全部设备及变配电室、控制室的灰尘。用吸尘器清扫电气、仪表元件。清除室内杂物,检查母线上、设备上有无遗留下的工具、金属材料及其他物件。查验试验报告单,试验项目应全部合格,继电保护动作灵敏可靠,控制、联锁、信号等动作准确无误。

2. 送电

由供电部门检查合格后,将电源送进配电室,经过验电校相无误后,安装单位合进线柜开关送电,检查PT柜上电压表三相是否电压正常。

3. 校相

在低压联络柜内，在开关的上下侧（开关未合状态）进行同相校核。用电压表或万用表电压挡500 V，用表的两个测针分别接触两路的同相，此时电压表无读数，表示两路电同一相。用同样方法检查其他两相。

4. 验收

送电空载运行24 h无异常现象，办理验收手续，交建设单位使用。同时提交产品合格证、说明书、变更洽商记录、试验报告单等技术资料。工业项目在变配电交验后，经双方协商，由安装单位进行一段时间的保运。

思考题

1. 电力系统由哪几部分组成？各部分的作用是什么？
2. 低压配电系统的配电方式有哪些？各有什么特点？
3. 电力负荷的分级和供电要求是什么？
4. 供配电系统的中性点运行方式有哪些？如何选择？
5. 低压配电系统接地的形式有几种？如何选择？
6. 室内变电所的形式有哪些？如何布置？
7. 常用高压电气设备有哪些？
8. 常用低压电气设备有哪些？
9. 简述熔断器的工作原理。如何选用？
10. 简述建筑变配电工程施工图的种类和组成。如何识读？
11. 安装接线图的种类和特点是什么？
12. 变压器安装的工艺流程是什么？
13. 变压器干燥的方法有哪些？各有什么特点？
14. 高压电器安装的基本要求有哪些？
15. 试述隔离开关、负荷开关及高压熔断器的安装。
16. 低压电器安装的工艺流程是什么？
17. 低压电器的安装要求有哪些？
18. 变配电系统调试的内容和方法是什么？

项目六　建筑电气工程施工图的识读与安装

【能力目标】

1. 了解建筑电气工程概述。
2. 熟悉建筑电气工程的基本知识。
3. 掌握建筑电气工程的常用材料。
4. 掌握建筑电气工程施工图的识读方法及安装工艺。

【任务驱动】

任务一　建筑电气工程的基本知识

【任务导航】

本任务主要学习建筑电气工程的基本知识。

一、电气照明工程基础知识

照明是人们生活和工作不可缺少的条件，良好的照明有利于人们的身心健康，保护视力，提高劳动生产率及保证生产安全。照明又能对建筑进行装饰，发挥和表现建筑环境的美感，因此照明已经成为现代建筑的重要组成部分。

照明系统由照明装置及电气部分组成。照明系统的照明装置主要指灯具及其附件。照明系统的电气部分指照明配电盘、照明线路及其照明开关等。

电光源按发光原理分为热辐射光源和气体放电光源。

(1)热辐射光源。利用电流将灯丝加热到白炽程度而产生热辐射发光的一种光源。例如白炽灯和卤钨灯。

(2)气体放电光源。气体放电光源是利用气体处于电离放电状态而产生可见光的一种光源，常用的气体放电光源有荧光灯、霓虹灯、氙灯、钠灯、高压汞灯和金属卤化物灯等。

常见电光源如下所述。

(一)白炽灯

白炽灯由钨丝、支架、引线、玻璃泡和灯头等部分组成，如图6-1所示。

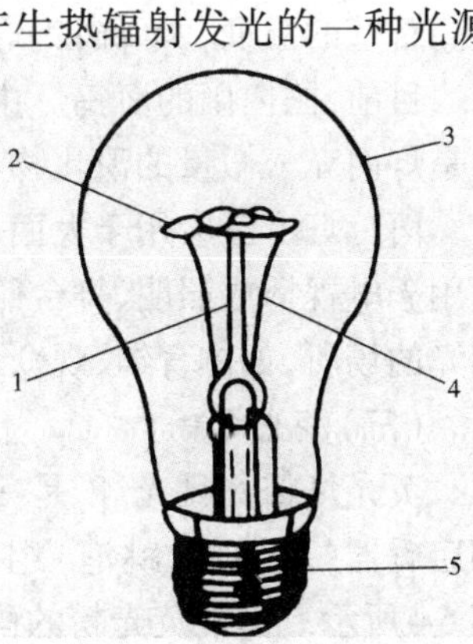

1—支架；2—钨丝；3—玻璃泡；
4—引线；5—灯头

图6-1　普通白炽灯结构示意

(二)卤钨灯

卤钨灯也属于热辐射光源，工作原理基本上与普通白炽灯一样，但结构上有较大的差别，最突出的差别就是卤钨灯灯泡内所填充的气体含有部分卤族元素或卤化物。

卤钨灯由钨丝、充入卤素的玻璃和灯头等构成。卤钨灯有双端、单端和双泡壳之分。图 6-2 是常用卤钨灯的结构示意。

图 6-2(a)所示为双端管状的典型结构，灯呈管状，功率为 100～2 000 W，灯管的直径为 8～10 mm，长 80～330 mm，两端采用磁接头，需要时在磁管内还装有保险丝。这种灯主要用于室内外泛光照明。

图 6-2(b)所示为单端引出的卤钨灯，这类灯的功率有 75 W、100 W、150 W 和 250 W 等多种规格，灯的泡壳有磨砂的和透明的，单端型灯头采用 E27。

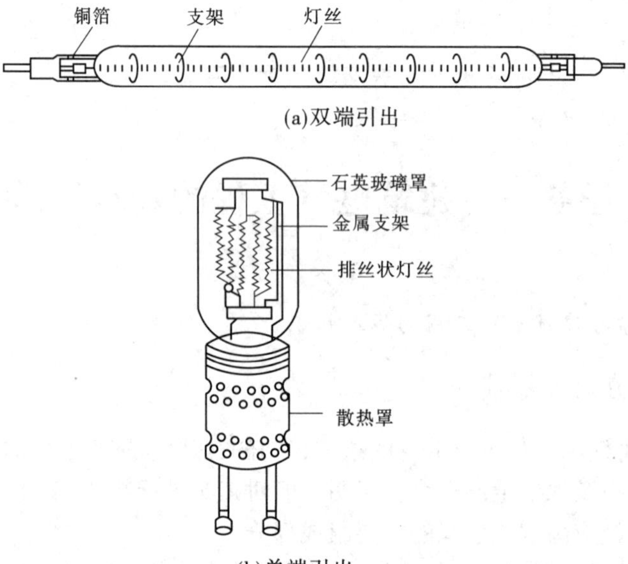

图 6-2　常见卤钨灯的结构示意

500 W 以上的大功率卤钨灯一般制成管状。为使生成的卤化物不附在管壁上，必须提高管壁的温度，所以卤钨灯的玻璃管一般用耐高温的石英玻璃或高硅氧玻璃制成。

目前，国内用的卤钨灯主要有两类：一类是灯内充入微量的碘化物，称为碘钨灯；另一类是灯内充入微量的溴化物，即为溴钨灯。

卤钨灯广泛应用于大面积照明及定向投影照明场所。例如，卤钨灯的显色性好，特别适用于电视播放照明、舞台照明以及摄影、绘图照明等；卤钨灯能够瞬时点燃，适用于要求调光的场所，如体育馆、观众厅等。

（三）荧光灯

荧光灯俗称日光灯，是一种低气压汞蒸气弧光放电光源。荧光灯由荧光灯管、镇流器和启辉器（启动器、跳泡）组成。荧光灯管的基本构造如图 6-3 所示，其典型的外形如图 6-4所示。由于荧光粉的配料不同，则发出可见光的光色不同。根据荧光粉的化学成分不同，可以产生的颜色有日光色、白色、蓝色、黄色、绿色、粉红色等。

荧光灯具有结构简单、制造容易、光色好、发光效率高、平均寿命长和价格便宜等优点，其发光效率比白炽灯高 3 倍，寿命可达 3 000 h。但是荧光灯在低温或者高温环境下启动困难，另外荧光灯由于有镇流器，功率因数较低，受电网电压影响很大，如果电网电压

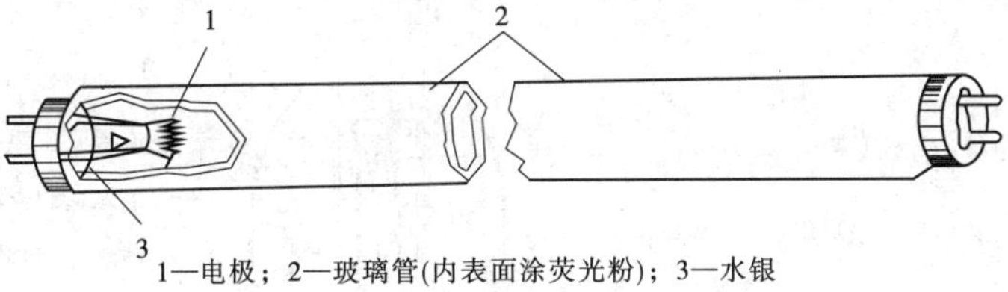

1—电极；2—玻璃管(内表面涂荧光粉)；3—水银

图 6-3　荧光灯管的基本构造

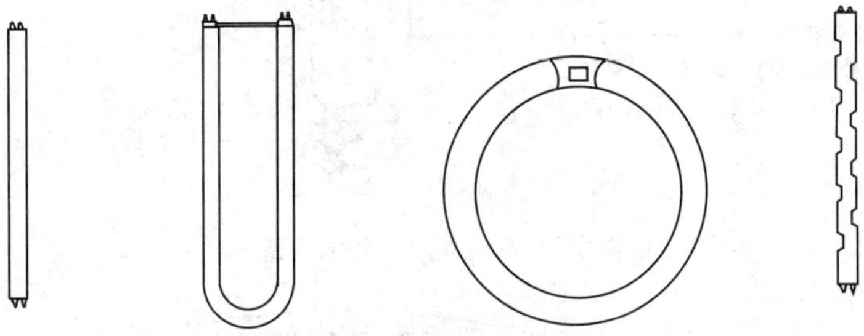

图 6-4　荧光灯管的四种典型外形

偏移太大，会影响光效和寿命，甚至不能启动。

荧光灯具有良好的显色性和光效，因此被广泛地应用于室内一般环境照明，如图书馆、教室、隧道、地铁、商店、办公室及其他对显色性要求较高的照明场所。开关频繁的室内场所以及室外不宜采用荧光灯。

（四）高压汞灯

高压汞灯的构造主要由灯头、石英密封电弧管和玻璃泡壳组成。高压汞灯的基本构造如图 6-5 所示。高压汞灯具有光效高、抗振性能好、耐热、平均寿命长、节省电能等优点，其有效寿命可达 5 000 h，但是存在尺寸较大、显色性差、不能瞬间点燃、受电压波动影响大等缺点。它主要用于街道、广场、车站、施工场所等不需要分辨颜色的大面积场所的照明。高压汞灯的光色呈蓝绿色，缺少红色成分，因而显色性差，照到树叶很鲜明，但照到其他物体上，就变成灰暗色，失真很大，故室内照明一般不采用。高压汞灯不宜在开关频繁和要求迅速点亮的场所使用。因为高压汞灯的再启时间较长，灯熄灭后，不能立刻再启动，必须等待冷却以后，一般为 5 ~ 10 min 后才能再次启动。

（五）高压钠灯

钠灯是利用钠蒸气放电发光的气体放电灯，按钠蒸气的工作压力分为高压钠灯和低压钠灯，现主要介绍高压钠灯。高压钠灯由灯头、玻璃外壳、陶瓷电弧管（电弧管）等组成，并且需外接镇流器。

高压钠灯的基本构造如图 6-6 所示。

高压钠灯具有发光效率高、寿命长、体积小、节省电能、紫外线辐射小、透雾性能好、抗振性能好等优点，平均寿命可达 5 000 h，但也存在着显色性能较差、启动时间长等缺点。

它适用于需要高亮度、高效率的大场所照明，如高大厂房、车站、广场、体育馆，特别是城市主要交通道路、飞机场跑道、沿海及内河港口城市的路灯照明。由于它不能瞬间点

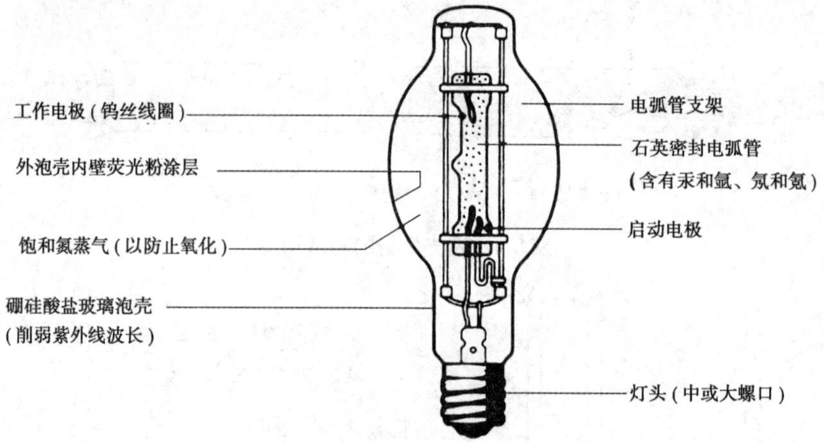

图 6-5　高压汞灯的基本构造

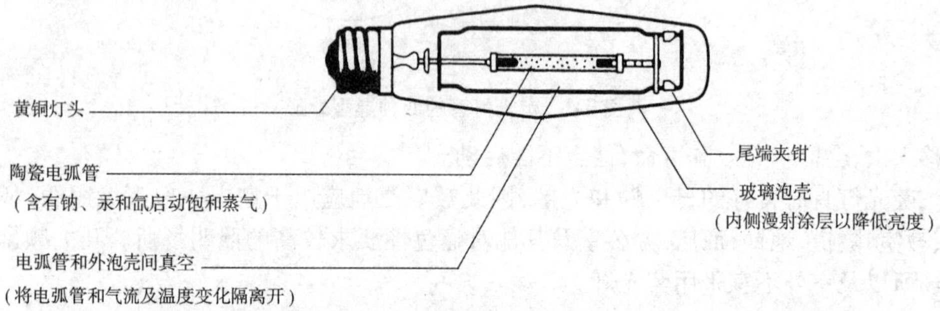

图 6-6　高压钠灯的基本构造

燃、启动时间长，故不宜作为事故照明灯之用。

二、建筑防雷接地的基本知识

（一）雷电的形成及其危害

雷电现象是自然界大气层在特定条件下形成的。雷电对建筑物及大地自然放电的现象称为雷击。雷击产生的破坏力极大，它对地面上的建筑物、电气线路、电气设备和人身都可能造成直接或间接的危害，因此必须采取适当的防范措施。

雷电的危害如下：

(1)直击雷就是雷云直接通过建筑物、地面设备或树木对地放电的过程。其后果在雷电危害的三种方式中最为严重。

(2)感应雷是附近有雷云或落雷所引起的电磁作用的结果，分为静电感应和电磁感应两种。

(3)雷电波侵入是由于架空线路或金属管道遭受直击雷或感应雷所引起的，雷云放电所形成的高电压将沿着架空线路或金属管道进入室内，破坏建筑物和电气设备。据调查统计，供电系统中由于雷电波侵入而造成的雷害事故，占整个雷害事故的 50% ~70%，因此对雷电波侵入的防护应予以足够的重视。

(二)建筑物防雷分类

建筑物防雷分类是根据建筑物的重要性、使用性质、发生雷电事故的可能性以及影响后果等来划分的。在建筑电气设计中,把民用建筑按照防雷等级分为三类。

(1)第一类防雷民用建筑物。具有特别重要用途和重大政治意义的建筑物,如国家级会堂、办公机关建筑,大型体育馆、展览馆建筑,特等火车站,国际性的航空港、通信枢纽,国宾馆、大型旅游建筑,国家级重点文物保护的建筑物,超高层建筑物。

(2)第二类防雷民用建筑物。重要的或人员密集的大型建筑物,如省、部级办公楼,省级大型的体育馆、博览馆,交通、通信、广播设施,商业大厦、影剧院,省级重点文物保护的建筑物,19 层及以上的住宅建筑和高度超过 50 m 的其他民用建筑。

(3)第三类防雷民用建筑物。建筑群中高于其他建筑物或处于边缘地带的高度为 20 m 以上的建筑物,在雷电活动频繁地区高度为 15 m 以上的建筑物;高度超过 15 m 的烟囱、水塔等孤立建筑物;历史上雷电事故严重地区的建筑物或雷电事故较多地区的重要建筑物;建筑物年计算雷击次数达到几次及以上的民用建筑。

因第三类防雷民用建筑物种类较多,规定也比较灵活,应结合当地气象、地形、地质及周围环境等因素确定。

(三)避雷装置

避雷装置主要由接闪器、引下线和接地装置等组成。避雷装置的作用是:将雷云电荷或建筑物感应电荷迅速引入大地,以保护建筑物、电气设备及人身免遭雷击。

1. 接闪器

接闪器是用来接受雷电流的装置,接闪器的类型主要有避雷针、避雷线、避雷带、避雷网和避雷器等。

(1)避雷针。是安装在建筑物突出部位或独立装设的针形导体,在发生雷击时能够吸引雷云放电保护附件的建筑物设备。避雷针一般用镀锌圆钢或镀锌钢管制成,其长度在 1 m 以下时,圆钢直径不小于 20 mm;其长度在 1 ~ 2 m 时,圆钢直径不小于 16 mm,钢管直径不小于 25 mm;烟囱顶上的避雷针,圆钢直径不小于 20 mm,钢管直径不小于 40 mm。

(2)避雷线。一般采用截面面积不小于 35 mm^2 的镀锌钢绞线,架设在架空线路上方,用来保护架空线路避免遭雷击。

(3)避雷带。是沿建筑物易受雷击的部位(如屋脊、屋角等)装设的带行导体。避雷带在建筑物上的做法如图 6-7 所示。

(4)避雷网。是由屋面上纵横交错敷设的避雷带组成的网格形状导体。避雷网一般用于重要的建筑物防雷保护。高层建筑常把建筑物内的钢筋连接成笼式避雷网,如图 6-8 所示。避雷带和避雷网一般采用镀锌圆钢或扁钢制成。

(5)避雷器。用来防止雷电波沿线路侵入建筑物内,以免电气设备损坏。常用避雷器的类型有阀式避雷器、管式避雷器等。

《建筑电气工程施工质量验收规范》(GB 50303—2002)中要求:建筑物顶部的避雷针、避雷带等必须与顶部外露的其他金属物体连成一个整体的电气通路,且与避雷引下线连接可靠。

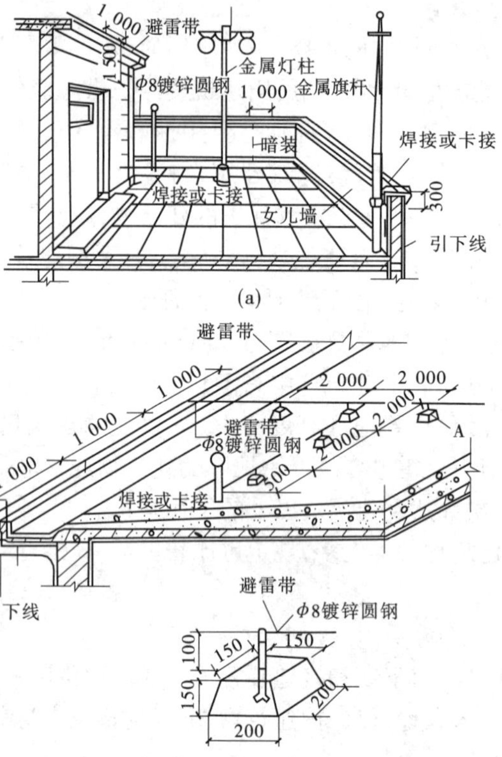

图 6-7　建筑物的避雷带　（单位：mm）

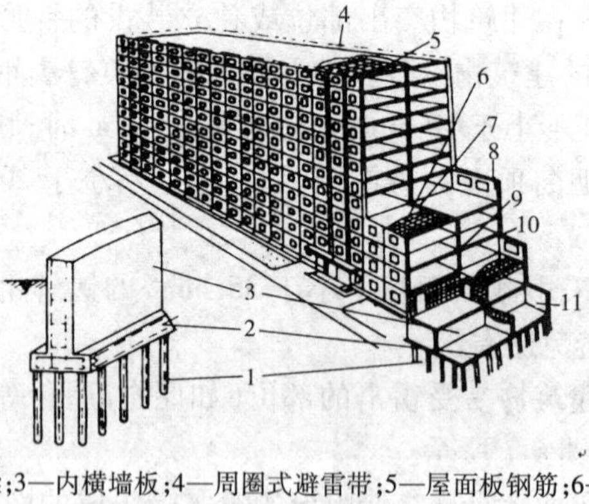

1—基柱；2—承台梁；3—内横墙板；4—周圈式避雷带；5—屋面板钢筋；6—各层楼板钢筋；
7—内纵墙板；8—外墙板；9—内墙板连接节点；10—内外墙板钢筋连接点；11—地下室

图 6-8　高层建筑的笼式避雷网

2. 引下线

引下线是将雷电流引入大地的通道。引下线的材料多采用镀锌扁钢或镀锌圆钢。引下线的敷设方式分为明敷和暗敷两种。明敷引下线应平直、无急弯，在支架焊接处油漆防腐，且无遗漏。明敷引下线的支持件间距应均匀，水平直线部分 0.5 ~ 1.5 m，垂直直线部分 1.5 ~ 3 m，弯曲部分 0.3 ~ 0.5 m。暗敷在建筑物抹灰层内的引下线应有卡钉分段固定。引下线的安装路径应短直，其紧固件及金属支持件均应采用镀锌材料，在引下线距地面 1.8 m 处设断接卡子。明敷安装时，应在引下线距地面上 1.7 m 至地面下 0.3 m 的一段加装竹管、塑料管或钢管保护，其做法如图 6-9 所示。

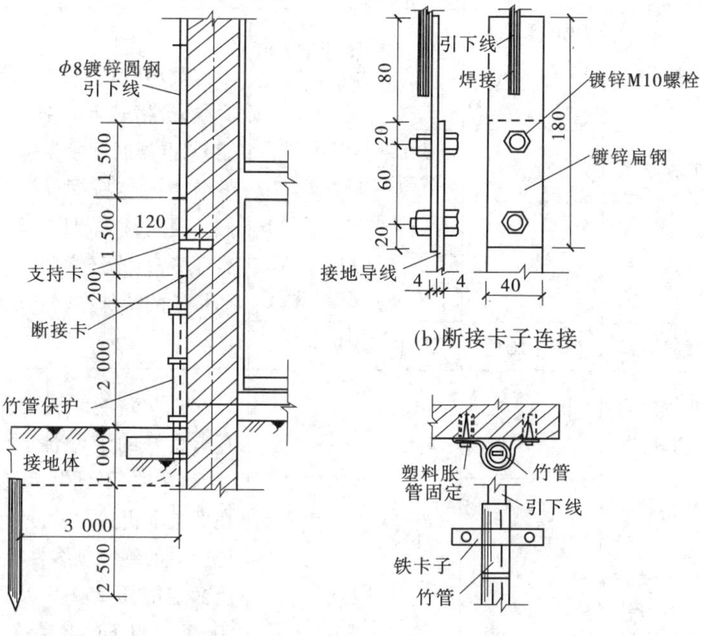

(a)引下线安装方法　　(c)引下线竹管保护做法

图 6-9　避雷装置引下线的安装

3. 接地装置

接地装置包括接地体和接地线。接地装置的作用是把引下线引下的雷电流迅速扩散到大地土壤中。接地体的材料多采用镀锌角钢或镀锌圆钢，接地线的材料选用镀锌扁钢。

任务二　建筑电气工程安装常见材料

【任务导航】

本任务主要学习建筑电气工程安装常用材料。

一、电线与电缆

在建筑电气工程中配电线路最常见的导线主要是绝缘电线和电缆。

（一）绝缘电线

绝缘电线主要有塑料绝缘电线和橡皮绝缘电线两大类，其型号和特点见表 6-1。

（二）电缆

在配电系统中，最常见的电缆有电力电缆和控制电缆。输配电能的电缆，称为电力电缆。控制电缆是用在保护、操作等回路中来传导电流的。电缆既可用于室外配电线路，也可用于室内电缆布线。

表 6-1　绝缘电线的型号和特点

名称	类型		型号		主要特点
			铝芯	铜芯	
塑料绝缘电线	聚氯乙烯绝缘线	普通类	BLV、BLVV（圆型）、BLVVB（平型）	BV、BVV（圆型）、BVVB（平型）	这类电线的绝缘性能很好，制造工艺简便，价格较低。缺点是对气候适应性能差，低温时变硬发脆，高温或日光照射下增塑剂容易挥发而使绝缘体老化加快。因此，在未具备有效隔热措施的高温环境，日光经常照射或严寒地方，宜选择相应的特殊型塑料电线
		绝缘软线		RVR、RV、RVB（平型）、RVS（绞型）	
		阻燃型		ZR－RV、ZR－RVB（平型）、ZR－RVS（绞型）、ZR－RVV	
		耐热性	BLV105	BV105、RV－105	
	丁腈聚氯乙烯复合绝缘软线	双绞复合物软线		RFS	它是塑料绝缘线的新品种，这种电线具有良好的绝缘性能，并具有耐寒、耐油、耐腐蚀、不延燃、不易热老化等性能，在低温下仍然柔软，使用寿命长，远比其他型号的绝缘软线性能优良。适用于交流额定电压 250 V 及以下或直流电压 500 V 及以下的各种移动电器，无线电设备和照明灯座的连接线
		平型复合物软线		RFB	
橡皮绝缘电线	棉纱编织橡皮绝缘线		BLX	BX	这类电线弯曲性能较好，对气候适应较广，玻璃丝编织线可用于室外架空线或进户线。但由于这两种电线生产工艺复杂，成本较高，已被塑料绝缘线取代
	玻璃丝编织橡皮绝缘线		BBLX	BBX	
	氯丁橡皮绝缘线		BLXF	BXF	这种电线绝缘性能良好，且耐油，不易霉，不延燃，适应气候性能好，光老化过程缓慢，老化时间约为普通橡皮绝缘电线的两倍，因此适宜在室外敷设。由于绝缘层机械强度比普通橡皮线弱，因此不推荐用于穿管敷设

1. 电缆的基本结构

电缆的基本结构一般是由导电线芯、绝缘层和保护层三个主要部分组成的。

我国制造的电缆线芯的标称截面面积有 1 mm^2、1.5 mm^2、2.5 mm^2、4 mm^2、6 mm^2、10 mm^2、16 mm^2、25 mm^2、35 mm^2、70 mm^2、95 mm^2、120 mm^2、150 mm^2、185 mm^2、240 mm^2、300 mm^2、400 mm^2、500 mm^2、625 mm^2、800 mm^2。电缆按其芯数有单芯、双芯、三芯、四芯、五芯之分。其线芯的形状有圆形、半圆形、扇形和椭圆形等。当线芯截面面积为 16 mm^2 及

以上时，通常是采用多股导线绞合并经过压紧而成，这样可以增加电缆的柔软性和结构稳定性。敷设时可在一定程度内弯曲而不受损伤。

电缆的绝缘层通常采用纸、橡皮、聚氯乙烯、聚乙烯、交联聚乙烯等。

电力电缆的保护层较为复杂，分内保护层和外保护层两部分。内保护层用来保护电缆的绝缘不受潮湿和防止电缆浸渍质的外流及轻度机械损伤，所用材料有铅套、铝套、橡皮套、聚氯乙烯护套和聚乙烯护套等。外保护层是用来保护内层的，包括铠装层和外被层。

2. 电缆的型号及名称

我国电缆产品的型号是采用汉语拼音字母组成的，有外保护层时则在字母后加上两个阿拉伯数字。常用电缆型号中字母的含义及排列顺序如表6-2所示。

表6-2 常用电缆型号中字母的含义及排列顺序

类别	绝缘种类	线芯材料	内护层	其他特征	外护层
电力电缆不表示 K—控制电缆 Y—移动式软电缆 P—信号电缆 H—市内电话电缆	Z—纸绝缘 X—橡皮 V—聚氯乙烯 Y—聚乙烯 YJ—交联聚乙烯	T—铜 （省略） L—铝	Q—铅护层 L—铝护层 H—橡套 （H）F—非燃性橡套 V—聚氯乙烯护套 Y—聚乙烯护套	D—不滴流 F—分相铅包 P—屏蔽 C—重型	两个数字 （含义见表6-3）

表示电缆外护层的两个数字，第一个数字表示铠装层结构，第二个数字表示外被层结构。数字代号的含义见表6-3。

表6-3 电缆外护层代号的含义

第一个数字		第二个数字	
代号	铠装层类型	代号	外被层类型
0	无	0	无
1	—	1	纤维绕包
2	双钢带	2	聚氯乙烯护套
3	细圆钢丝	3	聚乙烯护套
4	粗圆钢丝	4	—

3. 电力电缆的种类

电力电缆按绝缘类型和结构可分为以下几类：

（1）油浸纸绝缘电力电缆。

（2）塑料绝缘电力电缆，包括聚氯乙烯绝缘电力电缆、聚乙烯绝缘电力电缆、交联聚乙烯绝缘电力电缆。

（3）橡皮绝缘电力电缆，包括天然丁苯橡皮绝缘电力电缆、乙基绝缘电力电缆、丁基绝缘电力电缆等。

当前在建筑电气工程中使用最广泛的是塑料绝缘电力电缆。用于塑料绝缘电力电缆中的塑料材料，主要有聚氯乙烯塑料和交联聚乙烯塑料，以及它们的派生产品，即阻燃型聚氯乙烯塑料和阻燃型交联聚乙烯塑料。

图 6-10 为聚氯乙烯绝缘电力电缆结构。

常用聚氯乙烯绝缘电力电缆和交联聚乙烯绝缘电缆的型号及用途见表 6-4 和表 6-5。

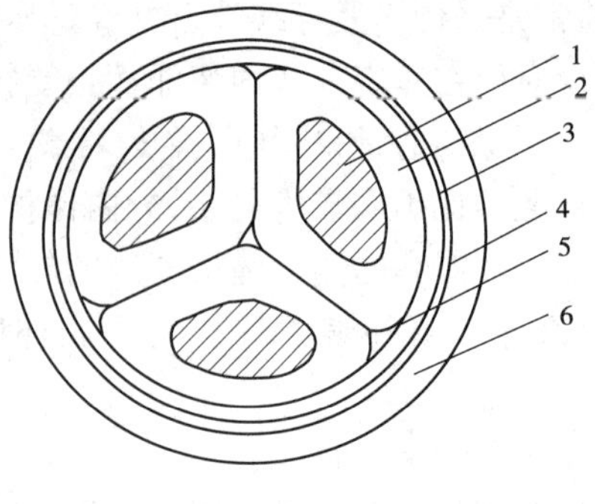

1—导线；2—聚氯乙烯绝缘；3—聚氯乙烯护套；4—铠装层；5—填料；6—聚氯乙烯外护套

图 6-10　聚氯乙烯绝缘电力电缆结构

表 6-4　聚氯乙烯绝缘电力电缆型号

型号		名称
铜芯	铝芯	
VV	VLV	聚氯乙烯绝缘聚氯乙烯护套电力电缆
VY	VLY	聚氯乙烯绝缘聚乙烯护套电力电缆
VV_{22}	VLV_{22}	聚氯乙烯绝缘钢带聚氯乙烯护套电力电缆
VV_{23}	VLV_{23}	聚氯乙烯绝缘钢带铠装聚乙烯护套电力电缆
VV_{32}	VLV_{32}	聚氯乙烯绝缘细钢丝铠装聚氯乙烯护套电力电缆
VV_{33}	VLV_{33}	聚氯乙烯绝缘细钢丝铠装聚乙烯护套电力电缆
VV_{42}	VLV_{42}	聚氯乙烯绝缘粗钢丝铠装聚氯乙烯护套电力电缆
VV_{43}	VLV_{43}	聚氯乙烯绝缘粗钢丝铠装聚乙烯护套电力电缆

4. 通信电缆

通信电缆按结构类型可分为对称通信电缆、同轴通信电缆及光缆。对称通信电缆的传输频率较低，一般在几百千赫兹以内。而同轴通信电缆的传输频率较高，可达数十兆赫兹以上。光缆的传输频率大于 10^3 GHz。

通信电缆按其使用范围，可分为市内通信电缆、长途通信电缆和特种用途通信电缆。

对称通信电缆的品种有市话电缆、配线电缆、局用电缆、高频电缆、低频电缆、特种电缆。

同轴通信电缆的品种有小同轴干线电缆、中同轴干线电缆、微同轴电缆、大同轴电缆、射频电缆、特种电缆。

光缆有两种分类方法：①根据敷设和运行条件可分为架空、直埋、管道及水底电缆等；②根据电缆元件的组合情况可分为单一结构电缆和综合电缆等。

1）纸绝缘市内电话电缆

（1）纸绝缘对绞市内电话电缆型号、名称、规格见表 6-6。

表 6-5 交联聚乙烯绝缘电缆型号及用途

型号		名称	主要用途
铜芯	铝芯		
YJV	YJLV	交联聚乙烯绝缘聚氯乙烯护套电力电缆	敷设于室内、隧道、电缆沟及管道中，也可埋在松散的土壤中，电缆不能承受机械外力作用，但可承受一定敷设牵引
YJY	YJLY	交联聚乙烯绝缘聚乙烯护套电力电缆	
YJV_{22}	$YJLV_{22}$	交联聚乙烯绝缘钢带铠装聚乙烯护套电力电缆	适用于室内、隧道、电缆沟及地下直埋敷设，电缆能承受机械外力作用，但不能承受大的拉力
YJV_{23}	$YJLV_{23}$	交联聚乙烯绝缘钢带铠装聚乙烯护套电力电缆	
YJV_{32}	$YJLV_{32}$	交联聚乙烯绝缘细钢丝铠装聚氯乙烯护套电力电缆	敷设在竖井、水下及具有落差条件的土壤中，电缆能承受机械外力作用相当的拉力
YJV_{33}	$YJLV_{33}$	交联聚乙烯绝缘细钢丝铠装聚乙烯护套电力电缆	
YJV_{42}	$YJLV_{42}$	交联聚乙烯绝缘粗钢丝铠装聚氯乙烯护套电力电缆	适用于水中、海底电缆能承受较大的正压力和拉力的作用
YJV_{43}	$YJLV_{43}$	交联聚乙烯绝缘粗钢丝铠装聚乙烯护套电力电缆	

表 6-6 纸绝缘对绞市内电话电缆型号、名称、规格

型号	名称	敷设场合	对数				
			0.4 mm 线径	0.5 mm 线径	0.6 mm 线径	0.7 mm 线径	0.9 mm 线径
HQ	裸露护套室内电话电缆	敷设在室内、隧道及沟管中，以及架空敷设。对电缆应无机械外力，对铅护套有中性环境	5～1 200	5～1 200	5～800	5～600	5～400
HQ_1	铅护套麻被市内电话电缆	敷设在室内、隧道及沟管中，以及架空敷设。对电缆应无机械外力，对铅护套有中性环境	5～1 200	5～1 200	5～800	5～600	5～400
HQ_2	铅护套钢带铠装市内电话电缆	敷设在土壤中，能承受机械外力，不能承受大的压力	10～600	5～600	5～600	5～600	5～400
HQ_{20}	铅护套裸钢带铠装市内电话电缆	敷设在室内、隧道及沟管中，其余同 HQ_2 型	10～600	5～600	5～600	5～600	5～400

(2)电缆由缆芯和护套两大部分组成。

缆芯分为单位式和同芯式两种。50 对同芯式电缆截面如图 6-11 所示。

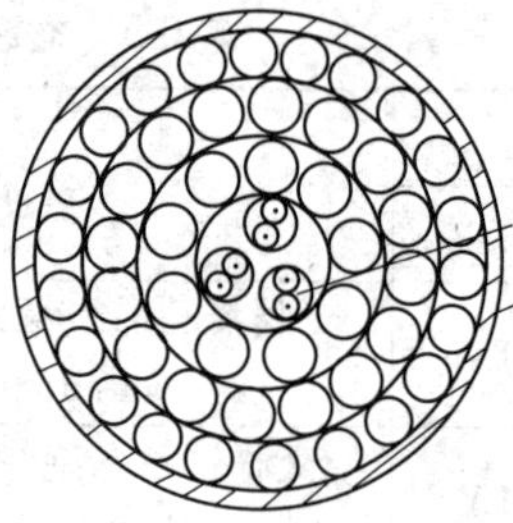

图 6-11　50 对同芯式电缆截面示意

2)铜芯聚乙烯绝缘电话电缆

铜芯聚乙烯绝缘电话电缆的型号及名称见表 6-7,规格见表 6-8。

5. 射频电缆

射频电缆主要应用于共用天线电视系统、闭合电视系统以及其他高频信号的传输系统,是建筑弱电系统应用较普遍的信号传输材料之一。它具有传输频率高、屏蔽性能好和安装方便等优点。

表 6-7　铜芯聚乙烯绝缘电话电缆型号及名称

序号	型 号	名称
1	HYA	铜芯聚乙烯绝缘,铝 - 聚乙烯黏结组合护层电话电缆
2	HYA_{20}	铜芯聚乙烯绝缘,铝 - 聚乙烯黏结组合护层裸钢铠装电话电缆
3	HYA_{23}	铜芯聚乙烯绝缘,铝 - 聚乙烯黏结组合护层钢带铠装聚乙烯外护套电话电缆
4	HYA_{33}	铜芯聚乙烯绝缘,铝 - 聚乙烯黏结组合护层细钢丝铠装聚乙烯外护套电话电缆
5	HYY	铜芯聚乙烯绝缘聚乙烯护套电话电缆
6	HYV	铜芯聚乙烯绝缘聚氯乙烯护套电话电缆
7	HYV_{20}	铜芯聚乙烯绝缘聚氯乙烯护套裸钢带铠装电话电缆
8	HYVP	铜芯聚乙烯绝缘屏蔽型聚氯乙烯护套电话电缆

表 6-8　铜芯聚乙烯绝缘电话电缆规格

型号	导电线芯标称直径(mm)		
	0.5	0.6	0.7
	标称线对数		
HYA	50、80、100、150、200	50、80、100、150	30、50、80、100
HYA_{20}	50、80、100、150、200	50、80、100、150	30、50、80、100
HYA_{23}	50、80、100、150、200	50、80、100、150	30、50、80、100
HYA_{33}	50、80、100、150、200	50、80、100、150	30、50、80、100
HYY	5、10、15、20、25、30、50、80、100、150、200	5、10、15、20、25、30、50、80、100、150	5、10、15、20、25、30、50、80、100
HYV	5、10、15、20、25、30、50、80、100、150、200	5、10、15、20、25、30、50、80、100、150	5、10、15、20、25、30、50、80、100
HYV_{20}	50、80、100、150、200	50、80、100、150、200	30、50、80、100
HYVP	20、25、30、50、80、100、150、200	20、25、30、50、80、100、150、200	10、15、20、25、30、50、80、100

常用射频电缆有半空气—绳管绝缘射频同轴电缆（STV－75－4 型，结构见图 6-12）、半空气—泡沫绝缘射频同轴电缆（SYFV－135－5 型，结构见图 6-13）、实芯聚乙烯绝缘射频同轴电缆（SYV 系列，结构见图 6-14、图 6-15）。

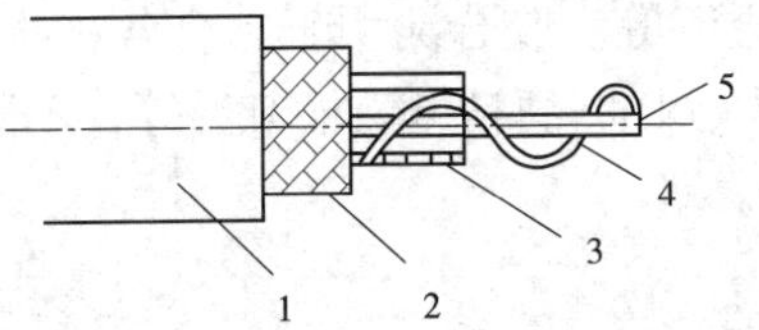

1—聚氯乙烯护套；2—软圆铜线编织；
3—聚氯乙烯管；4—聚乙烯绳；5—导电线芯

图 6-12　半空气—绳管绝缘射频同轴电缆

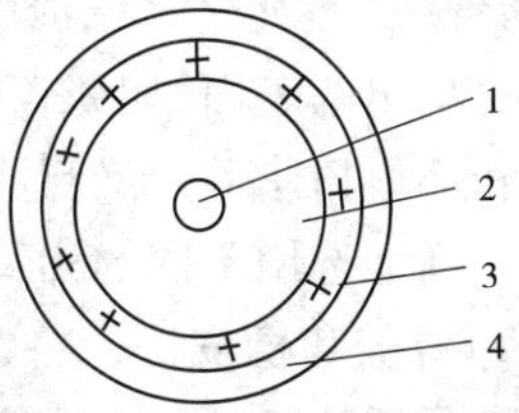

1—导电线芯；2—泡沫聚乙烯绝缘；
3—软圆铜线编织；4—聚氯乙烯护套

图 6-13　半空气—泡沫绝缘射频同轴电缆

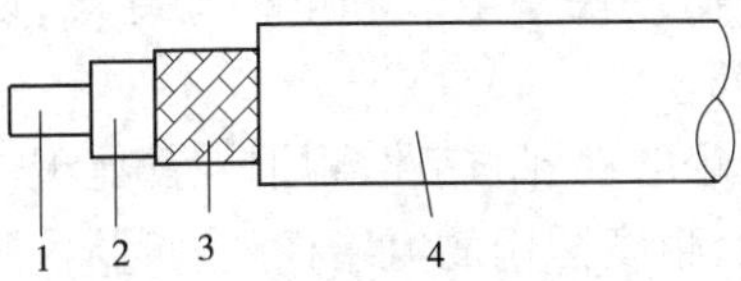

1—铜单线芯；2—聚乙烯绝缘；
3—铜丝编织和铜带；4—聚氯乙烯护套

图 6-14　SYV－50－2－2 电缆结构

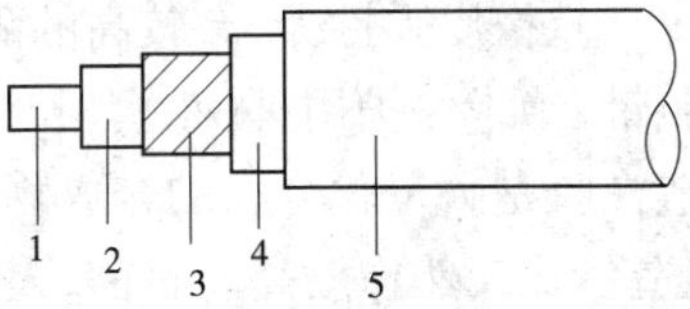

1—铜单线芯；2—聚乙烯绝缘；3—扁铜线；
4—聚乙烯内护套；5—聚氯乙烯外护套

图 6-15　SYV－75－28－3 电缆结构

二、常用绝缘材料

电工绝缘材料一般分有机绝缘材料和无机绝缘材料。有机绝缘材料有树脂、橡胶、塑料、棉纱、纸、麻、蚕丝、人造丝、石油等，多用于制造绝缘漆和绕组导线的被覆盖绝缘物。无机绝缘材料有云母、石棉、大理石、瓷器、玻璃和硫黄等，多用作电机和电器的绕组绝缘、开关的底板及绝缘子等。

（一）绝缘油

绝缘油主要用来填充变压器、油开关、浸渍电容器和电缆等。绝缘油在变压器和油开关中起着绝缘、散热和灭弧作用。常用的有 10 号、25 号、45 号三种型号。

（二）树脂

树脂是有机凝固性绝缘材料，它的种类很多，在电气设备中应用极广。电工常用树脂有虫胶（洋干漆）、酚醛树脂、环氧树脂、聚氯乙烯、松香等。

（1）环氧树脂。由二酚基丙烷与环氧丙烷在苛性钠的作用下缩合而成。树脂收缩性小，黏附力强，防腐性能好，绝缘强度高，广泛用作电压、电流互感器和电缆接头的绕注物。目前，国产环氧树脂有 E－51、E－44、E－42、E－35、E－20、E－14、E－12、E－06 等数种，前四种属于低分子量环氧树脂，后四种为高分子量环氧树脂。

（2）聚氯乙烯。是热缩性合成树脂，性能较稳定，有较高的绝缘性能，耐酸，耐蚀，能抵抗大气、日光、潮湿，可用作电缆和导线的绝缘层和保护层，还可以做成电气安装工种中常用的聚氯乙烯管和聚氯乙烯带等。

（三）绝缘漆

绝缘漆按其用途可分为浸渍漆、涂漆和胶合漆等。浸渍漆用来浸渍电机和电器的线圈，如沥青漆（黑凡立水）、清漆（清凡立水）和醇酸树脂漆（热硬漆）等。涂漆用来涂刷线圈和电机绕组的表面，如沥青晾干漆、灰磁漆和红磁漆等。胶合漆用于黏合各种物质，如沥青漆和环氧树脂等。绝缘漆的稀释剂主要有汽油、煤油、酒精、苯、松节油等。不同的绝缘漆要正确地选用不同的稀释剂，切不可千篇一律。

（四）橡胶和橡皮

橡胶分天然橡胶和人造橡胶两种。它的特性是弹性大、不透气、不透水，且有良好的绝缘性能。但纯橡胶在加热和冷却时，都容易失去原有的性能，所以在实际应用中常把一定数量的硫磺和其他填料加在橡胶中，然后经过特别的热处理，使橡胶能耐热和耐冷，这种经过处理的橡胶叫橡皮。含硫黄25%～50%的橡皮叫硬橡皮，含硫黄2%～5%的橡皮叫软橡皮。软橡皮弹性大，有较高的耐湿性，所以广泛地用于电线和电缆的绝缘，以及制作橡皮包带、绝缘保护用具（手套、长筒靴、橡皮毡等）。

人造橡胶是碳氢化合物的合成物。这种橡胶的耐磨性、耐热性、耐油性都比天然橡胶要好，但造价比天然橡胶高。目前，人造橡胶中耐油、耐腐蚀用的氯丁橡胶、丁腈橡胶和硅橡胶等都广泛应用在电气工程中，如丁腈耐油橡胶管作为环氧树脂电缆头引出线的堵油密封层，硅橡胶用来制作电缆头附件等。

（五）玻璃丝（布）

玻璃丝（布）是用无碱、铝硼硅酸盐的玻璃纤维制成的。它的耐热性高，吸潮性小，柔软，抗拉强度高，绝缘性能好，因而用它做成许多种绝缘材料，如玻璃丝带、玻璃丝布、玻璃纤维管、玻璃丝胶木板以及电线的编织层等。电缆接头中常用无碱玻璃丝带作为包扎材料，其机械强度好，吸水性小，绝缘强度高。

（六）绝缘包带

绝缘包带又称绝缘包布。在电气安装工程中主要用于电线、电缆接头的绝缘。绝缘包带的种类很多，最常用的有以下几种：

（1）黑胶布带。又称黑胶布，用于电线接头时作为包缠用绝缘材料。它是用干燥的棉布，涂上有黏性、耐湿性的绝缘剂制成的。绝缘剂是用25%～40%的绝缘胶和树脂、沥青漆等材料配制而成的。棉布与绝缘剂的重量配比为75%～80%与25%～20%。常用规格为厚0.45～0.5 mm，宽20 mm。

（2）橡胶带。主要用于电线接头时做包缠绝缘材料，有生橡胶带和混合橡胶带两种。其规格一般为宽20 mm，厚0.1～1.0 mm，每盘长度为7.5～8 m。

（3）塑料绝缘带。采用聚氯乙烯和聚乙烯制成的绝缘胶粘带都称为塑料绝缘胶带。在聚氯乙烯和聚乙烯薄膜上涂敷胶粘剂，卷切而成，可以代替布绝缘胶带，也能作为绝缘防腐密封保护层。一般可在－15～＋60 ℃范围内使用。

（七）电瓷

电瓷是用各种硅酸盐和氧化物的混合物制成的。电瓷的性质是在抗大气作用上有极大的稳定性，有很高的机械强度、绝缘性和耐热性，不易表面放电。电瓷主要用于制造各种绝缘子、绝缘套管、灯座、开关、插座和熔断器等。

三、配线用管材

配线常用的管材有金属管和塑料管。

(一)金属管

配线工程中常用的钢管有厚壁钢管、薄壁钢管、金属波纹管和普利卡金属套管四类。厚壁钢管又称焊接钢管或低压流体输送钢管(水煤气管),有镀锌和不镀锌之分。薄壁钢管又称电线管。

1. 厚壁钢管(水煤气钢管)

水煤气钢管用作电线电缆的保护管,可以暗配于一些潮湿场所或直埋于地下,也可以沿建筑物、墙壁或支吊架敷设。

2. 薄壁钢管(电线管)

电线管多用于敷设在干燥场所的电线、电缆的保护管,可明敷或暗敷。普通碳素钢电线套管的规格如表 6-9 所示。

表 6-9 普通碳素钢电线套管

公称尺寸(mm)	外径(mm)	外径允许偏差(mm)	壁厚(mm)	理论质量(不计管接头)(kg/m)	公称尺寸(mm)	外径(mm)	外径允许偏差(mm)	壁厚(mm)	理论质量(不计管接头)(kg/m)
16	15.88	±0.20	1.60	0.581	38	38.10	±0.25	1.80	1.611
19	19.05	±0.25	1.80	0.766	51	50.80	±0.30	2.00	2.407
25	25.40	±0.25	1.80	1.048	64	63.50	±0.30	2.25	3.760
32	31.75	±0.25	1.80	1.329	76	76.20	±0.30	3.20	5.761

注:1. 经供需双方协议,可制造表中规定之外尺寸的钢管。

2. 交货时,每支钢管应附带一个管接头;在计算钢管理论质量时,应另外加管接头质量。

钢管配管工程应选用镀锌金属盒,即灯位盒、开关(插座)盒等,其厚度不应小于 1.2 mm。各种暗装金属盒如图 6-16 所示。

3. 金属波纹管

金属波纹管也叫金属软管或蛇皮管,主要用于设备上的配线,如车床、铣床等。它是用 0.5 mm 以上的双面镀锌薄钢带加工压边卷制而成的,轧缝处有的加石棉垫,有的不加,其规格尺寸与电线管相同。

4. 普利卡金属套管

普利卡金属套管是电线电缆保护套管的更新换代产品,其种类很多,但其基本结构类似,都是由镀锌钢带卷绕成螺纹状,属于可挠性金属套管。具有搬运方便、施工容易等特点。可用于各种场合的明、暗敷设和现浇混凝土内的暗敷设。

(二)塑料管

建筑电气工程中常用的塑料管有硬质塑料管(PVC 管)、半硬质塑料管和软塑料管。

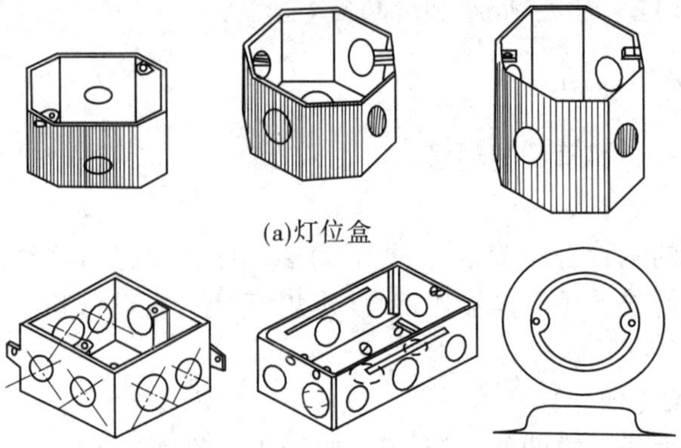

(a)灯位盒

(b)开关盒　　(c)灯位盒缩口盖

图6-16　暗装金属盒

1. 硬质塑料管

硬质塑料管适用于民用建筑或室内有酸、碱腐蚀性介质的场所。由于塑料管在高温下机械强度下降，老化加速，且蠕变量大，所以环境温度在40 ℃以上的高温场所不应使用。在经常发生机械冲击、碰撞、摩擦等易受机械损伤的场所也不应使用。

常用硬质塑料管的规格见表6-10。

表6-10　常用硬质塑料管的规格

外径(mm)	壁厚(mm)	外径(mm)	壁厚(mm)
16	$2.0_{0}^{+0.4}$	45	$3.0_{0}^{+0.6}$
20	$2.0_{0}^{+0.4}$	50	$3.0_{0}^{+0.6}$
25	$2.0_{0}^{+0.4}$	63	$3.6_{0}^{+0.7}$
32	$2.4_{0}^{+0.5}$	75	$3.6_{0}^{+0.7}$
40	$3.0_{0}^{+0.6}$		

硬质塑料管具耐热、耐燃、耐冲击并有产品合格证，内外径应符合国家统一标准。外观检查管壁壁厚应均匀一致，无凸棱、凹陷、气泡等缺陷。在电气线路中使用的硬质塑料管必须有良好的阻燃性能。

2. 半硬质塑料管

半硬质塑料管多用于一般居住和办公建筑等干燥场所的电气照明工程中，暗敷布线。半硬质塑料管可分为难燃平滑塑料管和难燃聚氯乙烯波纹管（简称塑料波纹管）两种，如图6-17所示。其规格见表6-11。

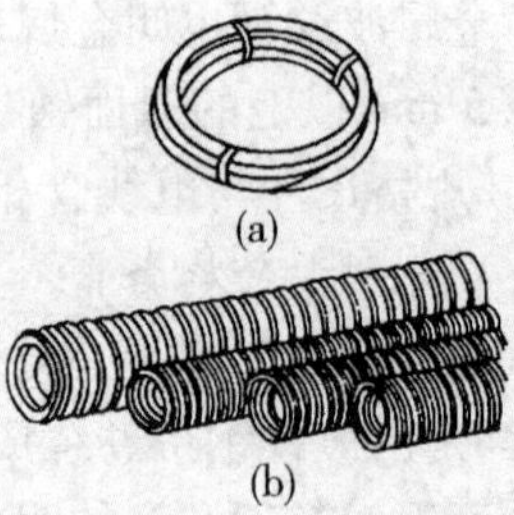

图6-17　半硬质塑料管

表 6-11　平滑半硬质塑料管规格及编号

公称口径（mm）	规格尺寸			编号	
	D_2	b	D_1	PVCBY－1（通用型）	PVCBY－2（耐寒型）
15	16	2	12	HY 1011	HY 1021
20	20	2	16	HY 1012	HY 1022
25	25	2.5	20	HY 1013	HY 1023
32	32	3	26	HY 1014	HY 1024
40	40	3	34	HY 1015	HY 1025
50	50	3	44	HY 1016	HY 1026

四、板材和型钢

（一）板材

1. 金属板材

1）钢板

钢板按制造方法分为热轧钢板和冷轧钢板两种，按厚度分为厚钢板、薄钢板两种。其中，薄钢板又分为镀锌钢板（俗称白铁皮）和不镀锌钢板（俗称黑铁皮）两种。

2）铝板

铝板的规格和质量见表 6-12。

表 6-12　铝板的规格和质量

铝板	厚度（mm）	1.0	1.2	1.5	1.8	2.0	2.5	3.0	3.5	4.0	5.0
	质量（kg/m^2）	2.850	3.420	4.275	5.130	5.700	7.125	8.550	9.975	11.400	14.250

注：铝板的宽度为 400 mm、500 mm、600 mm、800 mm、1 000 mm、1 200 mm、1 400 mm、1 500 mm、2 000 mm。

3）不锈钢板

不锈钢板即耐空气腐蚀的镍铬钢板，该镍铬钢种含碳 0.14% 以下，含铬 18%，含镍 8%。

2. 非金属板材

常用的非金属板材有玻璃钢板、硬聚氯乙烯塑料两种。

（二）型钢

常用的型钢有圆钢、扁钢、角钢和槽钢等。

1. 圆钢

安装工程中，通常采用普通碳素钢的热轧直条圆钢，加工制作 U 形螺栓、抱箍、钢索、吊车滑触线、接地线等。

2. 扁钢

扁钢规格以宽度 × 厚度表示。例如－30 × 3，表示扁钢宽 30 mm、厚 3 mm。

3. 角钢

角钢按边的宽度不同，分为等边角钢和不等边角钢两种。

角钢多用于加工制作配电屏（柜）等设备的支座、支架及制作角钢滑触线和接地装置等。其规格表示以边宽 × 边宽 × 边厚表示。例如：∟50 × 50 × 6，表示等边角钢两边的宽均为 50 mm，边厚为 6 mm。

4. 槽钢

槽钢分为普通槽钢和轻型槽钢两种。

槽钢通常用于加工制作配电屏（柜）等设备的支座。其规格，以“号”表示。例如，20号，表示其高度 h 为 200 mm。

任务三　建筑电气工程施工图的识读

【任务导航】

本任务主要学习建筑电气工程施工图的识读。

一、建筑电气工程施工图识读的基本知识

建筑电气工程施工图是整个建筑工程设计的重要组成部分，是建设单位编制标底及施工单位编制施工图预算进行投标和结算的依据。同时，也是施工单位进行施工和监理单位进行工程质量监控的重要工程文件。如何正确识读和绘制建筑电气工程施工图是本节要重点阐述的。

（一）常用建筑电气工程施工图的图例

为了简化作图，国家有关标准制定部门和一些设计单位有针对性地对常见的材料构件、施工方法等规定了一些固定的画法式样，有的还附有文字符号标注。下列图表是实际电气施工图常用的一些图例画法，根据它们可以方便地读懂电气施工图，具体是：表 6-13 为线路走向方式代号，表 6-14 为灯具类型型号代号，表 6-15 为照明开关在平面布置图上的图形符号，表 6-16 为插座在平面布置图上的图形符号，表 6-17 为接线原理图型号代号。

表 6-13　线路走向方式代号

序号	名称	图形符号	说明	序号	名称	图形符号	说明
1	向上配线		方向不得随意旋转	5	由上引来		
2	向下配线		宜注明箱、线编号及来龙去脉	6	由上引来向下配线		
3	垂直通过			7	由下引来向上配线	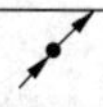	
4	由下引来						

表 6-14　灯具类型型号代号

序号	名称	图形符号	说明	序号	名称	图形符号	说明
1	灯		灯或信号灯一般符号	7	吸顶灯		
2	投光灯			8	壁灯		
3	荧光灯	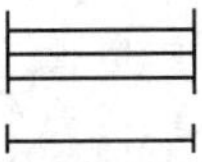	示例为 3 管荧光灯	9	花灯		
4	应急灯		自带电源的事故照明灯装置	10	弯灯	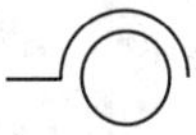	
5	气体放电灯辅助设施	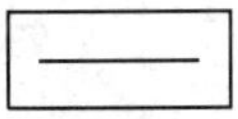	公用于与光源不在一起的辅助设施	11	安全灯		
6	球形灯			12	防爆灯		

表 6-15　照明开关在平面布置图上的图形符号

序号	名称	图形符号	说明	序号	名称	图形符号	说明
1	开关	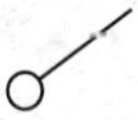	开关一般符号	5	单级拉线开关	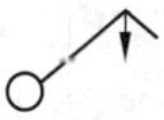	
2	单级开关		分别表示明装、暗装、密闭（防水）、防爆	6	单级双控拉线开关	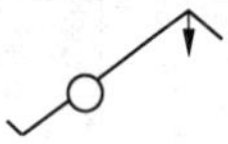	
				7	双控开关	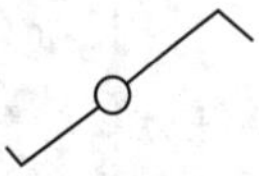	
3	双级开关		分别表示明装、暗装、密闭（防水）、防爆	8	带指示灯开关		
				9	定时开关	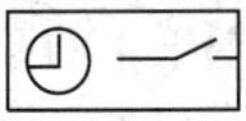	
4	三级开关		分别表示明装、暗装、密闭（防水）、防爆	10	多拉开关		

表 6-16　插座在平面布置图上的图形符号

序号	名称	图形符号	说明	序号	名称	图形符号	说明
1	插座		插座的一般符号，表示一个级	5	多孔插座		示出三个
2	单相插座		分别表示明装、暗装、密闭（防水）、防爆	6	三相四孔插座		分别表示明装、暗装、密闭（防水）、防爆
3	单相三孔插座		分别表示明装、暗装、密闭（防水）、防爆	7	带开关插座		带一单级开关
4	三级开关		分别表示明装、暗装、密闭（防水）、防爆	8	多拉开关		

电气图纸中的图例如果是由国家统一规定的称为国标符号，由有关部委颁布的称为部标符号。另外，一些大的设计院还有其内部的补充规定，即所谓院标，或称之为习惯标注符号。我国的电气图形符号原来是沿用苏联的标准，后来颁布了电（D）42—62、GB 312—64 等标准。而《电气用图形符号》（GB 4728）的制定参照了国际标准《绘图用图符号》（IEC 617）。

表 6-17　接线原理图型号代号

序号	名称	图形符号	说明	序号	名称	图形符号	说明
1	多级开关一般符号		动合(常开)触点	9	隔离开关一般符号		
2	动断(常闭)触点		水平方向上开下闭	10	负荷开关一般符号		
3	转换触点		先断后合	11	接触器开关一般符号		
4	双向触点	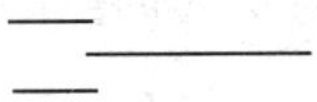	中间断开	12	热继电器一般符号	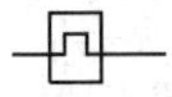	
5	动合触点形式一		操作器件被吸合时延时闭合	13	有功功率表		
6	动合触点形式二			14	无功功率表		
7	动合触点形式一		操作器件被释放时延时断开	15	接触器一般符号		在非动作位置触点闭合
8	动合触点形式二	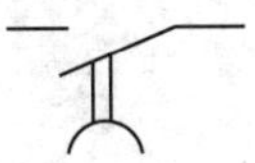		16	接触器一般符号		自动释放

目前,我国的全部电气产品、制图书刊均已采用 GB 4728 标准,但如果电气设计图纸里采用了非标准符号,则应列出图例。

(二)建筑电气工程施工图的内容

施工图是建设单位编制标底及施工单位编制施工图预算进行投标和结算的依据,同时也是施工单位进行施工和监理单位进行工程质量监控的重要工程文件。

一套完整的施工图,内容以图纸为主,一般分为:

(1)图纸目录。列出新绘制的图纸、所选用的标准图纸或重复利用的图纸等的编号及名称。

(2)设计总说明(即首页)。内容一般包括施工图的设计依据,设计指导思想,本工程项目的设计规模和工程概况,电气材料的用料和施工要求说明,主要设备规格型号,采用新材料、新技术或者特殊要求的做法说明,系统图和平面图中没有交代清楚的内容,例如进户线的距地标高、配电箱的安装高度、部分干线和支线的敷设方式和部位、导线种类和规格及截面面积大小等内容。对于简单的工程,可在电气图纸上写成文字说明。

(3)配电系统图。它能表示整体电力系统的配电关系或配电方案。从配电系统图中能够看到该工程配电的规格、各级控制关系、各级控制设备和保护设备的规格容量、各路负荷用电容量及导线规格等。

(4)平面图。它表征了建筑各层的照明、动力、电话等电气设备的平面位置和线路走向。它是安装电器和敷设支路管线的依据。根据用电负荷的不同而有照明平面图、动力平面图、防雷平面图、电话平面图等。

(5)大样图。表示电气安装工程中的局部做法明晰图,例如舞台聚光灯安装大样图、灯头盒安装大样图等。在《电气设备安装施工图册》中有大量的标准做法大样图。

(6)二次接线图。它表示电气仪表、互感器、继电器及其他控制回路的接线图。例如,加工非标准配电箱就需要配电系统图和二次接线图。

(7)设备材料表。为了便于施工单位计算材料、采购电气设备、编制工程概预算和编制施工组织计划等方面的需要,电气工程图纸上要列出主要设备材料表。表中应列出主要电气设备材料的规格、型号、数量以及有关的重要数据,要求与图纸一致,而且要按照序号编号。设备材料表是建筑电气工程施工图中不可缺少的内容。

此外,还有电气原理图、设备布置图、安装接线图等。

建筑电气工程施工图根据建筑物功能不同,电气设计内容有所不同。通常可分为内线工程和外线工程两大部分。

(1)内线工程:照明系统图、动力系统图、电话工程系统图、共用天线电视系统图、防雷系统图、消防系统图、防盗保安系统图、广播系统图、变配电系统图、空调配电系统图。

(2)外线工程:架空线路图、电路线路图、室外电源配电线路图。

二、建筑电气工程施工图的识读

(一)建筑电气工程施工图的识读方法

正确识读建筑电气工程施工图要做到以下几点:

(1)要熟知图纸的规格、图标、设计中的图线、比例、字体和尺寸标注方式等。

①图纸的规格。设计图纸的图幅尺寸有五种标准规格,分别是A1、A2、A3、A4、A5。

②图标。图标一般放在图纸的右下角,其主要内容可能因设计单位的不同而有所不同,大致包括图纸的名称、比例、设计单位、制图人、设计人、专业负责人、工程负责人、校对人、审核人、审定人、完成日期等。工程设计图标均应放置在图纸的右下角,紧靠图框线。

③尺寸和比例。工程图纸上标注的尺寸通常采用毫米(mm)为单位,在总平面图和首层平面上标明指北针。图形比例应该遵守国家制图标准。标准序列为:1∶10、1∶20、1∶50、1∶100、1∶150、1∶200、1∶400、1∶500、1∶1 000、1∶2 000。普通照明平面图多采用1∶100的比例,特殊情况下,也可使用1∶50和1∶200。大样图可适当放大比例。电气接线图可

不按比例绘制示意图。

(2)根据图纸目录,检查和了解图纸的类别及张数,应及时配齐标准图和重复利用图。

(3)按图纸目录顺序,识读施工图,对工程对象的建设地点、周围环境、工程范围有一个全面的了解。

(4)阅图时,应按先整体后局部、先文字说明后图样、先图形后尺寸等原则仔细阅读。

(5)注意各类图纸之间的联系,以避免发生矛盾而造成事故和经济损失,如配电系统图和平面图可以相互验证。

(6)认真阅读设计施工说明书,明确工程对施工的要求,根据材料清单做好订货的准备。

(二)电气设备安装工程识图举例

1. 土建工程概况

本工程为一临街商住楼,共四层,其中一层为商场,二至四层为住宅,住宅部分共分三个单元,每单元为一梯两户,两户的平面布置是对称的。建筑物主体结构为底层框架结构,二层及以上为砖混结构,楼板为现浇混凝土楼板。建筑物底层层高为4.50 m,二至四层层高为3.00 m。

2. 电气设计说明

(1)本工程电源采用三相四线制(380 V/220 V)供电,系统接地形式采用TN-C-S系统。进户线采用VV22-1000-3×35+1×16电力电缆,穿焊接钢管SC80埋地引入至总电表箱AW,室外埋深0.7 m。进户电缆暂按长20 m考虑。

(2)在电源进户处设置重复接地装置一组,接地极采用镀锌角钢∟50×50×5=2 500,接地母线采用镀锌扁钢−40×4,接地电阻不大于4 Ω。

(3)室内配电干线,电表箱AW至各层用户配电箱AL均采用BV-2×16+PE16导线,AW箱至底层AL1—1、AL1—2箱穿焊接钢管SC32保护,AW箱至其他楼层AL箱穿PC40保护。由用户箱引出至用电设备的配电支线,空调插座回路采用BV-2×4+PE4导线穿PC25保护;其他插座回路采用BV-2×2.5+PE2.5导线穿PC20保护;照明回路采用BV-2×2.5导线穿PC保护,其中2根线用PC16,3根线用PC20,4~6根线用PC25。楼道照明由电表箱AW单独引出一回路供电。

(4)设备距楼地面安装高度:总电表箱AW底边1.40 m,用户配电箱AL底边1.80 m;链吊式荧光灯具3.0 m,软线吊灯2.8 m;灯具开关、吊扇调速开关1.30 m;空调插座1.80 m,厨房、卫生间插座1.50 m,普通插座0.30 m。

3. 主要设备材料表

主要设备材料表见表6-18,表中的主要设备材料为该商住楼一个单元的数量,其余单元的均相同,表中的管线数量需按施工图纸统计计算。

表 6-18　主要设备材料表

序号	图例	名称	规格	单位	数量	备注
1		电表箱	JLFX－9,950×900×200	台	1	底边距地 1.4 m
2		配电箱	XRM101,450×450×105	台	8	底边距地 1.8 m
3	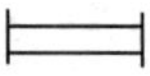	成套型链吊式双管荧光灯	YG2－2,2×40 W	套	24	距地 3.0 m
4		组合方形吸顶灯	XD117,4×40 W	套	12	吸顶安装
5		半圆球吸顶灯	JXD5－1,1×40 W	套	18	吸顶安装
6	①	无罩软线吊灯	250 V/6 A,1×40 W	套	30	距地 2.8 m
7	②	瓷质座灯头	250 V/6 A,1×40 W	套	18	吸顶安装
8	●	声控圆球吸顶灯	250 V/6 A,1×40 W	套	4	吸顶安装
9		暗装单联单控开关	L1E1K/1	套	36	距地 1.3 m
10		暗装双联单控开关	L1E2K/1	套	24	距地 1.3 m
11		暗装三联单控开关	L1E3K/1	套	4	距地 1.3 m
12		暗装二、三孔单相插座	L1E2US/P	套	154	距地 0.3 m
13		暗装空调专用插座	L1E1S/16P	套	28	距地 1.8 m
14	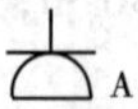	暗装防溅三孔插座（插座内置带开关）	L1E2SK/16P＋L1E1F	套	18	距地 1.5 m
15	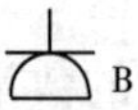	暗装二、Z:FL 单相插座（带保护门）	L1E1S/P＋L1E1F	套	30	距地 1.5 m
16	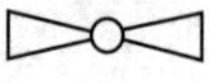	吊风扇	ϕ1200	台	8	吸顶安装
17		吊风扇调速开关		个	8	距地 1.3 m

续表 6-18

序号	图例	名称	规格	单位	数量	备注
18		电力电缆	VV22 - 1000 ~ 3 × 35 + 1 × 16	m	20	
19		钢管	SC80	m	按实	
20		钢管	SC32	m	按实	
21		硬塑料管	PC40	m	按实	
22		硬塑料管	PC25	m	按实	
23		硬塑料管	PC20	m	按实	
24		硬塑料管	PC16	m	按实	
25		导线	BV - 16	m	按实	
26		导线	BV - 4	m	按实	
27		导线	BV - 2.5	m	按实	
28		接地极	∟50 × 50 × 5	m	按实	
29		接地母线	— 40 × 4	m	按实	

4. 电气系统图

图 6-18 ~ 图 6-21 是该商住楼三个单元组成中一个单元的电气系统图，其余单元的均与此相同。电气系统图由配电干线图、电表箱系统图和用户配电箱系统图组成。

1) 配电干线图

配电干线图表明了该单元电能的接受和分配情况，同时也反映出了该单元内电表箱、配电箱的数量关系，如图 6-18 所示。

安装在底层的电表箱的文字符号为 AW，它也是该单元的总配电箱，底层还设有两个用户配电箱 AL1 - 1、AL1 - 2；二至四层每层均有两台用户配电箱，它们的文字符号分别为 AL2 - 1 ~ AL4 - 2。

进线电源引至电表箱 AW 经计量后，由电表箱 AW 引出的配电干线采用放射式连接方式，即由电表箱 AW 向每一楼层的每一台用户箱 AL 单独引出一路干线供电，配电干线回路的编号为 WLM1 ~ WLM8。

2) 电表箱系统图

电表箱系统图如图 6-19 所示，该图表明了该单元电源引入线的型号规格，电源引入线采用铜芯塑料低压电力电缆，进入建筑物穿钢管 SC80 保护。电表箱内共装设了 8 个单相电度表，每个电表由 1 个低压断路器保护。电表箱引出的导线即为室内低压配电干线，每一回路均由 3 根 16 mm 的铜芯塑料线组成，并穿线管保护，其中至一层 AL1 - 1、AL1 - 2

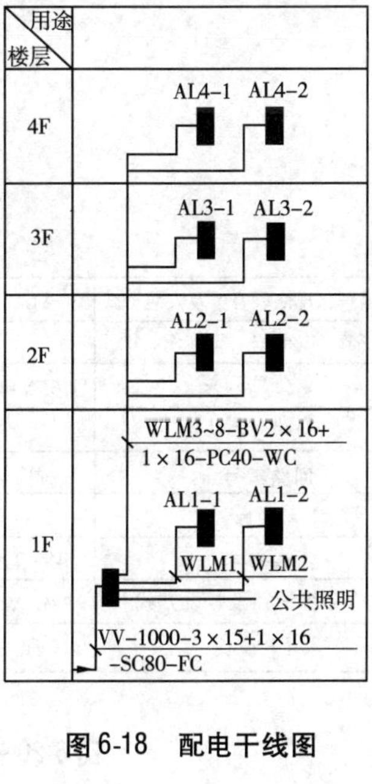

图 6-18　配电干线图

箱的用钢管 SC32，至其余楼层的用硬塑料管 PC40。电表箱还引出了一回路楼道公共照明支线，它采用两根 2.5 mm 的铜芯塑料线，穿硬塑料管 PC16 沿墙或天棚暗敷设。

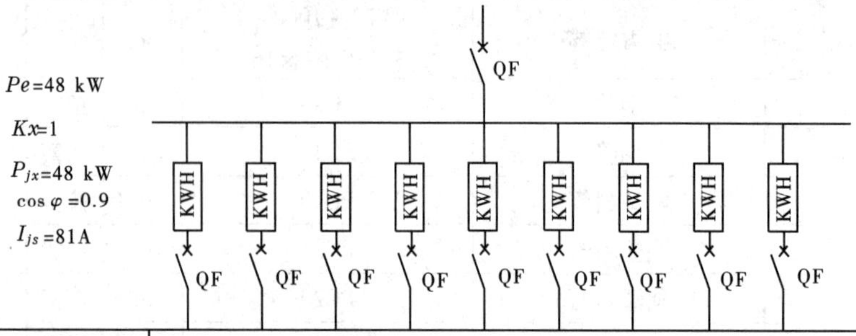

编号、规格、容量及安装方式	AW JLZX-4 950×900×200暗装								
电度表、互感器、主开关、进线	NC100H-100/3 VV22-1000-3×35+1×16-SC80-C								
分路开关	8(C65N-40/2) 8[DD862-10(40)]								C65N-16/1
回路容量(kW)	6								
回路编号	WLM1	WLM2	WLM3	WLM4	WLM5	WLM6	WLM7	WLM8	WLM9
相序	L_1	L_2	L_3	L_3	L_2	L_1	L_1	L_2	L_3
导线型号规格	BV-2×16+PE16								BV-2×2.5
穿管管径及敷设方式	SC32 WC FC		PC40 WC FC						PC 16 WC CC
用电设备	AL1-1	AL1-2	AL2-1	AL2-2	AL3-1	AL3-2	AL4-1	AL4-2	公共照明

图 6-19 电表箱系统图

3）用户配电箱系统图

用户配电箱系统图如图 6-20、图 6-21 所示，该图表明了引至箱内的配电干线型号规格、箱内的开关电器型号规格以及由箱内引出的配电支线的型号规格。

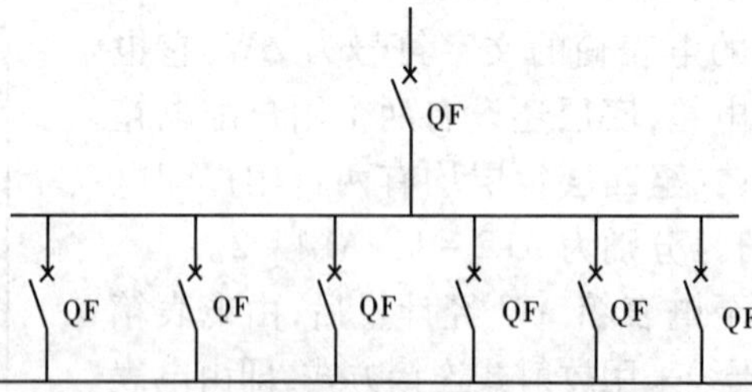

编号、规格、容量及安装方式	AL1、2XM(R)23-3-15 450×450×105 6 kW					暗装
电度表、互感器、主开关、进线	C65N-40/2 BV-2×16+PE16-SC25-WC、FC					
分路开关	C65N-16/1	2(C65N-16/1+Vigi)		2(C65N-20/1)		C65N-16/1
回路容量(kW)						
回路编号	M1	C1	C2	K1	K2	M2
相序						
导线型号规格	BV-2×2.5	BV-2×2.5+PE2.5		BV-2×4+PE4		BV-2×2.5
穿管管径及敷设方式	PC16 WC CC	PC20 WC FC		PC25 WC CC		PC16 WC CC
用电设备	照明	普通插座		空调插座		照明

图 6-20 一层配电箱 AL1－1、AL1－2 系统图

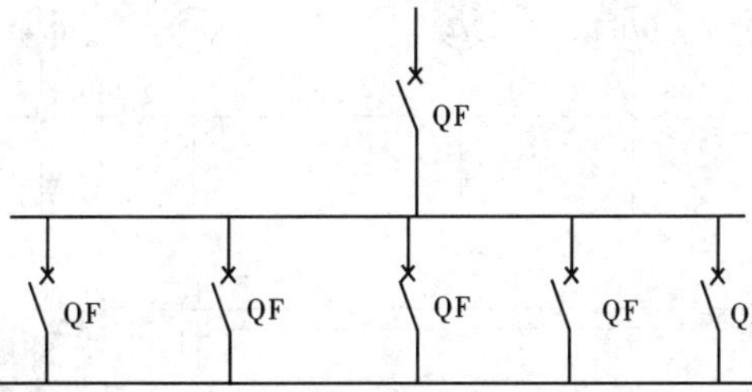

编号、规格、容量及安装方式	AL2~4-1~2XM(R)23-3-15 450×450×105 6 kW 暗装				
电度表、互感器、主开关、进线	C65N-40/2 BV-2×16+PE16-PC40-WC、CC				
分路开关	C65N-16/1	3(C65N-16/1+Vigi)			C65N-16/1
回路容量(kW)					
回路编号	M1	C1	C2	C3	K1
相序					
导线型号规格	BV-2×2.5	BV-2×2.5+PE2.5			BV-2×4+PE4
穿管管径及敷设方式	PC16 WC CC	PC20 WC FC	PC20 WC CC		PC25 WC CC
用电设备	照明	普通插座	卫生间插座	厨房插座	空调插座

图 6-21 二至四层配电箱 AL2-1~AL4-2 系统图

由用户配电箱系统图可了解到 AL1-1、AL1-2 箱引出 6 回路支线，其中两回路照明支线 M1、M2，穿硬塑料管 PC16 保护；两回路普通插座支线 C1、C2，穿硬塑料管 PC20 保护；两回路空调插座支线 K1、K2，穿硬塑料管 PC25 保护。

AL2-1~AL4-2 箱引出 5 回路支线，其中一回路照明支线 M1，穿硬塑料管 PC16 保护；三回路插座支线，普通插座支线 C1、卫生间插座 C2 和厨房插座 C3，均穿硬塑料管 PC20 保护； 回路空调插座支线 K1，穿硬塑料管 PC25 保护。

5. 电气平面图

底层电气平面图如图 6-22 所示，标准层电气平面图如图 6-23 所示。

因为该商住楼底层为商店，二至四层为住宅，而每一单元的平面布置是相同的，并且每一单元内每层分为两户，两户的建筑布局和配电布置又为对称相同，所以在看图时只需弄清楚一个单元中底层和标准层一户的电气安装就可以了。

1) 底层电气平面图

(1) 电源引入线及室内干线。由底层电气平面图可知，该单元的电源进线是从建筑物北面，沿①轴埋地引至位于底层的电表箱 AW，电表箱 AW 的具体安装位置在一楼楼梯口，暗装，安装高度 1.4 m。由电表箱 AW 引出至各楼层的室内低压配电干线，至底层用户配电箱 AL1-1、AL1-2 的由其下端引出，至二层以上用户配电箱的由其上端引出，楼道公共照明支线也由其上端引出。这部分垂直管线在平面图上无法表示，只能通过电气系统图来理解。

(2) 接地装置。由底层电气平面图还可了解到室外接地装置的安装平面位置，室外接地母线埋地引入室内后由电表箱 AW 的下端口进入箱内。

(3) 每户配电支线底层用户配电箱 AL1-1、AL1-2 分别暗装在④轴和④轴墙内，对照电气系统图可知，每个配电箱引出 6 回路支线，支线 M1 由配电箱上端引出给这一户⑩

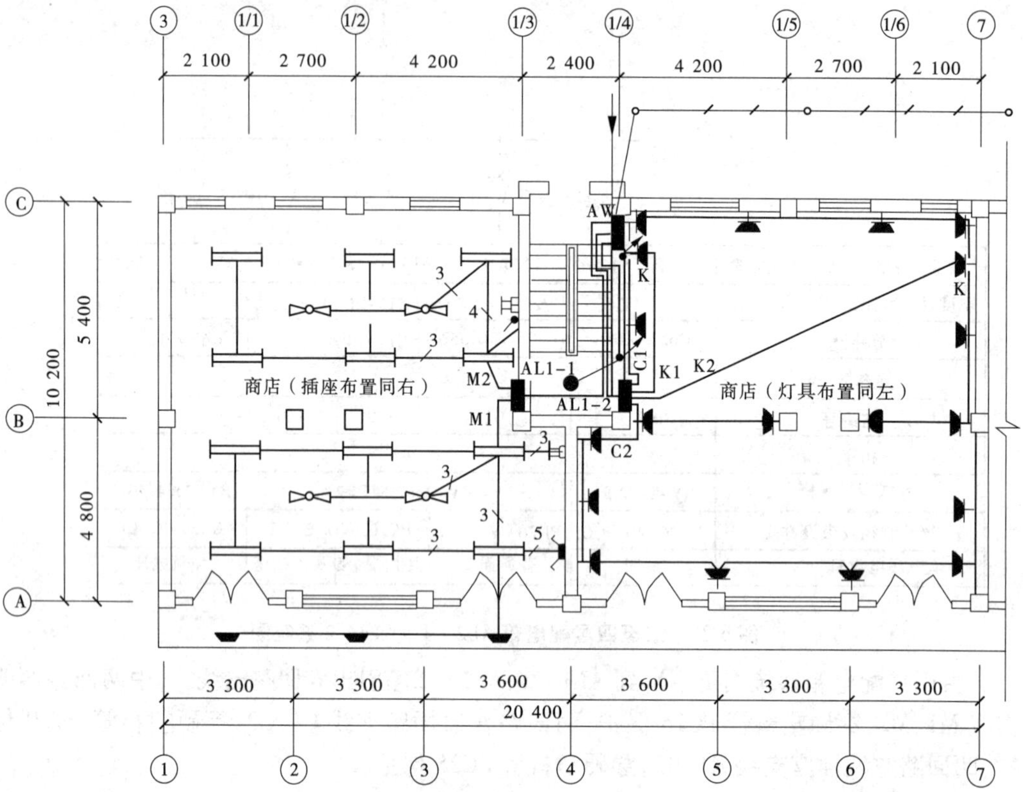

图 6-22　底层电气平面图

轴下方的 6 套双管荧光灯和两台吊扇供电；支线 M2 由配电箱上端引出给⑩轴上方的 6 套双管荧光灯和两台吊扇供电；支线 C1 由配电箱下端引出给⑩轴上方的 8 套普通插座供电；支线 C2 由配电箱下端引出给⑩轴下方的 9 套普通插座供电；支线 K2 由配电箱上端引出给⑦轴墙上的 1 套空调插座供电，支线 K1 由配电箱上端引出给 1/4 轴墙上的 1 套空调插座供电。

2）标准层电气平面图

（1）配电干线。由标准层电气平面图可知，引入每层用户配电箱 AL 的配电干线是由楼梯间 1/4 轴墙内暗敷设引上，并经楼地面、墙体引到位于 B 轴墙上暗装的配电箱。

（2）每户配电支线对照电气系统图可知每一个用户配电箱引出 5 回路支线，支线 M1 由配电箱上端引出给这一户所有的照明灯具供电，它的具体走向是出箱后先到客厅，然后到北阳台、南卧室、卫生间、厨房，由于该支线较长，所以看图时应注意每根图线代表的导线根数以及穿管管径；支线 C1 由配电箱下端引出给所有的普通插座供电，它的具体走向是出箱后先到客厅，然后到南面的各卧室；支线 C2 由配电箱上端引出给餐厅、厨房插座供电，它的具体走向是出箱后先到餐厅，然后到厨房；支线 C3 由配电箱上端引出给盥洗室、卫生间插座供电，它的具体走向是悬出箱后先到盥洗室，然后到卫生间；支线 K1 由配电箱上端引出所有的空调插座供电，它的具体走向是出箱后先到箱上方的分线盒，再由分线盒分出两路线，一路至客厅空调插座，另一路至南面卧室各空调插座。

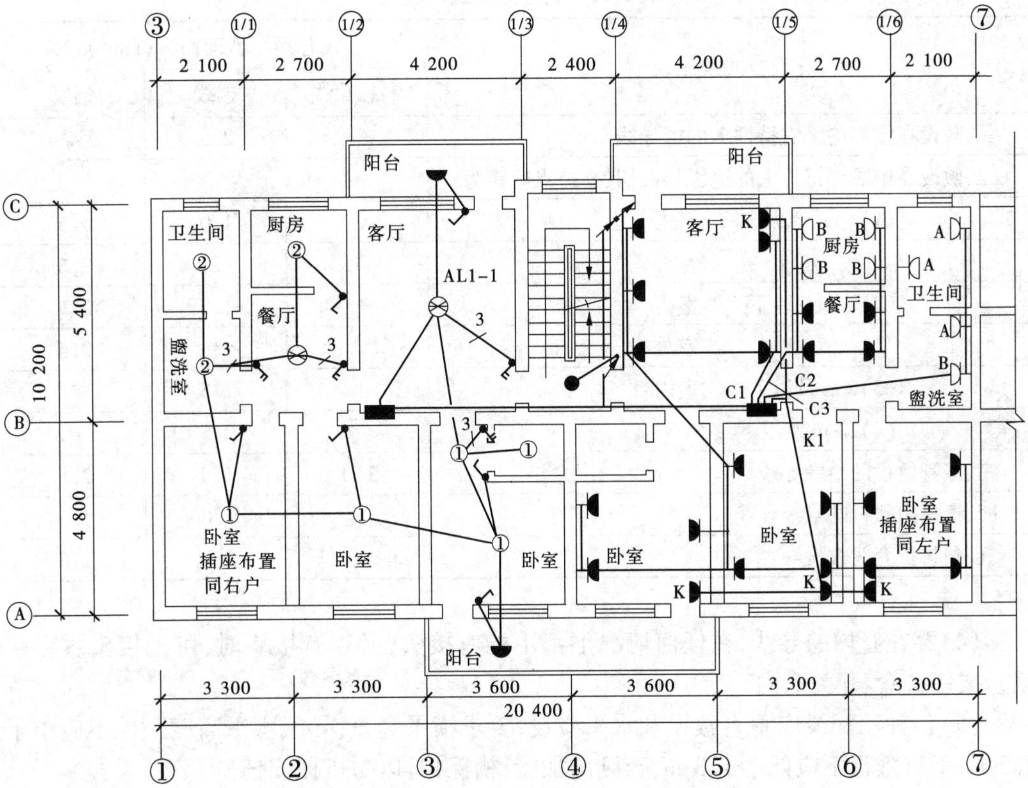

图 6-23　标准层电气平面图

任务四　建筑电气工程系统的安装

【任务导航】

本任务主要学习建筑电气工程安装。

一、配线工程的安装

（一）室内配线的一般要求

（1）所用导线的额定电压应大于线路的工作电压。导线的绝缘应符合线路的安装方式和敷设环境的条件。导线截面应能满足供电质量和机械强度的要求，线芯允许最小截面面积见表 6-19 所列的数值。

（2）导线敷设时，应尽量避免接头。因为常常由于导线接头质量不好而造成事故，若必须接头，应采用压解或焊接。

（3）导线在连接和分支处，不应受机械力的作用，导线与电气端子连接时要牢靠压实。

表 6-19　线芯允许最小截面

分设方式及用途	线芯最小截面面积(mm^2)		
	铜芯软线	铜线	铝线
一、敷设在室内绝缘支持件上的裸导线		2.5	4
二、敷设在绝缘支持件上的绝缘导线，其支持点间距为：			
(1)1 m 及以下　室内		1.0	1.5
室外		1.5	2.5
(2)2 m 及以下　室内		1.0	2.5
室外		1.5	2.5
(3)6 m 及以下　室内		2.5	4
(4)12 m 及以下		2.5	6
三、穿管敷设的绝缘导线	1.0	1.0	2.5
四、槽板内敷设的绝缘导线		1.0	1.5
五、塑料护套线敷设		1.0	1.5

(4)穿在管内的导线，在任何情况下都不能有接头，必须有接头时，可把接头放在接线盒或灯头盒、开关盒内。

(5)各种明配线应垂直敷设和水平敷设，要求横平竖直，导线水平高度距地不应小于 2.5 m；垂直敷设不应低于 1.8 m，否则应加管、槽保护，以防机械损伤。

(6)导线穿墙时应装过墙管保护，过墙管两端伸出墙面不小于 10 mm，若太长，也不美观。

(7)当导线沿墙壁或天花板敷设时，导线与建筑之间的最小距离：瓷夹板配线不应小于 5 mm，瓷瓶配线不小于 10 mm。在通过伸缩缝的地方，导线敷设应稍有松弛。对于线管配线应设补偿盒，以适应建筑物的伸缩性。

(8)为确保用电安全，室内电气管线与其他管道间应保持一定距离，如表 6-20 所示。施工中，如不能满足表中所列距离，则应采用下列措施。

表 6-20　室内配线与管道间最小距离

管道名称		配线方式		
		穿管配线	绝缘导线明配线	裸导线配线
		最小距离(mm)		
蒸汽管	平行	1 000/500	1 000/500	1 500
	交叉	300	300	1 500
暖、热水管	平行	300/200	300/200	1 500
	交叉	100	100	1 500
通风、上下水压缩空气管	平行	100	200	1 500
	交叉	50	100	1 500

注：表中分子数字为电气管线敷设在管道上面的距离，分母数字为电气管线敷设在管道下面的距离。

①电气管线与蒸汽管不能保持表6-20中的距离时,可在蒸汽管外包一隔热层,这样平行距离可减到200 mm;交叉距离需考虑施工维修方便,但管线周围温度应经常在35 ℃以下。

②电气管线与暖水管不能保持表6-20中的距离时,可在暖水管外包隔热层。

③裸导线应敷设在管道上面,当不能保持表6-20中的距离时,可在裸导线外加装保护网或保护罩。

(二)线管配线

把绝缘导线穿在管内敷设,称为管配线。这种线管配线方式比较安全可靠,避免腐蚀性气体的侵蚀和机械损伤,更换电线方便,普遍应用于重要公用建筑和工业厂房以及易燃、易爆及潮湿的场所。

线管配线通常有明配和暗配两种。明配是把线管敷设于墙壁、桁架等表面明露处,要求横平竖直、整齐美观。暗配是把线管敷设于墙壁、地坪或楼板内等处,要求管路短,弯曲少,以便穿线。

线管配线常使用的管线有低压流体输送钢管(又称焊接钢管,分镀锌和不镀锌两种,其管壁较厚,管径以内径计)、电线管(管径较薄,管径以外径计)、硬塑料管、半硬塑料管、塑料波纹管、软塑料管和软金属管(俗称蛇皮管)等。

线管配线施工包括线管选择、线管加工、线管连接、线管敷设和线管穿线等几道工序。

1. 线管选择

首先应根据所敷设环境决定采用哪种管子,然后决定管子的规格。一般明配于潮湿场所和埋于地下的管子,均应使用厚壁钢管;明配或暗配于干燥场所的钢管,宜使用薄壁钢管。硬塑料管适用于室内或者有酸、碱等腐蚀介质的场所,但不得在高温和易受机械损伤的场所敷设。半硬塑料管和塑料波纹管适用于一般民用建筑的照明工程暗敷设,但不得在高温场所敷设。软金属管多用来作为钢管和设备的过渡连接。

管子规格的选择应根据管内所穿导线的根数和截面决定,一般规定管内导线的总截面面积(包括外护层)不应超过管子截面面积的40%。可参照表6-21选择管的外径。

所选用的线管不应有裂缝和扁折、无堵塞。钢管管内应无铁屑及毛刺,切断口应挫平,管口应刮光。

2. 线管加工

需要敷设的线管,应在敷设前进行一系列的加工,如除锈涂漆、切割套丝和弯曲。

1)除锈涂漆

对于钢管,为防止生锈,在配管前应对管子进行除锈,刷防腐漆。管子内壁除锈,可用圆形钢丝刷,两头各绑一根铁丝,穿过管子,来回拉动钢丝刷,把管内铁锈清除干净。管子外壁除锈,可用钢丝刷打磨,也可用电动除锈机。除锈后,将管子的内外表面涂以防锈漆。但钢管外壁刷漆要求与敷设方式和钢管种类有关。

(1)埋入混凝土内的钢管不刷防腐漆。

(2)埋入道渣垫层和土层内的钢管应刷两道沥青或使用镀锌钢管。

(3)埋入砖墙内的钢管应刷红丹漆等防腐漆。

(4)钢管明敷时,焊接钢管应刷一道防腐漆,一道面漆(若设计无规定颜色,一般用灰色漆）。

表 6-21　单芯导线穿管选择

<table>
<tr><th rowspan="2">线芯截面面积（mm^2）</th><th colspan="9">焊接钢管（管内导线根数）</th><th colspan="9">电线管（管内导线根数）</th><th>线芯截面面积（mm^2）</th></tr>
<tr><th>2</th><th>3</th><th>4</th><th>5</th><th>6</th><th>7</th><th>8</th><th>9</th><th>10</th><th>10</th><th>9</th><th>8</th><th>7</th><th>6</th><th>5</th><th>4</th><th>3</th><th>2</th><th></th></tr>
<tr><td>1.5</td><td colspan="3">15</td><td colspan="2">20</td><td colspan="4">25</td><td colspan="4">32</td><td colspan="2">25</td><td colspan="3">20</td><td>1.5</td></tr>
<tr><td>2.5</td><td colspan="2">15</td><td colspan="3">20</td><td colspan="4">25</td><td colspan="4">32</td><td colspan="3">25</td><td colspan="2">20</td><td>2.5</td></tr>
<tr><td>4</td><td>15</td><td colspan="4">20</td><td colspan="4">25</td><td colspan="5">32</td><td colspan="2">25</td><td colspan="2">20</td><td>4</td></tr>
<tr><td>6</td><td colspan="3">20</td><td colspan="3">25</td><td colspan="3">32</td><td colspan="3">40</td><td colspan="3">32</td><td colspan="2">25</td><td>20</td><td>6</td></tr>
<tr><td>10</td><td>20</td><td colspan="2">25</td><td colspan="2">32</td><td colspan="2">40</td><td colspan="2">50</td><td colspan="4"></td><td colspan="2">40</td><td colspan="2">32</td><td>25</td><td>10</td></tr>
<tr><td>16</td><td colspan="2">25</td><td colspan="2">32</td><td colspan="2">40</td><td colspan="3">50</td><td colspan="5"></td><td colspan="2">40</td><td colspan="2">32</td><td>16</td></tr>
<tr><td>25</td><td colspan="2">32</td><td colspan="2">40</td><td colspan="2">50</td><td colspan="3">70</td><td colspan="7"></td><td>40</td><td>32</td><td>26</td></tr>
<tr><td>35</td><td>32</td><td>40</td><td colspan="3">50</td><td colspan="2">70</td><td colspan="2">80</td><td colspan="7"></td><td colspan="2">40</td><td>35</td></tr>
<tr><td>50</td><td>40</td><td colspan="2">50</td><td colspan="3">70</td><td colspan="3">80</td><td colspan="9" rowspan="6"></td><td></td></tr>
<tr><td>70</td><td colspan="2">50</td><td colspan="2">70</td><td colspan="2">80</td><td colspan="3"></td><td></td></tr>
<tr><td>95</td><td>50</td><td colspan="2">70</td><td colspan="2">80</td><td colspan="4"></td><td></td></tr>
<tr><td>120</td><td colspan="2">70</td><td colspan="2">80</td><td colspan="5"></td><td></td></tr>
<tr><td>150</td><td colspan="2">70</td><td>80</td><td colspan="6"></td><td></td></tr>
<tr><td>185</td><td>70</td><td>80</td><td colspan="7"></td><td></td></tr>
</table>

（5）埋入有腐蚀土层中的钢管，应按设计规定进行防腐处理。电线管一般因为已刷防腐黑漆，故只需在管子焊接处和连接处以及漆脱落处补刷同样色漆。

2）切割套丝

在配管时，应根据实际情况对管子进行切割。管子切割时严禁用气割，应使用钢锯或电动无齿锯进行切割。

管子和管子的连接，管子和线盒、配电箱的连接，都需要在管子端部进行套丝。焊接钢管套丝，可用管子铰板（俗称代丝）或电动套丝机，常用的有 1.3 ~ 5.1 cm（1/2 ~ 2 in）和 5.7 ~ 10.2 cm（$2\frac{1}{4}$ ~ 4 in）两种。电线管和硬塑料管套丝，可用圆丝板。

套丝时，先将管子固定在管子压器上压紧然后套丝。如利用电动套丝机，可提高工效。电线管和硬塑料管的套丝与此类似，比较方便。套丝完后，应随即清扫管口，以免割破导线绝缘。

3）弯曲

根据线路敷设的需要，线管改变方向需要将管子弯曲。但在线路中，管子弯曲多会给穿线和维护换线带来困难。因此，施工时要尽量减少弯头，为便于穿线，管子弯曲后的角度一般不应小于 90°，如图 6-24

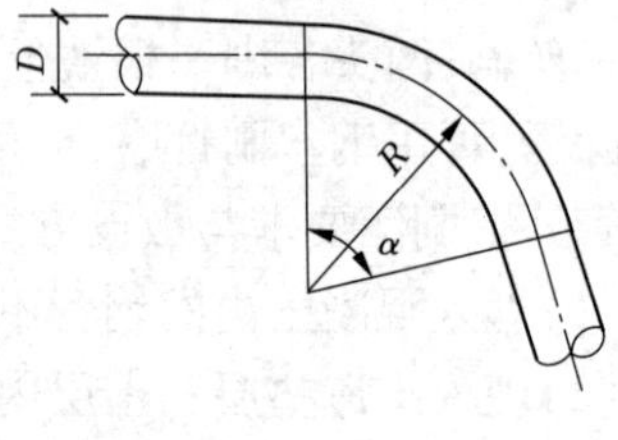

D—管子直径；*α*—弯曲角度；*R*—弯曲半径

图 6-24　钢管的弯曲半径

所示。管子弯曲半径一般不小于管外径的6倍;埋于地下或混凝土楼板内时,不应小于管外径的10倍。为了穿线方便,在电线管路长度和弯曲超过下列数值时,中间应增设接线盒:

(1)管子长度每超过30 m,无弯曲时。

(2)管子长度每超过20 m,有一个弯时。

(3)管子长度每超过15 m,有两个弯时。

(4)管子长度每超过8 m,有三个弯时。

管子弯曲,可采用弯管器、弯管机或用热煨法。一般管径小于50 mm的管子,可用弯管器,这种方法比较简单方便,如图6-25所示。操作时先将管子需要弯曲的部位的前段放在弯管器内,管子的焊缝放在弯曲方向的背面或侧面,以防管子弯扁,然后用脚踩住管子,手扳弯管器柄,稍加一定的力,使管子略有弯曲,再逐点移动弯管器,使管子完成所需的弯曲半径和弯曲角度。小口径的厚壁钢管也可以用氧乙炔焰加热弯制。

图6-25　用弯管器弯管的情况

弯曲管径50 mm以上的管子,可用弯管机或热煨法,用弯管机时,要根据管子弯曲半径的要求选择模具的规格。使用热煨法时,为防止管子弯曲,可先在管内填满砂子(烘干的砂子)。在装填砂子时,要边装砂子边敲打管子,使其填实,然后用木塞堵住两端。进行局部加热时,管子应慢慢转动,使管子的加热部位均匀受热,然后在胎具内弯曲成型。成型后浇水冷却,倒出砂子。管子加热长度的计算式如下

$$L = \frac{\pi \alpha R}{180°} \tag{6-1}$$

式中　α——弯曲角度,(°);

R——弯曲半径,mm。

当α为90°时,煨弯加热长度$L = 1.57R$。如G80钢管,弯曲半径R为管外径D(88.5 mm)的6倍,则$L = 1.57 \times 6 \times 88.5 \approx 834$(mm)。由于弯头冷却后角度往往要回缩2°~3°,所以在弯制时宜比预定弯曲角度略大2°~3°。

硬塑料管的弯曲,可用热煨法。将塑料管放在电烘箱内加热或放在电路上加热,待达到柔软状态时,把管子放在胎具内弯曲成型。

3. 线管连接

1)钢管连接

无论是明敷还是暗敷,一般都采用管箍连接,特别是潮湿场所,以及埋地和防爆线管。为保证管接口的严密性,管子的四口部分应涂以铅油缠上麻丝,用管钳子拧紧,使两管段间吻合,不允许将管子对焊连接。在干燥少尘的厂房内,对于直径50 mm及以上的管端也可采用套管焊接方式,套管的对口处在套管出口的中心,然后在两端焊接牢固。钢管采用管箍连接时,要用圆钢或扁钢做跨界线焊在接头处,使管子之间有良好的电气连接,以保证接地的可靠性。如图6-26所示跨接线焊接应整齐一致,焊接面面积不得小于接地线截面面积的6倍,但不得将管箍焊死。跨接线的规格可参照表6-22来选择。

钢管进入灯头盒、开关盒、接线盒及配电箱时，暗配管可用焊接固定，管口露出盒（箱）应小于5 mm，明配管应用锁紧螺母或护帽固定，露出锁紧螺母的四口丝扣为2~4环扣。

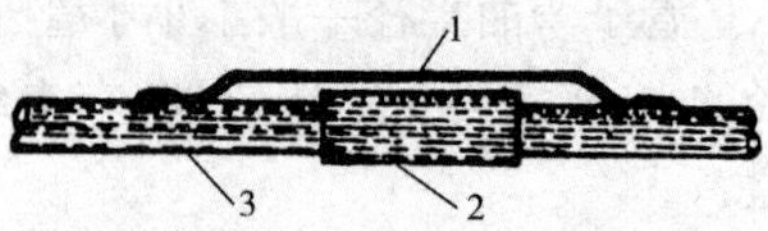

1—跨接线；2—管箍；3—钢管

图6-26　钢管连接处接地

2）硬塑料管连接

硬塑料管连接通常有两种方法：第一种方法叫插入法。插入法又分为一步插入法和二步插入法。一步插入法适用于ϕ50 mm及以下的硬塑料管；二步插入法适用于ϕ65 mm及以上的硬塑料管。第二种方法叫套接法。

表6-22　跨接线选择　　（单位：mm）

公称直径		跨接线	
电线管	钢管	圆钢	扁钢
≤32	≤25	ϕ6	
40	32	ϕ8	
50	40~50	ϕ10	
70~80	70~80	ϕ12	25×4

A. 一步插入法

（1）将管口倒角，如图6-27所示。将需要连接的两个管端，一个加工成内斜角（作阴管），一个加工成外斜角（作阳管），角度均为30°。

（2）将阴管、阳管插接段的灰尘等杂物除净。

（3）将阴管插接段（插接长度为管径的1.1~1.8倍）放在电炉上数分钟，使其呈柔软状态，加热温度为145 ℃左右。

（4）将阳管接入部分涂上胶合剂（如过氧乙烯胶水等），厚度均匀，然后迅速插入阴管，待中心线一致时，立即用湿布冷却，使管口恢复原来硬度。插接情况见图6-28。

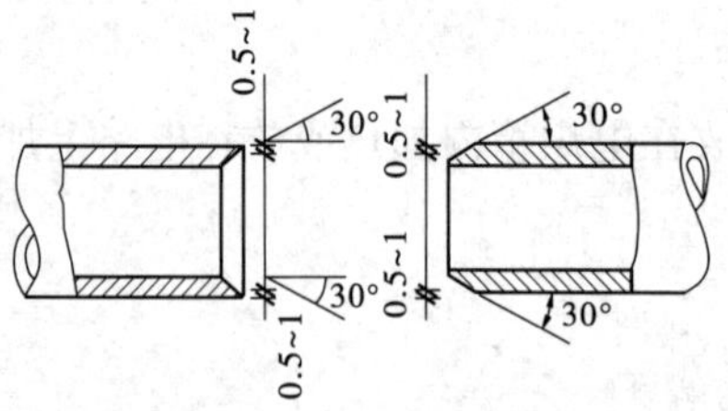

图6-27　管口倒角

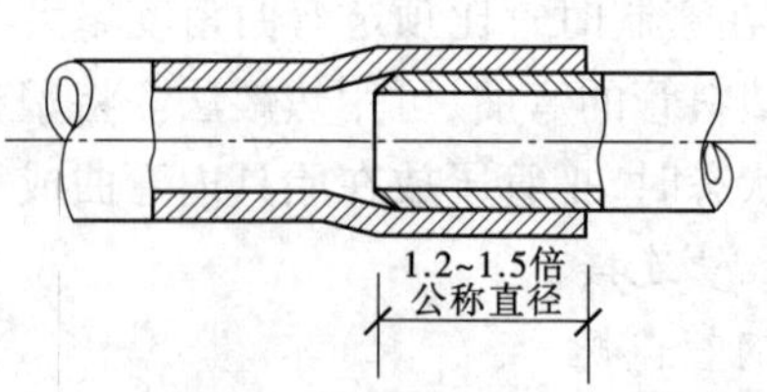

图6-28　插接情况

B. 二步插入法

（1）将管口倒角，如一步插入法。

（2）清理插接段，如一步插入法。

（3）阴管加热，把阴管插入温度为145 ℃的热甘油或石蜡中（也可以采用喷灯、电炉、炭火炉加热），加热部分的长度为管径的1.1~1.3倍，待至柔软状态后，即插入已被甘油加热的金属模具，进行扩口，待冷却至 50 ℃左右时取下模具，再用冷水内外浇，使管子恢复原来硬度。成型模的外径比硬管内径大 2.5% 左右。成型模插入情况如图 6-29 所示。

(4)在阴管、阳管插接段涂以胶合剂，然后把阳管接入阴管内，加热阴管，使其扩大部分收缩，然后急加水冷却。

此道工序也可以改为焊接，即将阳管插入阴管后，用聚氯乙烯焊条在接合处焊 2 ~ 3 圈，以保证密封。焊接连接情况如图 6-30 所示。

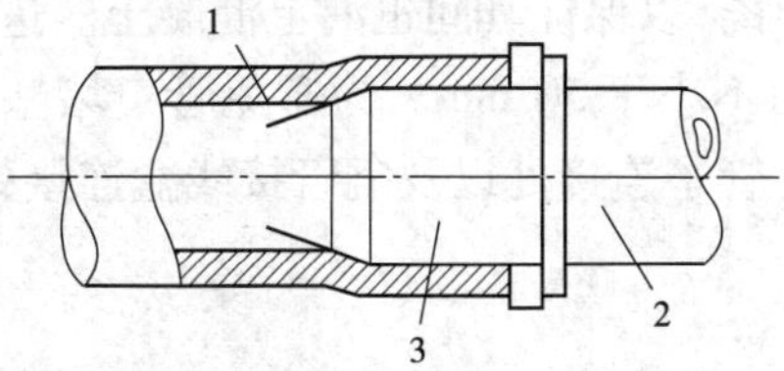

1—扩口时导向端；2—此端在工具台上固定；
3—成型模

图 6-29　成型模插入情况

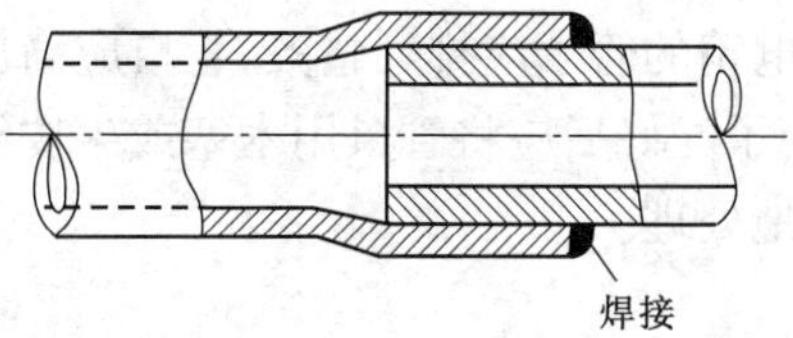

图 6-30　焊接连接情况

C. 套接法

先把同直径的硬塑料管加热扩大成套管，然后把需要连接的连接管段倒角，并用汽油或酒精将插接段擦干净，待汽油挥发后涂以胶合剂，迅速插入热套管中，并用湿布冷却。塑料管套接法连接如图 6-31 所示，也可以用焊接方法予以焊牢密封。

半硬塑料管应使用套管黏结法连接，套管的长度不应小于连接管外径的 2 倍，接口处应用胶合剂黏结牢固。

塑料波纹管一般情况下很少需要连接，当必须连接时，应采用管接头连接，如图 6-32 所示。

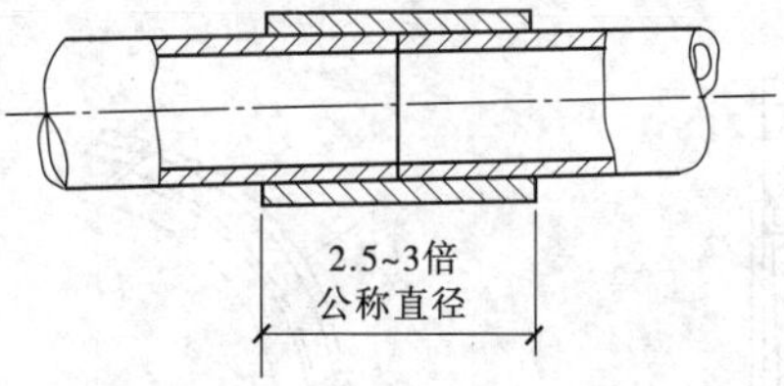

图 6-31　塑料管套接法连接

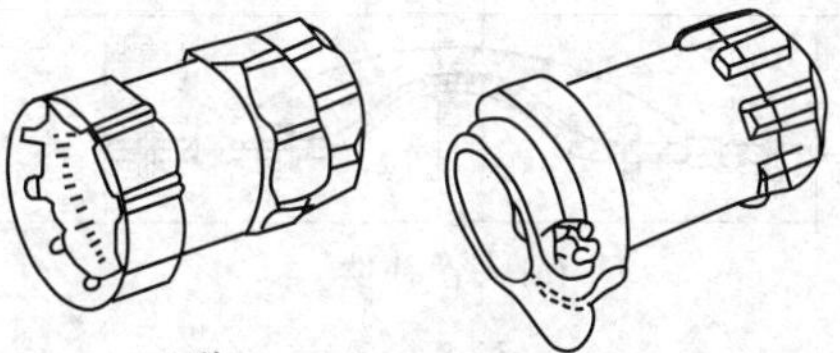

图 6-32　管接头示意图

线管入接线盒操作步骤如图 6-33 所示。

4. 线管敷设

线管敷设俗称配管。配管工作一般从配电箱开始，逐段配至用电设备处，有时也可以从用电设备端开始，逐段至配电箱处。

1)暗配管

在现浇混凝土构件内敷设管子，可用铁丝将管子绑扎在钢筋上，也可以用钉子将管子定在木模板上，将管子用垫块垫起，用铁丝绑牢，如图 6-34 所示。垫块可用碎石块，垫高

15 mm 以上。此项工作是在灌胶前进行的。同线管在砖墙内的固定方法，可先在砖缝里打入木楔，再在木楔上钉钉子，用铁线将管子绑扎在钉子上，再将钉子打入，使管子充分嵌入槽内，应保证管子离墙表面净距不小于 15 mm。在地坪内，须在土建浇筑混凝土之前埋设，固定方法可用木桩或圆钢等打入地中，用铁丝将管子绑牢，为使管子全部埋设在地坪混凝土层内，应将管子垫高，离土层 15～20 mm，这样可减少地下湿土对管子的腐蚀作用。埋于地下的电线管路不宜穿过设备基础，当穿过建筑物基础时，应加保护管保护。当许多管子并排敷设在一起时，必须使其均离开一定距离，以保证其间也灌上混凝土。进入落地式配电箱的管子应排列整齐，管口应高出基础面不小于 50 mm。为避免管口堵塞影响穿线，管子配好后应将管口用木塞或牛皮纸堵好。管子连接处以及钢管接线盒连接处，要做好接地处理。

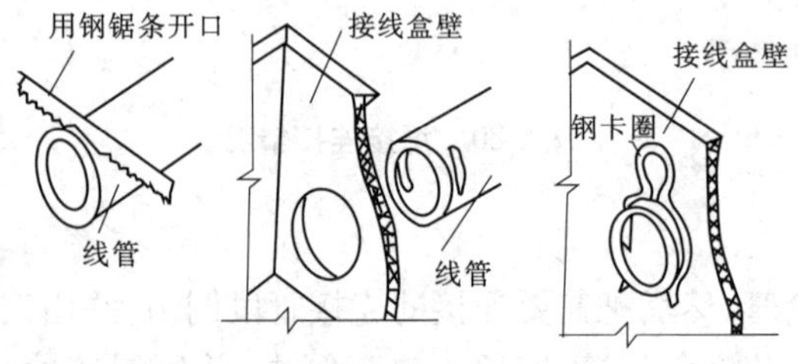

(a)开口　(b)入接线盒　(c)卡固

图 6-33　线管入接线盒操作步骤

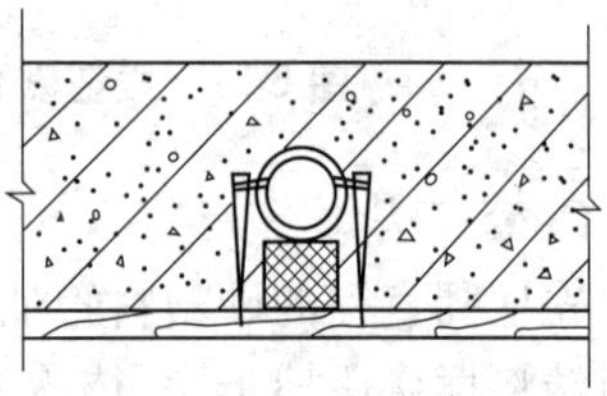
图 6-34　木模板上管子的固定方法

当电线管遇到建筑物伸缩缝、沉降缝时，必须相应做伸缩、沉降处理，一般是装设补偿盒。在补偿盒的侧面开一个长孔，将管段穿入长孔中，而另一端用六角螺母与接线盒拧紧固定，如图 6-35(b)所示。波纹管由地面引至墙内时安装见图 6-36。

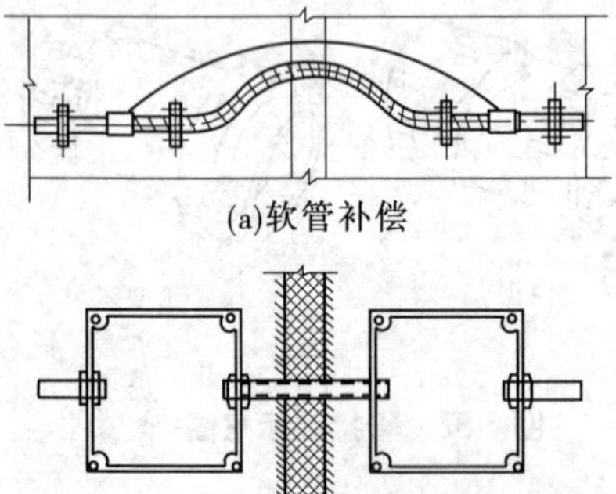
(a)软管补偿

(b)装设补偿盒补偿

图 6-35　由线管经过伸缩缝补偿装置

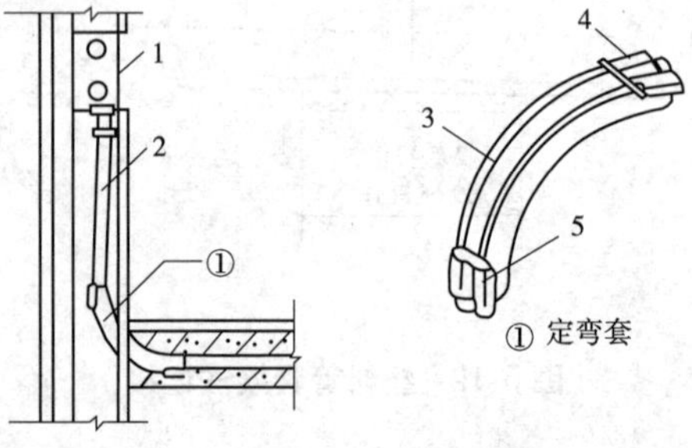

(a)　(b)

1—接线盒;2—波纹管;3—定型套;4、5—卡盖

图 6-36　波纹管由地面引至墙内做法

2)明配管

明配管应排列整齐、美观，固定点间距应均匀。一般管路应沿建筑物结构表面水平或垂直敷设，其允许偏差在 2 m 以内均为 3 mm，全长不应超过管子内径的 1/2。当管子沿墙、柱和屋架等处敷设时，可用管卡固定。管卡的固定方法，可用膨胀螺栓或弹簧螺丝直

接固定在墙上，也可以固定在支架上。支架形式可根据具体情况按照国家标准图集 D463（二）选择，如图 6-37 所示。当管子沿建筑物的金属构件敷设时，若金属构件允许电焊，可把厚壁管电焊在钢构件上。对于薄壁管（电线管）和塑料管，只能用支架和管卡固定。管卡与终端、转弯中间、电气器具或接线盒边缘的距离为 15 ~ 500 mm；中间管卡最大允许距离应符合表 6-23 的规定。管子贴墙敷设应进入开关、灯头、插座等接线盒内，要适当将管子煨成双管（鸭脖弯），如图 6-38 所示不能使管子斜穿到接线盒内。同时要使管子平整地紧贴在建筑物上，在距接线盒 300 mm 处，用管卡将管子固定。在有弯头的地方，弯头两边也应用管卡固定。

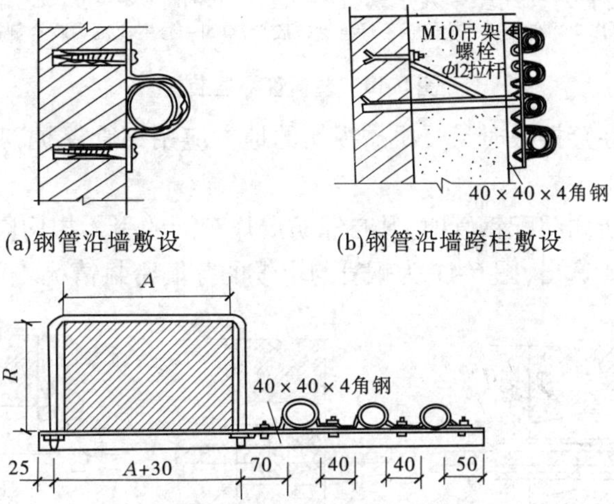

(a)钢管沿墙敷设　(b)钢管沿墙跨柱敷设

(c)钢管沿层架下弦侧敷设

图 6-37　线管固定方法

表 6-23　线管中间管卡最大允许距离　（单位：mm）

敷设方式	管材	线管直径			
		15 ~ 20	25 ~ 30	40 ~ 50	65 ~ 100
吊梁、支架或沿墙敷设	低压流体输送钢管	1 500	2 000	2 500	
	电线管	1 000	1 500	2 000	3 500
	塑料管	1 000	1 500	2 000	

明配钢管经过建筑物伸缩缝时，可采用软管进行补偿。将软管套在线管端部，如图 6-39 所示，并使金属软管略弧度，以便基础下沉时，借助软管的弹性而伸缩，如图 6-35（a）所示。

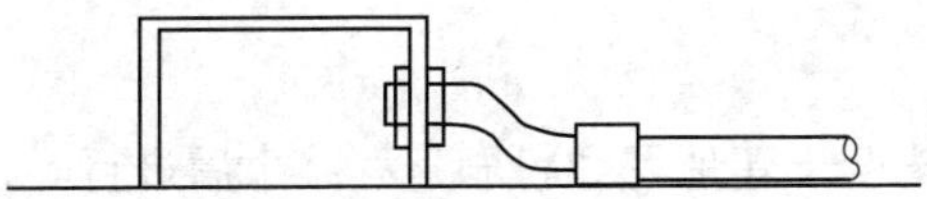

图 6-38　线管进接线盒

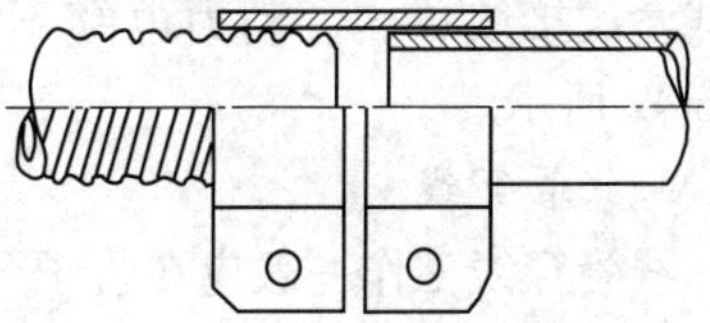

图 6-39　钢管和软管连接

硬塑料管沿建筑物表面敷设时，在直线段上每隔 30 m 要装设一只温度补偿器装置，以适应其膨胀性，如图6-40所示。在支架上明敷设硬塑料管，因可改变其挠度来适应长度的变化，所以可不装设补偿装置。

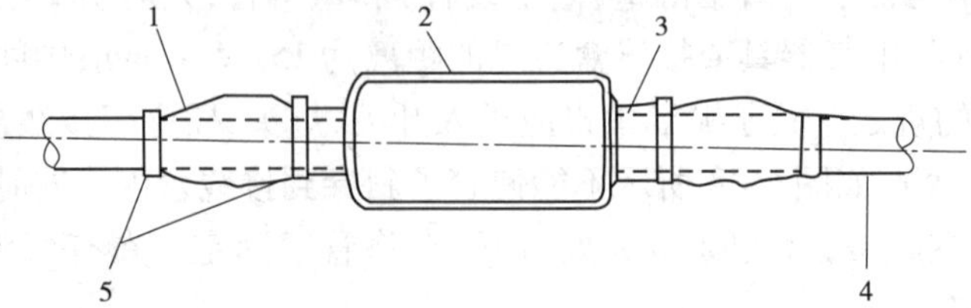

1—软聚氯乙烯管;2—分线盒;3—在分线盒上焊一段大一号的硬管;4—硬聚氯乙烯管插入盒子上的套管中可以自由伸缩;5—软聚氯乙烯管涂以胶合剂(如一号聚氯乙烯胶合剂)包扎使其不漏气

图6-40　塑料管补偿装置

明配硬塑料管在穿楼板时易受机械损伤的地方应用钢管保护，其保护高度距离楼板面不小于500 mm。

在爆炸危险场所内明配钢管时，凡自非防爆炸车间的引入扣均应采取密封措施，使有爆炸危险的空气不能逸出，图6-41为钢管与电缆的穿墙密封情况。

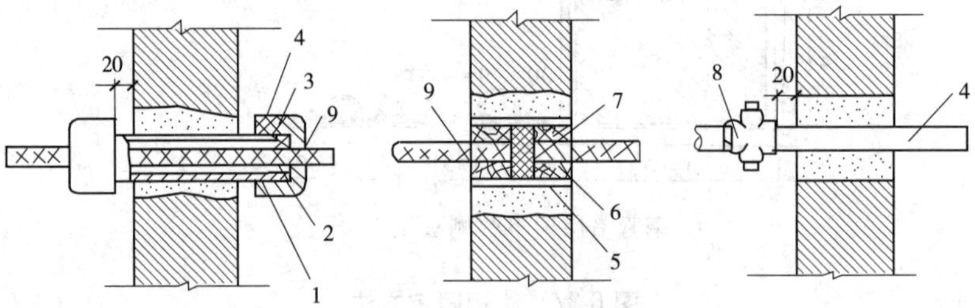

(a)单根非铠装电缆穿墙做法　(b)单根铠装电缆穿墙做法　(c)单根管子穿墙做法

1—密封接头(成套);2—橡皮封垫(成套);3—垫圈(成套);4—钢管;5—水泥预制管;6—黏土填充物;7—料堵(浸胶麻绳);8—四通隔离密封;9—电缆

图6-41　钢管与电缆的穿墙密封情况

钢管明配线应在电机的进线口，管路与电气设备连接困难处、管路通过建筑物的伸缩缝、沉降缝处装设防爆挠性连接管，防爆挠性连接管弯曲半径不应小于管外径的5倍。

管子间及管子与接线盒、开关盒之间都必须用螺纹连接，螺纹处必须用油漆麻丝或四氟乙烯带缠绕后旋紧，保证密封可靠。麻丝及四氟乙烯带缠绕方向应和管子旋紧方向一致，以防松散。

引入电动机或其他用电设备的电源线连接点，应用防止松脱的措施，并应放在密封的接线盒或接线罩内。动力电缆不许有中间接头。防爆电动机钢管配线的隔离密封如图6-42所示。

5. 线管穿线

线管穿线工作一般应在管子全部敷设完毕及土建地坪和粉刷工程结束后进行。在穿线前应将管中的积水及杂物清除干净。

导线穿管时，应先穿一根钢线做引线，当管路较长或弯曲较多时，应在配管时就将引线穿好。一般在现场施工中对于管线较长、弯曲较多，从一端穿入钢引线有困难时，多采

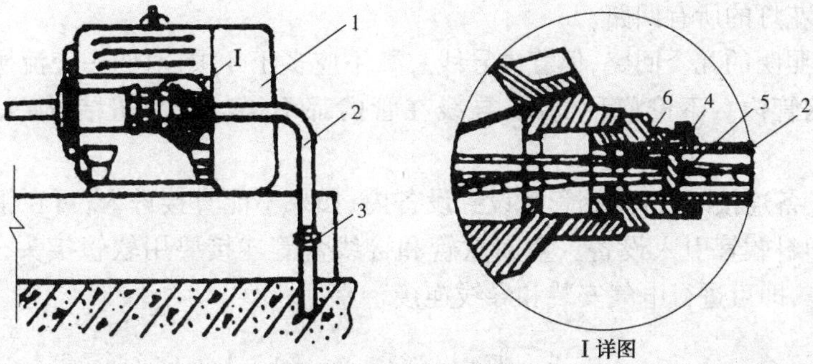

I 详图

1—防爆电动机;2—钢管;3—活接头;4—压板;5—料堵(细棉绳);6—密封填料(沥青混合物)

图 6-42　防爆电动机钢管配线的隔离密封

用从两端同时穿钢引线,且将引线头弯成小钩,当估计一根引线端头超过另一根引线端头时,用手旋转较短的一根,使两根引线绞在一起,然后把一根引线拉出,此时就可以将引线的一头与需穿的导线扎结在一起。

拉线时,应有两个人操作,较熟练的一人担任送线,另一人担任拉线,两人送拉动作要配合协调,不可硬送、硬拉。当导线拉不动时,两人应反复来回拉 1 ~ 2 次再向前拉,不可过分勉强而将引线或导线拉断。

在较长的垂直管路中,为防止由于导线自重拉断导线或拉松接线盒中的接头,导线每超过下列长度,应在管口处或接线盒中加以固定:对 50 mm^2 以下的导线,长度为 30 m 时;70 ~ 95 mm^2 的导线,长度为 20 m 时;120 ~ 240 mm^2 的导线,长度为 18 m 时。导线在接线盒内的固定方法如图 6-43 所示。

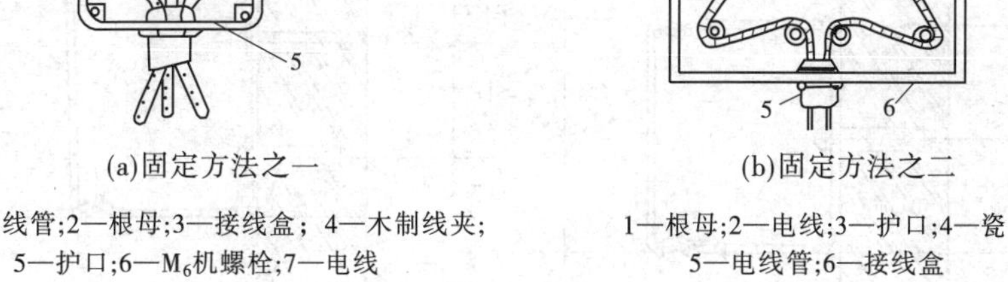

(a)固定方法之一

1—电线管;2—根母;3—接线盒; 4—木制线夹;
5—护口;6—M_6机螺栓;7—电线

(b)固定方法之二

1—根母;2—电线;3—护口;4—瓷瓦;
5—电线管;6—接线盒

图 6-43　垂直管线的固定

穿线时应严格按照规范要求进行,不同回路、不同电压和交流与直流的导线,不得穿入同一根管子内,但下列回路可以除外:

(1)电压为 65 V 以下的回路。

(2)同一台设备的电机回路和无干扰要求的控制回路。

(3)照明花灯的所有回路。

(4)同类照明的几个回路,但管内导线总数不应多于 8 根,对同一交流回路的导线必须穿于同一钢管内。不论何种情况,导线在管内都不得与接头扭结,接头应放在接线盒内。

钢管与设备连接时,应将钢管敷设到设备内,如果不能直接进入,可在钢管出口处加金属软管或塑料软管引入设备。金属软管和接线盒等连接要用软管接头,如图 6-44 所示。穿线完毕,即可进行电气安装和导线连接。

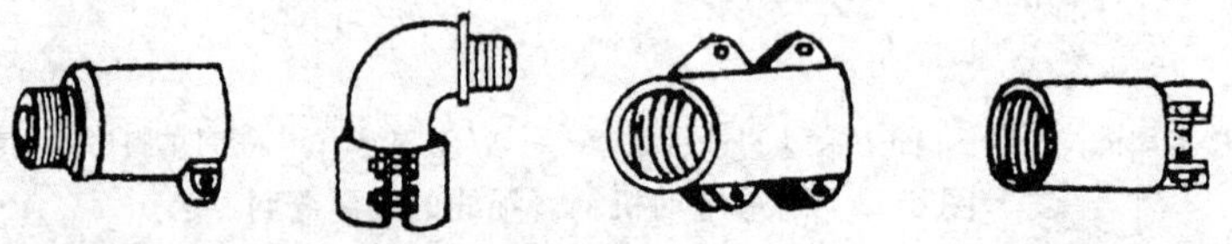

(a) 外螺丝接头　(b) 弯接头　(c) 软管接头　(d) 内螺丝接头

图 6-44　金属软管的各种管接头

(三)金属线槽敷设

金属线槽一般适用于正常环境的室内场所明敷设。金属线槽一般由 0.4～1.5 mm 的钢板压制而成,为具有槽盖的封闭式金属线槽。

1. 定位

金属线槽安装前,首先根据图线确定出电源及箱(盒)等电气设备、器具的安装位置,然后用粉袋弹线定位,分匀档距标出线槽支架、吊架的固定位置。

金属线槽敷设时,吊点及支持点的距离应根据工程实际情况确定,一般在直线段固定间距不应大于 3 m,在线槽的首端、终端、分支、转交、接头及进接线盒、出接线盒处不应大于 0.5 m。

2. 墙上安装

金属线槽在墙上安装时,可采用 8×35 半圆头木螺旋丝配塑料膨胀管的安装方式。金属线槽在墙上安装如图 6-45 所示。

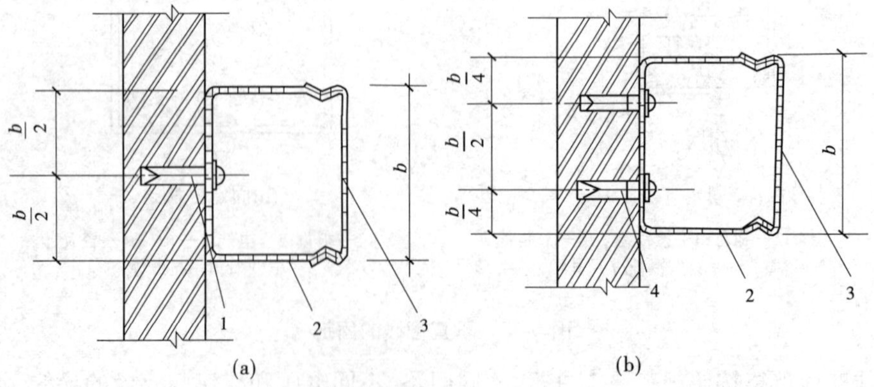

1—半圆头木螺栓;2—电线槽;3—盖板;4—半圆头螺栓

图 6-45　金属线槽在墙上安装

金属线槽在墙上水平支架上安装也可以使用托臂支撑。金属线槽沿墙在水平支架上安装如图 6-46 所示。

金属线槽沿墙垂直敷设时,可采用角钢支架或扁钢固定金属线槽,支架的长度应根据金属线槽的宽度和根数确定。

支架与建筑物的固定应采用 M10 × 80 的膨胀螺栓紧固,或将角钢支架预埋在墙内,线槽用管卡子固定在支架上。支架固定点间距为 1.5 m,底部支架距楼(地)面的距离不应小于 0.3 m。

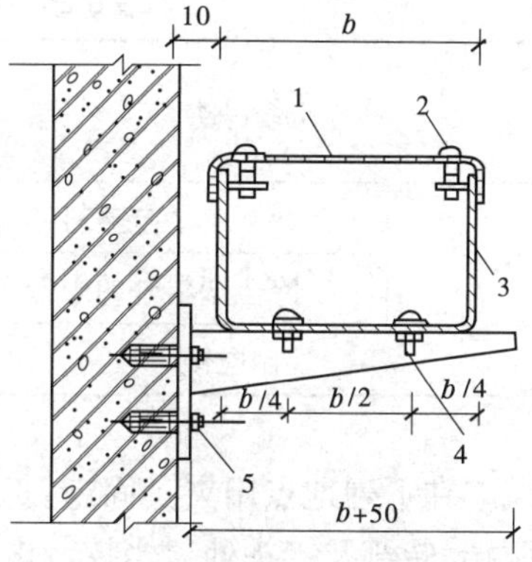

1—盖板;2、4—螺栓;3—电线槽;5—膨胀螺栓

图 6-46　金属线槽沿墙在水平支架上安装

(四)电缆配线的安装

1. 电缆敷设的一般规定

(1)电力电缆型号、规格应符合施工图样的要求。

(2)并联运行的电力电缆其长度、型号、规格应相同。

(3)电缆敷设时,在电缆终端头与电缆接头附近须留出备用长度。

(4)电缆敷设时,弯曲半径不应小于表 6-24 的规定。

表 6-24　电缆最小允许弯曲半径与电缆外径的比值　　(单位:mm)

电缆形式			多芯	单芯
控制电缆			10	
橡皮绝缘电力电缆	无铅包、钢铠护套		10	
	裸铅包护套		15	
	钢铠护套		20	
聚氯乙烯绝缘电力电缆			10	
交联聚乙烯绝缘电力电缆			15	20
油浸纸绝缘电力电缆	铅包		30	
	铅包	有铠装	15	20
		无铠装	20	
自容式充油(铅包)电缆				20

(5)油浸纸绝缘电力电缆最高点与最低点的最大允许敷设位差不应超过表 6-25 的规定。

(6)电缆各支持点间的距离不应超过表 6-26 规定的数值。

表 6-25　油浸纸绝缘电力电缆最大允许敷设位差

电压等级(kV)	电缆护层结构	最大允许敷设位差(m)
1	无铠装	20
	有铠装	25
6 ~ 10	无铠装或有铠装	15

表 6-26　电缆各支持点间的距离　（单位:mm）

电缆种类		敷设方式	
		水平	垂直
电力电缆	全塑料	400	1 000
	除全塑料外的中低压电缆	800	1 500
控制电缆		800	1 000

电缆应在下列地点用夹具固定:①垂直敷设时在每一个支架上。②水平敷设时在电缆首尾两端、转弯及接头处。当控制电缆与电力电缆在同一支架上敷设时,各支持点的间距按控制电缆要求的数值处理。

(7)电缆敷设时,电缆应从电缆盘的上端引出,避免电缆在支架上及地面上摩擦拖拉。用机械敷设时的最大允许牵引强度宜符合表 6-27 的要求,其敷设速度不宜超过 15 m/min。

表 6-27　电缆最大允许牵引强度　（单位:$N \cdot mm^2$）

牵引方式	牵引头		钢丝套网		
受力部位	铜芯	铝芯	铅套	铝套	塑料护套
允许牵引强度	70	40	10	40	7

(8)敷设电缆时,现场的温度不应低于表 6-28 的数值,否则应对电缆进行加热处理。

表 6-28　电缆最低允许敷设温度

电缆类型	电缆结构	最低允许敷设温度(℃)
油浸纸绝缘电力电缆	充油电缆	-10
	其他油纸电缆	0
橡皮绝缘电力电缆	橡皮或聚氯乙烯护套	-15
	裸铅套	-20
	铅护套钢带铠装	-7
塑料绝缘电力电缆	塑料护套	0
控制电缆	耐寒护套	-20
	橡皮绝缘聚氯乙烯护套	-15
	聚氯乙烯绝缘聚氯乙烯护套	-10

(9)敷设电缆时不宜交叉,应排列整齐,加以固定,并及时装设标志牌。装设标志牌应符合下列要求:①在电缆终端头、电缆接头、拐弯处、夹层内及竖井的两端等地方应装设标志牌。②标志牌上应注明线路编号(当设计无编号时,则应写明规格、型号及起始点)。③标志牌的规格宜统一,悬挂应牢固。

(10)电力电缆接头盒位置应符合要求。地下并列敷设的电缆,接头盒的位置宜相互错开;接头盒外面应有防止机械损伤的保护盒(环氧树脂接头盒除外)。位于冻土层的保护盒,盒内应注满沥青,以防水分进入盒内因冻胀而损坏电缆接头。

(11)电缆进入电缆沟、竖井、建筑物以及穿入管子时,出入口应封闭,管口应密封。

2. 电缆直埋敷设

电缆直埋敷设是沿已选定的线路挖掘地沟,然后把电缆埋在沟内。一般在电缆根数较少,且敷设距离较长时多采用此法。

将电缆直埋在地下,因不需其他构造设施,故施工简便,造价低廉,节省材料。同时,由于埋在地下,电缆散热好,对提高电缆的载流量有一定的好处,但存在挖掘土方量大和电缆可能受土中酸碱物质腐蚀等缺点。电缆直埋的施工方法如下。

1)开挖电缆沟

按图纸用白灰在地面上画出电缆行进的线路和沟的宽度。电缆沟的宽度取决于电缆的数量,如数条电力电缆或与控制电缆在同一沟中,则应考虑散热等因素,电缆沟的宽度和形状分别见表6-29和图6-47。

表6-29 电缆沟的宽度

电缆沟宽度 B(mm)		控制电缆根数						
		0	1	2	3	4	5	6
10 kV及以下电力电缆根数	0		350	380	510	640	770	900
	1	350	450	580	710	840	970	1 100
	2	500	600	730	860	990	1 120	1 250
	3	650	750	880	1 010	1 140	1 270	1 400
	4	800	900	1 030	1 160	1 290	1 420	1 550
	5	950	1 050	1 180	1 310	1 440	1 570	1 800
	6	1 100	1 200	1 330	1 460	1 590	1 720	1 850

电缆沟深度一般要求不小于80 mm,以保证电缆表面距地面距离不小于700 mm。当遇障碍物或在冻土层以下及电缆沟的转角处,要挖成圆弧形,以保证电缆的弯曲半径。电缆接头的两端及引入建筑物和引上电杆处须挖出备用电缆的预留坑。

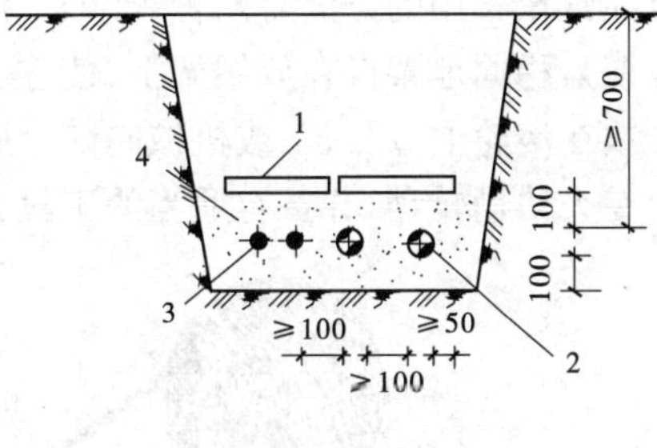

1—保护板;2—10 kV及以下电力电缆;
3—控制电缆;4—砂或软土

图6-47 10 kV及以下电缆沟的形状

2)预埋电缆保护管

当电缆与铁路、公路交叉,电缆进建筑物隧道,穿过楼板、墙壁以及其他可能受到机械损伤的地方,应事先埋设电缆保护管,然后将电缆穿在管内。这样能防止电缆受机械损伤,而且也便于检修时电缆的拆换。电缆与铁路、公路交叉时,其保护管顶面距轨道底或公路面的深度不小于1 m,管的长度除满足路面宽度外,还应两边各伸出1 m。保护管可采用钢管或水泥管等。管的内径应不小于电缆直径的1.5倍。管道内部应无积水且无杂物堵塞。如采用钢管,应在埋设前将管口加工成喇叭形,在电缆穿管时,可以防止管口割伤电缆。

电缆穿管时,应符合下列规定:

(1)每根电力电缆应单独穿入一根管内,但交流单芯电力电缆不得单独穿入钢管内。

(2)裸铠装控制电缆不得与其他外护电缆穿入同一根管内。

(3)敷设在混凝土管、陶土管、石棉水泥管内的电缆,可使用塑料保护套电缆。

3)埋设隔热层

当电缆与热力管道交叉或接近时,其最小允许距离为平行敷设2 m,交叉敷设0.5 m。如果不能满足这个数值的要求,应在接近段或交叉前后1 m范围内做隔热处理,其方法见图6-48。在任何情况下,不能将电缆平行敷设在热力管道的上面或下面。

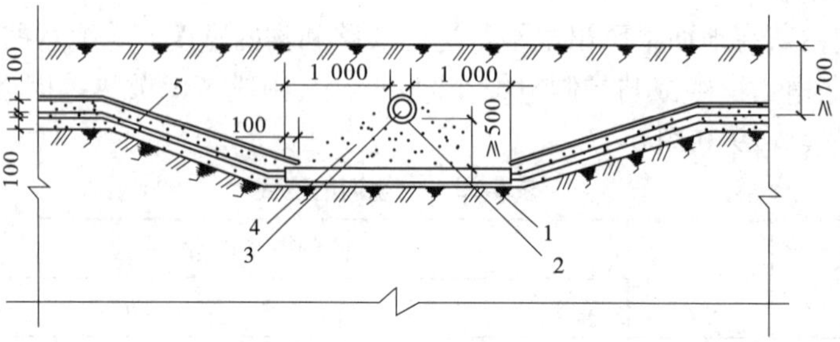

1—石棉水泥管;2—玻璃棉瓦隔热层;3—热力管道;4—砂土垫层;5—保护板

图6-48 电缆与热力管道交叉的隔热法

4)敷设电缆

首先对运到现场的电缆进行核算,弄清每盘电缆的长度,确定中间接头的地方,按线路的具体情况,配置电缆长度,避免造成浪费。在核算时应注意不要把电缆接头放在道路交叉处,建筑物的大门口以及其他管道交叉的地方,如在同一条电缆沟内有数条电缆并列敷设,电缆接头的位置应互相错开,使电缆接头保持2 m以上的距离,以便日后检修。

电缆敷设常用的方法有两种,即人工敷设和机械牵引敷设。无论采用哪种方法,都要先将电缆盘稳固地架设在放线架上,使它能够自由地活动,然后从盘的上端引出电缆,逐渐松开放在滚轮上,用人工或机械向前牵引,如图6-49所示。在施放过程中,电缆盘的两侧应有专人协助转动,并备有适当的工具,以便随时刹住电缆盘。

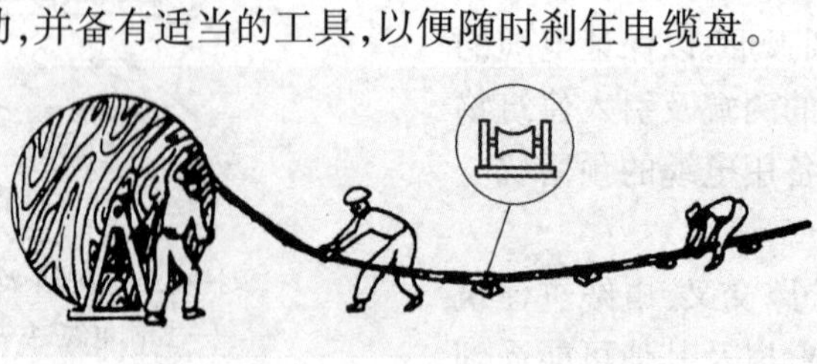

图6-49 电缆用滚轮敷设方法

电缆放在沟底,不要拉很直,应使电缆长度比沟长0.5% ~1%,这样可以防止电缆在冬季停止使用时,不致因冷缩导致长度变短而受过大的拉力。电缆的上、下须铺以不小于100 mm厚的细砂,再在上面覆盖一层砖或水泥预制盖板,其覆盖宽度应超过电缆两侧各

50 mm，以便将来挖土时可表明土内埋有电缆，使电缆不受机械损伤。电缆沟回填土应充分填实，覆土要高于地面 150 ~ 200 mm，以备松土沉陷。完工后，沿电缆线路的两端和转弯处均应竖立一根露在地面上的混凝土标桩，在标桩上注明电缆的型号、规格、敷设日期和线路走向等，以便日后检修。

3. 电缆在电缆沟内的敷设

电缆在电缆沟内敷设是室内外常见的电缆敷设方法。电缆沟一般设在地面下，由混凝土浇筑或用砖砌而成。沟顶用盖板盖住，如图 6-50、图 6-51 所示。

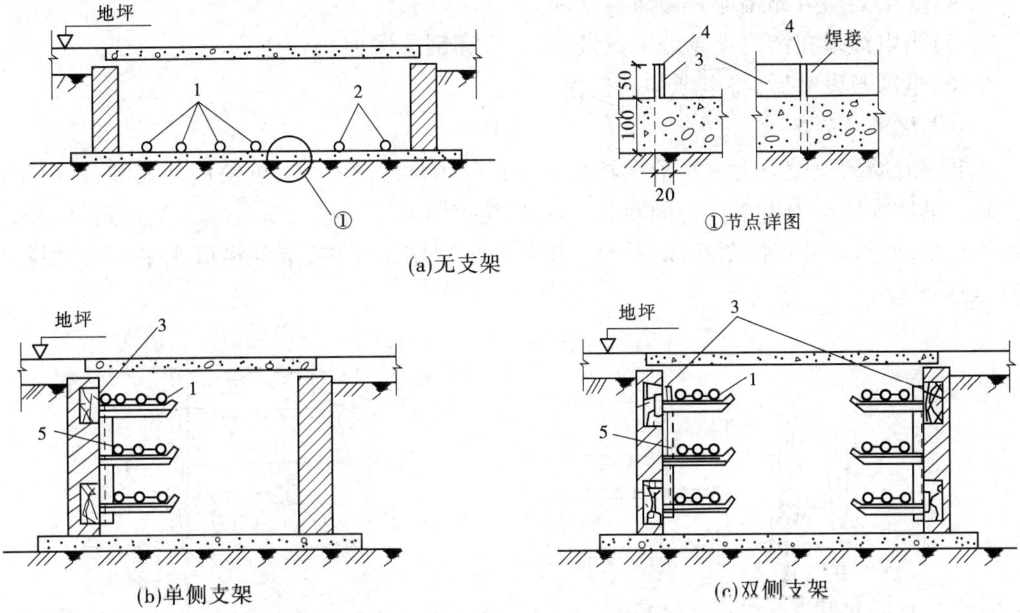

1—电力电缆；2—控制电缆；3—接地线；4—接地线支持件；5—支架

图 6-50　室内电缆沟

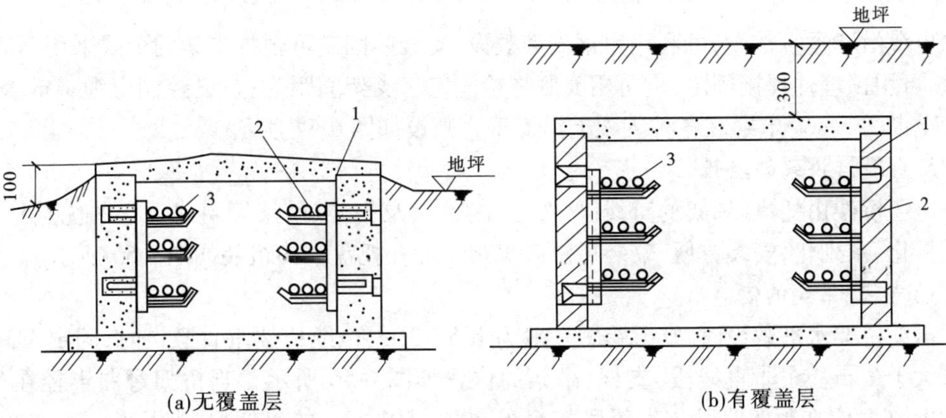

1—接地线；2—支架；3—电缆

图 6-51　室外电缆沟

电缆沟内电缆敷设要求如下：

(1)电缆沟底应平整,室外的电缆沟应有1‰的坡度。沟内保持干燥,沟壁、沟底应采用防水砂浆抹面。室外电缆沟每隔50 m左右应设置一个积水坑并有排水设施,以便及时将沟内积水排出。

(2)支架上的电缆排列应按设计要求,当设计无规定时,应符合以下要求:电力电缆和控制电缆应分开排列;当电力电缆与控制电缆敷设在同一侧支架上时,应将控制电缆放在电力电缆下面,1 kV以下电缆应放在10 kV以下电力电缆的下面(充油电缆除外)。

(3)电缆支架或支持点的间距可参照表6-26。

(4)支架必须可靠接地并做防腐处理。

(5)当电缆须在沟内穿越墙壁或楼板时,应穿钢管保护。

(6)电缆敷设完后,将电缆沟用盖板盖好。

4. 电缆沿墙的敷设

电缆沿墙的敷设分为水平敷设和垂直敷设。沿墙水平敷设,可使用挂钉和挂钩吊挂安装。吊挂安装电力电缆挂钉间距为1 m,吊挂控制电缆间距为0.8 m。吊挂零件应使用镀锌制品,吊挂零件图如图6-52所示。挂钩随土建施工预埋,电缆沿墙水平吊挂敷设如图6-53所示。

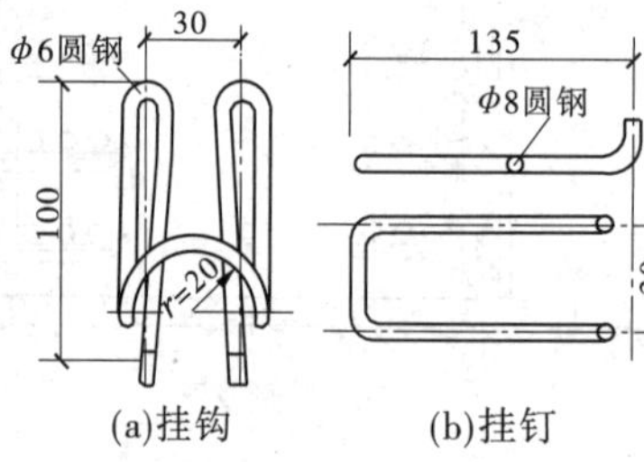

图6-52 吊挂零件图

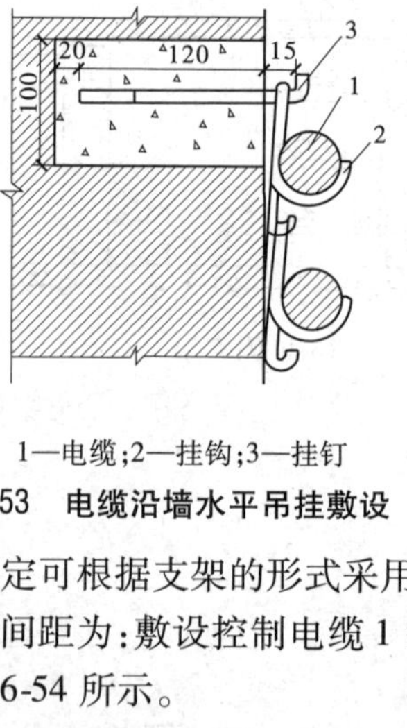

1—电缆;2—挂钩;3—挂钉

图6-53 电缆沿墙水平吊挂敷设

电缆沿墙垂直敷设,可利用角钢支架敷设,支架的固定可根据支架的形式采用不同的方法,可用预埋件焊接固定,也可用膨胀螺栓固定。支架间距为:敷设控制电缆1 m,敷设电力电缆1.5 m。电缆在各种支架上沿墙垂直敷设如图6-54所示。

5. 电缆沿桥架的敷设

电缆桥架由托盘、梯架的直线段、弯通、附件以及支架、吊架等组成。它的优点是,制作工厂化、系列化,安装方便,安装后整齐美观。无孔托盘结构组装如图6-55所示。

1)支架、吊架的安装

电缆桥架水平敷设时,支撑跨距一般为1.5～3 m;电缆桥架垂直敷设时,固定点间距不宜大于2 m。在非直线段,支架、吊架的位置如图6-56所示。当桥架弯曲半径在300 mm以内时,应在距弯曲段与直线段接合处300～600 mm的直线段侧设置一个支架、吊架。当弯曲半径大于300 mm时,还应在弯通中部增设一个支架、吊架。

电缆桥架沿墙垂直安装时,常用U形角钢支架固定托盘、梯架。其安装方法有两种,即直接埋设法和预埋螺栓固定法,如图6-57所示。单层桥架埋深及预埋螺栓长度均为150 mm。

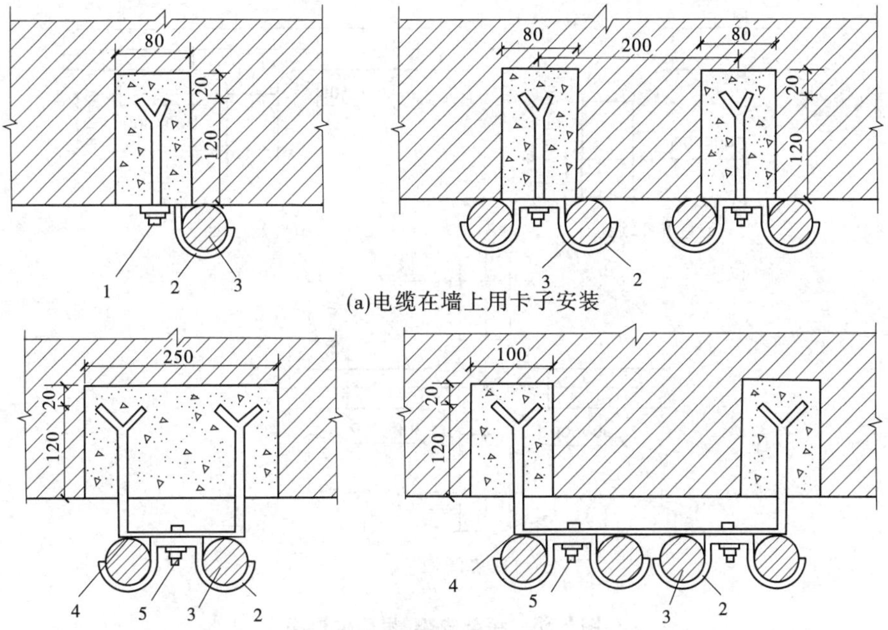

(a)电缆在墙上用卡子安装

(b)电缆在扁钢上安装

1—地脚螺栓;2—卡子;3—电缆;4—H 形支架;5—螺栓

图 6-54　电缆在支架上沿墙垂直敷设

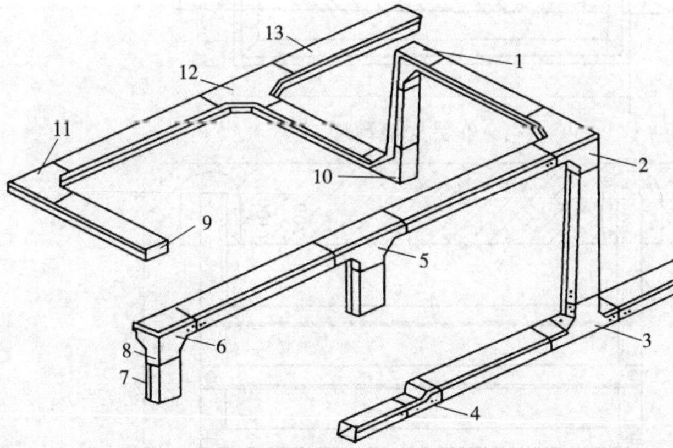

1—垂直上弯道;2—上角垂直三通;3—下边垂直三通;4—异径接头;5—上边垂直三通;6—垂直右上弯通;7—直线;8—连接螺栓;9—终端封头;10—垂直下弯通;11—水平弯通;12—水平三通;13—直线段桥架

图 6-55　无孔托盘结构组装示意图

电缆桥架在工业厂房内沿墙、沿柱安装时,若柱表面与墙表面不在同一平面,在柱上可以直接固定安装托臂,托臂用膨胀螺栓固定在柱子上,两柱中间的托臂固定在角钢支架上,角钢支架用膨胀螺栓固定在墙上,两柱中间的托臂也可以安装在异型钢或工字钢立柱上,异型钢立柱可用预埋螺栓或膨胀螺栓固定在墙上,工字钢立柱可采用固定板与墙内预埋螺栓固定。桥架沿墙、柱水平安装固定,如图 6-58 所示。桥架立柱如图 6-59 所示。立柱安装方式有直立式安装、侧壁式安装和悬吊式安装等,异型钢立柱在墙上侧壁安装,如

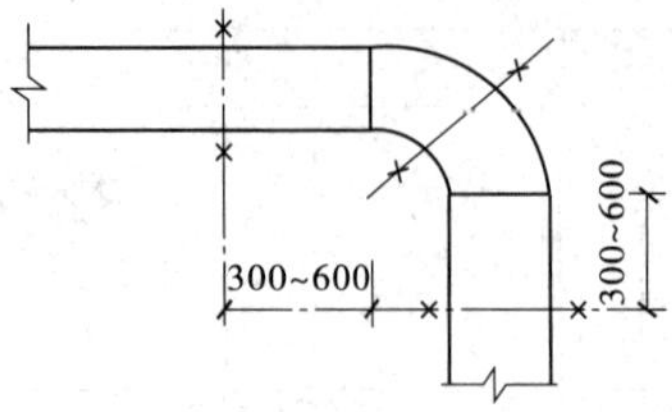

(a)直角二通

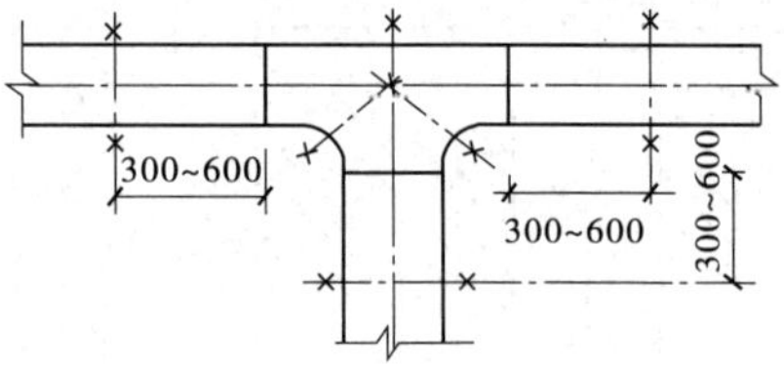

(b)直角三通

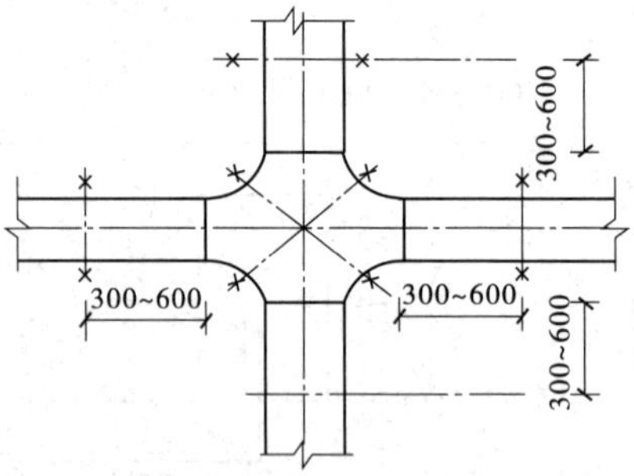

(c)直角四通

图6-56　桥架支架、吊架位置图

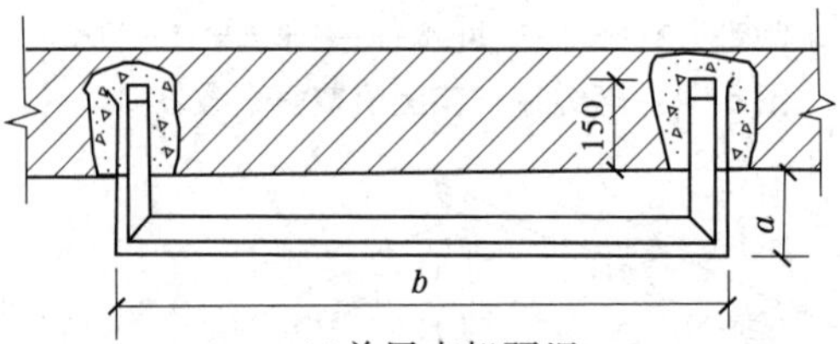

(a)单层支架预埋

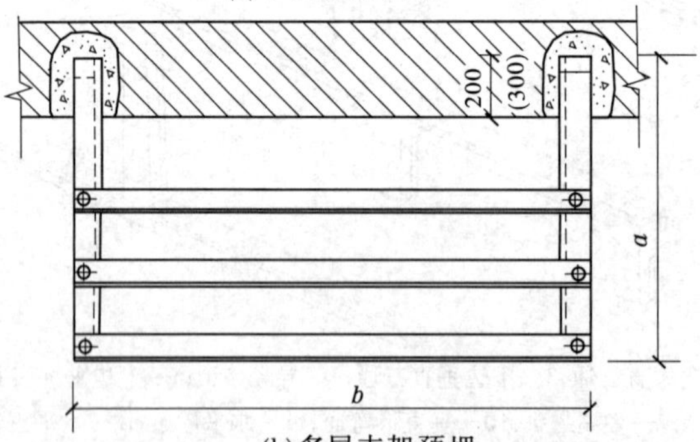

(b)多层支架预埋

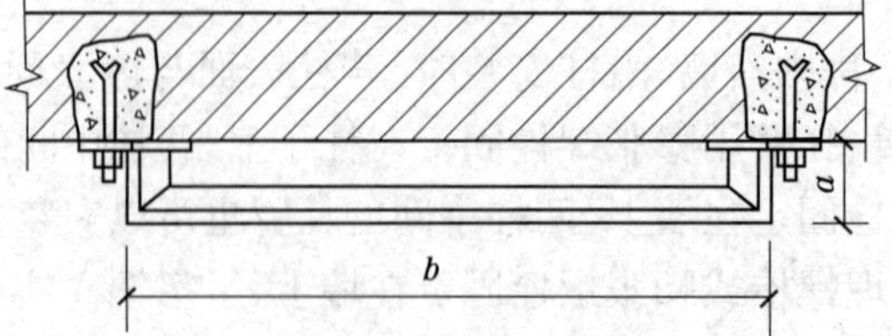

(c)单层支架螺栓固定

图6-57　U形角钢支架的固定

图 6-60 所示。工字钢立柱直立式安装，如图 6-61 所示。

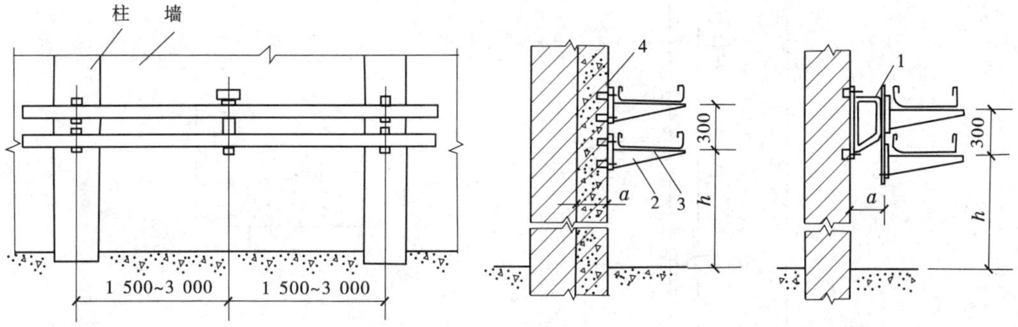

(a)正视图　　(b)支架在柱上、墙上安装侧视图

1—支架；2—托臂；3—梯架；4—膨胀螺栓

图 6-58　桥架沿墙、柱水平安装

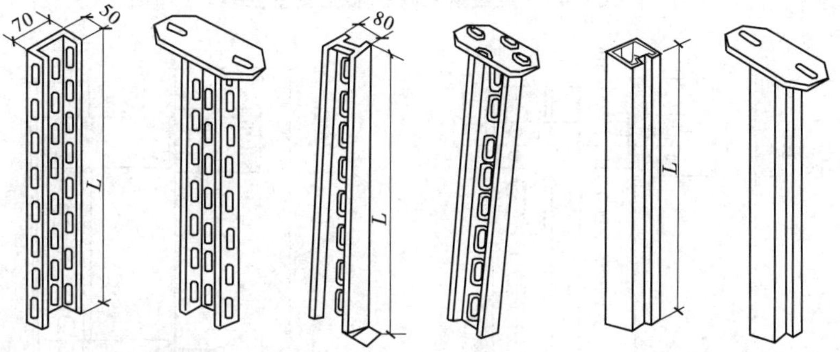

(a)槽钢立柱　　(b)工字钢立柱　　(c)异型钢立柱

图 6-59　桥架立柱

2)桥架的安装

支架、吊架安装好以后，即可安装托盘和梯架。安装托盘或梯架时，应先从始端开始，把始端托盘或梯架的位置确定好，用夹板或压板固定牢固，再沿桥架的全长逐段对托盘或梯架进行安装。

桥架的组装使用专用附件进行。应注意连接点不应放在支撑点上，最好放在支撑跨距 1/4 处。钢制电缆桥架的托盘或梯架的直线段长度超过 30 m，铝合金或玻璃钢电缆桥架超过 15 m 时，应有伸缩缝，其连接处宜采用伸缩连接板。

3)电缆敷设

电缆沿桥架敷设前，应将电缆敷设位置排列好，避免出现交叉现象。

拖放电缆时，对于在双吊杆固定的托盘或梯架内敷设电缆，应将电缆放在托盘或梯架内的滑轮上进行施放，不得在托盘或梯架内拖拉。

电缆沿桥架敷设时，应单层敷设，并应排列整齐。

垂直敷设的电缆应每隔 1.5 ~2 m 进行固定。水平敷设的电缆应在电缆的首尾端、转弯处固定，对不同标高的电缆端部也应进行固定。

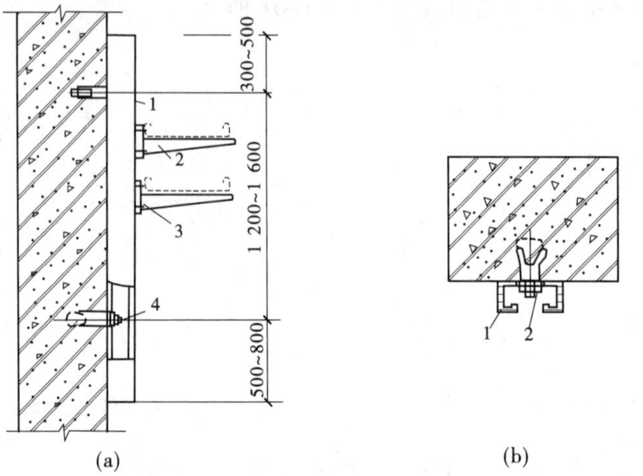

1—异型钢单立柱;2—托臂;3—T 形螺栓;4—膨胀螺栓

图 6-60　异型钢立柱在墙上侧壁安装

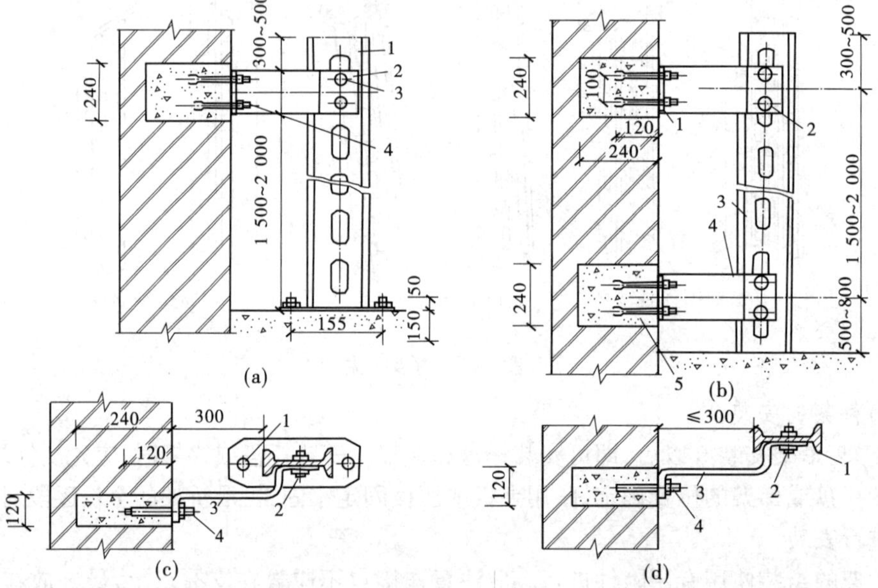

(a)1—立柱;2—固定板;3—螺栓;4—预埋螺栓

(b)1、2—螺栓;3—工字钢立柱;4—固定板;5—预制混凝土砌块

(c)1、4—预埋螺栓;2—螺栓;3—固定板

(d)1—工字钢立柱;2—螺栓;3—固定板;4—预埋螺栓

图 6-61　工字钢立柱直立式安装

电缆桥架内敷设的电缆,应在电缆的首端、尾端、转弯及每隔 50 m 处,安装电缆标志牌。

电缆敷设完毕后,及时清理桥架内杂物,有盖的盖好盖板。

（五）母线安装

1. 母线的种类

母线是变电所中的总干线,线路分支均从母线分支出。母线的种类较多,按材料分有铜母线、铝母线,按结构分有裸母线、母线槽、密闭式。

封闭式母线是把铜(铝)母线用绝缘板夹在一起,用空气绝缘或缠包绝缘带绝缘,再将其置于优质钢板外壳内形成,封闭式插接母线内部结构如图6-62所示。

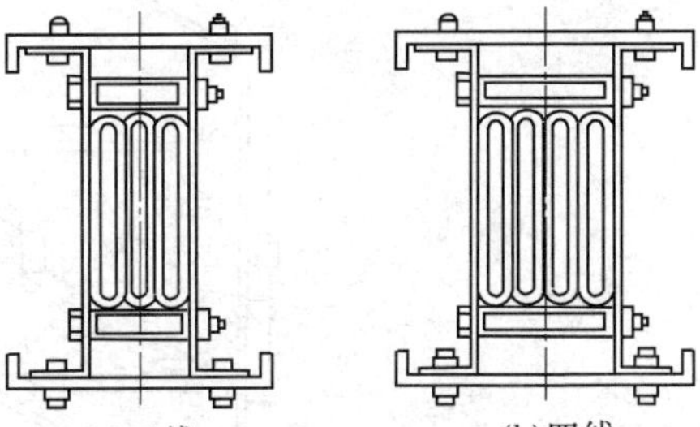

(a)三线　　(b)四线

图6-62　封闭式插接母线内部结构

封闭式母线适用于干燥和无腐蚀性气体的室内场所。

2. 母线的固定安装

密闭式插接母线安装如图6-63所示。

1)母线用支架安装

母线支架一般采用50 mm×50 mm×5 mm的角钢制成,支架上的螺孔应用电钻钻孔,宜加工成长孔,螺孔中心距离偏差应小于5 mm。

支架在墙上安装固定时,需把支架在土建施工时预先埋入墙内或预留安装孔,支架埋入深度要大于150 mm,采用螺栓固定时,要使用M20×150 mm镀锌膨胀螺栓,安装在户外时应使用热镀锌制品。当母线水平敷设时,支架架设间距不超过3 m;当母线垂直敷设时,支架架设间距不超过2 m。成排支架的安装应排列整齐,间距应均匀一致,两支架之间的距离偏差不大于50 mm。母线在支架上的安装如图6-64所示。

2)母线用吊杆安装

封闭式插接母线的悬吊安装,除使用压板固定外,还可使用吊装夹板以及吊装夹具安装,如图6-65所示。

3)母线用钢索吊装

封闭式插接母线在四周无墙的柱间安装时,可用吊索吊装。先用$\phi 7.2$钢丝绳两端固定在柱上的支架上,用张紧螺栓拉紧,再将母线吊挂在钢索上,吊线间距不应大于2 m,如图6-66所示。

4)穿墙套管和穿墙板

母线穿墙时,应用穿墙套管和穿墙板安装。穿墙套管的孔径应比嵌入部分大5 mm以上,混凝土安装板的最大厚度不得超过50 mm。额定电流在1 500 A及以上的穿墙套管直接固定在钢板上时,套管周围不应成闭合磁路。穿墙套管垂直安装时,法兰应在上;穿墙套管水平安装时,法兰应在外。

穿墙板可采用硬质聚氯乙烯板(厚度不应小于7 mm)或耐火石棉板制成,下部夹板上开洞让母线通过。低压母线穿墙夹板应装在固定支架角钢的内侧。上下夹板合成后中间空隙不得大于1 mm,夹板孔洞缺口处,与母线应保持2 mm空隙,母线穿过夹板孔洞处应加缠三层绝缘带。穿墙套管和穿墙板的做法如图6-67所示。

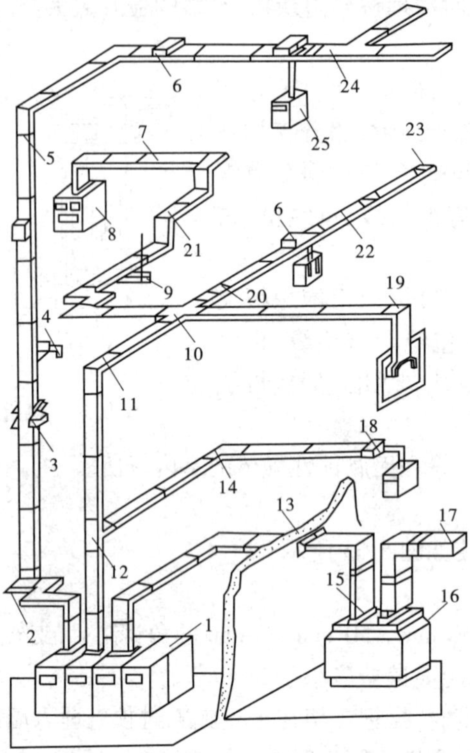

1—配电柜;2—特殊母线;3—支承器;4—中心主承配件;5—伸缩母线;6—插接箱;7—普通型母线槽;8—分电盘;9—吊架;10—十字形水平弯头;11—L 形垂直弯头;12—T 形垂直弯头;13—穿墙用配件;14—L 形水平弯头;15—馈电母线;16—变压器;17—高压母线;18—终端母线;19—接线母线;20—变容量接线;21—Z 形垂直弯头;22—带插孔母线;23—终端盖;24—T 形水平弯头;25—分线箱

图 6-63　密闭式插接母线安装示意

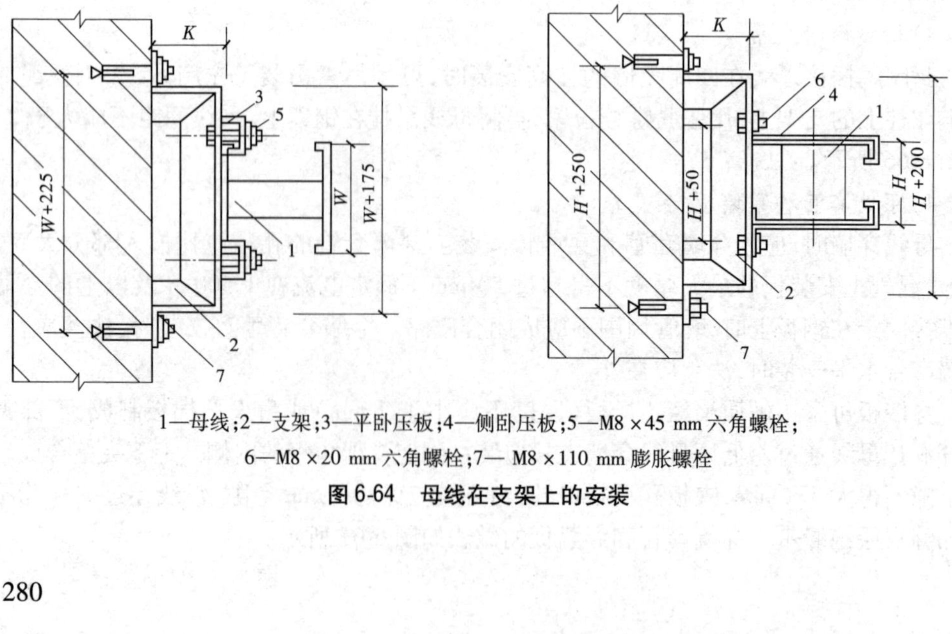

1—母线;2—支架;3—平卧压板;4—侧卧压板;5—M8 ×45 mm 六角螺栓;
6—M8 ×20 mm 六角螺栓;7— M8 ×110 mm 膨胀螺栓

图 6-64　母线在支架上的安装

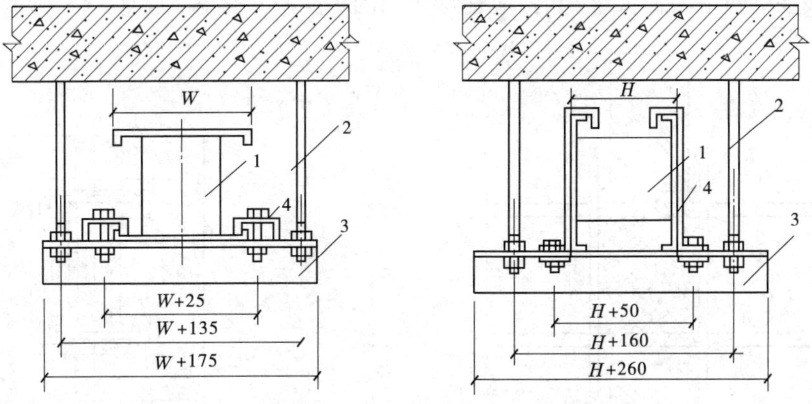

1—母线;2—圆钢吊杆;3—平卧压板;4—螺栓

图 6-65 母线悬吊式安装

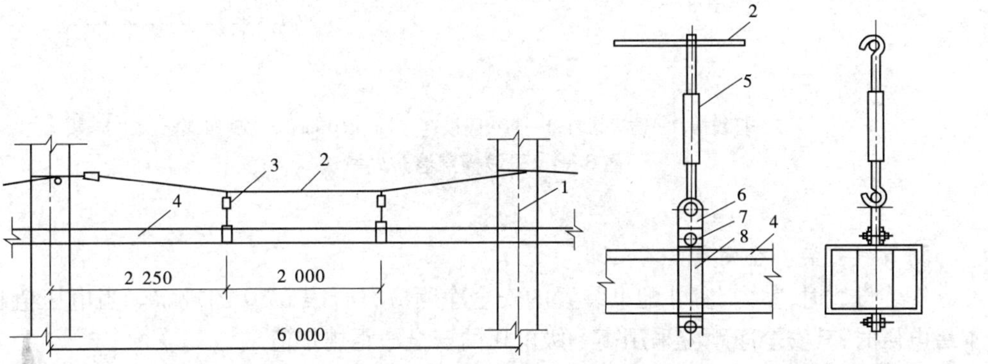

1—混凝土柱;2—钢索;3—吊挂件;4—母线;5—花篮螺栓;6—连接板;7—M8 ×25 mm 六角螺栓;8—吊装夹板

图 6-66 母线在钢索上吊装

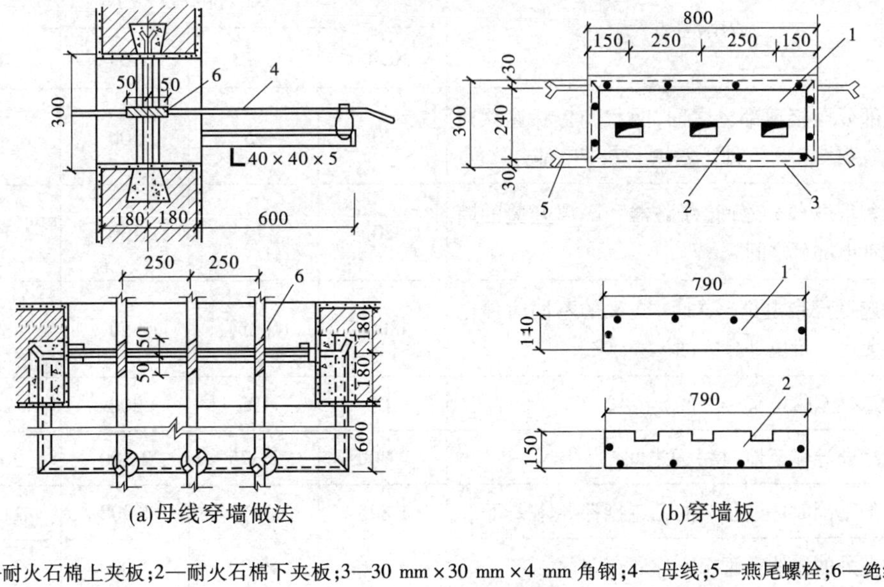

(a)母线穿墙做法 (b)穿墙板

1—耐火石棉上夹板;2—耐火石棉下夹板;3—30 mm×30 mm×4 mm 角钢;4—母线;5—燕尾螺栓;6—绝缘带

图 6-67 母线穿墙做法

母线在穿过墙及防火楼板时，应在母线周围填充防火堵料，如图6-68所示。

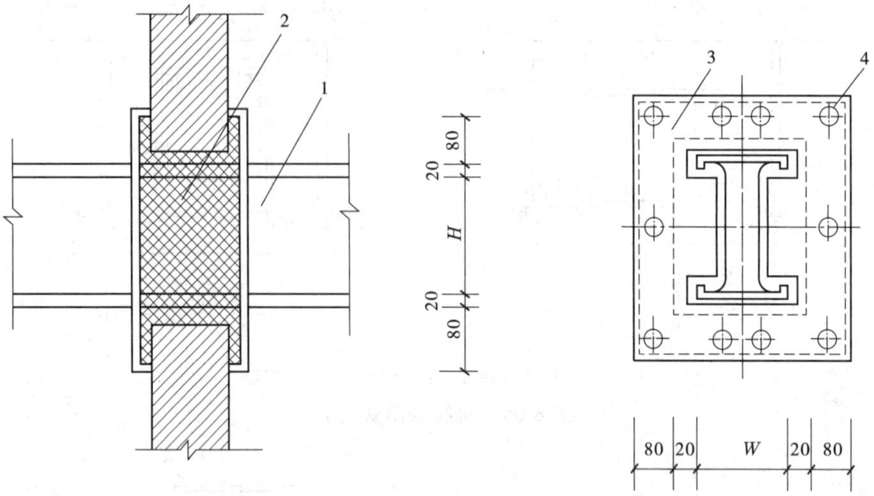

1—母线槽；2—防火堵料；3—防火隔板；4— M6×60 mm 金属膨胀螺栓

图6-68　母线槽穿墙防火做法

5）母线安装安全距离

安装母线时，室内、室外配电装置的安全净距应符合表6-30的规定。当电压值超过本级电压时，其安全净距应采用高一级电压的安全净距规定值。

表6-30　室内、室外配电装置安全净距　（单位：mm）

适用范围	额定电压(kV)			
	0.4	1～3	6	10
带电部分至接地部分之间，网状和板状遮拦向上延伸线距地2.3 m处于遮拦上方带电部分之间	20	75	100	
不同相带电部分之间，断路器和隔离开关的断口两侧带电部分之间	20	75	100	125
栅状遮拦至带电部分之间，交叉的不同时停电检修的无遮拦带电部分之间	800	825	850	875
网状遮拦至带电部分之间	100	175	200	225
无遮拦裸导体至地(楼)面之间	2 300	2 375	2 400	2 425
平行的不同时停电检修的无遮拦裸导体之间	1 875	1 875	1 900	1 925
通向室外的出线套管至室外通道路面	3 650	4 000	4 000	4 000

二、电气照明动力工程的安装

(一)照明配电线路

1.照明配电系统

照明配电系统通常按照“三级配电”的方式进行,由照明总配电箱、楼层配电箱、房间开关箱及配电线路组成。

1)照明总配电箱

照明总配电箱指把引入建筑物的三相总电源分配至各楼层的配电箱。当每层的用电负荷较大时,采用独立线路(放射式)对该层配电,如图6-69(a)所示;当每层的用电负荷不大时,采用树干式方法对该层配电,如图6-69(b)所示。总配电箱内的进线及出线应装设具有短路保护功能和过载保护功能的断路器。

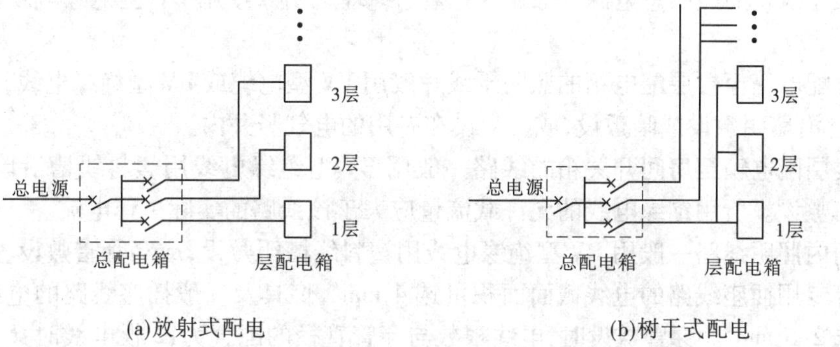

图6-69 总配电箱配电示意

楼层配电箱把三相电源分为单相,分配至该层的各房间开关箱以及楼梯、走廊等公共场所的照明电器进行供电。当房间(如大会议室、大厅、大餐厅等)的用电负荷较大时,则由楼层配电箱分出三相支路给该房间的开关箱,再由开关箱分出单相线路给房间内的照明电器供电。楼层配电箱内的进线及出线也应装设断路器进行保护,如图6-70所示。

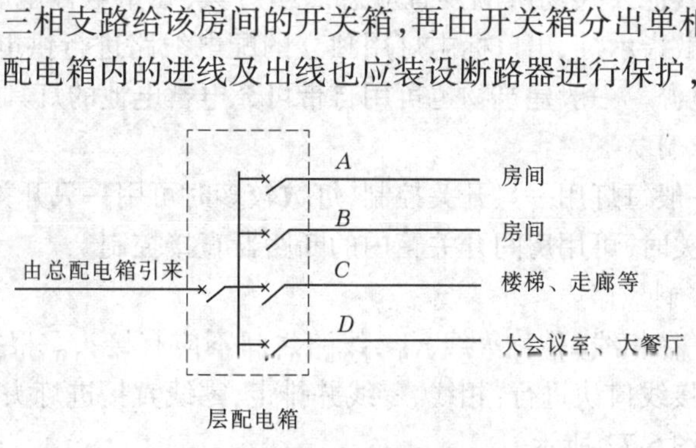

图6-70 楼层配电箱配电示意

房间开关箱分出插座支线(如空调器、电热水器等)给相应电器供电。插座支线应在开关箱内装设断路器及漏电保护器,其他支路应装设断路器。一般房间内的照明灯具由其邻近的、装在墙壁上的灯具开关控制,如图6-71(a)所示;灯数较多且同时开、关的大房间(如大会议室、大厅、大餐厅等),则由开关箱内的断路器分组控制,如图6-71(b)所示。

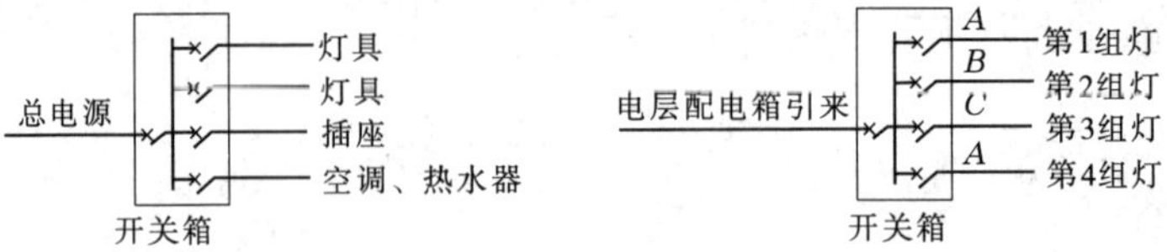

(a)小房间配电　　(b)大房间配电

图6-71　房间开关箱配电示意

房间开关箱、楼层配电箱、总配电箱一般明装或暗装在墙壁上，配电箱底边距地 1.5 ~ 1.8 m，体积较大且较重的配电箱则落地安装。安装在配电箱内的断路器，其额定电流应大于所控制线路的正常工作电流；漏电保护器的漏电动作电流一般为 30 mA，潮湿场所为 15 mA。

2）照明配电线路

引入建筑物的照明总电源一般用 VV 型电缆埋地引入或用 BV 型绝缘电线沿墙架空引入。

由总配电箱至楼层配电箱的照明干线一般用 VV 型电缆或 BV 型绝缘电线，穿钢管或穿 PVC 管沿墙明敷设或暗敷设，或明敷设在专用的电气竖井内。

由楼层配电箱至房间开关箱的线路一般用 BV 型绝缘电线用塑料线槽沿墙明敷设，或穿管暗敷设。所用绝缘电线的允许载流量应大于该线路的实际工作电流。

房间内照明线路一般用 BV 型绝缘电线用塑料线槽明敷设，或穿管暗敷设。空调、电热水器等专用插座线路的电线截面面积可选 4 mm^2，灯具及一般插座线路的电线截面面积一般选 2.5 mm^2。穿管敷设时，电线根数与穿管管径的配合为：2 根电线时穿管管径为 15 mm，3 ~ 5根时穿管管径为 20 mm，6 ~ 9 根时穿管管径为 25 mm。

3）应急照明

通向楼梯的出口处应有“安全出口”的标志灯，走廊、通道应在多个地方设置疏散指示灯。楼梯、走廊及其他公共场所应设置应急照明灯具，在市电停电时起临时照明的作用。应急照明灯、疏散指示灯、出口标志灯用独立的配电线路进行供电，供电电源应为不会同时停电的双路电源。一般建筑物也可用自带可充电蓄电池的灯具作应急照明。

2. 照明灯具的控制

室内照明灯具一般每灯用一只开关控制，灯数较多时可用一只开关控制多盏灯，面积较大且灯具同时开、关时，可用房间开关箱内的断路器直接控制。

1）灯具的基本控制线路

灯具开关应串联在相线（俗称火线）上，线路之间不应有接头。根据电气照明平面图进行配电时，可参考接线口诀进行：相线、零线并排走，零线直接进灯头，相线接在开关上，经过开关进灯头，如图 6-72 所示。

2）用一只开关控制多盏灯具

用一只开关控制多盏灯具时，把所控制的灯具并接在经过开关后的相线与零线之间即可，如图 6-73 所示。

3）灯具的双控

对于楼梯、走廊的照明，有时需要在两个不同的地方对同一盏灯具进行独立控制，这

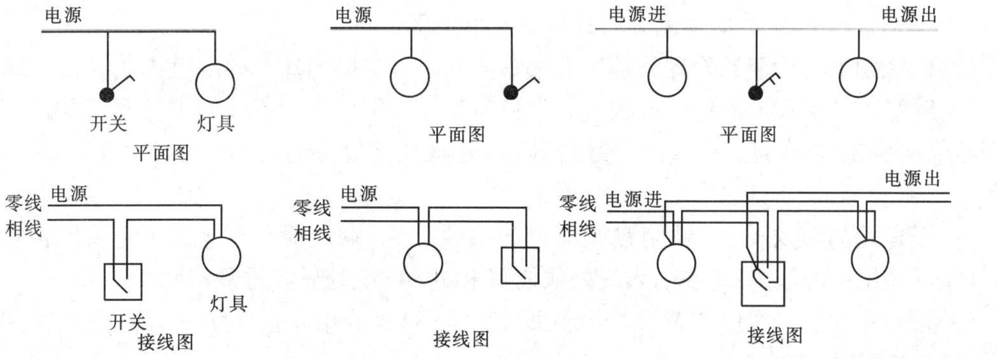

(a)开关在灯具之前　(b)开关在灯具之后　(c)开关在灯具之间且其后还有其他灯具

图 6-72　灯具的基本控制线路

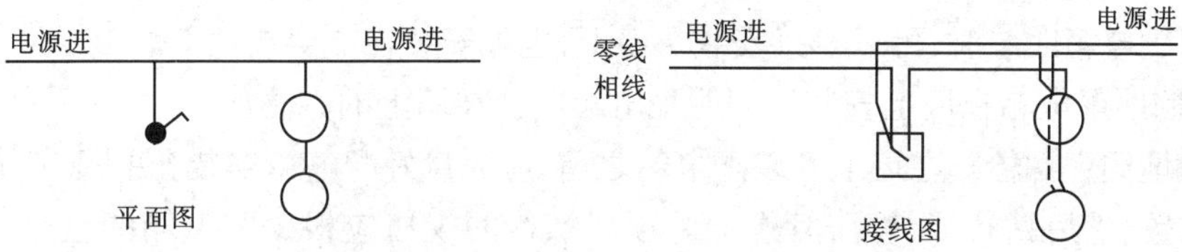

图 6-73　一只开关控制多盏灯具

种控制方法称为灯具的双控。灯具双控时,应采用双控开关。如图 6-74 所示为灯具双控的平面图及接线图。

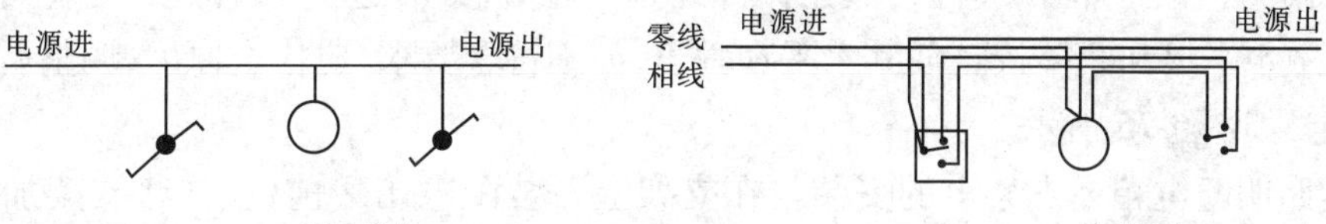

(a)平面图　(b)接线图

图 6-74　灯具的双控

(二)电气照明装置的安装

1. 照明配电箱的安装

照明配电箱的安装主要有明装、嵌入式暗装、落地式安装三种方式。要求较高的场所一般采用嵌入式暗装的方式,要求不高的场所或由于配电箱体积较大不便暗装时可采用明装方式,容量、体积较大的照明总配电箱则采用落地式安装方式。

1)照明配电箱安装的基本要求

(1)照明配电箱的安装环境。照明配电箱应安装在干燥、明亮、不易受振、便于操作的场所,不得安装在水池的上、下侧,若安装在水池的左、右侧,其净距不应小于 1 m。

(2)照明配电箱的安装高度应按设计要求确定。一般情况下,暗装配电箱底边距地面的高度为 1.4 ~ 1.5 m，明装配电箱的安装高度不应小于 1.8 m。配电箱安装的垂直偏差不应大于 3 mm，操作手柄距侧墙的距离不应小于 200 mm。

(3)暗装配电箱后壁的处理和预留孔洞的要求。在 240 mm 厚的墙壁内暗装配电箱时，其墙后壁需加装 10 mm 厚的石棉板和直径为 2 mm、孔洞为 10 mm 的钢丝网，再用 1∶2 水泥砂浆抹平，以防开裂。墙壁内预留孔洞的大小应比配电箱的外形尺寸略大 20 mm 左右。

(4)配电箱的金属构件、铁制盘及电器的金属外壳，均应做好保护接地（或保护接零）。接零系统中的零线，应在引入线处或线路末端的配电处做好重复接地。

(5)配电箱内的母线应有黄（L1）、绿（L2）、红（L3）等分相标志，可用刷漆涂色或采用与分相标志颜色相应的绝缘导线。

(6)配电箱外壁与墙面的接触部分应涂防腐漆，箱内壁及盘面均刷两道驼色油漆。除设计有特殊要求外，箱门油漆颜色一般均应与工程门窗颜色相同。

2) 照明配电箱明装

照明配电箱明装时，可以直接安装在墙上，也可安装在支架或柱上。

(1)照明配电箱在墙上安装。照明配电箱明装在墙上的方法如下：

①预埋固定螺栓。在墙上安装配电箱之前，应先量好配电箱安装孔的尺寸，在墙上画好孔的位置，然后钻孔，预埋胀管螺栓。预埋螺栓的规格应根据配电箱的型号和重量选择，螺栓的长度应为埋设深度（一般为 120 ~ 150 mm）加上箱壁、螺母和垫圈的厚度，再加上 3 ~ 5 mm 的余留长度。配电箱一般有上、下两个固定螺栓，埋设时应用水平尺和线坠校正，使其水平和垂直，螺栓中心间距应与配电箱安装孔中心间距相等，以免错位，造成安装困难。

②固定配电箱。待预埋件的填充材料凝固干透后，方可进行配电箱的安装固定。固定前，先用水平尺和线坠校正使其水平和垂直，如不符合要求，应检查原因，调整后再将配电箱固定，如图 6-75 所示。

(2)照明配电箱在支架上的安装。在支架上安装配电箱之前，应先将支架加工焊接好，并在支架上钻好固定螺栓的孔洞，然后将支架安装在墙上或埋设在地坪上。配电箱的安装固定和上述方法相同，配电箱在落地支架上的安装如图 6-76 所示。

(3)照明配电箱在柱上安装。安装之前一般先装设角钢和抱箍，然后在上、下角钢中部的配电箱安装孔处焊接固定螺栓的垫铁，并钻好孔，最后将配电箱固定安装在角钢垫铁上，如图 6-77 所示。

3) 照明配电箱暗装

照明配电箱暗装时，一般将其嵌入墙壁内。安装时应配合配线工程的暗敷设进行。待预埋线管工作完毕后，将配电箱的箱体嵌入墙壁内（有时用线管与箱体组合后，在土建施工时埋入墙内），并做好线管和箱体的连接固定和跨接地线的连接工作，然后在箱体四周填入水泥砂浆，如图 6-78 所示。

当墙壁的厚度不能满足嵌入式安装的需要时，可采用半嵌入式安装，使配电箱的箱体一半在墙外，一半嵌入墙内。

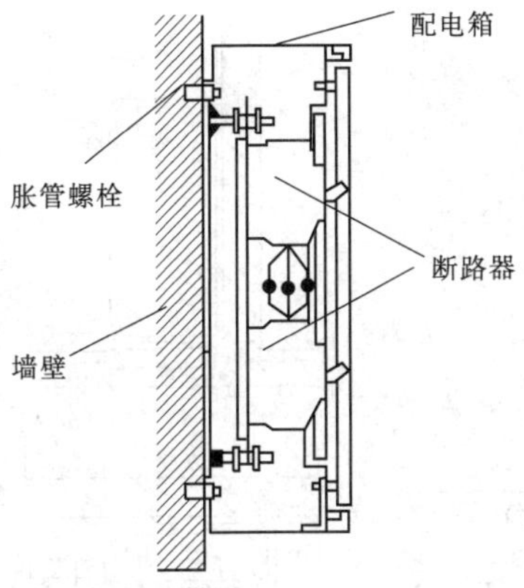

图 6-75　照明配电箱在墙上明装

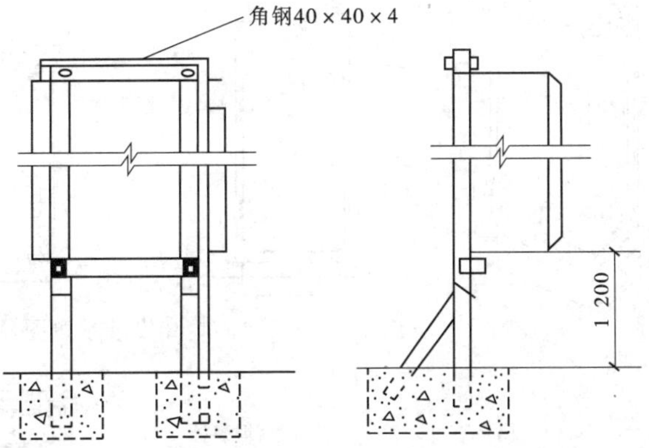

图 6-76　照明配电箱在支架上的安装

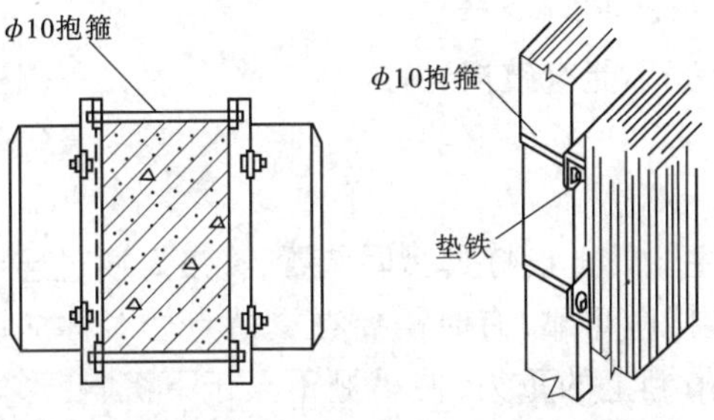

图 6-77　照明配电箱在柱上安装

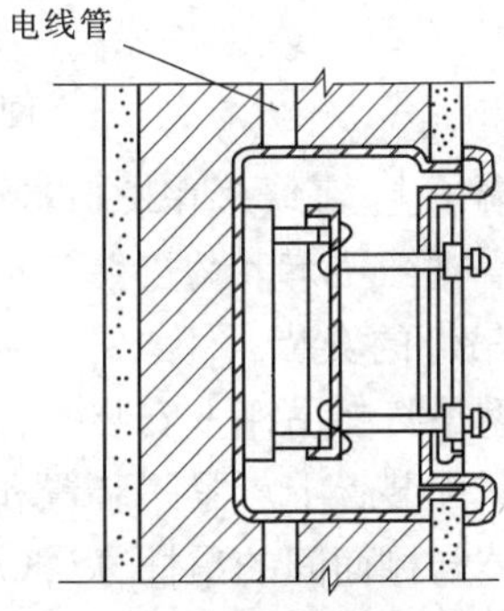

图 6-78　照明配电箱暗装

4）照明配电箱落地式安装

体积较大的总照明配电箱应采用落地式安装。在安装之前一般先预制一个高出地面约 100 mm 的混凝土空心台，这样可以方便进、出线，不出水，保证安全进行。进入配电箱的钢管应排列整齐，管口高出基础面 50 mm 以上，如图 6-79 所示。

2. 照明灯具安装

1）照明灯具的种类

照明灯具是由电光源、固定装置和灯罩结合在一起形成的整体，一般由厂家定型生产，可直接安装使用。灯具的分类一般按照灯具的电光源数量、结构特点、配光曲线、安装方式等进行分类。

（1）按电光源的数目分类：普通灯具、组合花灯等。

（2）按结构特点分类：开启型、闭合型、密闭型、防爆型。

（3）按配光曲线分类：直射型、半直接型、漫射型、间接型等。

（4）按安装方式分类：悬挂式、吸顶式、壁装式、嵌入式、落地式等。

照明灯具安装应牢固可靠，安装高度应符合设计图纸的要求。若设计图纸无要求，室内一般在 2.5 m 左右，室外一般在 3 m 左右。使用螺口灯头的灯具接线时，必须将相线接

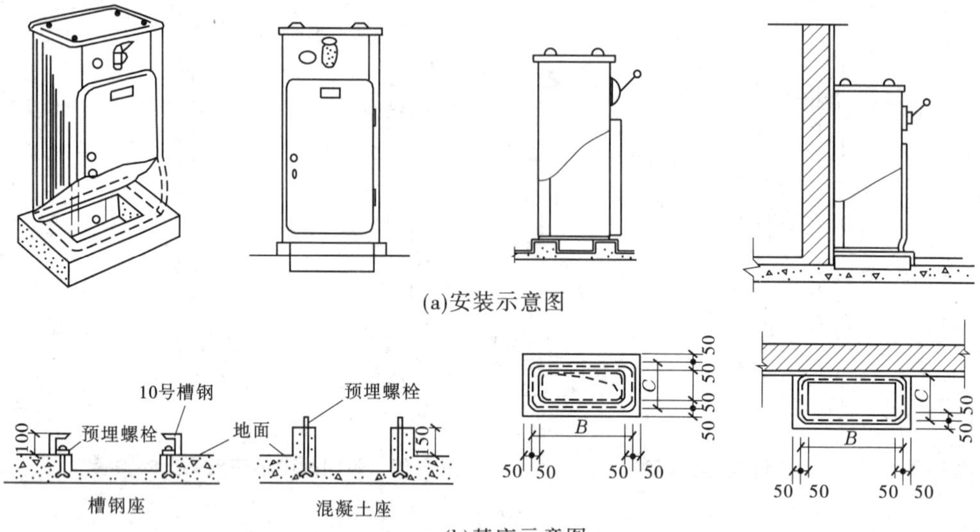

(a)安装示意图

(b)基座示意图

图 6-79 照明配电箱落地式安装

在中心端子上，零线接在螺口端子上，灯头外壳不能有破损。

2）普通照明灯具的安装

A. 吊灯的安装

小型吊灯在吊棚上安装时，必须在吊棚主龙骨上设灯具紧固装置，将吊灯通过连接件悬挂在紧固装置上。紧固装置和主龙骨的连接应可靠，有时需要在支持点处对称加设建筑物主体与棚面间的吊杆，以抵消灯具加在吊棚上的重力，使吊棚不至于下沉、变形。吊杆出顶棚面最好加套管，这样可以保证顶棚面板的完整。安装时要保证牢固和可靠，如图 6-80所示。

重量较重的吊灯在混凝土顶棚上安装时，要预埋吊钩或螺栓，或者用胀管螺栓紧固，如图 6-81 所示。安装时应使吊钩的承重力大于灯具重量的 14 倍。大型吊灯因体积大、灯体重，必须固定在建筑物的主体棚面上（或具有承重能力的构架上），不允许在轻钢龙骨吊棚上直接安装。采用胀管螺栓紧固时，胀管螺栓规格不宜少于 M6，螺栓数量至少要两个，不能采用轻型自攻型胀管螺钉。

B. 吸顶灯的安装

吸顶灯在混凝土顶棚上安装时，可以在浇筑混凝土前，根据图纸要求把木砖预埋在里面，也可以安装金属胀管螺栓，如图 6-82 所示。在安装灯具时，把灯具的底台用木螺钉安装在预埋的木砖上，或者用胀管螺栓将底盘固定在混凝土顶棚的胀管螺栓上，再把吸顶灯与底台、底盘固定。如果灯具底台直径超过 100 mm，往预埋木砖上固定时，必须用两个螺钉。圆形底盘吸顶灯紧固螺栓不得少于 3 个，方形或矩形底盘吸顶灯紧固螺栓不得少于 4 个。

小型、轻型吸顶灯可以直接安装在吊顶棚上，但不得用吊顶棚的罩面板作为螺钉的紧固基面。安装时应在罩面板的上面加装木方，木方规格为 60 mm × 40 mm，木方要固定在吊顶棚的主龙骨上。安装灯具的紧固螺钉拧紧在木方上，如图 6-83 所示。较大型吸顶灯

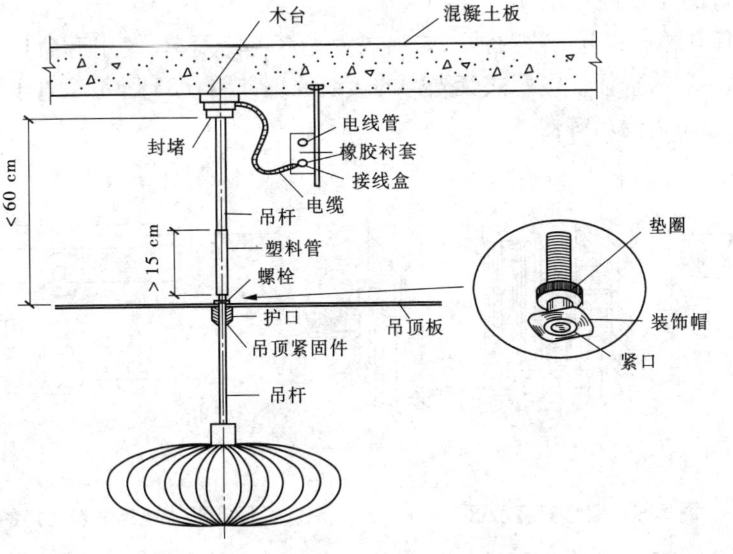

图 6-80　吊灯在顶棚上安装

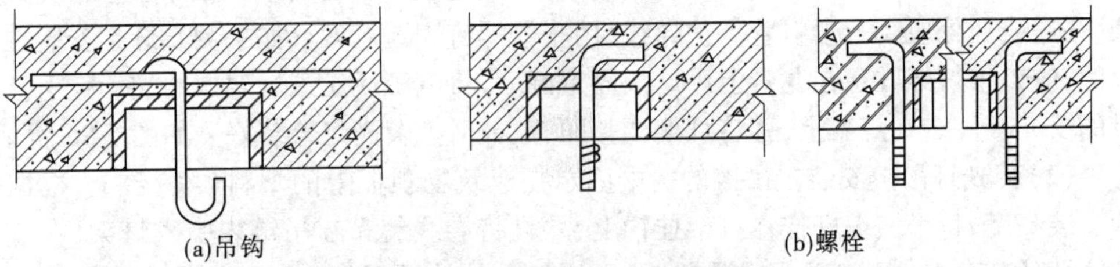

图 6-81　灯具吊钩及螺栓预埋做法

安装,可以用吊杆将灯具底盘等附件装置悬吊固定在建筑物主体顶棚上,或者固定在吊棚的主龙骨上,也可以在轻钢龙骨上紧固灯具附件,而后将吸顶灯安装至吊顶棚上。

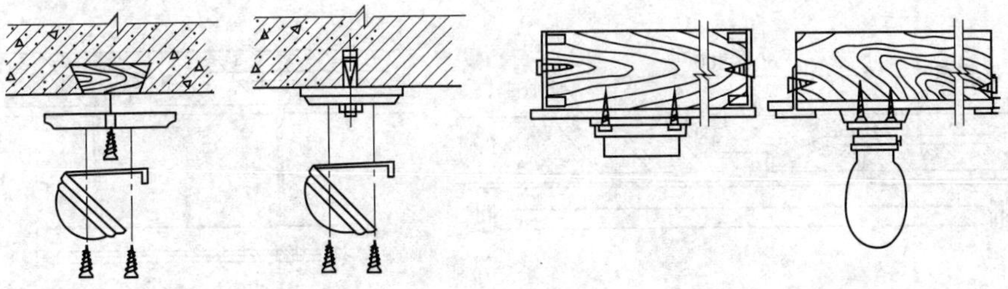

图 6-82　吸顶灯在混凝土顶棚上安装　　图 6-83　吸顶灯在吊顶棚上安装

C. 壁灯的安装

安装壁灯时,先在墙或柱上固定底盘,再用螺钉把灯具紧固在底盘上。固定底盘时,可用螺钉旋入灯位盒的安装螺孔来固定,也可在墙面上用塑料胀管及螺钉固定。壁灯底盘的固定螺钉一般不少于两个。

壁灯的安装高度一般为:灯具中心距地面 2.2 m 左右,床头壁灯以 1.2 ~ 1.4 m 为宜。壁灯安装如图 6-84 所示。

D. 荧光灯的安装

荧光灯有电感式和电子式两种。电感式荧光灯电路简单、使用寿命长、启动较慢、有频闪效应、镇流器易损坏。电感式荧光灯的接线原理如图 6-85 所示。电子式荧光灯的接线与之相同，但不需要启辉器。

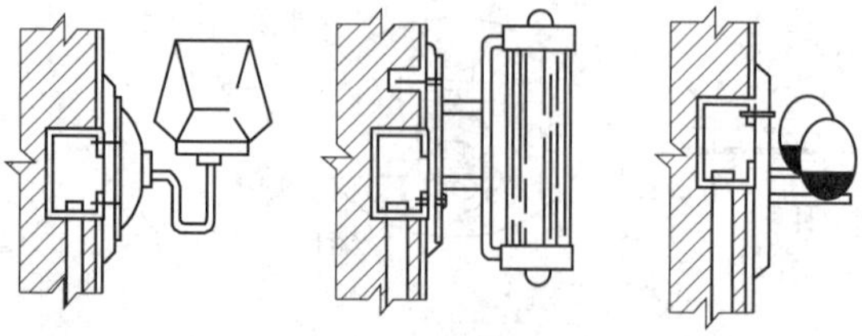

图 6-84　壁灯安装示意

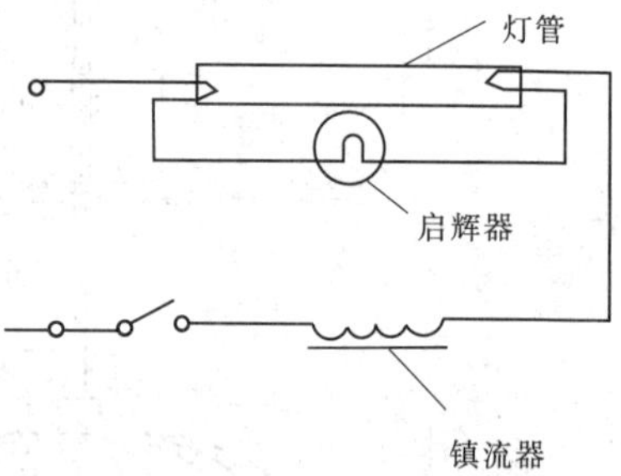

图 6-85　电感式荧光灯的接线原理

(1)荧光灯吸顶安装。根据设计图纸确定出荧光灯的位置，将荧光灯贴紧建筑物表面，荧光灯的灯架应完全遮盖住灯头盒，对准灯头盒的位置打好进线孔，将电源线穿入灯架，在进线孔处应套上塑料管保护导线，用胀管螺钉固定灯架。如果荧光灯是安装在吊顶上的，应该将灯架固定在龙骨上。灯架固定好后，将电源线压入灯架内的端子板上。把灯具的反光板固定在灯架上，并将灯架调整顺直，最后把荧光灯管装好。如图 6-86 所示。

(2)荧光灯吊链安装。吊链的一端固定在建筑物顶棚上的塑料(木)台上，根据灯具的安装高度，将吊链编好挂在灯架挂钩上，并且将导线编叉在吊链内引入灯架，在灯架的进线孔处应套上软塑料管保护导线，压入灯架内的端子板上。将灯具导线和灯头盒中引出的导线连接，并用绝缘胶布分层包扎紧密，理顺接头扣于塑料(木)台上的法兰盘内，法兰盘(吊盒)的中心应与塑料(木)台的中心对正，用木螺钉将其拧牢，将灯具的反光板固定在灯架上。最后，调整好灯架，将灯管接好。如图 6-87 所示。

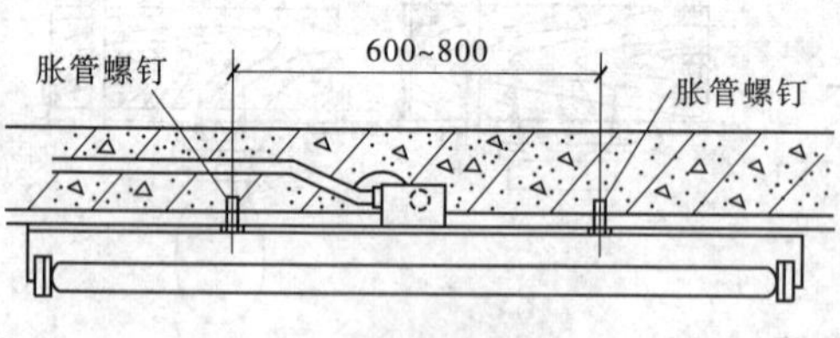

图 6-86　荧光灯吸顶安装

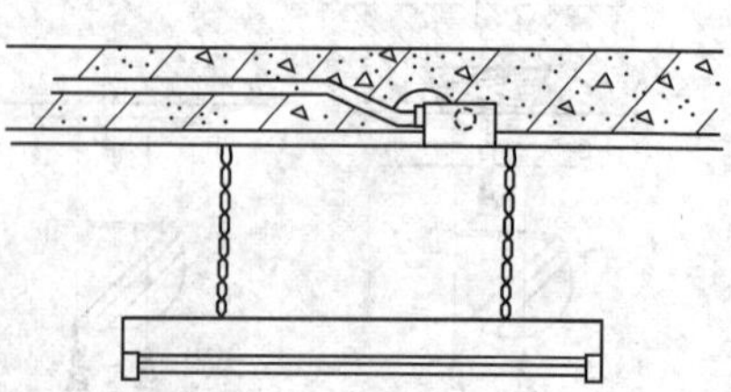

图 6-87　荧光灯吊链安装

(3)荧光灯嵌入吊顶内安装。荧光灯嵌入吊顶内安装时，应先把灯罩用吊杆固定在混凝土顶板上，底边与吊顶平齐。电源线从线盒引出后，应穿金属软管保护。如图 6-88 所示。

E. 轨道射灯安装

轨道射灯主要用于室内局部照明。射灯可以在轨道上移动，也可调整照射角度，照明的灵活性好。如图 6-89 所示。

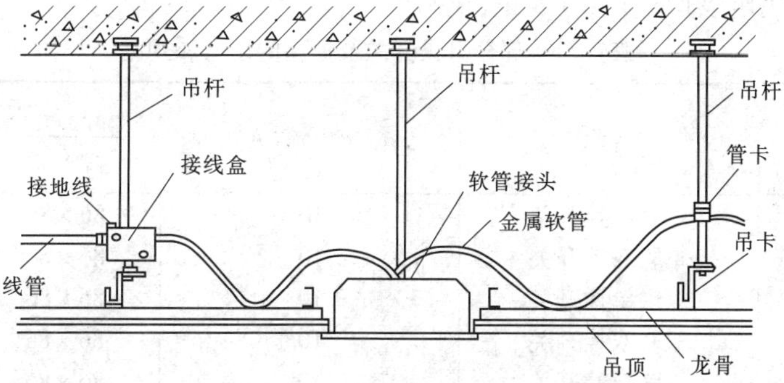

图 6-88　荧光灯嵌入吊顶内安装

F. 碘钨灯安装

安装碘钨灯时，灯管须装在配套的灯架上，由于灯管温度达 250 ~ 600 ℃，灯架距可燃物的净距不得小于 1 m，离地垂直高度不宜少于 6 m，安装后灯管须保持水平，其水平倾斜度应小于 ±4°，否则会严重缩短灯管寿命。室外安装应有防雨措施。如图 6-90 所示。

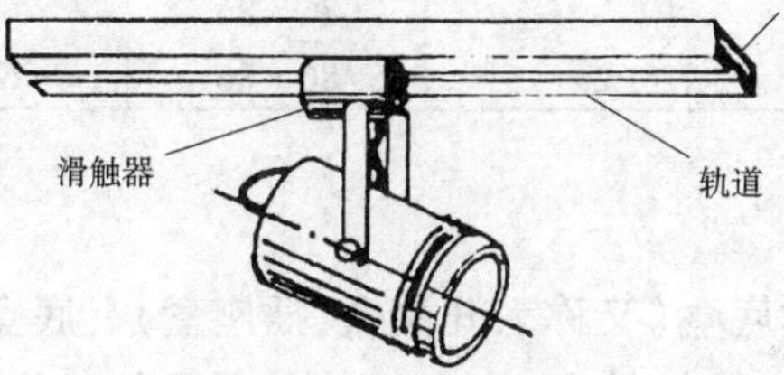

图 6-89　轨道射灯安装

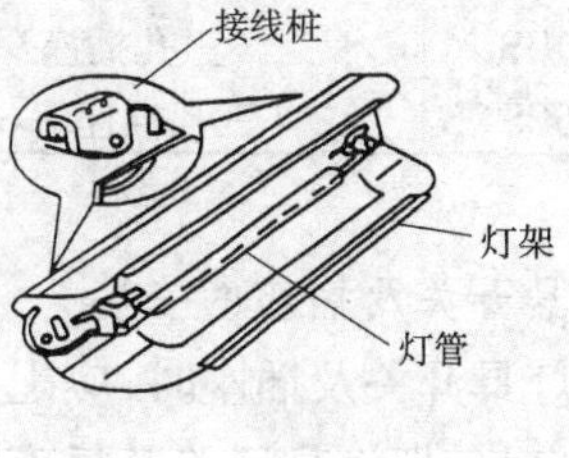

图 6-90　碘钨灯安装

3. 灯具开关及插座安装

1）灯具开关及插座的种类

建筑物内使用的灯具开关及插座，一般都为定型产品。常用的开关及插座有 86 系列（面板高度为 86 mm）、120 系列（面板高度为 120 mm），其外形如图 6-91 所示。型号和规格见表 6-31。

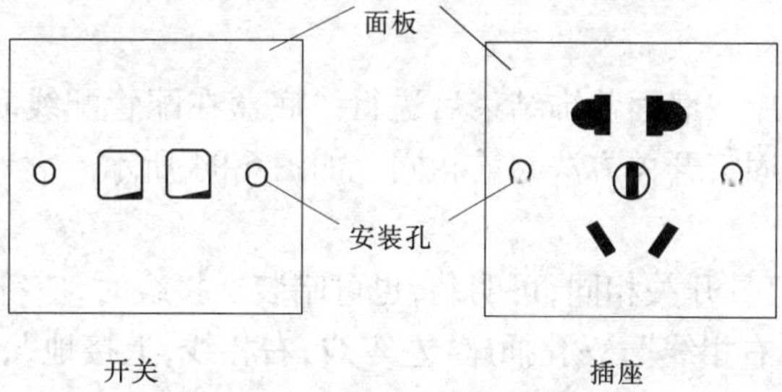

图 6-91　灯具开关及插座外形

选择灯具开关及插座时，同一建筑物内应选用同一系列的产品，其额定电压应不小于 250 V，额定电流应大于线路中的实际工作电流。一般插座选用 10 A，空调、电热水器及其他大功率家用电器应选用 16 A 的插座。

表 6-31　部分灯具开关及插座的型号和规格

型号	名称	额定电流(A)	尺寸(mm)	
			高×宽	安装孔距
E31/1/2A	单联单控开关	10	86×86	60.3
E31/2/3A	单联双控开关	10	86×86	60.3
E32/1/2A	双联单控开关	10	86×86	60.3
E32/2/3A	双联双控开关	10	86×86	60.3
E33/1/2A	三联单控开关	10	86×86	60.3
E33/2/3A	三联双控开关	10	86×86	60.3
E34/1/2A	四联单控开关	10	86×86	60.3
E34/2/3A	四联双控开关	10	86×86	60.3
E31BPA/3A	门铃开关	3	86×86	60.3
BM3	风扇调速开关	10	86×86	60.3
E426U	双孔插座	10	86×86	60.3
E426/10SF	三孔带熔丝管插座	10	86×86	60.3
E426/10US	二、三孔插座	10	86×86	60.3
E426/16CS	三孔插座	16	86×86	60.3

2)灯具开关及插座的安装

安装灯具开关及插座时，应配合专用的底盒（又称为开关盒、插座盒）。底盒在配管配线时固定好，把灯具开关及插座接好线后，用螺钉固定在底盒上，再用孔塞盖（又称为装饰帽）盖住螺钉即可，如图 6-92 所示。

A. 灯具开关明装

按照设计图纸的要求定好位置，用胀管螺丝固定好底盒，使底盒端正、牢固。电线从底盒敲落孔穿入底盒内，留出 15 cm 左右，钳去多余线头。剥去线头绝缘层，与开关接线桩压接好，注意线芯不要外露。固定开关时，跷板上有红色“ON”字母的应朝上。跷板或面板上无任何标识的，应装成跷板下部按下时，开关应处在合闸的位置，跷板上部按下时，应处在断开位置。如图 6-93 所示。

B. 灯具开关暗装

灯具开关暗装时，应在墙面装饰结束后进行。底盒在配管配线时预埋好，安装前，清理底盒内杂物，接线及固定开关方法与前相同。如图 6-94 所示。

C. 插座安装

插座安装方法与灯具开关相同，可明装，也可暗装。接线时，应符合如下规定：面对插座，双孔插座“左零线，右相线”；三孔插座“左零线，右相线，上接地”，如图 6-95 所示。

（三）动力配电箱安装

动力配电箱为工厂车间动力配电之用，一般分为自制动力配电箱和成套动力配电箱两大类，按其安装方式有悬挂式明装、暗装和落地式安装，其中悬挂式明装及暗装的施工方法同照明配电箱。

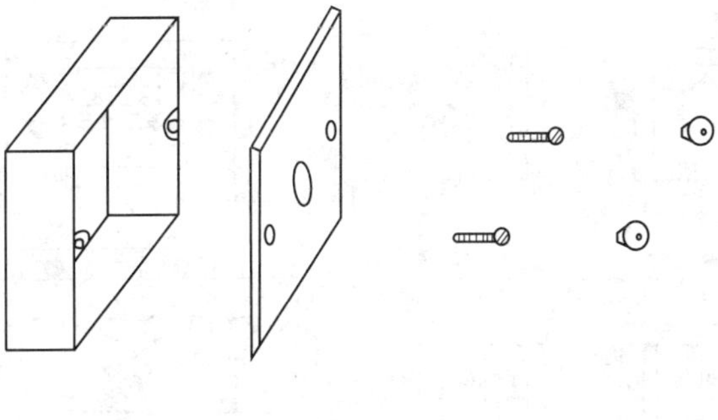

图 6-92　灯具开关及插座安装方法

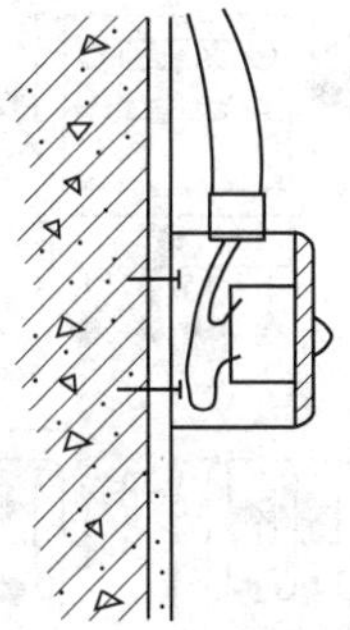

图 6-93　灯具开关明装

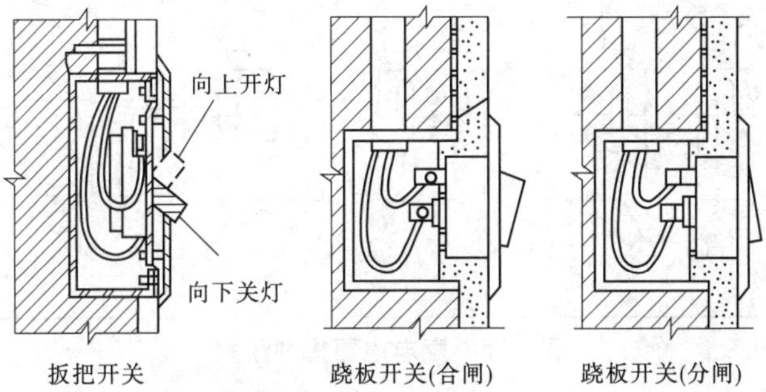

图 6-94　灯具开关暗装

1. 自制动力配电箱的结构

一般自制低压动力配电箱由盘面和箱体两大部分组成。盘面制作以整齐、美观、安全及便于检修为原则，箱体的大小主要取决于盘面尺寸，由于盘面方案是多种多样的，所以箱体的大小也是多种多样的，应根据需要自行设计加工。

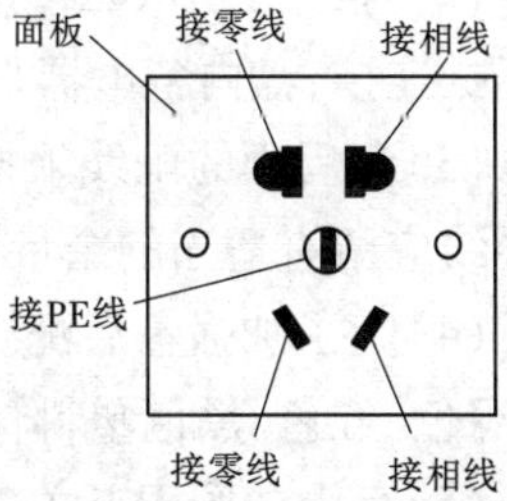

图 6-95　插座接线示意

1）盘面布置原则

盘面上电器元件的布置应根据设计进行，以便观察仪表和操作工作。通常是仪表在上、开关在下，总电源开关在上、负荷开关在下。盘面排列布置时必须注意各电器之间的尺寸，如图 6-96 所示为盘面上电器元件布置示意图。盘面上各电器元件排列布置有距离要求。

盘面上设备位置和相互之间的距离确定后，在盘面上钻好穿线孔，装上绝缘管头，对需要嵌入安装的设备做好嵌入孔，再将电器用螺钉或卡子固定在盘面上。

2）盘面配线

盘面上的电器元件安装好之后，就可以进行配线，配线时要求按图施工、接线正确；电气连接可靠、良好；导线绝缘无损伤、整齐、清晰、美观。配线时的具体要求如下：

（1）配电箱中配线用的导线，要使用铜芯绝缘导线。为保证必要的机械强度，一般测量、信号、继电保护、电气自动装置和控制装置的盘，其二次回路导线截面面积，电流回路不得小于 2.5 mm^2，其他回路不得小于 1.5 mm^2。导线绝缘按工作电压不得低于 500 V 来

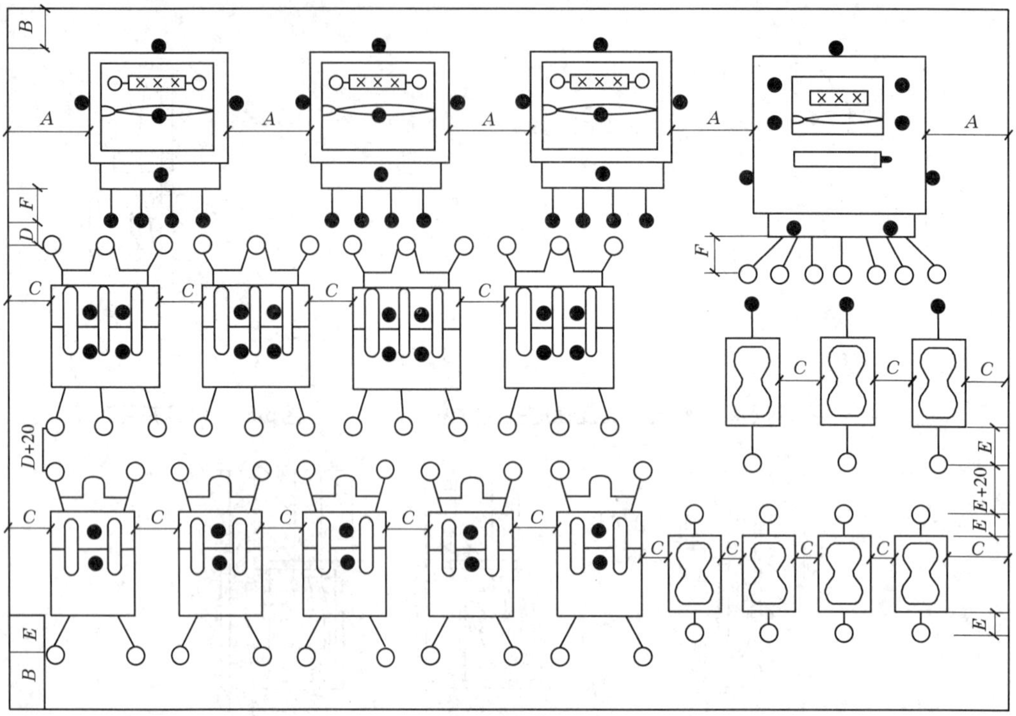

图 6-96　配电电器排列示意

选择。

（2）导线必须可靠连接，不得有错接和接触不良等现象。进入盘内的控制线需经过端子排连接，盘内各电器之间的连接可用导线直接连接，但导线本身不应有接头。

（3）盘后面的配线须排列整齐，绑扎成束，并用卡钉固定在盘板上，盘后引出及引入的导线应留有适当的余量以便检修。

（4）为了加强盘后配线的绝缘强度和便于维护管理，导线均应按照相位颜色套以黄色、绿色、红色、黑色塑料管，导线交叉亦应套软塑料管加强绝缘。

（5）盘上的闸刀开关、熔断器等电器一般是上接电源、下接负荷。横装的插入式熔断器一般是左侧（面对配电箱）接电源、右侧接负荷。盘上指示灯的电源应从总闸的进线前端接入。

（6）导线穿过盘面木板时须装瓷管头，铁盘须安装橡胶护圈，工作零线穿过木盘面可不加瓷管头，只套以塑料管即可。

盘面上所有电器下方均应安装卡片框，注明相序、线路编号、额定电流以及所控制的设备名称，并应在箱门的里面贴上线路图。

2. 动力配电箱安装

1）自制动力配电箱安装的注意事项

（1）配电箱的安装高度及安装位置应根据图纸设计确定。无详细规定者，配电箱底边距地面高度为 1.5 m。

（2）安装配电箱用的木砖、铁构件等应预先随土建砌墙时埋入墙内。

(3)在240 mm厚的墙内安装配电箱时,其后壁需要用10 mm厚石棉板及钢丝直径为2 mm、孔洞为10 mm的钢丝网钉牢,再用1∶2水泥砂浆抹好,以防开裂。

(4)配电箱外壁与墙接触部分均应涂防锈漆。箱内壁及盘面均涂灰色油漆两道,箱门油漆颜色除施工图中有特殊要求外,一般均与工程中门窗的颜色相同。铁制配电箱均需先涂樟丹再涂油漆。

(5)为防止木质配电箱因电火花烧坏,当动力配电盘的额定电流在30 A以上时应加包镀锌薄钢板,在30 A以下及盘上装有铁壳开关时可不包薄钢板。装在重要负荷及易燃场所的木质配电箱,均应包薄钢板。包薄钢板应在盘板的前后两面,箱身及箱内壁不包薄钢板。

2)落地式动力配电箱安装

落地式动力配电箱可以直接安装在地面上,也可以安装在混凝土台上,两种形式实为一种。安装时都要预先埋设地脚螺栓,以固定配电箱,落地式动力配电箱的安装方式如图6-97所示。

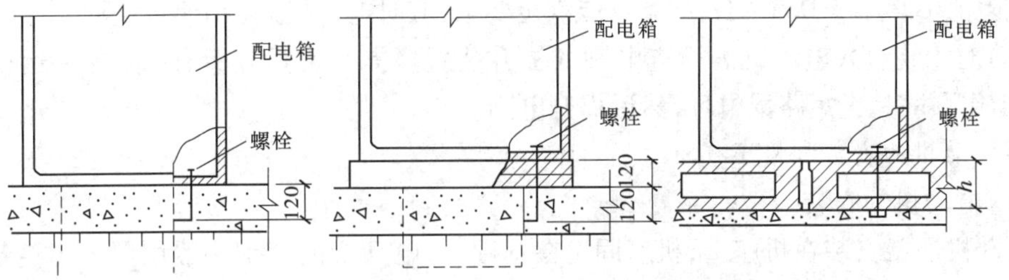

图6-97 落地式动力配电箱的安装方式

埋设地脚螺栓时,要使地脚螺栓之间的距离和配电箱安装孔尺寸一致,且地脚螺栓不可以倾斜,其长度要适当,使紧固后的螺栓高出螺帽3~5扣为宜。

配电箱安装在混凝土台上时,混凝土台的尺寸应视贴墙或不贴墙两种安装方式而定。不贴墙时,四周尺寸均应超出配电箱50 mm为宜;贴墙安装时,除贴墙的一边外,其余各边应超出配电箱50 mm,使配电箱固定牢固、美观。

待地脚螺栓或混凝土干固后,即可将配电箱就位,进行水平向和垂直向的调整,水平误差应不大于1/1 000,垂直误差应不大于其高度的1.5/1 000,符合要求后,即可将螺栓拧紧固定。

安装在振动场所时应采取防振措施,可在盘与基础之间加以厚度适当的橡皮垫(一般不小于10 mm),防止由于振动使电器发生误动作,造成事故。

(四)电动机安装

1.电动机的安装方法

1)电动机的搬运和安装前的检查

搬运电动机时,应注意不应使电动机受到损伤、受潮或弄脏。

如果电动机由制造厂装箱运来,在没有运到安装地点前,不要打开包装箱,宜将电动机存放在干燥的仓库内,也可以放置于室外,但应有防雨、防潮、防尘等措施。

中小型电动机从汽车或其他运输工具上卸下来时，可使用起重机械；如果没有起重机械，可在地面与汽车间搭斜板，慢慢滑下来，但必须用绳子将机身拖住，以防滑动太快或滑出木板。

质量在 100 kg 以下的小型电动机，可以用铁棒穿过电动机上的吊环由人力搬运，但不能用绳子套在电动机的皮带轮或转轴上，也不要穿过电动机的端盖孔来抬电动机，所用各种索具必须结实可靠。

电动机就位之前应进行如下检查工作：

(1)检查电动机的功率、型号、电压等应与设计相符。

(2)检查电动机的外壳应无损伤，风罩风叶完好，转子转动灵活，无碰卡声，轴向窜动不应超过规定的范围。

(3)拆开接线盒，用万用表测量三相绕组是否断路。引出线的焊接或压接应良好，编号应齐全。

(4)使用兆欧表测量电动机各相绕组之间以及各相绕组与机壳之间的绝缘电阻，其绝缘电阻值不得小于 0.5 MΩ，如果不能满足要求，应对电动机进行干燥处理。

(5)对于绕组式电动机需检查电刷的提升装置。提升装置应标有“启动”“运行”的标志，动作顺序是先短路集电环，然后提升电刷。

2)电动机的安装和校正

(1)电动机的安装。

电动机通常安装在机座上，机座固定在基础上，电动机的基础一般用混凝土浇筑，浇筑混凝土时应先根据电动机安装尺寸，将地脚螺栓和钢筋绑在一起。为保证位置的正确，上面可用一块定型板将地脚螺栓固定，待混凝土达到标准强度后，再拆去定型板，也可以根据安装孔尺寸预留孔洞(100 mm × 100 mm)，待安装电动机时，再将地脚螺栓穿过机座，放在预留孔内，进行二次浇筑。地脚螺栓埋设不可倾斜，待电动机紧固后应高出螺帽 3 ~ 5 扣。

电动机就位时，质量在 100 kg 以上的电动机，可用滑轮组或手拉葫芦将电动机吊装就位。较轻的电动机可用人力抬到基础上就位。

(2)电动机的校正。

电动机就位后，即可进行纵向或横向的水平矫正，如图 6-98 所示。如果不平，可用 0.5 ~ 5 mm 的钢片垫在电动机机座下，找平、找正，直到符合要求为止。

2. 电动机的配线和接线

电动机的配线施工是车间动力配线的一部分，指由动力配电箱至电动机的配电线路，通常采用穿管埋地敷设。电动机的接线在电动机安装中是一项非常重要的工作，如果接线不正确，不仅使电动机不能正常运行，还可能造成事故。接线前应检查电动机铭牌上的说明或电动机接线板上的接线端子号，然后根据接线图接线。

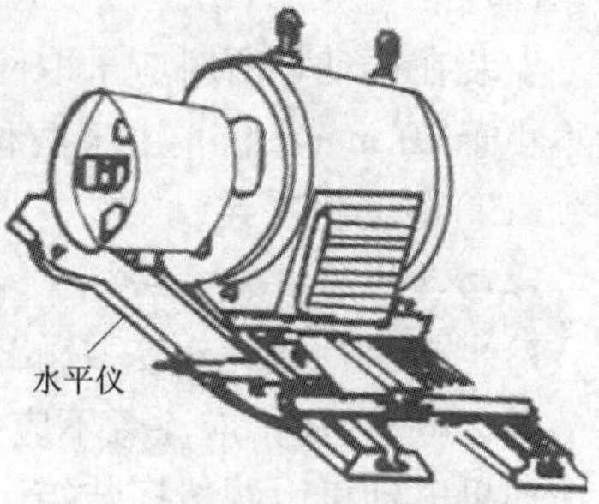

图 6-98　用水平仪校正电动机水平

三、建筑防雷与接地装置的安装

(一)建筑物防雷

对于第一类、第二类民用建筑,应有防直接雷击和防雷电波侵入的措施;对于第三类民用建筑,应有防止雷电波沿低压架空线路侵入的措施,至于是否需要防止直接雷击,应根据建筑物所处的环境特性、建筑物的高度以及面积来判断。

1. 防直击雷的措施

民用建筑的防雷措施,原则上是以防直击雷为主要目的,防止直击雷的装置一般由接闪器、引下线和接地装置三部分组成。

由接闪器、引下线和接地装置组成的防雷装置,能有效防止直击雷的危害。其作用原理是:接闪器接受雷电流后通过引下线进行传输,最后经接地装置使雷电流入大地,从而保护建筑物免遭雷击。由于防雷装置避免了雷电对建筑物的危害,所以把各种防雷装置和设备称为避雷装置和避雷设备,如避雷针、避雷带、避雷器等。

2. 防雷电波入侵的措施

防雷电波入侵的一般措施是:凡进入建筑物的各种线路及金属管道采用全线埋地引入的方式,并在入户处将其有关部分与接地装置相连接。当低压线全线埋地有困难时,可采用一段长度不小于50 m的铠装电缆直接埋地引入,并在入户端将电缆的金属外皮与接地装置相连接。当低压线采用架空线直接入户时,应在入户处装设阀式避雷器,该避雷器的接地引下线应与进户线的绝缘子铁脚、电气设备的接地装置连在一起。避雷器能有效地防止雷电波由架空管线进入建筑物,阀式避雷器在墙上的安装及接线如图6-99所示。

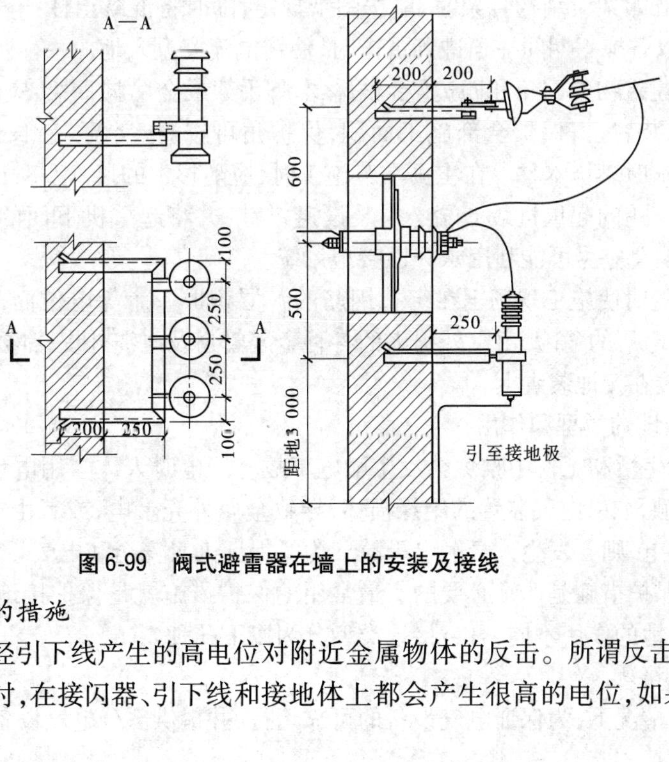

图6-99　阀式避雷器在墙上的安装及接线

3. 防雷电反击的措施

防止雷电流流经引下线产生的高电位对附近金属物体的反击。所谓反击,就是当防雷装置接受雷电流时,在接闪器、引下线和接地体上都会产生很高的电位,如果防雷装置与建筑物内外的电气设备、电线或其他金属管线之间的绝缘距离不符合要求，它们之间就会发生放电，该现象称为反击。反击会造成电气设备绝缘破坏、金属管道烧穿，甚至引起火灾和爆炸。防止雷电反击的措施有两种：

(1)将建筑物的金属物体(含钢筋)与防雷装置的接闪器、引下线分隔开，并且保持一定的距离。

(2)在施工中如果防雷装置与建筑物内的钢筋、金属管道分隔开有一定的难度，可将建筑物内的金属管道系统的主干管道与靠近的防雷装置相连接，有条件时宜将建筑物内每层的钢筋与所有的防雷引下线连接。

4. 现代建筑的防雷特点

现代工业与民用建筑大多采用钢筋混凝土结构，建筑物内的各种金属物和电气设备种类繁多。例如，建筑物内的暖气、煤气、自来水等管道以及家用电器、电子设备愈来愈多，若以上设备不采取合适的防雷措施，易发生雷电事故。因此，在考虑防雷措施时，不仅要考虑建筑物本身的防雷，还要考虑到建筑物内部设备的防雷。对于工业与民用建筑，所采取的防雷措施主要取决于不同建筑物的防雷分类。

(二)建筑工地防雷

高大建筑物施工工地的防雷问题值得重视。由于高层建筑物施工工地四周的起重机、脚手架等突出很高，木材堆积很多，万一遭受雷击，不单对施工人员的生命造成危险，而且很容易引起火灾和造成事故。高层楼房施工期间应该采取如下措施：

(1)施工时应提前考虑防雷施工程序，为了节约钢材，应按照正式设计图纸的要求，首先做好全部接地装置。

(2)在开始架设结构骨架时，应按图纸规定，随时将混凝土柱子内的主筋与接地装置连接起来，以备施工期间柱顶遭到雷击时，使雷电流安全入地。

(3)沿建筑物的四角和四边竖起的杉木脚手架或金属脚手架，应做数根避雷针，并直接接到接地装置上，保护全部施工面积，保护角可按60°计算，针长最少应高出杉木30 cm，以免接伞时燃烧木材。在雷雨季节施工时，应随杉木的接高及时加高避雷针。

(4)施工用的起重机最上端必须装设避雷针，并将起重机下面的钢架连接于接地装置上，接地装置应尽可能利用永久性接地系统。

(5)应随时使施工现场正在绑扎钢筋的各层构成一个等电位面，以避免使人遭受雷击产生跨步电压的危险，由室外引来的各种金属管道及电缆外皮，都要在进入建筑物的进口处，就近接在接地装置上。

(三)接地的类型和作用

在日常生活和工作中难免会发生触电事故。用电时人体与用电设备的金属结构(如外壳)相接触，如果电气装置的绝缘损坏，导致金属外壳带电，或者由于其他意外事故，使金属外壳带电，则会发生人身触电事故。为了保证人身安全和电气系统、电气设备的正常工作，采取保护措施是非常必要的。最常用的保护措施就是保护接地或保护接零。根据电气设备接地的作用不同，可将接地类型分为以下几种。

1. 工作接地

在正常情况下，为保证电气设备的可靠运行，并提供部分电气设备和装置所需要的相电压,将电力系统中的变压器低压侧中性点通过接地装置与大地直接相连,这种接地方式称为工作接地。

2. 保护接地

为了防止电气设备由于绝缘损坏而造成的触电事故,将电气设备的金属外壳通过接地线与接地装置连接起来,这种保护人身安全的接地方式称为保护接地。其连接线称为保护线(PE)或保护地线和接地线。

3. 工作接零

单相用电设备为获取相电压而接的零线,称为工作接零。其连接线称中性线(N)或零线,与保护线共用的称为 PEN 线。

4. 保护接零

为了防止电气设备因绝缘损坏而使人身遭受触电危险,将电气设备的金属外壳与电源的中性线(俗称零线)用导线连接起来,称为保护接零。其连接线也称为保护线(PE)或保护零线。

5. 重复接地

当线路较长或要求接地电阻值较低时,为尽可能降低零线的接地电阻,除变压器低压侧中性点直接接地外,将零线上一处或多处再进行接地,则称为重复接地。

6. 防雷接地

防雷接地的作用是将雷电流迅速安全地引入大地,避免建筑物及其内部电器设备遭受雷电侵害。

7. 屏蔽接地

由于干扰电场的作用会在金属屏蔽层感应电荷,而将金属屏蔽层接地,使感应电荷导入大地,称屏蔽接地,如专用电子测量设备的屏蔽接地等。

8. 专用电气设备的接地

如医疗设备、电子计算机等的接地,即为专用电气设备的接地。电子计算机的接地主要有直流接地(即计算机逻辑电路、运算单元、CPU 等单元的直流接地,也称逻辑接地)和安全接地。一般电气设备的接地有信号接地、安全接地、功率接地(即电气设备中所有继电器、电动机、电源装置、指示灯等的接地)等。

9. 接地模块

接地模块是近年来在施工中推广的一种接地方式。接地模块顶面埋深不小于 0.6 m,接地模块间距不应小于模块长度的 3 ~ 5 倍。接地模块埋设基坑,一般为模块外形尺寸的 1.2 ~ 1.4 倍,且在开挖深度内详细记录地层情况。接地模块应垂直就位或水平就位,不应倾斜设置,保持与原土层接触良好。接地模块应集中引线,用干线把模块接地并联焊接成一个环路,干线的材质与接地模块焊接点的材质应相同,钢制的采用热浸镀锌扁钢,引出线不少于两处。

10. 建筑物等电位联结

建筑物等电位联结作为一种安全措施多用于高层建筑和综合建筑中。

《建筑电气工程施工质量验收规范》(GB 50303—2002)中要求:建筑物等电位联结干线应从与接地装置有不少于 2 处直接连接的接地干线或总等电位箱引出,等电位联结干线或局部等电位箱间的联结线形成环形网路,环形网路应就近于等电位联结干线或局部等电位箱连接。支线间不应串联连接。

等电位联结的线路最小允许截面面积为:铜干线 16 mm^2,铜支线 6 mm^2;钢干线 50 mm^2,钢支线 16 mm^2。

(四)接地装置的安装

1. 接地体及安装

安装人工接地体时,一般应按设计施工图进行。接地体的材料均应采用镀锌钢材,并应充分考虑材料的机械强度和耐腐蚀性能。

1)垂直接地体

(1)布置形式:如图 6-100 所示,其每根接地极的水平间距应大于或等于 5 m。

(2)接地体制作:一般采用镀锌角钢或圆钢。

(3)安装:一般要先挖地沟,再采用打桩法将接地体打入地沟以下,接地体的有效深度不应小于 2 m;按要求打桩完毕后,连接引线和回填土接地体。

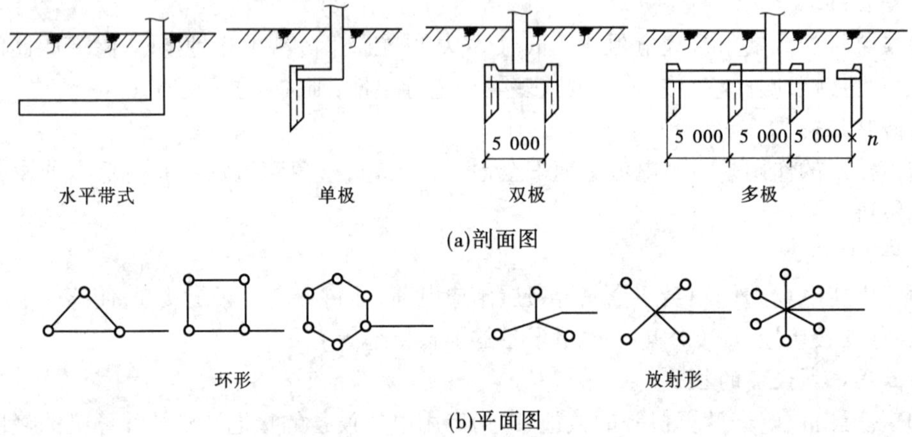

图 6-100　垂直接地体的布置形式

2)水平接地体

(1)布置形式:分为带形、环形、放射形三种,如图 6-101 所示。

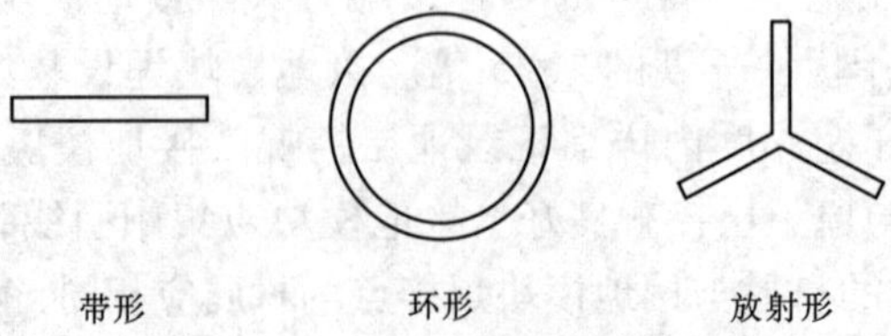

图 6-101　水平接地体的布置形式

(2)接地体制作:一般采用镀锌圆钢或扁钢。

(3)安装:水平接地体的埋设深度一般应为 0.7 ~1 m。

2. 接地线的敷设

1)人工接地线的材料

人工接地线一般包括接地引线、接地干线和接地支线等。为了使接地连接可靠并有一定的机械强度,人工接地线一般均采用镀锌扁钢或镀锌圆钢制作。移动式电气设备或钢质导线连接困难时,可采用有色金属作为人工接地线,但严禁使用裸铝导线作接地线。

2)接地体间连接扁钢的敷设

垂直接地体间多采用扁钢连接。当接地体打入地中后,即可将扁钢侧放于沟内,依次将扁钢与接地体用焊接的方法连接,经过检查确认符合要求后将沟填平。

3)接地干线与支线的敷设

接地干线与支线的敷设分为室外和室内两种。室外的接地干线和支线供室外电气设备接地用,一般敷设在沟内;室内的接地干线和支线供室内的电气设备接地用,一般采用明敷,敷设在墙上、母线架上、电缆桥架上。

3. 自然接地装置的安装

电气设备接地装置的安装,应尽可能利用自然接地体和自然接地线,有利于节约钢材和减少施工费用。自然接地体有金属管道、金属结构、电缆金属外皮、构筑物与建筑物钢筋混凝土基础等。自然接地线有建筑物的金属结构、生产设备的金属结构、配线用的钢管、电缆金属外皮、金属管道等。

4. 接地电阻的测量

接地装置安装完毕后,必须进行接地电阻的测量工作,以确定测试接地装置的接地电阻值是否符合设计和规范要求。

测量接地电阻的方法通常有接地电阻测试仪测量法,有时也采用电流表—电压表测量法。常用的接地电阻测试仪有 ZC8 型和 ZC28 型,以及新型的数字接地电阻测试仪。

思考题

1. 简述建筑电气工程中常用电光源的种类、特性及其应用。
2. 简述雷电形成的危害以及对建筑物采取的防雷措施。
3. 建筑物防雷等级有哪些? 各级如何考虑防雷要求?
4. 简述建筑物的避雷装置的组成及其作用。
5. 常用的绝缘电线有哪几种? 各有什么优缺点?
6. 电力电缆的常用类型有哪些?
7. 电工常用树脂材料有哪些?
8. 普利卡金属套管有什么优点?
9. 硬质塑料管和半硬质塑料管各有什么特点?
10. 常用的金属板材有哪些?
11. 常用的型钢有哪些? 各用于什么场合?
12. 举例说明常用电气图形符号的含义。
13. 简述建筑电气工程施工图的内容。

14. 建筑电气工程施工图最常用的图种有哪些？
15. 建筑电气工程施工图的特点是什么？
16. 阅读建筑电气工程施工图的一般方法是什么？
17. 简述明配管、暗配管施工的规定。
18. 线管穿线有哪些要求和规定？
19. 简述金属线槽配线的施工方法。
20. 说明电缆直埋敷设的方法及要求。
21. 简述电缆沿墙敷设方法。
22. 简述电缆沿桥架敷设方法。
23. 封闭式插接母线的安装方法有哪几种？
24. 塑料线槽明敷有何特点？施工时如何进行？
25. 如何安装金属线槽？
26. 简述常用照明灯具的安装方法。
27. 简述开关插座的安装方法。
28. 安装电动机时应做好哪些方面的检查工作？

项目七　智能建筑电气工程简介

【能力目标】

1. 了解智能建筑概述及特征。

2. 熟悉智能建筑工程各系统的作用及组成 。

【任务驱动】

任务一　智能建筑的基本知识

【任务导航】

本任务主要学习智能建筑的基本知识。

一、智能建筑的定义及特征

我国智能建筑专家、清华大学张瑞武教授对智能建筑提出了比较完整的定义：智能建筑是指利用系统集成方法，将智能型计算机技术、通信技术、信息技术与建筑艺术有机地结合，通过对设备的自动监控、对信息资源的优化组合，所获得的投资合理、适应信息社会需要并且有安全、高效、舒适、便利和灵活特点的建筑物。

智能建筑的四大特征是：建筑物自动化（BA）、通信自动化（CA）、办公自动化（OA）、布线综合化（GC）。智能建筑结构示意如图 7 1 所示。

二、智能建筑的组成及功能

智能建筑由建筑设备自动化系统（building automation system，BAS）、通信网络系统（communication automation system，CAS）、办公自动化系统（office automation system，OAS）、系统集成中心（system integration center，SIC）、综合布线系统（generic cabling system，GCS）等组成。

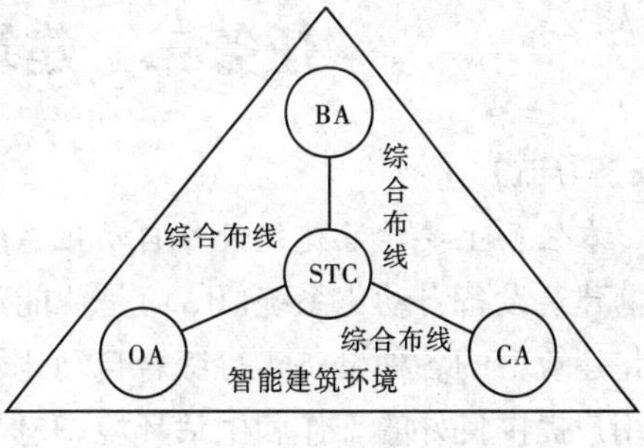

图 7-1　智能建筑结构示意

《智能建筑工程质量验收规范》（GB 50339—2013）中对建筑设备自动化系统和通信网络系统等有如下定义。

（一）建筑设备自动化系统（BAS）

建筑设备自动化系统指将建筑物或建筑群内的空调与通风、变配电、照明、给水排水、热源与热交换、冷冻和冷却及电梯和自动化扶梯等系统，以集中监视、控制和管理为目的构成的综合系统。

（二）通信网络系统（CAS）

通信网络系统是建筑物内的语音、数据、图像传送的基础设施，通过通信网络可实现与外部通信网路（如公用电话网、综合业务数字网、计算机互联网、数据通信网络及卫星通信网等）相连，确保信息通畅和实现信息共享。信息网络系统是应用计算机技术、通信技术、多媒体技术、信息安全技术和行为科学技术等先进技术和设备构成的信息网络平台。借助这一平台实现信息共享、资源共享和信息的传递与处理，并在此基础上开展各种应用业务。

（三）办公自动化系统（OAS）

办公自动化系统由多功能电话机、高性能传真机、各类终端、PC 机、文字处理器机、主计算机、声像存储装置等组成。办公自动化系统是利用计算机技术、通信技术、系统科学及行为科学所提供的平台，实现办公自动化目标。

（四）系统集成中心（SIC）

系统集成是指利用结构化的综合布线系统和计算机网络技术，把构成智能化建筑的各个要素作为核心，将语言、数据和图像以及监控等信号，经过统一的筹划设计综合在一套结构化的综合布线系统中，并以建筑物内外的综合布线系统和公共通信网络为桥梁，以及协调各类系统与局域网之间的接口和协议，把分离的设备、功能和信息有机连接成若干个整体，从而构成一个完整的系统，使资源高度共享、管理实现高度集中。

（五）综合布线系统（GCS）

综合布线是由线缆及相关联硬件组成的建筑物内或建筑群之间的信息传输通道。综合布线即能使语音、数据、图像、设备和交换设备与其他信息管理系统彼此相连，有能使这些设备与外部通信网络连接，满足智能化建筑对信息化传输的要求。

任务二　建筑设备自动化系统

【任务导航】

本任务主要学习建筑设备自动化系统。

建筑设备自动化系统（BAS）是智能建筑中的重要组成部分。BAS 的主要功能是对智能化建筑中的各种设备实行综合自动化管理，以达到舒适、安全、可靠、经济、节能的目的，为用户提供良好的工作和生活环境，并保证各项设备处于最佳运行状态。

建筑设备自动化系统主要包括暖通空调监控系统、建筑给水排水监控系统、建筑供配电监控系统、照明监控系统、交通监控系统、消防与安全防范系统、建筑设备自动化系统集成等。

一、暖通空调监控系统

在智能建筑中，空调系统的耗电量占全楼耗电量的 50% 左右，其监控点数量通常占全楼监控点总数的 50% 以上。由此可见，暖通空调监控系统在建筑设备自动化系统中占有十分重要的地位。典型的集中式空调系统如图 7-2 所示。

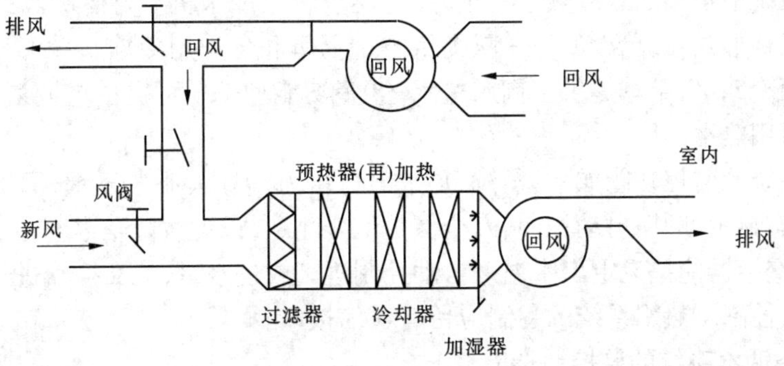

图 7-2 典型的集中式空调系统

(一)暖通空调监控系统的组成

为了保证空调系统的加温和冷却能力,必须具备冷源装置和热源装置两部分。

1. 冷源装置

中央空调系统中采用最多的冷源是冷水机组。目前,常用的冷水机组主要是两大类:一类是热力驱动的吸收式冷水机组;另一类是电力驱动的蒸汽压缩式冷水机组。冷水机组是指将制冷系统中的全部组件装在一个整体内,可向空调系统提供处理空气所需低温水的制冷装置。如图 7-3 所示为压缩式制冷原理示意图。

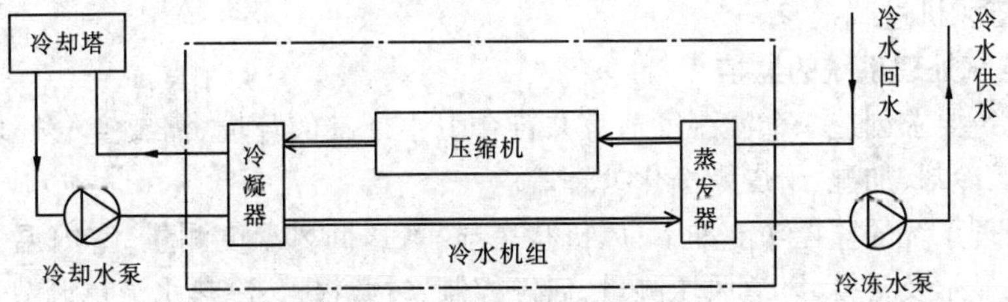

图 7-3 压缩式制冷原理示意

目前,无论压缩式冷水机组还是吸收式冷水机组,大多数冷水机组设备厂家的产品均带有成套的自动控制装置,系统本身能独立完成监控与能量调节的功能。当与 BAS 相连接,需考虑的是如何与 BAS 进行数据通信,以及机组成套控制系统包括哪些监控功能。

压缩式冷水机组系统的监控功能如下:启停控制和运行状态显示,冷冻水进出口温度、压力测量,过载报警,水流测量及冷量记录,运行时间和启动次数记录,制冷系统启停控制程序的设定,冷冻水旁通阀压差控制,冷冻水温度设定,台数控制。制冷系统的控制系统应留有通信接口。

2. 热源装置

热源装置可分为锅炉和热交换器两大类。对于夏天制冷、冬天采暖的建筑,如果没有外来热源,冬季采暖可能取决于锅炉。对于利用大型集中锅炉房或热电厂作为热源、通过对热交换站向小区供热的系统,热交换站的作用与锅炉相同,只是用热交换器代替热水锅炉。

空调系统中常用的有冷热水机组，如直燃吸收式冷水机。直燃吸收式冷水机按照功能可分为三种形式：①单冷型——只提供空调夏季和冬季用冷冻水；②冷、暖型——夏季提供空调用冷冻水，冬季提供空调用热水；③多功能型——可提供空调夏季和冬季用冷、热水及生活用热水。

热力系统的监控功能如下：蒸汽、热水出口压力，温度、流量显示，锅炉水位显示及报警，运行状态显示，顺序启动控制，安全保护信号显示，设备故障信号显示，锅炉（运行）台数控制，热交换器能按设定出水温度自动控制进气或进水量，热交换器进气或水阀与热水循环泵联锁控制。热水系统的控制应留有通信接口。

（二）空调水系统的监控

空调水系统是指由集中设备供应的冷（热）水作为媒介并送至末端空气处理设备的水路系统。按水的性质可分为冷冻水系统、冷却水系统。

由冷冻循环泵通过管道系统连接冷冻机蒸发及各类冷冻水用户（如空调机和风机盘管）组成的系统称为冷冻水系统。

冷冻水系统的监控功能如下：水流状态显示，水泵过载报警，水泵启停控制及运行状态显示。

通过冷却塔、冷却水泵及管道系统向冷水机组提供冷却水的系统称为冷却水系统。

冷却水系统的监控功能如下：水流状态显示，水泵过载报警，水泵启停控制及运行状态显示，冷却塔风机运行状态显示，进出口水温测量及控制，水温再设定，冷却塔风机启停控制，冷却塔风机过载报警。

（三）空气处理系统的监控

智能建筑要求创造一个温湿度适宜并符合卫生标准的环境，需要空气处理系统对空气进行加热、冷却、加湿、干燥及净化处理等。

空气处理系统的监控功能如下：风机状态显示，送回风温度测量，室内温、湿度测量，过滤器状态显示及报警，风道风压测量，启停控制，过载报警，冷热水流量调节，加湿控制，风门控制，风机转换控制，风机、风门、调节阀之间的联锁控制，室内 CO_2 寒冷地区换热站防冻控制，送回风机与消防系统的联动控制。

针对不同等级的智能建筑，相应的空气处理系统可满足上述全部或部分的监控功能。

（四）风系统的监控

办公大楼空调最早大多采用集中式定风量（CAV）系统，近年来在智能建筑内采用较多的是变风量（VAV）系统等方式。

1.定风量（CAV）空调系统

CAV 系统是为防止空调水管结露或滴水损坏设备而采用的全空气系统。

CAV 系统的监控功能如下：空调机新风温、湿度，空调机回风温、湿度，送风机出口温、湿度，过滤器压差超限报警，放冻报警，送风机、回风机状态显示，故障报警，回水电动调节阀、蒸汽加湿阀开度显示。

2.变风量（VAV）空调系统

VAV 系统具有节能，即可分区调节等优点，在国外建筑中的应用非常普遍。建筑物内空调系统的耗电量很大，因而节能运行是建筑设备自动化系统中必须考虑的重要因素。

VAV 系统的监控功能如下：系统总风量调节，最小风量控制，最小新风量控制，再加热控制。

VAV 系统的控制装置应有通信接口。

3. 排风系统

排风系统根据空气流动的动力不同，可分为机械排风和自然排风两种。

排风系统的监控功能有：风机状态显示、启停控制、过载报警。

（五）风机盘管的控制

风机盘管的控制通常包括风机转速控制和室内温度控制两部分。

风机盘管的监控功能有：室内温度测量，冷、热水阀开关控制，风机变速及启停控制。风机盘管监控原理如图 7-4 所示。

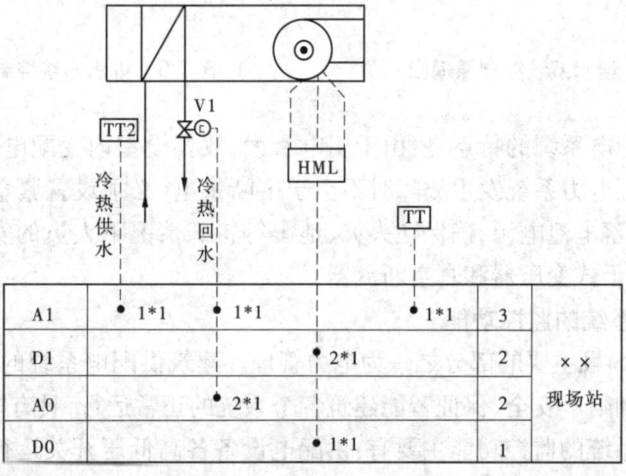

图 7-4　风机盘管监控原理图

二、建筑给水排水监控系统

建筑给水排水系统的监控和管理是由现场监控站和管理中心来实现的，最终目的是实现管网的合理调度。当用户用水量发生变化时，管网中各个水泵都能及时地改变运行方式，实现泵房的最佳运行，监控系统的功能是随时监控大楼给水排水系统，并自动贮水及排水；当系统出现异常情况或需要维护时，电脑将产生信号，以便值班人员及时处理。

建筑给水排水监控系统主要包括：水泵的自动启停控制，水位测量，压力的测量与调节，使用水量、排水量的计测，污水处理设备运转的监视、控制，水质监测，节水程序控制，故障及异常情况的记录等。图 7-5、图 7-6 分别为给水、排水系统控制原理图。

三、建筑供配电监控系统

（一）建筑供配电系统简介

智能建筑用电设备种类很多，有电气照明设备、电梯设备、给水排水设备、冷热源设备、洗衣房设备、厨房设备、暖通空调设备、消防用电设备以及弱电设备等。

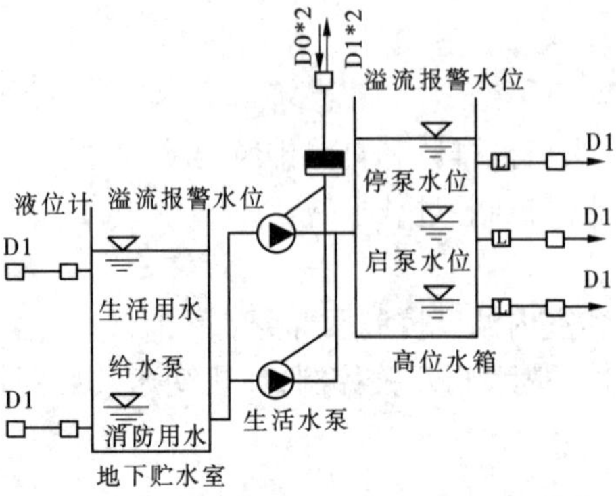

图7-5　给水系统控制原理图

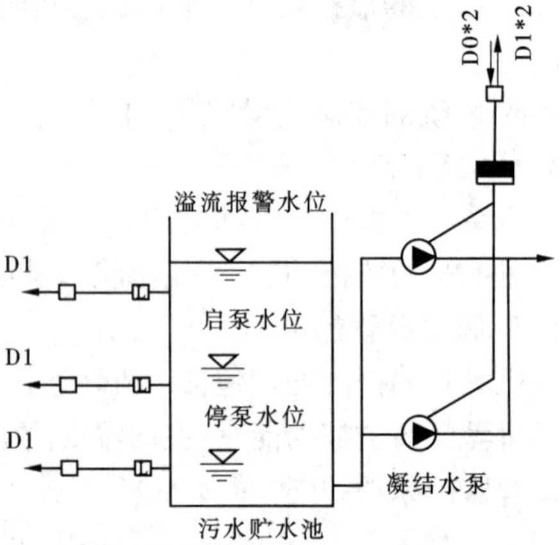

图7-6　排水系统控制原理图

智能建筑供配电系统的特点是:由于用电量大,故要设室内变配电所,并且是两路电源供电。为了保证电力系统发生故障时不至于中断供电,必须设置紧急启动的柴油发电机组,同时需设置蓄电池电源,确保在火灾、地震等特殊情况下人员的安全疏散。为了防火的需要,应采用干式变压器和真空断流器。

(二)供配电系统的监控功能

智能建筑BAS最主要的部分之一为电力管理。建筑供配电系统的安全、可靠运行对保证大楼内人身和财产安全、保证智能建筑各个系统的正常运行,具有非常重要的意义。

建筑供配电系统的监控功能主要有:供配电设备各高低压开关运行状况监视及故障报警,电源及主供电回路电流值显示,电源电压值显示,功率因数测量,变压器超温报警,应急电源供电电流、电压及频率监视等。电力系统计算机辅助监控系统应留有通信接口。

(三)高压供电系统的监测

高压供电系统的监测内容有:高压进线三相电流、电压、功率因数、电能监测,变压器温度监测及超温报警,高压主开关运行状况监测及故障报警。

(四)低压配电系统的监测

低压配电系统的监测内容有:变压器二次侧出线三相电流、线电压监测,母联开关、各低压配电开关的分合状态及故障状态监测,备用电源的监测等。

四、照明监控系统

在智能建筑中,照明的用电量仅次于空调的用电量,因此对照明系统的有效控制是节约能源的重要手段。智能大厦的照明控制包括三类:办公室照明、公共区域照明、泛光照明。

照明监控系统的功能有:庭院灯控制,泛光照明控制,门厅、楼梯及走道照明控制,航空障碍灯状态显示、故障报警,重要场所可设智能照明控制系统。

智能照明控制系统采用模块化分布式控制结构,各模块独立完成各自的功能,并与通信网络连接起来。

五、交通监控系统

(一)电梯监控系统

电梯是智能建筑的重要设备之一。智能建筑的电梯包括普通客梯、消防梯、观光梯、货梯以及自动扶梯等。智能建筑中的电梯少则几部,多则几十部。智能化控制的电梯系统对启动加速、制动减速、正反向运行、调速精度、调速范围和动态响应都有很高的要求。

1. 电梯监控系统组成

按驱动电动机的电源不同,可将电梯分为直流电梯和交流电梯两大类。按电梯的控制方式不同,可将电梯分为手柄开关操纵电梯、按钮控制电梯、信号控制电梯、集选控制电梯、并联控制电梯、群控电梯等。

2. 电梯监控系统功能

在智能建筑中,电梯系统通常自带计算机控制系统,并且应留有与 BAS 相应的通信接口。电梯监控系统具有以下功能:按时间程序设定的运行时间表启/停电梯,监视电梯运行状态、故障及紧急状况报警,多台电梯群控管理,配合消防系统协同工作,配合安全防范系统协同工作。

(二)停车库管理系统

根据建筑设计规范,大型建筑物必须设置汽车停车库,以满足交通组织需要,保障车辆安全,方便公众使用。当停车库内的车辆超过 50 辆时,需考虑建立停车库管理系统(又称停车库自动化系统,parking automation system,简称 PAS),以提高车库管理的质量、效率与安全性。

1. 停车库管理系统组成

停车库管理系统是将计算机技术、自动控制、智能卡技术和传统的机械技术结合起来对出入停车库车辆的通行实施管理、监视、一级行车指示、停车计费等的综合管理系统。

停车库管理系统通常由入口管理系统、出口管理系统和管理中心等部分组成。入口管理系统包括读卡机、发卡机、控制器、车辆检测器、电动挡车器(自动栏杆、通闸)、满位指示器等;管理中心包括管理工作站、管理软件、计费、显示、收费等部分。

2. 停车库管理系统的主要设备

停车库管理系统的主要设备有出入口票据验读器、自动栏杆、自动计价收银机、泊位调度控制器、车牌识别器、管理中心等,其中车牌识别器是防止偷车事故的保安系统。管理中心主要由功能较强的 PC 机和打印机等外围设备组成。

六、消防与安全防范系统

(一)火灾自动报警与消防联动控制系统(FAS)

火灾自动报警与消防联动控制系统作为建筑设备管理自动化系统(BMS)的一个子系统,是保障智能建筑防火安全的关键。

FAS 作为 BMS 的一部分,在智能建筑中可与安全防范系统(SAS)、建筑设备自动化系统联网通信,既可向上级管理系统传递信息,又能与城市消防调度指挥系统、城市消防管理系统及城市综合信息管理网络联网运行,提供楼宇火灾及消防系统状况的有效信息。

1. 火灾自动报警系统

火灾自动报警系统由火灾探测装置、火灾报警控制器、火灾报警装置以及信号传输线路等组成。如图7-7所示为火灾自动报警系统的简化框图。

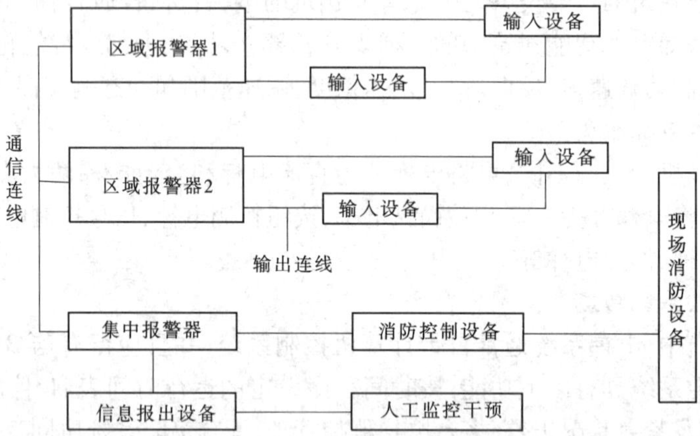

图7-7　火灾自动报警系统的简化框图

火灾探测装置包括火灾探测器和手动报警按钮。当发生火灾时，由报警按钮向消防报警系统手动发出火灾信号，而火灾探测器是自动发出火灾信号。火灾探测器的种类很多，智能建筑中常用的有感烟探测器、感温探测器、火焰探测器和可燃气体探测器等。

火灾报警控制器是火灾自动报警系统的核心组成部分，具有为火灾探测器供电，接收、显示和记录火灾报警信号，并对消防联动控制设备发出控制命令的完整功能。

火灾报警器有两种类型，即区域火灾报警控制器和集中火灾报警控制器。

火灾报警装置是指在火灾自动报警系统中，用于火灾发生时在报警区域发出声、光报警信号的装置。

火灾自动报警系统有三种形式，根据所保护对象的不同，可分为区域报警系统、集中报警系统和控制中心报警系统。

2. 消防联动控制系统

消防联动控制系统是火灾自动报警系统的重要控制对象，联动控制的正确可靠与否，直接影响火灾扑救工作的成败。

消防联动控制对象应包括以下内容：灭火设施，防排烟设施，电动防火卷帘，防火门，水幕，电梯，非消防电源的断电控制实施等。

消防控制设备必须显示或控制的功能如下。

1）联动灭火设备

联动灭火设备功能包括：室内消火栓设备的启动表示，自动喷水灭火装置的启动表示，水喷雾灭火设备的启动表示，泡沫灭火设备的启停表示，二氧化碳灭火设备的启停表示，氯化烷灭火设备的启停表示，干粉灭火设备的启停表示，室外灭火设备的启停表示。

2）报警设备的动作显示

报警设备的动作显示包括：灭火自动报警设备的动作显示，漏电报警设备的动作显示，向消防机关通报的设备操作及动作显示，火灾警铃、警笛等音响设备的操作，可燃气漏气报警设备的动作显示，气体灭火设备的操作及动作显示。

3）消防联动设备

消防联动设备功能包括：排烟口的开启表示及操作，排烟风机的动作表示及操作，防火卷帘的动作表示，防火门的动作表示，各种空调的启停操作及显示，消防电梯轿厢的吸回及联动操作和显示，可燃气体紧急关断设备的动作表示。

（二）安全防范系统

安全防范是包括人力防范、物理防范（又称为实体防范）和技术防范三方面的综合防范体系。对于保护建筑物目标来说，人力防范包括保安站岗、人员巡更、报警按钮、有线内部通信和无线内部通信等；物理防范包括周围栅栏、围墙、入口门栏等；技术防范则是以各种现代科学技术，运用技防产品、实施技防工程为手段，以各种技术设备、集成系统和网络来构成安全保证的屏障。电子化安防是未来发展的趋势。

1. 安全防范系统的要求

智能建筑的安全防范系统是智能建筑设备管理自动化的一个重要子系统。智能建筑对安全防范系统有以下要求：

（1）防范。不论是对人身、财物还是对信息资源等的安全防护，防范都必须放在首位。

（2）报警。当发现安全遭到破坏时，系统应能在安保中心和有关地方发出各种特定的声光报警信号，并把报警信号通过网络送到有关安保部门。

（3）监视与记录。在发生报警的同时，系统应能迅速把出事的现场图像和声音传递到安保中心进行监视，并实时记录。

同时，系统应有自检和防破坏功能。一旦线路遭到破坏，系统应发出报警信号；系统在某些情况下布防应有适当的延时功能，以免工作人员还在布防区域时就发出报警信号，造成误报。

2. 安全防范系统的组成

根据系统应具备的功能，智能建筑的安全防范系统通常由入侵报警系统、电视监控系统、出入口控制系统、巡更管理系统、汽车库（场）管理系统等组成。如图 7-8 所示为安全防范系统框图。

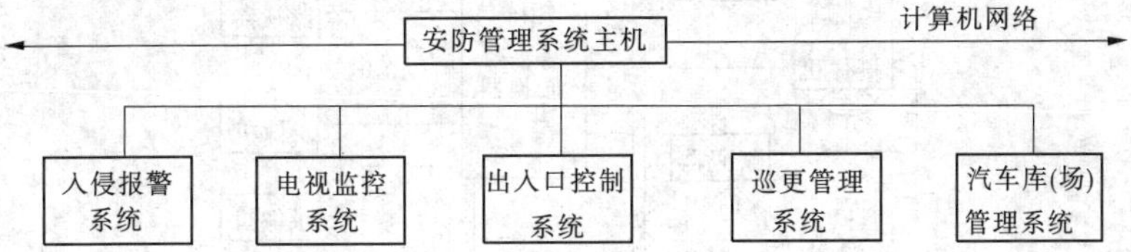

图 7-8　安全防范系统框图

1）入侵报警系统

系统采用物理方法和电子技术，自动检测发生在布防监控区域内的侵入行为，发出报警信号，并向值班人员辅助提示报警的区域部位、显示可能采取的对策。系统具有对周界防护、建筑物内区域及空间防护、实物目标的防护功能。

入侵报警系统一般由探测器、区域控制器和报警控制中心三部分组成，系统结构如图 7-9所示。

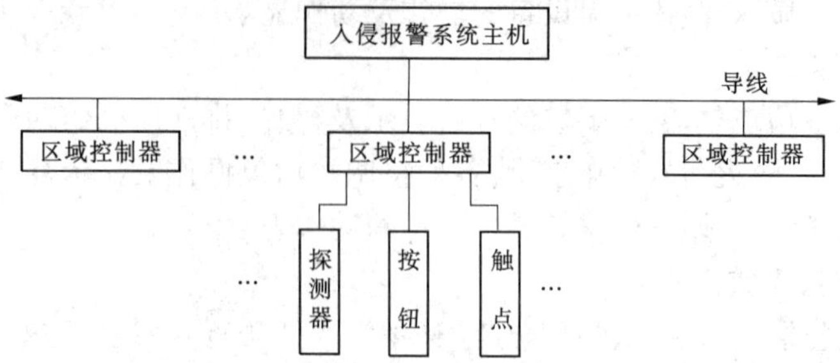

图7-9　入侵报警系统结构图

2)电视监控系统

电视监控系统又称为闭路电视监控和控制系统。电视监控系统具有对建筑物内及周边的公共场所、通道和重要部位进行实时监视、录像的功能,通常与入侵报警系统、出入口控制系统实现联动。

电视监控系统主要由摄像、传输、控制、显示与记录四大部分所构成,如图7-10所示。

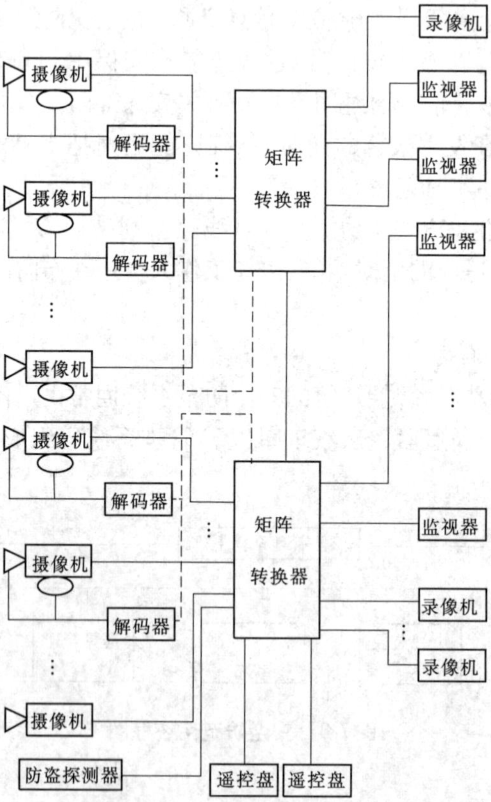

图7-10　电视监控系统

3)出入口控制系统

出入口控制系统又称为门禁系统,是指在建筑物内采用现代电子与信息技术,对人员的进出实施放行、拒绝、记录和报警等操作的一种电子自动化系统。

出入口控制系统由中央管理机、控制器、读卡器、执行机构等四大部分组成。如图7-11所示为出入口控制系统结构框图。

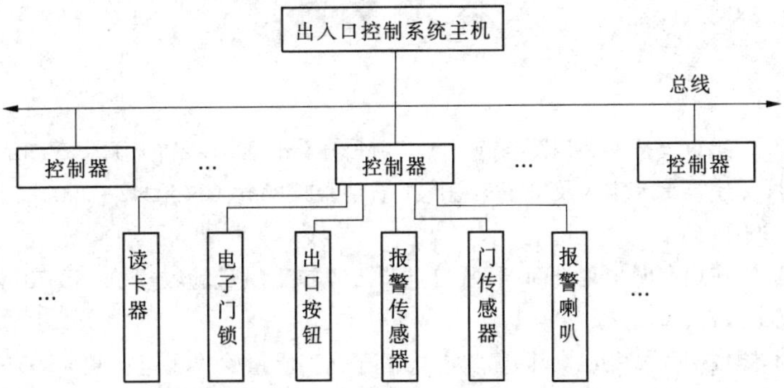

图7-11　出入口控制系统结构框图

4)巡更管理系统

巡更管理系统可以用微处理机组成独立的系统,也可纳入建筑物自动化系统。巡更管理系统可按巡更路线编制巡更程序软件,输入计算机系统,巡逻人员应根据巡更程序所规定的路线和时间到达规定的巡更点,不能迟到,更不能绕道。巡逻人员每抵达一个巡更点,就必须按巡更信号箱卡的按钮,向计算机中心报到。管理中心可通过显示屏上的指示灯了解巡逻线路上的情况。若巡逻人员因故未能在预定时间内到达规定的巡更点,巡更程序中断,计算机便会打印记录,以便查询,同时发出报警信号,并显示出现异常情况的路线,立即派人前往查处。

巡更程序软件的编制,应具有一定的灵活性,应及时对巡更路线、行动方向以及各巡更点之间的到达时间进行合理的调整。

5)汽车库(场)管理系统

汽车库(场)管理系统已在上文“交通监控系统”中叙述,故在此不做详细介绍。

思考题

1. 建筑设备自动化系统包括哪些内容?
2. 暖通空调监控系统中,压缩式制冷系统具有哪些监控功能?
3. 简述冷却水系统的监控功能。
4. 简述空气处理系统的监控功能。
5. 暖通空调监控系统包括哪些主要设备?
6. 简述给水排水系统的监控功能。
7. 指出智能建筑用电设备的种类。
8. 简述建筑供配电系统的监控功能。

参考文献

[1] 尹六寓,庄中霞.建筑设备安装识图与施工工艺[M].郑州:黄河水利出版社,2010.

[2] 辽宁省建设厅.建筑给水排水及采暖工程施工质量验收规范:GB 50242—2002[S].北京:中国建筑工业出版社,2002.

[3] 中华人民共和国住房和城乡建设部.通风与空调工程施工质量验收规范:GB 50243—2016 [S].北京:中国计划出版社,2016.

[4] 中华人民共和国住房和城乡建设部.建筑电气工程施工质量验收规范:GB 50303—2015[S].北京:中国计划出版社,2015.

[5] 中华人民共和国建设部.自动喷水灭火系统施工及验收规范:GB 50261—2005[S].北京:中国计划出版社,2005.

[6] 于国清.建筑设备工程 CAD 制图与识图[M].北京:中国机械工业出版社,2005.

[7] 杨光臣.建筑电气工程识图·工艺·预算[M].北京:中国建筑工业出版社,2004.

[8] 赵丙峰,庄中霞.建筑设备[M].北京:中国水利水电出版社,2006.

[9] 汤万龙,刘玲.建筑设备安装识图与施工工艺[M].北京:中国建筑工业出版社,2010.

[10] 冯钢.管道工程识图与施工工艺[M].重庆:重庆大学出版社,2014.

[11] 冯刚.建筑设备与识图[M].北京:中国计划出版社,2016.

[12] 徐志强.建筑电气设计技术[M].广州:华南理工大学出版社,2004.

[13] 刘兵.建筑电气与施工用电[M].北京:中国电子工业出版社,2015.

[14] 杨绍胤.智能建筑设计实例精选[M].北京:中国电力工业出版社,2006.

[15] 范柳先.建筑给水排水工程[M].北京:中国建筑工业出版社,2003.

[16] 贺俊杰.制冷技术[M].北京:中国机械工业出版社,2003.

[17] 王增长.建筑给水排水工程[M].北京:中国建筑工业出版社,2014.

[18] 中华人民共和国住房和城乡建设部.给水排水制图标准:GB/T 50106—2010[S].北京:中国建筑工业出版社,2010.

[19] 中华人民共和国住房和城乡建设部.给水排水管道工程施工及验收规范:GB 50268—2008[S].北京:中国建筑工业出版社,2008.

[20] 中华人民共和国住房和城乡建设部.暖通空调制图标准:GB/T 50114—2010[S].北京:中国建筑工业出版社,2010.

[21] 中华人民共和国建设部.城镇燃气设计规范:GB 50028—2006[S].北京:中国建筑工业出版社,2006.

[22] 中华人民共和国住房和城乡建设部.民用建筑供暖通风与空气调节设计规范:GB 50736—2012[S].北京:中国建筑工业出版社,2012.

[23] 中华人民共和国住房和城乡建设部.智能建筑设计标准:GB/T 50314—2015[S].北京:中国建筑工业出版社,2015.